現代経済学のコア
The Core of
Modern Economics

環境と資源の経済学

時政勗・薮田雅弘・今泉博国・有吉範敏 ◆編

はしがき

　本書は，初級から上級までの幅広い読者を対象とした環境経済学のテキストである．経済学の1つの応用分野である，環境問題ならびに資源問題を集中的に取り扱っている．応用分野であるために，大学1年次レベルの，とくにミクロ経済学で取り扱う基本的概念やグラフあるいは数式についての知識を前提としている．ただし，より環境問題を詳しく知りたい，あるいは実際に取り組みたいという読者や大学院レベルを含む高学年次の読者のために，各章の前半部分はできるだけ基礎的事項を，後半には，やや高度なものを含めるようにするといった工夫をしている．また，第1章から第4章までには，環境経済学の基礎部分を，さらに第5章と第6章では，資源経済学の基礎部分を配置し，第6章までを習得すれば，基礎的な枠組みを理解できるようになっている．第7章から第14章の各章では，環境評価の手段と方法，目的，環境問題の国際的側面が論じられており，さらに第15章からの3つの章では，身近な環境問題と地域の関係に焦点を当て現代のトピックスを論じている．読者は，興味に応じてそれぞれのテーマの学習を深めていくことができる．

　本書は，『現代経済学のコア』シリーズの一巻として位置づけられる．コアシリーズで既刊の『ミクロ経済学』や『現代ミクロ経済学』，ならびに『公共経済学』は，とりわけ本書と関わりの深いものである．理解を確実なものとし，さらに深化させるためにも，是非，これらの書籍をともに机上に置き本書を併せ読み進められることをお願いしたい．

　ところで，本書の全体を通じての基本的な意図は，経済学の対象である市場をベースにした経済メカニズムの枠を超えて，市場ではなかなか解決しえない問題が，どのように発生し，どのように認識され，かついかなる解決方向があ

るかについて，できるだけ平易に詳細に論じることにある．とくに，環境と資源の経済学の根底を流れる1つの企図は，持続可能な社会の構築に対して，経済学がどのようなアプローチで貢献できるのであろうかということである．経済学では，通常，各主体は構造的にその便益を最大にし，あるいは費用を最小化しようとする行動をとると考えられる．各主体は，その行動の結果が他者へ及ぼす影響（外部性あるいは社会的費用）を考慮しないために，最適行動が，社会的に望ましい状況をもたらさないことがある．社会的に望ましい状態とは何であろうか．また，それを実現する施策はどのようなものであろうか．

環境問題は，このように世代内で解決しなければならない課題ではあるが，同時に，世代間で考えるべき課題でもある．たとえば，現時点の汚染排出物が蓄積され将来の世代に影響を及ぼす場合，どのように現在の排出をコントロールするかといった問題や，現時点で存在する一定量の資源を将来世代にどのように配分すればよいのかといった問題は，まさに，世代間の資源調整（配分）の課題である．『将来世代が自らのニーズを充足する能力を損なうことなく，今日の世代の欲求を満たすこと』（国連・環境と開発に関する世界委員会，1987年）は，果たして実現できるのであろうか．世代を超えた効率的配分と世代間公平性の実現が求められているのである．本書は，現代の環境経済学や資源経済学が追求しているこのような課題に対して，問題の本質を提示し，その解決へ向けた1つの方向性を提示するものである．

本書の構成を簡単に解説しよう．本書は，大きく「環境経済学の基礎」，「資源経済学の基礎」，「環境評価」「資源と環境」「環境経済学のトピックス」の5つのパートに分かれている．第1のパートでは，環境経済学の標準的な考え方，環境問題へのアプローチの方法や政策目標，政策手段などが論じられている．第1章「環境・資源と経済」では，経済学の枠組みが環境や資源管理の分野にまで拡張され応用されうることを概説し，本書全体の問題意識や論点を整理している．第2章「環境問題と市場の失敗」では，環境問題が，消費や生産活動に関わる外部性の問題として把握できることを明示し，いわゆる市場の失敗問題を軸に環境経済学が展開されることを論じている．第3章「環境政策の目標・手段・主体」では，市場の失敗などの問題について，環境政策がめざす解決方向，その手

段，あるいは誰が責務を果たすべきであるのか，といった問題を解明している．これに関連して，第4章「インセンティブと経済的手段」では，政策手段の中でも，数量割当（排出権取引），価格割当（ピグー税）といった具体的な政策手段について取り上げ，その長所や短所を比較検討し，また現実適合性を論じている．

　第2のパートは，資源の管理問題を取り扱っている．資源のもつ性質に着目し，第5章「再生可能資源の経済学」では，漁業資源や森林資源などの再生可能資源について，どのような管理を行うことが望ましいか，そのための施策はどのようなものかが説明されている．他方，第6章「枯渇性資源の経済学」では，石油などの枯渇性資源の管理問題が取り扱われ，世代間の公平性や効率的な配分問題などが具体的に概説されている．

　第3のパートは，「環境評価」に関するものである．環境評価は，とりわけ環境関連プロジェクトに関連して，民間や行政に限らず重要な分野となりつつある．人々の経済活動の結果生じるさまざまな環境への影響がどの程度のものであるかを測定する技術は，環境政策の効果を考えるためにも重要である．環境政策や公共政策などの最新の評価手法を記述しており，その意味で，関連する具体的な事例と併せて学んでいただきたい．第7章「環境価値と環境評価」では，環境価値を測定する目的，手段ならびに方法を概観している．第8章「環境価値と仮想評価法」は，環境価値を測定するさまざまな手法のうち，とくに注目を浴びており現実にも適用事例が多い仮想評価法について取り上げている．第9章「環境経済統合勘定」では，経済と環境との相互関係を統計的に把握することを目的に作成された日本版環境経済統合勘定を丁寧に解説している．併せて，近年盛んに取り組まれている企業環境会計や自治体環境会計との関係にも言及している．第10章「環境分析用産業連関表の作成と利用」では，地球温暖化からごみ排出問題まで，広く産業活動との関わりから考察する道具立てとして利用されている産業連関分析について，その基礎である産業連関表の構成，分析方法，適用事例を概説している．

　第4のパートである「資源と環境」では，もっぱら国際的な視点から環境問題が論じられている．現代の環境問題は，一国内の局所的地域で生じているにとどまらず，むしろ，国を超え地球規模で生じる問題——より困難な国家間の調整を必要する課題となっている．第11章「経済発展と環境」では，一国の

経済発展が環境悪化をもたらすのか否かという，環境と発展のトレードオフ問題を取り扱っている．第12章「環境と貿易」は，一国の環境政策がもたらす貿易への影響や，経済発展とともに変化する貿易構造が，環境問題にいかなる影響を及ぼすのかについて論じている．第13章「酸性雨と越境汚染」では，「雨は何語で降ってくるの」という具体的事例とともに，越境する汚染の代名詞ともなっている酸性雨について，どのような政策が考えられうるのかを論じている．第14章「地球温暖化問題」では，地球温暖化について概観し，現状の政策動向などを踏まえたうえで，そのような対策が必要であり，現状の課題は何であるかを概観している．

最後の第5のパート「環境経済学のトピックス」では，とくに地域の環境問題に関する3つの問題が取り上げられている．第15章「廃棄物の管理」では，とくにわれわれが日常的に関わっているごみ削減問題を中心に，現状と課題が分析されている．第16章「地域の環境政策」では，具体的に地域が取り組むべき手法，地域ネットワークや連携などの重要性が論じられ，具体的な地域への適用事例が紹介されている．最後に，第17章「エコツーリズムと環境保全」では，最近の環境保全型の観光開発がもたらす影響を，制度設計や開発方法の観点から概観し解説している．

以上，環境問題は多岐にわたっているが，他の応用経済学の分野同様に，読者には，一歩ずつ環境経済学のステップを上がっていただきたいと願う．数式やグラフに関して精通していない場合でも，各章で解説した制度や概念，具体的な事例などの記述が，より多くの読者の環境問題理解のための一助になるものと信じている．

本編集に当たっては，中央大学大学院薮田研究室の皆さんに校正の手伝いをしていただいた．本書が企画されてから上梓に至るまで幾分長い期間がかかった．その間辛抱強く編集過程を見守っていただいた勁草書房，とりわけ宮本詳三氏にはこの場をお借りして感謝の意を表したい．

2007年2月

編集者一同

執筆者紹介

今泉　博国（福岡大学経済学部教授）（第1章）
井田　貴志（熊本県立大学総合管理学部教授）（第2章）
牛房　義明（北九州市立大学経済学部准教授）（第3章）
福山　博文（鹿児島大学法文学部准教授）（第4章）
時政　勗（前広島修道大学人間環境学部教授）（第5章）
新熊　隆嘉（関西大学経済学部教授）（第6章）
山本　充（小樽商科大学大学院商学研究科教授）（第7章）
矢部　光保（九州大学大学院農学研究院教授）（第8章）
有吉　範敏（前下関市立大学経済学部教授）（第9章）
朝倉啓一郎（流通経済大学経済学部教授）（第10章）
伊ヶ崎大理（日本女子大学家政学部教授）（第11章）
中村　光毅（中央大学経済学部客員講師）（第12章）
薮田　雅弘（中央大学経済学部教授）（第12章，第17章）
内藤　徹（同志社大学大学院商学研究科教授）（第13章）
藤田　敏之（九州大学大学院経済学研究院教授）（第14章）
松波　淳也（法政大学経済学部教授）（第15章）
田中　廣滋（中央大学経済学部教授）（第16章）
伊佐　良次（高崎経済大学地域政策学部准教授）（第17章）

目　次

はしがき

第 1 部　環境経済学の基礎

第 1 章　環境・資源と経済 …… 3
- 1.1　はじめに　3
- 1.2　環境と経済　5
- 1.3　市場の機能：アダム・スミスのテーゼと余剰分析　10
- 1.4　市場の失敗と非市場　13
- 1.5　コモンズの悲劇とコモンプール財　17

第 2 章　環境問題と市場の失敗 …… 24
- 2.1　はじめに　24
- 2.2　市場メカニズムの効率性　24
- 2.3　外部効果による市場の失敗　32
- 2.4　環境問題に対する経済学的解決策　37

第 3 章　環境政策の目標・手段・主体 …… 46
- 3.1　はじめに　46
- 3.2　環境政策における原則　47
- 3.3　環境政策の目標　53
- 3.4　環境政策の手段　56

3.5　環境政策の主体　61

第4章　インセンティブと経済的手段 …………………………… 66
4.1　はじめに　66
4.2　価格割当　67
4.3　数量割当　74
4.4　情報の非対称下における価格割当と数量割当　79
4.5　おわりに　82

第2部　資源経済学の基礎

第5章　再生可能資源の経済学 ………………………………… 89
5.1　はじめに　89
5.2　漁業資源の効率的利用モデル　91
5.3　森林管理モデル　101
5.4　生産の外部性　104
5.5　再生可能資源の効率的利用と環境問題　110

第6章　枯渇性資源の経済学 …………………………………… 117
6.1　はじめに　117
6.2　枯渇性資源の量に関する定義　117
6.3　枯渇性資源の効率的な異時点間配分とホテリング・ルール　119
6.4　枯渇性資源配分の公平性：
　　　ハートウィック・ルールとグリーンNNP　122
6.5　枯渇性資源と市場の失敗　129
6.6　枯渇性資源と将来　133

第3部　環境評価

第7章　環境価値と環境評価 …… 141
- **7.1** はじめに　141
- **7.2** 環境の価値　141
- **7.3** 環境の評価　146

第8章　環境価値と仮想評価法 …… 162
- **8.1** はじめに　162
- **8.2** 仮想評価法の経済学的基礎　163
- **8.3** 代表的な質問形式と抵抗回答の処理　168
- **8.4** CVMによる評価額の推計　170
- **8.5** 仮想評価法の課題　175

第9章　環境経済統合勘定 …… 180
- **9.1** はじめに　180
- **9.2** 環境経済統合勘定の研究開発の経緯　180
- **9.3** 日本版SEEA　182
- **9.4** 日本版NAMEA　191

第10章　環境分析用産業連関表の作成と利用 …… 204
- **10.1** はじめに　204
- **10.2** 環境分析用産業連関表の作成方法　205
- **10.3** オープン型環境産業連関計算の基本モデル　211
- **10.4** 研究事例：宇宙太陽発電衛星のCO_2負荷計算　213
- **10.5** 環境分析用産業連関表の展開　218
- **10.6** おわりに　220

第4部 資源と環境

第11章 経済発展と環境 ……………………………………………………… 227
- 11.1 はじめに 227
- 11.2 経済発展と環境汚染のトレンドデータ 228
- 11.3 環境制約と経済成長，クズネッツ曲線 232
- 11.4 成長と環境のモデル 236
- 11.5 経済発展と環境制約 241

第12章 環境と貿易 ………………………………………………………… 245
- 12.1 はじめに 245
- 12.2 環境の現状 246
- 12.3 WTO体制と環境問題 248
- 12.4 貿易と生産構造および環境規制の関係 254
- 12.5 国連とWTOの重要性 263

第13章 酸性雨と越境汚染 ………………………………………………… 267
- 13.1 はじめに 267
- 13.2 越境汚染の最適水準の決定 270
- 13.3 越境汚染が生産部門に与える影響 274
- 13.4 1国モデル 277
- 13.5 越境汚染が存在する場合 280
- 13.6 越境汚染に関する分析上の課題 284

第14章 地球温暖化問題 …………………………………………………… 289
- 14.1 はじめに 289
- 14.2 地球温暖化に関する一般的事項 289
- 14.3 地球温暖化防止に向けての取り組み 294
- 14.4 地球温暖化の経済モデル 299

14.5 地球温暖化対策の将来　306

第5部　環境経済学のトピックス：地域の環境問題

第15章　廃棄物の管理　313
15.1 はじめに　313
15.2 廃棄物の定義・区分と廃棄物問題　314
15.3 循環型社会形成推進基本法（循環基本法）　317
15.4 代表的な廃棄物管理政策の経済手法について　319

第16章　地域の環境政策　329
16.1 はじめに　329
16.2 持続可能性　329
16.3 分権的ネットワークの形成　331
16.4 持続可能性と地域ガバナンス　334
16.5 八王子市の環境政策と新しい枠組み　336

第17章　エコツーリズムと環境保全　346
17.1 はじめに　346
17.2 観光の環境問題とエコツーリズムの役割　347
17.3 エコツーリズムのモデル分析　350
17.4 日本型エコツーリズムの可能性　358

練習問題の解答　363
索　引　380

コラムで考えよう

市場均衡と余剰　22
環境問題の原点：水俣病の50年　44
環境政策実施後の効果：北九州市の家庭ごみ処理有料化政策　64
京都メカニズム　84
漁業資源の保全と乱獲　115
実質資源価格の動き　136
環境価値評価と農業の持つ多面的機能　178
環境資源のご利用は計画的に　202
部門別の情報も大切に　222
環境か成長か：日本の貢献すべきこと　243
持続可能性概念の展開　265
雨は何語で降ってくるの　287
日本の温暖化対策：環境税構想　309
家庭ごみ有料化の事例　326
アーバングリーンツーリズム　361

第1部 環境経済学の基礎

第1章　環境・資源と経済

1.1　はじめに

　ここ数年，夏の暑い時期に，半ば挨拶代わりになりつつある表現として，「異常気象」や「地球温暖化」がある．温暖化の進展によってどのような問題が引き起こされるのか，そもそも温暖化という現象はいかなるものか，それはいかなる原因で生じるのか，そしてその対策としてどのような取り組みが必要でどのような行動をとればよいのか，という事柄についての人々の認識は格段に高まってきているといってよいであろう[1]．しかし温暖化を抑制するための具体的行動となると，お世辞にも進展しているとはいえない状況である．なぜだろうか．1つにはオゾン層破壊や酸性雨など他の地球環境問題にも同様に当てはまることであるが，温暖化によって現在のところまだ直接的な悪影響を受けていない，つまり人々の安全性や安心感が損なわれるという状況には至っていないということが挙げられよう．また，温暖化防止策といっても人々の自主的行動規範に依存するルールが中心で，公害のときのような法的強制力を持った手段が講じられていないことも挙げられよう．

　さらには，温暖化抑制の行動を一歩進めようとする際に，人々は自らが現下で享受している快適さや便利さを犠牲にしてまで，あるいは多大な時間的・経済的負担を負ってまでも温暖化を抑制しようとするインセンティブが働いてい

---

[1] 多くの自治体で市民のとるべきアクションプログラムが提唱されている．たとえば，福岡市の場合，エアコンの設定温度は，冷房時28℃，暖房時20℃を目安とする，通勤ではマイカー通勤を控え，鉄道やバスなどの公共交通機関を利用するなどの行動目標が設定されている．具体的には，福岡市の環境局のホームページ（http://kankyo.city.fukuoka.jp/data/ondan/）を参照のこと．

ないことも挙げられよう．快適さや便利さはもっぱら市場において財やサービスを購入し，利用することで得られる経済的豊かさの一指標とも言うべきものであろう．したがって，この視点は経済的豊かさと温暖化防止という形での環境保全がトレード・オフの関係にあることを示唆している．

2004年5月，中央環境審議会は「**環境と経済の好循環**ビジョン～健やかで美しく豊かな環境先進国へ向けて～」を答申した．その一節を引用してみよう「21世紀の日本がもっと魅力的な国になるには，国民が協力し合って「環境と経済の好循環」を進めなければなりません．それは，環境を良くすることが経済を発展させ，経済の活性化が環境の改善を呼ぶ国の姿です．日本は，資源には恵まれていませんが，変化に満ちた美しい自然と世界最先端の技術があります．環境と経済の好循環を実現できる国があるとすれば，日本は確実にその一つとなる条件を持っています．地球環境と人間活動が共生する持続可能な社会の実現に向かおうとする時に，経済だけ，環境だけを別々にとらえて追求しては，壁に突き当たります．環境と経済の好循環を実現するためには，皆がともに努力すれば実現する理想の将来像を描き，互いに信頼感を持って，生活者，教育者，事業者，行政関係者など，それぞれの立場で，役割を分担しながら社会的責任を誠実に果たしつつ協力していく必要があります．」

わが国において今もなお，経済的豊かさとは程遠い生活を余儀なくされている過疎の農山村では，農地保全や森林保全の担い手もなく，自然環境の疲弊は深刻度を増している．多くの人口を抱える途上諸国は一方では貧困にあえぎ，環境への負荷も過酷さとスピードを増すばかりである．経済的豊かさから取り残された多くの地域や国々にとってのシナリオは，このビジョンが主張するとおり，経済と環境の好循環を目指すことであろう．

本章では次のような順序で，解説を進めていく．まず 1.2 節では，環境と経済がいかに密接に関連しているか，自然環境が有するソース機能とシンク機能に分類してその関わりを説明する．そして，これら2つの間の関係をインプットとアウトプットの概念で把握し，環境や経済を対象とする学問間の整理を試みたい．1.3 節では，アダム・スミスのテーゼとしてよく知られていることであるが，わが国をはじめとする先進諸国の経済システムとして中心的な役割を演じている市場経済システムが有する基本的な機能と成果について，均衡や余

剰概念といった経済学の分析道具を使い，解説を試みる．1.4 節では，市場がうまく機能しない，むしろ市場には任せておけない状況を理論的に説明する分析道具（それは，ピグーによって展開され，今日の環境経済学のいわばルーツともいうべきものである）である外部性に関する問題を，簡単なモデルを使って紹介することにする．1.5 節では，われわれが日常生活を送るうえで利用している資源，あるいは財とはいかなる特徴を持つものか，財の分類基準を明示したうえで，コモンズの悲劇としてよく知られている現象を紹介する．そして，市場では機能しないそのような財の望ましい利用可能性について言及したい．

1.2　環境と経済

　環境（environment）という概念は，土地の四方を取り囲むという意味のフランス語，viron を語源としているといわれており，人間だけでなく生物全体をとりまき，その生存・活動に影響を与え，また生物から働きかけを受ける大きなシステム全体であるととらえることができる．

　環境には，たとえば居住環境や社会環境のように人間の工夫や英知によって人工的に作り出されたものと，「山・野・河・海」に代表される自然環境のように，そもそも人間が作り出したものではないものとに区分することができる．もちろん，人間によって作り出された環境とはいっても，里山のように時間的経過によって自然とうまくマッチし，いわば自然の一部分としてとらえられるようなものもある．以下ではそのように人工的であるが，しかし自然の一部としても包摂できる二次的自然をも含むという広い概念でとらえた自然環境をベースにして議論を進めてみよう．

　「山・野・河・海」に代表される自然環境は，われわれが日々の生活を送るための「場」を与えてくれる．これらの場とわれわれ人間が長きにわたって築き上げてきた経済システムとはどのような関係にあるのだろうか．当然のことながら自然環境は，人間を含めたあらゆる生物が生存していくために必要不可欠な空気や水を生成し，蓄え，循環させ，いわゆる**生命維持装置**としての土台を与えてくれている．

　このことに加えて，自然環境が経済システムに対し有している機能として次

の3つを挙げることができよう．

①資源供給機能：

　われわれは，魚やきのこのように自然環境という場で育まれた海の幸や山の幸に代表されるような自然の恵みを受け，日々の食生活を送ることができるし，自然環境という場に蓄積された石油や天然ガスといったエネルギー資源の供給を受け，諸々の生産活動や消費活動を行うことができる．ちなみに，前者は**再生可能資源**（renewable resource）と呼ばれ，自然増殖が可能であり，採取や利用の仕方さえ良ければ，永続的に利用可能となるような資源である．一方後者は，枯渇性資源あるいは**再生不可能資源**（non-renewable resource）と呼ばれ，一度使った量は再び回復することは不可能で，利用した分だけ確実にその存在量が減少する資源である[2]．

②アメニティ供給機能：

　われわれは，たとえば，山という場に行くことによって，美しい緑や澄んだ水，爽やかな風によって心地良さを感じることができる．あるいは，生まれ育った故郷の自然に接することで，つまり原風景に親しむことで，何ともいえない安らぎを感じることもできる．しかるべき場所にしかるべきものが存在する（the right thing in the right place）ことの重要性である．このように自然環境は景観という快適さを供給する機能を有している．

③廃物の同化・吸収機能：

　われわれが生産活動や消費活動を営むプロセスで生じる副産物は一部再利用や再生利用にまわることもあるが，最終的には人間にとって利用不可能な廃棄物となる．これらは山野河海に放出される．これらを処理してくれる場が自然環境である．

　自然環境は一方でわれわれが経済活動を営むために必要とするインプットや心地よさを供給する役割を演じ（①と②を自然環境が持つ**ソース機能**と呼ぶ），他方で，われわれが経済活動を営むプロセスで生じる，あるいは営んだ結果生じるアウトプットを受け入れてくれる役割を演じてくれるのである（③を**シンク機能**と呼ぶ）．

---

[2] 再生可能資源や枯渇性資源の分析は本書の第5章以下で詳細に展開している．

図1.1 自然環境と経済システム（シンク機能とソース機能）

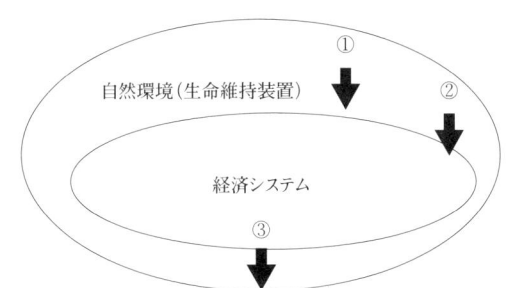

　環境問題は，このような自然環境と経済システムとの関係が齟齬を来たすことによって，つまり自然環境が有している3つの機能である資源供給機能，アメニティ機能，そして同化吸収機能が機能不全を起こすことによって引き起こされるものである．例えば，マグロのような再生可能な資源が本来有している増殖能力を超えて人為的に大量に収奪されたり，原油のような再生不能な資源を確保するのに長大なパイプラインを敷設することによって，生物多様性の破壊や森林破壊が生じること，ある地域での土地の無計画な利用によって，その地域が有する景観美を損なってしまうこと，そして，自然環境が有する同化・吸収の能力を超えて，大量に廃棄物が投棄されたり，その機能が発揮できないプラスチック類に代表される異質なものが廃棄されること，などを挙げることができよう．

　自然環境と経済システムの関係は，Gowdy（1994）にしたがえば，大きく3つの時代に区分することができる[3]．まず，狩猟・採取の時代である．われわれ人類が地球上に姿を現してから現在に至るまでの約99％の期間を過ごしたのはこの時代であり，人は山の幸や海の幸といった再生可能な天然資源のフローにもっぱら依存し，日々の糧を得ていた．次は農業の時代である．ここでは，穀物生産が主流となり，フローよりはストックが強く要求されることになった．そして，生活の糧を得るための情報力は偏在し，その糧が不平等に分配され，

---

[3] 彼は狩猟・採取社会や農業社会において，自然環境がどのようにして維持されてきたのかをさまざまな地域や先住民，例えば，オーストラリアのアボリジニのケースを用いて説明している．

社会的階層化ももたらされるようになった．この時代には深刻な環境問題が生じたといわれている．たとえば，チグリス・ユーフラテス川で展開された灌漑によって，その地域の土壌中の塩分濃度が上がり，農地が不毛の地となり灌漑農業が行き詰まったということが挙げられている．また，最初に人口爆発が生じたのもこの時代であったことも特筆されなければならない．

第3の時代は産業革命以降今日に至る時代である．この時代の特徴は，天然資源ストックのなかでも石炭，石油といった再生不可能な化石燃料に大きく依存し，大量生産，大量消費，大量廃棄を基調とする経済システムや生活様式を広め，地球全体の環境に影響を及ぼすに至っている．周知のように経済システムはそれ自体，閉鎖系として成り立つものではない．図1.1で示しているとおり，経済システムの内部で生じているさまざまな経済現象も，その基盤としての生態系との相互作用なしには存立しえないのである．

資本と労働に重きを置き，自然環境の持つ**環境容量**（carrying capacity）を考慮に入れない第3の時代の経済システムは自然破壊や環境汚染という形で上の3つの機能を著しく低下させ，地球規模での汚染を拡大させてきたのである．

最近の動きを図1.2の**物質フロー**図で見てみよう．平成15年度，わが国では，国内外の自然環境から天然資源等が17億5500万トン供給され，これによりさまざまな生産・消費活動が営まれ，結果として廃棄物が5億8200万トン発生している．これほど多くの資源が投入され，最終的にまた多くの廃棄物が排出される．文字通り，大量生産，大量消費，そして大量廃棄である．自然環境が機能不全を起こしても無理ないことなのかもしれない．

われわれは改めて**熱力学の法則**から得られる次の2つの命題に留意すべきである[4]．

命題1 すべての資源の採取，生産，消費は，最終的にこれらの部門に流入する資源と成分・エネルギーの点で等しい廃棄物（残余物）になる．

命題2 これらの廃棄物の100％が，再び資源フローに戻される（再利用）されることは熱力学の第2法則（エントロピー増大）より，ありえない．

このような厳しい現実を直視するかぎり当然のことであるが，経済学は自然

---

[4] Turner, Pearce, and Bateman (1993) 第1章参照．

図1.2　わが国における物質フロー（平成15年度）

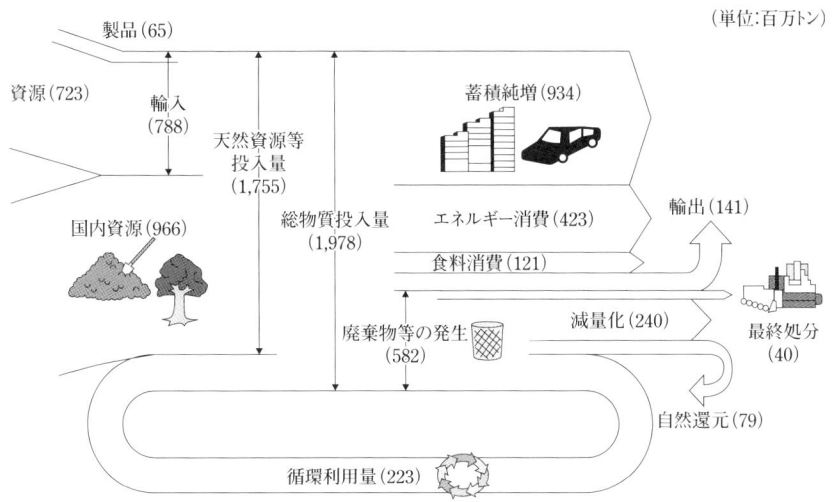

（単位：百万トン）

（注）　産出側の総量は，水分の取り込み等があるため総物質投入量より大きくなる．
（出所）　「平成18年版循環型社会白書」．

表1.1　自然環境と経済システム（インプットとアウトプット）

アウトプット ＼ インプット	経済システム	自然環境
経済システム	伝統的経済学 A	資源経済学 B
自然環境	狭義の環境経済学 D	伝統的な自然科学の分野 C

（出所）　Siebert (1992), 佐和・植田 (2002) より作成．

環境との関係を，インプットとアウトプットの両面から，つまり自然環境の持つソース機能とシンク機能の制約の視点を組み込んでいかなければならない．表1.1はこれら両面から見た学問対象を大まかな学問体系を分類したものである．

　もちろん，この分類はあくまでも一次近似的なものであって，相互の学問領域は密接に関連している．原油や天然ガスの開発によるパイプラインの敷設が，

生物多様性を脅かし森林を伐採し多大な環境問題を引き起こしているという事実を観察すれば，理解できることであろう．また，さまざまな経済活動の結果 A の領域で発生した問題は，B から C に入り自然の諸循環を経ながら D に至るというように，空間的・時間的に広範囲に拡大していくという現実の動きに応じた学問間の連携が必要であろう．経済活動の結果，自然環境に負荷が発生し，それが自然でいかなる処理がされ，そして経済活動に対しどう影響してくるのか，つまり上記の学問間の連鎖が必要不可欠となる．広い概念で呼ばれている「環境学」の必要性が強調されるべきであろう．

1.3 市場の機能：アダム・スミスのテーゼと余剰分析

前節で解説したように，自然環境と経済システムは密接な関係を有している．わが国をはじめとする主要先進諸国では，とりわけ，その経済システムの中心は市場経済制度である．市場という仕組みを通じて，資源は供給され，アメニティも供給され，廃棄物は処理される．市場での需要者として，われわれは居ながらにして，モロッコの蛸，アルプスの水など世界各国の自然が育んだ再生可能資源である海や山の幸を堪能することができるし，石油や天然ガスなど経済活動の原動力ともいえる枯渇性資源の多くを輸入することも可能である．また，パック旅行という便利な商品で，屋久島の大自然に接することも，スコットランドの神秘的な湖に佇み感傷に浸ることもできよう．そして，使用できなくなった諸々の商品を引き取ってくれる処理業者も存在する．なぜこのように市場という場がありとあらゆる状況下で活用されるようになったのか．このこと，つまり市場の有する機能をまず考察してみよう．

　アダム・スミスのテーゼとしてよく引用される文がある．「社会の利益を増進しようと思い込んでいる場合よりも，自分自身の利益を追求するほうが，はるかに有効に社会の利益を増進することがしばしばある」(『国富論』1776 年)．つまり市場を通じての個々人が自らの利益を追求することが，社会全体の利益を高めてくれる，いわば，私利の追求は「公共善」になるというものである．この場合，社会の利益がいかに表現されるかに留意しなければならない．ここでは，余剰という概念で社会の利益が表現できると仮定しよう．

このことを，市場の需要曲線や供給曲線を使って示してみよう．もちろん，ここで考察する市場は完全競争市場[5]であると仮定しておこう．

図1.3(a)には需要曲線，図1.4(a)には供給曲線が表示されている．まず需要曲線を考えよう．市場で取引される財の最初の1単位に対して，需要者が支払ってもよいと考える金額，すなわち**支払意思額**（WTP：willingness to pay）は0-1の幅の棒グラフで表現することができる．次の1単位に対しての支払意思額は，1-2幅の棒グラフである．したがって，3単位の需要量に対して消費者が支払ってもよいと考える金額は，3つの棒グラフの合計で示すことができる．一方，供給曲線については，最初の1単位を供給するのに受け取りたいと考える金額，すなわち**受取意思額**（WTA：willingness to accept）は0-1幅の棒グラフで表現することができる．次の1単位に対しての受取意思額は1-2幅の棒グラフで示される．したがってたとえば，3単位の供給量に対して供給者が受け取るべき金額は，3つの棒グラフの合計で表されることになる．

この図では1単位を大きくとっているが，この単位を限りなく小さくとれば，ある単位 x に対して消費者が支払ってもよいと考える金額（＝支払意思額）は x までの需要曲線の下の面積で表現することができるし（図1.3(b)参照），ある単位 x に対して生産者が受け取るべき金額は，供給曲線の下の面積で示

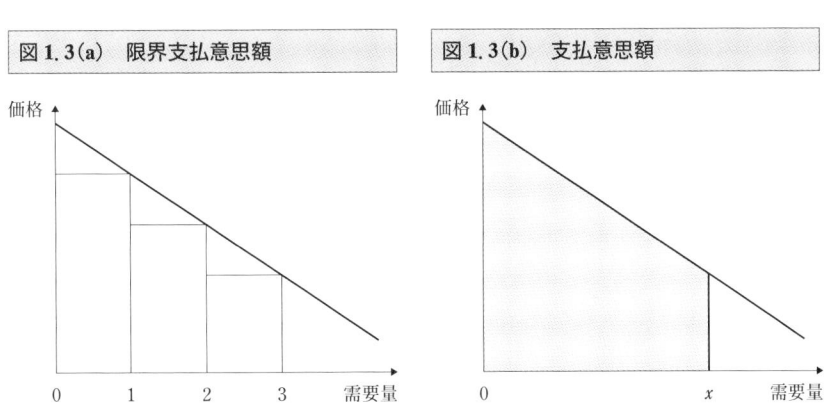

図1.3(a) 限界支払意思額　　図1.3(b) 支払意思額

---

[5] 完全競争とは一般的に次の4つの条件が満たされている市場をいう．①多数性，②情報の完全性，③同性，④潜在的競争である．

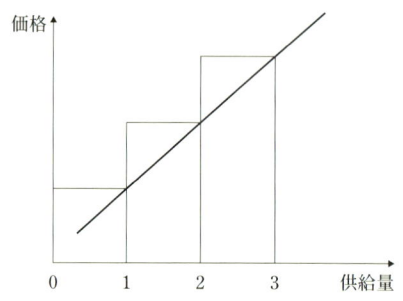

図1.4(a) 限界受取意思額

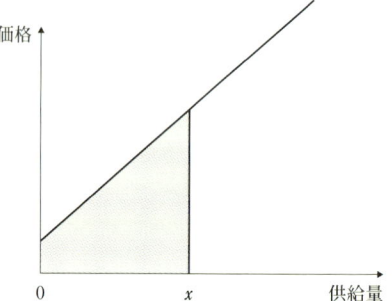

図1.4(b) 受取意思額

すことができる（図1.4(b)参照）．

こうして，市場に参加する消費者や生産者が需要したり供給したりする財の数量に対し自らの利益を表すものとして，支払意思額や受取意思額が与えられるのである．

図1.5には需要曲線と供給曲線が一緒に描かれている．今，需要と供給が均衡する状態で取引が行われるとしよう．その場合，x^*単位の財が価格p^*で取引されることになる．ここでの消費者の支払意思額は台形AEx^*Oの面積で，生産者の受取意思額は台形BEx^*Oの面積で表される．消費者が実際に支払う金額はp^*Ex^*Oであるから，消費者がx^*単位の財を消費することによって得られる利益（支払意思額−実際の支払額）は三角形AEp^*となる．これを**消費者余剰**（CS：consumers' surplus）と呼ぶ．一方生産者がx^*単位の財を供給することによって得られる利益（実際の受取額−受取意思額）は三角形p^*EBとなる．これは**生産者余剰**（PS：producers' surplus）と呼ばれる．したがって，均衡のもとでこの市場に参加するすべての人々が得る利益は消費者余剰と生産者余剰の合計で表すことができる．これを**社会的余剰**（social surplus）と呼ぶ．この概念が一般的に市場での取引の利益，つまり市場に参加するすべての人々の経済的豊かさの指標として利用されているものである．この市場均衡のもとで得られる社会的余剰は最大となることが知られている．これがスミスのテーゼとして知られているものである．

図 1.5 市場均衡と社会的余剰

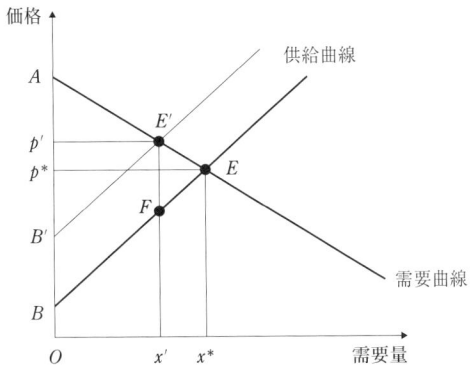

たとえば、今この市場に政府が介入して、生産者に1単位当たりt円の従量税を課したとしよう。当然生産者はこの課税分を織り込んでの利潤最大化行動をとるだろう。その結果供給曲線は左上方へシフトし、新しい均衡点(x', p')が得られる。この新しい均衡での社会的余剰はどれ位の大きさになるであろうか。消費者余剰は三角形$AE'p'$、生産者余剰は三角形$p'E'B'$となる。さらにこの場合、政府がこの市場に参加しているので、社会的余剰として政府の利益＝税収を含めなければならない。税収は平行四辺形$B'E'FB$となる。したがって、政府が参入したときに得られる社会的余剰は台形$AE'FB$となる。明らかに政府が関与することで、関与する前に比べて社会的余剰は三角形$E'EF$の分だけ減少する。これがよく知られた**死重的損失**（deadweight loss）である。したがって、政府の市場への介入は避け、消費者や生産者が自らの利益を自由に主張することができるような制度的裏づけに徹すればよいという夜警国家論あるいはレッセフェール（自由放任主義）の思想が正当化されるのである。

1.4 市場の失敗と非市場

前節で述べたように、市場はそれが完全であれば、市場に参加するすべての主体の利益＝社会的余剰を最大化するという意味で、優れた成果を示してくれ

る．しかし現実にはさまざまな制約条件が存在して，市場が思い通りの成果を示してくれないケースが多く存在する[6]．

ある市場で営まれる人々の経済活動の影響は当該の市場に参加する人々だけではなく，その市場に参加しない他の主体に影響を及ぼすことがある．これを経済学では外部性（externality）と呼んでいる．外部性には，ある主体の経済活動が他の主体にプラスの影響を及ぼすケース（これを外部経済あるいは正の外部性という）とマイナスの影響を及ぼすケース（これを外部不経済あるいは負の外部性という）がある．たとえば，原油の供給者が供給量を抑制することによって原油価格が上昇すれば，原油と関連する市場，ガソリン市場や石油化学製品市場の製品価格を高騰させ，ひいては消費者が日常的に購入している台所洗剤等の値上がりを招来するであろう．また，木製品製造工場の生産活動によって発生する副産物としての煤煙が，他の企業，たとえば，クリーニング工場の生産活動に悪影響を与えたり，地域住民の健康に被害をもたらすことがあるだろう．消費者の生活排水が海に注ぎ，魚や海苔を養殖している事業者の生産高に悪影響を及ぼすこともあるだろう．前者の場合，外部性の影響は市場での価格高騰というプロセスを通じて波及していくことになる．この場合を**金銭的外部性**と呼んでいる．他方，後者の2つの例は，生産者や消費者の経済活動が，市場を通じることなく直接的に他の経済主体へ影響を及ぼすことになる．この外部性を**技術的外部性**と呼んでいる．環境問題で特に重要な位置づけとなるのが，この技術的外部性の概念である．このような外部性が存在すると，市場はその機能を十分に果たすことに失敗する．

以下，最初にこの外部性（技術的外部不経済）の重要性を指摘したピグー（A. C. Pigou）の主張を紹介してみよう．ピグーは当時イギリスでもっぱらの交通手段であった鉄道輸送の問題を指摘した．石炭を原料として走る蒸気機関車は火の粉を撒き散らし，周辺の森林を消失させていった．鉄道輸送による沿線の森林消失の損害費用を鉄道事業者が負担するという法律は当時存在しなかったが，当然それは社会の誰かによって負担せざるをえない費用であった．そのため，鉄道事業者自らが負担する費用＝私的費用には，森林消失の損害費用

---

[6] たとえば，Hanley et al. (2001) は，自然環境との関連で市場の失敗が生じる原因として，外部性・コモンプール財・公共財・情報の偏在の4つを挙げている．

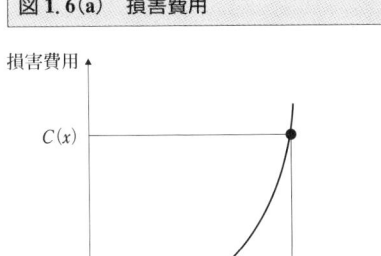

図 1.6(a) 損害費用

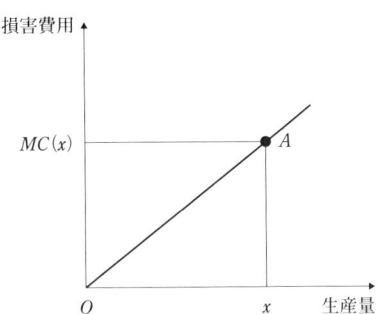

図 1.6(b) 限界損害費用

は計上されない．ここに，鉄道輸送に伴って社会全体が負担しなければならない費用＝社会的費用と私的費用との乖離が生じるのである．ピグーの主張は，鉄道の輸送サービス量は社会的に見て過剰であり，その輸送量を制限するための方法として鉄道輸送サービスに対する課税を提唱したのである．この種の税は，その後「**ピグー税**」という名称で，環境問題に対処するための政策手段，経済的手段として重要な位置を占めるに至っている．

現在，このような技術的外部不経済の例は多く見出すことができる．自動車による輸送サービスが市場で供給されることによって，市場に参加していない人々は不利益を被る．具体的には，騒音・振動・排気ガス等による居住環境の悪化や健康被害そして温暖化の進展等があげられよう．このような損害は一般的に輸送サービスが増えれば増えるほど，大きくなるであろう．たとえば，図1.6(a)のような二次関数で**損害費用**が表現できるとしよう．この場合，**限界損害費用**は図1.6(b)のように直線で描けることになる．

今 x 単位の供給量が市場で取引されているとしよう．この場合第三者がこうむる損害額は，縦軸の長さ $C(x)$ で表現することができる．この損害額は，図1.6(b)では，三角形 OAx の面積に対応することに留意しよう[7]．

---

7) たとえば，損害費用が $C(x) = x^2$ のとき，限界損害費用 $MC(x)$ は，損害費用を微分したものであるから，この場合，$MC(x) = 2x$ となる．したがって，$x = 2$ のときの損害額 4 は，限界損害費用曲線下の三角形の面積，$2 \times 4 \times 0.5 = 4$ で示される．

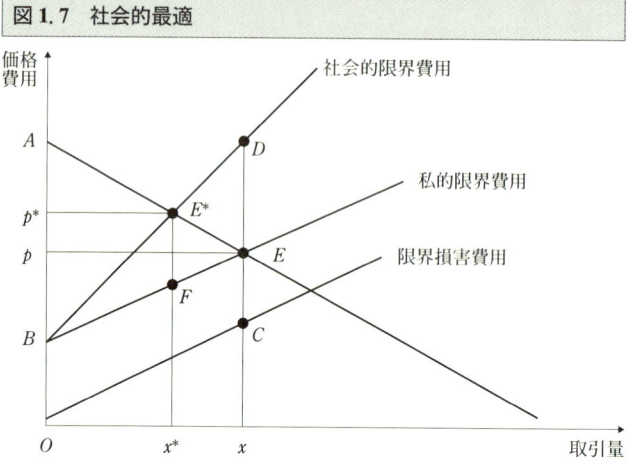

図1.7 社会的最適

さて，図1.7には図1.5と同じように右下がりの需要曲線，右上がりの供給曲線が測られている．この市場に政府がまったく介入しないならば，市場均衡Eが実現するであろう．そのときに得られる消費者余剰と生産者余剰はそれぞれ三角形pAEと三角形BpEで表すことができる．社会的余剰はこの2つの余剰の合計から，第三者が被るであろう損害額（三角形BDE）を差し引いたものでなければならない．したがって，市場均衡Eが実現したときの社会的余剰は三角形BAE^*から三角形E^*DEを差し引いたものとなる．

今，たとえばxの量が供給されているケースを考えよう．外部性が存在するときには，供給者自らが負担する費用（供給曲線は**私的限界費用**曲線とも呼ばれる）xEに加えて，第三者が負担せざるをえない費用xCが発生する．したがって，社会全体が負担する費用は私的費用分xEと損害費用分xCを加えたxDの高さとなる．このように私的限界費用と**限界損害費用**（限界外部費用）を加えた費用は**社会的限界費用**と呼ばれるが，外部性が存在する場合，私的限界費用と社会的限界費用との乖離が生じることになる．この社会的限界費用と需要曲線の交点E^*で得られる社会的余剰の大きさを求めてみよう．この大きさは三角形BAE^*となる．したがって，明らかに市場で成立する均衡Eよりも余剰は三角形EE^*Dの分だけ大きくなる．Eだけではなく，他のいかなる価格と取引量の組み合わせのもとでも，このE^*で実現される社会的余剰より大

きくするものは存在しないので，この E^* は**社会的最適**と呼ばれる．

それでは，この社会的最適を実現する手立てとしていかなる手段が考えられるであろうか．ピグーは供給者に対する従量税を課すことで，望ましい状況が実現できると主張した．今，生産量1単位当たり，FE^*（x^* で発生する限界損害費用の大きさ）に等しい税が課されたとしよう．この税が課されると，供給者はこの税を織り込んだ利潤最大化行動をとり，その結果供給曲線（私的限界費用曲線）は左上方へシフトする．こうして，市場均衡として E^* が実現することになる[8]．

以上の議論を政策的提言としてまとめてみよう．

> **政策提言**：ある財の市場において外部不経済が存在するときには，その財の取引に従量税を課し，市場価格を上昇させ（p から p^* へ），取引量を減少させる（x から x^* へ）ことで，社会の利益を増進させることができる．

1.5 コモンズの悲劇とコモンプール財

本章の **1.2** 節で論じたように，われわれが生産活動や消費活動を営むとき，それを意識するしないにかかわらず，自然環境によって育まれる幸を資源として有史以来利用し続けている．また，そのような利用活動のなかから地域独自の伝統や文化が形成されてきた．

本節では改めて自然環境が有する特徴を考察してみよう．まず，第1に，それらは地域に固有なもの，つまり自然環境は自然の力によって形成されてきたストックであり，地域固有の文化をも育む場であるといえよう．第2に，自然環境はいったん破壊されると再生・復元することがきわめて困難となるという意味で，不可逆的である．

そして，第3に，自然環境という場で得られる財は，経済学でよく言及される**非排除性**（non-excludability）と**競合性**（rivalyiness）という特徴を持つ財で

---

[8] 実際の課税にあたっては，限界損害費用が課税当局にとって既知でない限り，最適な税を課すことは不可能である．このような理論的な欠点を補って，より現実的な課税方式としてボーモル＝オーツ税がある．詳細はたとえば，佐和・植田（2002）を参照のこと．

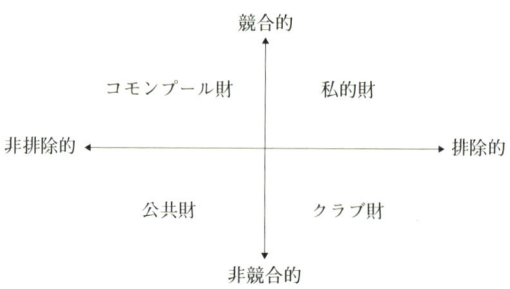

図1.8 財の分類基準

ある.非排除性とは,当該財の利用にあたって,対価を支払わない人をその利用から排除することができないか,または排除するのに膨大な費用がかかることをいう.市場で取引される多くの財はその所有権が規定され売買することによって所有権の移転も伴うものであるから,排除性の原則が成立する.しかし元来誰のものでもない,自然の力によって形成された自然環境については,たとえば公海のように,この排除性の原則が妥当しないケースが当てはまる.

競合性とは,当該財の供給量が一定である場合,ある人のその財の利用は他の人の利用可能性を確実に損なうことになることをいう.もちろん,競合性で言及する財は山や海そのものではなく,それらが生み出してくれる山の幸や海の幸をさすもので,具体的には山での木,野生動植物,海では魚,海藻類等を表すものである.この非排除性と競合性を有する財は,**コモンプール財**と呼ばれている(図1.8参照).

このコモンプール財の利用についてよく言及されている現象が,**コモンズの悲劇**(the tragedy of the commons)と呼ばれるものである.これは,個々人の利益追求が社会全体の利益を減じるとともに,自然の再生可能性をも破壊してしまうというものである.自然環境には収容能力があり,これを超えて生産や消費活動が行われると,いかに再生可能な資源といえども,自然は破壊され,資源は絶滅の危機に瀕することになる.鯨の乱獲が鯨文化を有する国々の利益を損なうとともに鯨という種を絶滅の危機にさらしたことは記憶に新しい.他にもこのような実際の現象はいくつも示すことができよう.

表1.2　コモンズの悲劇：簡単なゲーム論による解釈

A さん＼B さん	5 頭	6 頭
5 頭	(50, 50)	(45, 54)
6 頭	(54, 45)	(48, 48)

　ここでは，簡単なゲーム理論の道具を借りて，コモンズの悲劇のメカニズムを解説してみよう．

　今，誰でも利用することができる共有の牧草地があり，そこに村人AとBが羊を5頭ずつ放牧しているケースを考察しよう．表1.2の (50, 50) の左の値は，Aさんが5頭放牧したときに得る利益50万円を，右の値はBさんが5頭放牧したときに得る利益50万円を示している．この場合，1頭当たりの利益は10万円である．

　この牧草地が有する収容能力が10頭であり，その数を超すと肥育状況が悪化し市場での価値が低下するとしよう．このモデルでは11頭が肥育されると1頭当たり9万円，12頭になると1頭当たり8万円にしかならないとしている．このような状況下で各人が自らの利益を最大化する行動をとった場合，どのような結果が生み出されるだろうか．この状況はゲーム理論で**囚人のジレンマ**と呼ばれるもので，最終的に落ち着くところは，互いに6頭ずつ (48, 48) の組み合わせとなる（この均衡状態をナッシュ均衡と呼ぶ）．各人にとって (50, 50) というお互いに好ましい状況が選択できたにもかかわらずである．

　こうして，自己の利益追求は，社会全体の利益（ここでは，村人2人の利益）を損ない，しかも当該地域の自然をも破壊する（牧草地が過放牧となり，次の期にはその機能を果たしえなくなるという意味で）ことになる．

　自然環境が育んでくれる財には，魚や野生動物のように移動することができるものと，木や野生植物のように移動できないものがある．また一定の領域に蓄積しておくことが可能なものと，そうでないものに区別することも可能である．とりわけ移動性が高くしかも貯蔵不可能であるようなもの，たとえば，魚，野生動物，地表水のようなものであれば，そのような資源を利用する人々が進

んで何らかのルールを設定するインセンティブはきわめて弱くなり,枯渇は急速に進行する可能性が高いと考えられている.

自然環境の「幸」だけでなく,自然環境そのものも取引の対象になることがある(山を切り開いてのゴルフ場開発はその典型的な例である).取引の対象になる以上,自然環境には所有権が確立されていなければならない.

自然環境の所有形態を次の4つに分類することができる[9]).

　　　オープン・アクセス(open access)
　　　国有財産(state property)
　　　私有財産(private property)
　　　共通財産(common property)

元来誰のものでもなかった自然環境は,狩猟採取の時代においては現在の公海と同様に,もっぱらオープン・アクセスとして利用されていたのであるが,次の農業の時代においてさまざまな所有形態をとることになる.とくに強調すべきは,国有と私有という2つの極の間に厳然として存在した**共通財産制度**であろう.わが国でみられる入会(いりあい)の制度は,まさに「公私共利」[10)]の大原則を踏襲したものである.共通財産制度のもとで,当該地域の住民によってコモンプール財の利用,維持,管理についてのさまざまな共同ルールが設けられ,守られてきた.しかし,このような制度は産業革命以降の技術発展とそれに伴って生じた労働や資本の移動によって,崩壊の一途をたどり,自然環境の多くは私有化あるいは国有化へと二極化されていったのである.先に言及したように本来私的財でないにもかかわらず私有化されることによって生じる失敗(エンクロージャーの悲劇),発展途上国の森林伐採に見られるように国有化されることによって生じる失敗が,今日の重大な自然破壊やアメニティ破壊をもたらしたといえるであろう.

---

9) わが国の民法の規定によれば,総有・共有・合有といった共同所有の概念がある.一般にcommon property という用語は共有財産と訳されているが,ここでは民法の概念との混同を避けるために,「共通」という用語を使用した.なお,わが国の入会の特徴をもっともよく表現するものは総有の概念であろう.

10) もともとわが国では,山野河海は,ある特定の権力者による排他的な独占を禁じ,一般の人々の利用を認めるのが原則であった.秋道(1995)は,古代から中世にかけてのわが国で,山野河海の所有や利用に関するこの思想がいかに強かったかを豊富な事例を挙げて説明している.

表1.3 所有形態の分類と生じる問題

所有形態	もたらされる問題
オープン・アクセス	コモンズの悲劇
国有（公有）財産	政府の失敗
私有財産	市場の失敗（エンクロージャーの悲劇）
共通財産	オルソン問題

このような問題に対処するための対策として、適切な課税・補助金政策や所有・利用権の変更等も考えられよう．現在でもなお、共通財産制度のもとで、自然環境とその「幸」を利用・維持・管理するしくみを残し、自然環境の保全という面から優れた成果を生み出している地域が多くあることも知られている[11]．

人類が、狩猟・採取、農業の時代を通じ、永きにわたって築き上げた再生可能な資源の収穫に対する「生活の知恵」は、現代の科学技術の知見に優るとも劣らないものがあるだろう．現在の利益を抑制して、将来の利益を確保する「先達の知恵」に学ぶことも必要であろう．

練習問題

練習問題 1.1 自然環境の3つの機能（資源供給機能・アメニティ供給機能・同化吸収機能）が損なわれている事例を、それぞれの機能ごとに挙げ、それらがいかに他の機能の機能障害をもたらしているかを調査しなさい．

練習問題 1.2 需要曲線が $x = -2p+48$、供給曲線が $x = 3p-12$ のとき、
(1) 均衡価格と均衡取引量を求めなさい．
(2) 均衡のもとでの社会的余剰を求めなさい．
(3) 生産者に対し $t = 5$ の従量税が課されたとしよう．(a) 課税による死重的損失はいくらですか、(b) 消費者が負担する税額はいくらになりますか．

練習問題 1.3 市場の需要関数が $x = 100-p$、供給関数（私的限界費用）が $x = 2p-20$ で与えられ、限界外部費用が $p = \frac{1}{2}x$ となったとき、
(1) 市場で成立する均衡点 (x, p) と社会的最適な点 (x^*, p^*) を求めなさい．

---

11) たとえば、Ostrom (1990) や Ostrom, Gardner, and Walker (1994)、薮田 (2004) を参照．

(2)社会的最適な点を実現するために従量税をいくら課せばよいか，取引量1単位当たりの税を求めなさい．

練習問題 1.4 再生可能な海洋資源を長期にわたって保護するために国連海洋法条約が1994年に発効した．ここには，重要な役割を演じているTAC (Total Allowable Catch) と呼ばれる国際協定がある．この内容を調査してみなさい．たとえば，水産庁のホームページ http://www.jfa.go.jp/ 等を参考にしなさい．

参考文献

秋道智弥（1995）『なわばりの文化史』小学館．
中央環境審議会答申（2004）「環境と経済の好循環ビジョン〜健やかで美しく豊かな環境先進国へ向けて〜」環境省．
Gowdy, J. (1994) *Coevolutionary Economics: The Economy, Society and the Environment*, Kluwer Academic Press.
Hanley, N., J. F. Shogren, and Ben White (2001) *Introduction to Environmental Economics*, Oxford University Press.
Ostrom, E. (1990) *Governing the Commons: The Evolution of Institutions for Collective Action*, Cambridge University Press.
Ostrom, E., R. Gardner, and J. Walker (1994) *Rules, Games & Common-Pool Resources*, University of Michigan Press.
佐和隆光・植田和弘編（2002）『環境の経済理論』岩波書店．
柴田弘文（2002）『環境経済学』東洋経済新報社．
Siebert, H. (1992) *Economics of the Environment*, Springer-Verlag.
Turner, R. K., D. Pearce, and I. Bateman (1993) *Environmental Economics: An Elementary Introduction*, The Johns Hopkins University Press（大沼あゆみ訳（2001）『環境経済学入門』東洋経済新報社）．
藪田雅弘（2004）『コモンプールの公共政策』新評論．

コラムで考えよう　　市場均衡と余剰

市場均衡で実現する参加者の利益である社会的余剰がいくらになるか，簡単な事例で確認してみよう．今，観光地において記念写真を購入したいと考える需要者と販売したいと考える供給者がそれぞれ8人ずついると仮定しよう．第 i 番目の需要者の記念写真に対するWTP（支払意思）を D_i とし，その額が大きな順に並べると，$D_1=500$，$D_2=400$，$D_3=350$，$D_4=300$，$D_5=250$，$D_6=200$，$D_7=100$，$D_8=50$

となるケースを想定してみよう．一方第 i 番目の供給者の WTA（受取意思）を S_i とし，その額が小さい順に並べると，$S_1=100$, $S_2=100$, $S_3=150$, $S_4=200$, $S_5=250$, $S_6=250$, $S_7=350$, $S_8=450$ となるとしよう．

以上のデータから，以下のような需要曲線と供給曲線を求めることができる．需要者は自らの支払意思額よりも高い価格が市場で設定されれば購入することを断念するであろうし，供給者は受取意思額より低い市場価格が設定されるならば，自らの財を供給しようとはしないであろう．したがって，この場合均衡価格は 250 円，均衡取引量は 5 単位となる．消費者余剰は各需要者の支払意思額から実際の支払額 250 円を差し引いた残りの金額であるから，取引を行う 5 人の消費者余剰は，$250+150+100+50+0=550$ となる．一方，生産者余剰は，供給者が実際に受け取る金額 250 円から各供給者の受取意思額を差し引いた残りであるから，同じく 5 人の生産者余剰は，$150+150+100+50+0=450$ 円となる．したがって，合計 1000 円がこの市場に参加するすべての人々の利益＝社会的余剰である．

この市場均衡で成立する価格や取引量のもとで，社会的余剰が最大になることが知られている．たとえば，今この市場に政府が介入し，価格を 350 円に固定したとしよう．この場合，需要量は 3 単位となり，消費者余剰は $150+50+0=200$ となる．一方，350 円であれば，供給してもよいと考えられる単位は 7 単位ある．もし，受取意思額の小さい順に市場への供給が許されることになった場合の生産者余剰は $250+250+200=700$ となるが，違う生産者が供給することができるようになった場合，生産者余剰は必ず小さくなる．したがって，価格固定による死重的損失は 100 円以上となるのである．このことはほんの一例であるが，市場には可能な限り介入すべきではないというレッセフェール（自由放任主義）の理論的基礎が確立することになる．

市場均衡と余剰

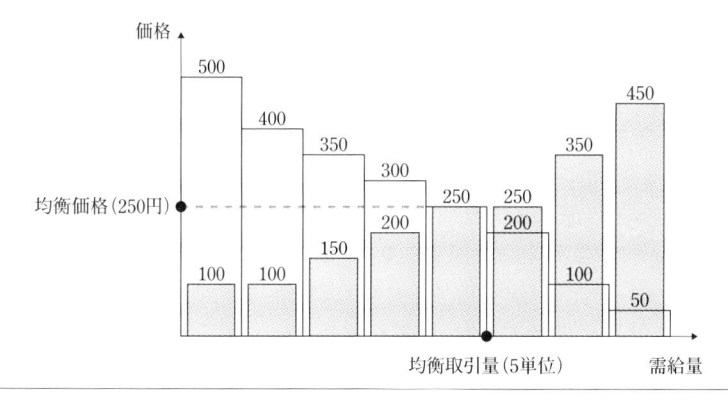

第 2 章 環境問題と市場の失敗

2.1 はじめに

　本章の目的は，市場メカニズムの効率性を明らかにしたうえで，環境問題に対する経済学的考察の1つである所有権アプローチについて整理することにある．市場メカニズムの効率性に関する議論においては，効率的な資源配分が実現されることを消費と生産それぞれについて考察した後に，消費と生産を同時に考慮した場合のパレート効率性について整理する．このことより，完全競争状態における市場メカニズムの効率性に関する理解が深まるであろう．

　次に，環境問題を外部不経済として捉え，先に考察した市場メカニズムが円滑に機能しない市場の失敗について整理する．外部経済が存在するとパレート効率的な資源配分が歪められてしまい，社会的に望ましい状態から乖離してしまう．環境問題に対する伝統的な経済学的アプローチは，この外部経済の概念を用いたものであり，外部経済の概念を理解することは環境問題を考えるうえで有益なこととなる．

　最後に，外部費用の内部化に対する考え方の1つである所有権アプローチについて整理をし，コース定理の基本的内容およびその限界について理解していく．

2.2 市場メカニズムの効率性

　『平成18年版　循環型社会白書』の第2章にある「経済的手法の活用」(p. 126)の項目には次のような表現がある．「多くの人の日常的な活動によって引

き起こされている廃棄物問題については，大規模な発生源やある行為の規制を中心とする従来の規制的手法による対応では限界がある面もあります．このため，その対策に当たっては，規制的手法，経済的手法，自主的取組などの多様な政策手段を組み合わせ，適切な活用を図っていくことが必要です．平成12年4月施行の地方分権一括法によって，課税自主権を尊重する観点から法定外目的税の制度が創設されたことなどを受け，廃棄物に関する税の導入を検討する動きが各地で見られます」[1]．このように各経済主体に対して，何らかのインセンティブを与えることにより社会的に望ましい状態を実現しようという考え方は，環境政策を考えるうえで今日一般的になってきたように思える[2]．

ところで，市場メカニズムにおける資源配分問題に関して，厚生経済学が明らかにした結論として，**厚生経済学の第1基本定理**が挙げられる．これは，「利己的な家計の効用最大化行動と企業の利潤最大化行動の結果，完全競争市場における市場均衡では，パレート効率的な資源配分が実現する」というものであり，経済学の祖であるアダム・スミス（A. Smith）の"神の見えざる手"のメカニズムを現代的に表現していると考えられる．したがって，厚生経済学の基本定理は資源配分に関して，消費の効率性と生産の効率性を同時に達成することを意味している．

2.2.1 消費におけるパレート効率性

今，価格を通じた交換モデルの簡単な場合として，2財 (x, y) 2消費者（A，B）モデルを考える．消費者間に配分されている消費財の配分を変更することにより，Aの効用を高めようとするときBの効用が低下するならば，現在の配分はパレート効率的である．したがって，パレート効率性は，Bの効用をある水準で一定としたときに，Aの効用の最大化を図ることにより達成される．この問題は，次のような制約条件付きの最大化問題として定式化され

---

1) 産業廃棄物埋立税（広島県），循環資源利用促進税（北海道）など，実施団体により名称に差異があるが，最終処分場等への産業廃棄物の搬入を課税客体とすることに着目して課税している団体は，2006年4月現在，30道府県にのぼっている．
2) 環境基本法第15条では，政府は「環境基本計画」を定めなければならないと規定しており，2006年4月7日に閣議決定された第3次環境基本計画では，「市場において環境の価値が積極的に評価される仕組みづくり」など10分野が重点分野政策プログラムとして明記されている．

る．

$$\max U_A(x_A, y_A)$$
$$\text{s.t.} \ U_B = \overline{U_B}, \ x_A + x_B = \overline{X}, \ y_A + y_B = \overline{Y}.$$

ここで，$U_i(x_i, y_i)(i = A, B)$ は各消費者の効用関数であり，狭義単調性，狭義準凹性，微分可能性を満たすものとする．また，$\overline{X}$ と $\overline{Y}$ は各財の初期賦存量を表す．上記の最大化問題に対して，ラグランジュ関数 L を定式化すると，

$$L = U_A(x_A, y_A) + \lambda_1[U_B(x_B, y_B) - \overline{U_B}] \\ + \lambda_2(\overline{X} - x_A - x_B) + \lambda_3(\overline{Y} - y_A - y_B) \tag{2.1}$$

となる．これより，最大化のための一階の条件を求めると，

$$\frac{\partial U_A/\partial x_A}{\partial U_A/\partial y_A} = \frac{\partial U_B/\partial x_B}{\partial U_B/\partial y_B} \tag{2.2}$$

を得る（数学注 A を参照）．(2.2) 式は各消費者の各財からの限界効用の比が等しいことを表しているが，このことは y 財で測った x 財の限界代替率（MRS）が互いに等しいことを意味する[3]．消費のパレート効率性はこの条件を満たすことにより達成されるが，このようすを明示的に表現したものが，エッジワース（F. Edgeworth）の**ボックス・ダイアグラム**である．

図 2.1 において，点 a から点 b への移動を考えると，消費者 B の効用水準は変わらないが消費者 A の効用水準を高めることができる．つまり，点 a のように 2 人の無差別曲線が交わっている状態ではパレート効率的な資源配分は実現しておらず，点 b のように 2 人の無差別曲線が接しているときにパレート効率的な資源配分が実現する．したがって，(2.2) 式を満たす状態は，2 人の無差別曲線が接している状態である．消費者 B の効用水準を変化させることによりパレート効率的な資源配分を表す集合が得られる。2 人の原点である

---

[3] 限界代替率は，y 財を 1 単位増加させた場合，効用を一定に保つために，x 財を何単位減らすことができるかという 2 つの財の比率を表している．詳しくは，本シリーズ『現代ミクロ経済学』第 1 章を参照．

第 2 章　環境問題と市場の失敗　　27

図 2.1　エッジワースのボックス・ダイアグラム

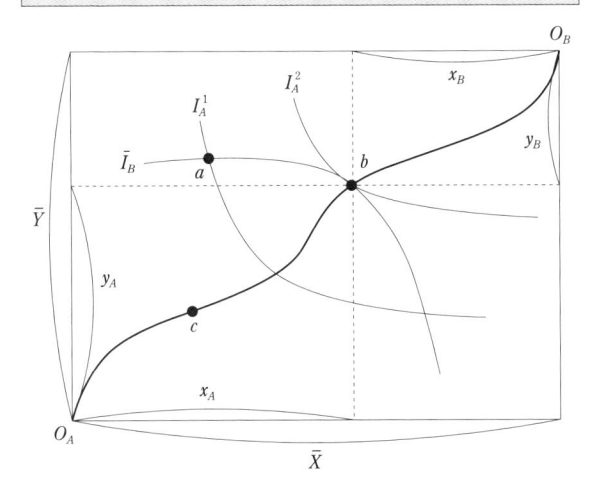

図 2.2　効用可能曲線

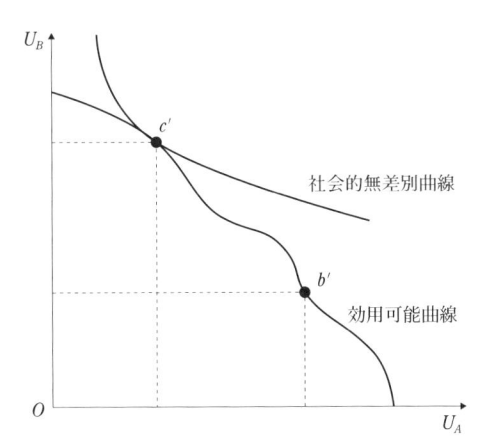

O_A と O_B を結んだ曲線がそれであり，これを**契約曲線**（contract curve）という．

このように契約曲線上を移動することにより，2人へのパレート効率的な配分が変化し効用水準を変化させることになる．そこで，契約曲線上の2人の効用水準の組み合わせに対応した図を考えてみると，図 2.1 の原点 O_A では消費者 A の効用はゼロ，原点 O_B では消費者 B の効用はゼロであること，O_A から O_B に向かっていくにつれて A の効用は高まる（B の効用は低下する）ことから，この関係を図 2.2 のように描くことができる．この曲線を**効用可能曲線**（utility possibility curve）という．

2.2.2 生産におけるパレート効率性

生産に関しても消費の場合と同様に考えることができ，一方の財（X または Y）の生産量を減少させるか，不変のままで，他方の財の生産量を増加させることができないときにパレート効率的な生産が実現する．この問題は，次のような制約条件付きの最大化問題として定式化される．

$$\max \quad f(K_X, L_X)$$
$$\text{s.t.} \quad g(K_Y, L_Y) = \bar{g}, \; K_X + K_Y = \bar{K}, \; L_X + L_Y = \bar{L}$$

ここで，f および g は各財の生産関数であり，各生産要素（K：資本，L：労働）に関して限界生産力は正で，限界生産力逓減の性質を持つものとする．この最大化問題に対して，ラグランジュ関数 L を定式化すると，

$$\begin{aligned} L = f(K_X, L_X) + \lambda_1 [g(K_Y, L_Y) - \bar{g}] + \lambda_2 (\bar{K} - K_X - K_Y) \\ + \lambda_3 (\bar{L} - L_X - L_Y) \end{aligned} \quad (2.3)$$

となる．これより，最大化のための一階の条件を求めると，

$$\frac{\partial f / \partial K_X}{\partial f / \partial L_X} = \frac{\partial g / \partial K_Y}{\partial g / \partial L_Y} \quad (2.4)$$

を得る（数学注 B）．(2.4) 式は各生産要素の限界生産物の比が等しいことを表しているが，このことは生産要素間の技術的限界代替率が互いに等しいことを意味する[4]．この様子は，消費の場合のエッジワースのボックス・ダイアグラ

図 2.3 生産可能曲線

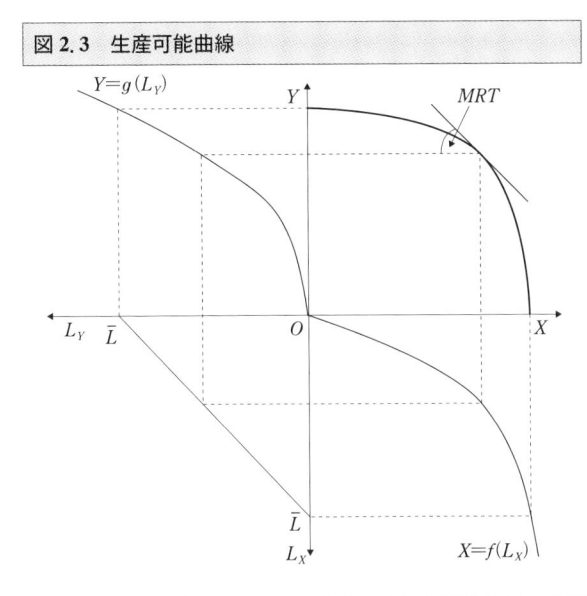

ムと同様の図で説明することができる．また，効用可能曲線に対応して生産可能曲線を導出することができる．

簡単化のために，投入される生産要素は L だけとする 2 財 2 消費者 1 投入財モデルを考える．2 財 X と Y の生産関数をそれぞれ次のようにする．

$$X = f(L_X),\ f' > 0,\ f'' < 0.$$
$$Y = g(L_Y),\ g' > 0,\ g'' < 0.$$

ここで，$L_X + L_Y = \bar{L}$ とすれば，これらの関係を図 2.3 のように表すことができる．図 2.3 の第 1 象限では生産可能曲線が示されているが，X と Y の 2 財が生産される様子が描かれている．$L_Y = \bar{L} - L_X$ として，上の第 2 式に代入すれば，

$$\frac{dY}{dL_X} = \frac{dg}{dL_Y}(-1),\ \frac{dX}{dL_X} = \frac{df}{dL_X}$$

を得る．これより

---

4) 詳しくは，本シリーズ『現代ミクロ経済学』第 2 章を参照．

$$-\frac{dY}{dX} = \frac{\partial g/\partial L_Y}{\partial f/\partial L_X} \tag{2.5}$$

となる．(2.5) 式は，すべての生産要素の投入量を一定としたときの生産物 X の増加に伴う生産物 Y の減少割合を表しており，これを**限界変形率**（MRT: marginal rate of transformation）といい，生産可能曲線の接線の傾きで表される．

2.2.3 消費と生産のパレート効率性

2 財 2 消費者 1 投入財モデルで消費と生産を同時に考慮したうえで，パレート効率的な資源配分の条件を整理する．この場合の最大化問題は次のように表現できる．

$$\max \quad U_A(x_A, y_A)$$
$$\text{s.t.} \quad U_B(x_B, y_B) = \overline{U_B},\ x_A+x_B = X,\ y_A+y_B = Y,$$
$$X = f(L_X),\ Y = g(L_Y),\ L_X+L_Y = \overline{L}$$

これよりラグランジュ関数を定式化し，最大化のための一階の条件を求め，整理すると以下の関係を得る（手順については，数学注 C を参照）．

$$\frac{\partial U_A/\partial x_A}{\partial U_A/\partial y_A} = \frac{\lambda_2}{\lambda_3} = \frac{\partial U_B/\partial x_B}{\partial U_B/\partial y_B}, \tag{2.6}$$

$$\frac{dg/dL_Y}{df/dL_X} = \frac{\lambda_4}{\lambda_5} = \frac{\lambda_2}{\lambda_3}. \tag{2.7}$$

(2.2) 式と (2.6) 式，(2.5) 式と (2.7) 式を比較すれば，

$$MRS_A = MRS_B = MRT \tag{2.8}$$

が成り立つことがわかる．したがって，消費と生産を同時に考慮した場合のパレート効率的な資源配分の条件は，消費者間の財の限界代替率が等しく，さらにその限界代替率が生産財の限界変形率に等しいということである．この様子を図示したものが，図 2.4 である．

図 2.4 において，消費者 B のある効用水準に対して消費者 A の効用最大化を図ったときに得られる効用水準は，両者の無差別曲線が接するところで実現

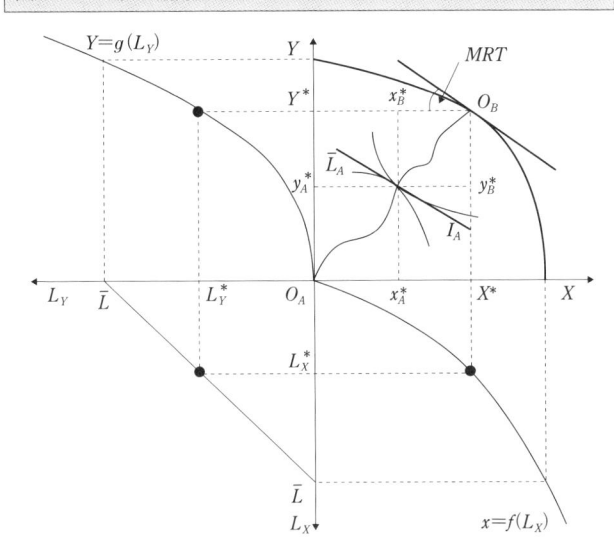

図 2.4　2 財 2 消費者 1 投入財経済のパレート効率的資源配分

し，消費者 A にとって (x_A^*, y_A^*) が，消費者 B にとって (x_B^*, y_B^*) がパレート効率的な需要量となる．また，このとき最適な生産要素投入量により X 財と Y 財もパレート効率的な水準 (X^*, Y^*) を実現しており，生産可能曲線の接線の傾きである限界変形率と無差別曲線の接線の傾きである限界代替率は等しくなっている．

　このような社会的なパレート効率的資源配分は，市場形態が完全競争市場の場合に実現される．完全競争市場では，市場に参加するすべての経済主体がプライス・テイカーとして行動するため，消費者の効用最大化行動の結果財の限界代替率は相対価格に等しく，相対価格はすべての消費者に共通であるから，結局すべての消費者間で財の限界代替率が等しくなる．また，企業においても利潤最大化行動の結果，生産要素間の技術的限界代替率は生産要素価格比に等しく，生産要素価格比はすべての企業に共通であるから，結局すべての企業間で生産物の技術的限界代替率が等しくなる．さらに，完全競争市場における企業の利潤最大化の結果，各生産要素の限界生産物価値が生産要素価格に等しく，消費者の効用最大化の結果，相対価格は財の限界効用比に等しいことから，消

費者と企業の最適行動の条件は市場価格を唯一のシグナルとして各経済主体が分権的に意思決定をすることである．このとき，消費と生産に関するパレート効率的な資源配分が自動的に実現する．

2.3 外部効果による市場の失敗

前節で述べたように，市場が完全競争状態にあれば市場メカニズムの結果，パレート効率的な資源配分が実現する．ところが，この市場メカニズムは万能なものではなく，ある状況に直面するとパレート効率的な資源配分を実現できなくなる．市場メカニズムがこのような状況に陥ることを**市場の失敗**（market failure）という．市場の失敗を引き起こす原因としては，公共財の存在，費用逓減産業の存在，非対称情報の存在，不完全競争市場の場合などが挙げられるが，環境問題の視点からとらえるならば外部効果の存在がある．

環境問題などに代表される外部効果は，ある経済主体の経済活動が他の経済主体の効用関数や生産関数などに市場を通じないで悪い影響を与えることであり，**外部不経済**（external diseconomy）といわれる[5]．環境問題を外部不経済としてとらえた場合に，消費者と企業の間で発生すると思われる問題を整理すると表2.1のようになる．

表2.1 外部不経済の分類

	消費者B	産業B
消費者A	嫌煙者と喫煙者 隣人の騒音・ごみ問題 地球温暖化	生活排水 地球温暖化
産業A	公害（大気汚染・水質汚濁など） 薬害・産業廃棄物 地球温暖化	工場排水による河川・海水汚染 地球温暖化

---

5) シトフスキー（T. Scitovsky）は，外部効果を市場での取引を経由する金銭的外部効果と市場での取引を経由しない技術的外部効果に二分している．ここでは後者の外部効果を対象とする．

2.3.1 消費に伴う外部効果

　完全競争市場が効率的であるための条件の1つとして，各消費者の効用関数は当該消費者が消費する財の需要量だけの関数であることが求められる．つまり，消費者間の効用関数は互いに独立であることが想定されている．しかし，消費者間における消費の外部性の存在に関しては，以前からいくつかの考えが提示されている．たとえば，ライベンシュタイン（H. Leibenstein）は，次のような2つの考えを示している．1つは，消費者は多くの人が消費している財を自分も消費しようと行動する場合であり，これは流行している財を需要する様子を表しており，**バンドワゴン**（band wagon）**効果**と呼ばれる．あと1つは，その逆で，他者の消費が増えるほど自己の効用は低下し消費を減少させる行動をとる場合に当てはまり，**スノッブ**（snob）**効果**と呼ばれる．また，ヴェブレン（T. B. Veblen）は，消費者が財を消費する目的に他の消費者への見せびらかし（自己顕示欲）もあり，そのためにより高価な財を嗜好する場合には価格の上昇につれて需要も増加することを指摘し，これを**ヴェブレン効果**という．さらに，デューゼンベリー（J. S. Duesenberry）の**デモンストレーション効果**も消費者間の外部効果の一例といえる．

　このように消費者間の消費行動には，市場での取引を経由しないで互いに何らかの影響を与える場合が容易に考えられる．ここでは，消費の外部効果を確認するために，次のような制約条件付きの最大化問題を考える．

$$\max \quad U_A(x_A, y_A; x_B, y_B)$$
$$\text{s.t.} \quad U_B(x_B, y_B; x_A, y_A) = \overline{U_B}, \ x_A + x_B = X,$$
$$y_A + y_B = Y, \ F(X, Y) = 0.$$

ここで，$U_i(x_i, y_i)(i = A, B)$ は各消費者の効用関数である．この最大化問題に対して，ラグランジュ関数を定式化すると，

$$L = U_A(x_A, y_A; x_B, y_B) + \lambda_1 [U_B(x_B, y_B; x_A, y_A) - \overline{U_B}]$$
$$+ \lambda_2 (\overline{X} - x_A - x_B) + \lambda_3 (\overline{Y} - y_A - y_B) + \lambda_4 F(X, Y)$$

となる．これより，消費者 A に関するパレート効率条件を求めると，

$$\frac{\partial U_A/\partial x_A + \lambda_1 \partial U_B/\partial x_A}{\partial U_A/\partial y_A + \lambda_1 \partial U_B/\partial y_A} = -\frac{dY}{dX} \tag{2.9}$$

となり，パレート効率条件である (2.8) 式が成立しない．ここで，(2.9) 式の左辺の分子および分母のそれぞれ第 2 項が，消費者 A の消費行動が消費者 B に与える外部効果を表している．第 2 項の偏微係数が正であれば外部経済を意味し，負であれば外部不経済を意味する．

このような消費者間の外部効果の例としては，喫煙問題が考えられる．愛煙家のタバコの消費は愛煙家の効用を高める一方で，嫌煙家の効用を著しく低下させてしまう．嫌煙家にとっては，自発的な消費ではない他人のタバコという財の消費が自分の効用関数にマイナスの影響を与えているのである[6]．また，自動車の排気ガスに起因する問題なども消費者間での外部不経済の事例といえる．

2.3.2 生産に伴う外部効果

消費の場合と同様に，完全競争市場が効率的であるための条件の 1 つとして，各企業の生産関数は当該企業が投入する財の投入量だけの関数であることが求められる．つまり，企業間の生産関数は互いに独立であることが想定されている．しかし，公害に代表される環境問題などは，ある企業の生産活動が消費者の効用関数や他の企業の生産関数に対して，市場での取引を経由しないで何らかの影響を与えている事例といえる．

生産に伴う外部効果について，次のような状況を想定して考えてみる．今，河川の下流域に位置する化学工場から有害な排水が排出され，河口域沿岸の漁業に損害を与えているとする．つまり，化学工場の生産量が漁獲量に影響を与えていると考える．この様子を図 2.5 で確認しよう．図 2.5 の第 2 象限は横軸に漁民の投入量，縦軸に漁獲量をとって漁民の生産関数を表している．第 3 象限は化学工場と漁業への労働投入制約式を表している．第 4 象限は化学工場の生産関数を表している．ある一定の労働入量のもとで生産可能な化学工場の生

---

[6] 健康増進法第 25 条では，「学校，体育館，病院，劇場，観覧場，集会場，展示場，百貨店，事務所，官公庁施設，飲食店その他の多数の者が利用する施設を管理する者は，これらを利用する者について，受動喫煙（室内又はこれに準ずる環境において，他人のたばこの煙を吸わされることをいう．）を防止するために必要な措置を講ずるように努めなければならない．」と受動喫煙の防止が規定されている．

産量（X）と漁獲量（Y）の組み合わせである生産可能曲線が第 1 象限に表されている.

化学工場の生産量がゼロ（X_0）のときの漁獲量は Y_0 であるが，化学工場の生産量が X_1 になると漁業資源の一部が死滅するために投入水準 L_Y^1 における漁民の平均生産性が低下し，漁民の生産関数は，① $Y = g(L_Y, X_0)$ から，② $Y = g(L_Y, X_1)$ へ下方シフトする．さらに，化学工場の生産量が X_2 と増加すると，漁民の生産関数は，③ $Y = g(L_Y, X_2)$ へ下方シフトしていく．そして，化学工場の生産量が X_3 の水準になると沿岸域の漁業資源は全滅してしまう．したがって，それ以上の化学工場の生産活動（$X_3 \leq X \leq X_4$）に対しては，漁業活動をいくら行っても漁獲量はゼロであるから新たな外部効果を与えないことになる．このことから，外部効果が存在しないときの生産可能曲線は曲線 $Y_0 A X_4$ で表されるが，外部不経済が存在する場合には $Y_0 B C X_3 X_4$ となる[7]．

外部効果が存在しないときに生産可能曲線上の点 A でパレート効率的な生産活動が行われ，各財の市場価格がそれぞれ p_X，p_Y であったとする．ここで，上記のような外部不経済が発生したにもかかわらず，何ら対応がとられないとともに，2 財の相対価格も不変であるとすれば，図 2.5 の点 C での生産活動が考えられる．点 C において，化学製品と魚の代替関係を見てみると，化学製品の減少分 ΔX に対する魚の増加分 ΔY は，化学工場から漁業への労働投入量の増加による漁獲量の増加分と生産関数の上方シフトによる漁獲量の増加分の合計であるから $\Delta Y / \Delta X > p_X / p_Y$ の関係が成り立っている．つまり，点 C では相対価格は生産可能曲線の接線の傾きである限界変形率より小さくなっている．

ここで，生産に伴う外部効果がパレート効率的な生産水準から乖離していることを確認しておく．各産業の生産関数を以下のようにおき，簡単化のために内点解を仮定する．

---

7) 外部不経済が存在して，生産可能曲線が $Y_0 B C X_3 X_4$ で表されるとき，生産可能集合は明らかに非凸集合である．この場合，外部不経済を発生している財の生産を減少して，他方の財の生産を増加させることが社会的に見て望ましいとはいえない場合が考えられる．図 2.5 において線分 $X_3 X_4$ の長さが無視できるほど小さいならばあまり問題ではないが，かなり大きいとすれば，漁業を放棄して化学工場での生産に全労働者を投入した方が社会厚生を高める可能性がある．

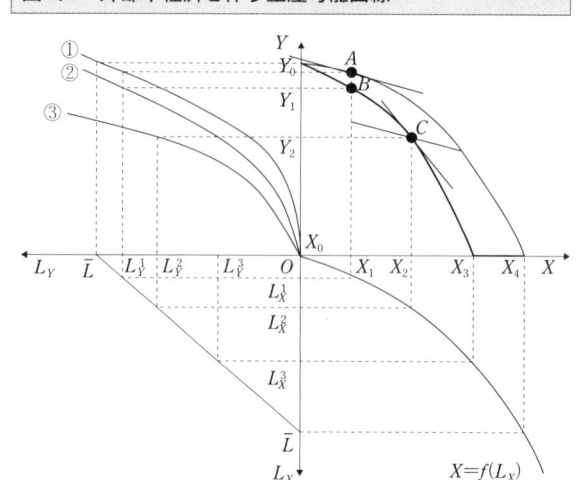

図 2.5 外部不経済を伴う生産可能曲線

化学工場の生産関数：$X = f(L_X),\ df/dL_x > 0,\ d^2f/dL_X^2 < 0$.
漁民の生産関数：$Y = g(L_Y,\ X),\ dg/dL_Y > 0$,
$\quad\quad d^2g/dL_Y^2 < 0,\ \partial Y/\partial X < 0$.
生産要素投入制約：$L_X + L_Y = \bar{L}$.

と想定しよう．これより，以下の関係を得る（数学注のDを参照）．

$$-\frac{dY}{dX} = \frac{\partial g/\partial L_Y}{\partial f/\partial L_X} - \frac{\partial g}{\partial X} \tag{2.10}$$

　(2.10) 式は，外部効果を考慮したときのパレート効率条件であり社会的限界変形率といわれる．外部効果が存在していない場合は図 2.5 の点 A に対応する生産活動が行われているが，外部不経済が存在している場合には (2.10) 式の右辺第 2 項の外部効果に相当する分だけ社会的な影響が発生して点 C に対応する生産活動が行われる．図より明らかなように，社会的に望ましいパレート効率的な状態である点 A に比べて，点 C では化学工場での生産活動が過剰に行われており X 財の生産量は $(X_2 - X_1)$ の分だけ多くなっている．このように，外部不経済が存在しているときには，外部不経済を発生させている企業

の財は過剰に生産される．

　以上のように，外部効果が存在すれば，外部経済であれ外部不経済であれ，消費においてであれ生産においてであれ，市場メカニズムにおいて各経済主体は最大化行動の意思決定に際して完全情報を与えられない．したがって，たとえ市場が完全競争的であったとしても外部効果が存在するとパレート効率的な資源配分は歪められ，有益で希少な資源が非効率的に配分されてしまい，市場の失敗が発生する．環境問題を市場の失敗として捉えるということは，環境問題を資源配分の問題として設定することにほかならない．

2.4　環境問題に対する経済学的解決策

　外部不経済による市場の失敗を資源配分の問題としてとらえ，社会的均衡点と私的均衡点の乖離である外部費用の存在をどのようにして解決できるのかということについて，いくつか考え方がある．たとえば，①ピグー的な課税・補助金による内部化，②当事者間の交渉による内部化，③当該企業の合併や協調による内部化，④政府による直接規制，などがあり，本書第 **3** 章以下で詳解される．

　ここでは，**所有権アプローチ**といわれる考え方について整理していく．所有権アプローチによると，外部不経済が発生する理由は経済主体間に所有権に基づく権利と義務の関係が明確に定められていないことによる．したがって，当事者間に権利と義務の関係が確定しているならば，外部不経済のデメリットを発生させている企業がイニシアティブを持とうが，外部不経済のデメリットを受けている企業がイニシアティブを持とうが，当事者間での交渉の結果はまったく同じであり，しかも市場メカニズムおいてパレート効率的な資源配分が実現することになる．

2.4.1　環境問題としての外部費用

　化学工場と漁民の関係で社会的費用を考えてみると，化学工場で生産される財の産出量を X とすれば化学工場の費用関数は $C(X)$ であり，漁民が受ける損害を $D(X)$ で表すことができる．このとき，社会全体での総費用（STC）

は，$C(X)+D(X)$ となる．化学工場の限界費用を $MC(X) = dC(X)/dX$，漁民の限界損害を $MD(X) = dD(X)/dX$ とすれば，化学工場は自己の利潤最大化条件に従うので，限界費用（$MC(X)$）＝価格（p^P）が成立する生産水準を選択する．一方，社会的に見た最適条件は，社会的限界費用（$SMC(X)$）＝$MC(X)+MD(X)$）＝価格（p^S）であるから，漁民が被る損害分だけ乖離が発生しており，化学工場が選択した最適生産水準を一致しない．また，化学工場の生産に関する限界便益を $MB(X)$ とすれば，外部不経済の様子は図 2.6 で示すことができる．

化学工場の私的均衡点 E^P では単位当たり p^P の価格で X^P だけ生産されるが，漁民への損害を考慮した社会均衡点 E^S では単位当たり p^S の価格で X^S だけ生産される．外部費用が存在しているために私的限界費用と社会的限界費用が一致しない場合には，化学製品の生産水準（X^P）は社会的最適水準（X^S）よりも過大に生産され，環境問題が発生していることを意味している．また，社会均衡点と私的均衡点が乖離しているために，図 2.6 では三角形 $E^S A E^P$ の面積に相当する厚生損失が発生している．

このように外部不経済を発生させる化学製品の生産水準は，市場メカニズムでは社会的に望ましい水準に比べて過大となり，市場の失敗が起こるのである．

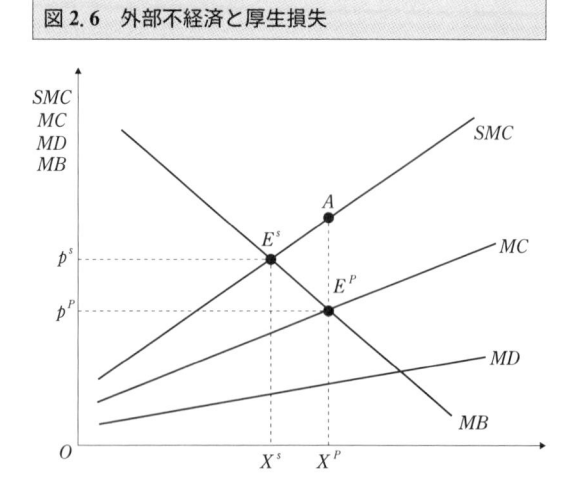

図 2.6 外部不経済と厚生損失

これは，化学製品の生産に伴う漁民への損害を生産主体が認識できないために起こる現象であるが，このことは生産に伴う損害が市場メカニズムの内部で取り扱われずに，外部に取り残されていることにほかならない．そのために社会全体で見たときに総余剰の損失となってしまうのである．このような市場メカニズムの外部へ取り残される費用を外部費用といい，私的費用に外部費用を含めたものを**社会的費用**と定義している．

2.4.2 所有権アプローチとしてのコース定理

化学工場と漁民の生産活動において，環境権と汚染権があるルールのもとで割り当てられ，化学工場の生産量に関する交渉が行われたとする．交渉の結果，①合意された生産水準（X^*）よりも実際の生産量が過大となった場合には，超過分に対して単位当たり α の額を化学工場が漁民に支払い，②実際の生産量が過少となった場合には，過少分に対して単位当たり α の額を漁民が化学工場に支払う，としよう．①の場合，化学工場の利潤（π_X）と漁民の利潤（π_Y）はそれぞれ次のように表すことができる．

$$\pi_X = p_X f(L_X) - w L_X - \alpha(X - X^*),$$
$$\pi_Y = p_Y g(L_Y, X) - w L_Y + \alpha(X - X^*).$$

ここで，p_i（$i = X, Y$）は各生産物の価格であり，w は労働者の単位当たり賃金である．

これより，各主体の利潤最大化条件を求めると，汚染権への需要は価格の減少関数となり，汚染権への供給は価格の増加関数となることがわかる．さらに，最大化の条件を整理すると次の関係を得る．

$$p_X \frac{df}{dL_X} + p_Y \frac{\partial g}{\partial X} \cdot \frac{df}{dL_X} = p_Y \frac{\partial g}{\partial L_Y}. \tag{2.11}$$

この最適条件は，外部効果を考慮した化学工場と漁民の労働の限界生産物価値が等しいことを意味している．また，(2.11) 式を変形すれば，

$$\frac{p_X}{p_Y} = \frac{\partial g / \partial L_Y}{df / dL_X} - \frac{\partial g}{\partial X} \tag{2.12}$$

となり，(2.10) 式より相対価格が限界変形率に等しくなっていることがわか

る（この点については，数学注のEを参照）．したがって，このような権利の確定と損害補償に関する合意が形成されるならば，市場メカニズムにおいて外部効果を内部化することができ，市場の失敗を回避できるのである．

この状況は，化学工場が汚染権を行使して損害賠償を支払う場合と漁民が環境権を行使して保証金を支払う場合のいずれにおいても成立することが容易に確かめられる．このように，外部不経済が存在するのは所有権が確定しないためであり，所有権が確定するならば外部不経済は内部化され，当事者間の直接交渉により社会的に最適な状態が実現可能であるという考えが**コース定理**にほかならない．

2.4.3　コース定理の限界

環境問題などに代表される外部不経済への対応として，政府による直接規制や課税・補助金政策ではなく，当事者間の自発的な交渉による解決策の可能性を示すコース定理は示唆に富む内容ではあるが，実行可能性を考えると多くの困難に直面すると考えられる．

第1は，所有権や環境権の明確な設定が可能なのかということである．コース定理に従えば，権利関係の明確化によって市場が対象とできない外部不経済に相当する財を市場化するのであるが，ルールの確定は当事者間の初期配分状態を決定することにほかならない．環境問題における公害などの損害を権利の取引という形で当事者間に分配することを意味するが，権利の確定は所得分配も変えることになるため権利の帰属という出発点で合意が得られるのか疑問が残る．

第2は，取引費用の問題である．公害問題において被害者や加害者を正確に確定するためには膨大な時間と費用がかかるだろう．また，実際に交渉にあたっても交渉の場への移動費用などが必要となる．このような費用のことを取引費用という．かりに，被害者の構成が確定したとしても交渉の場には全員ではなくて代表者が参加することになる．この場合，交渉にかかる費用を全員で分担するならば大きな問題とはならないが，交渉の結果は全員が享受できるのであるから，公共財の理論で取り上げられるフリー・ライダー問題が潜在的に生じるため，何らかの対処法が必要とされる．

第3は，権利の確定や取引費用の問題が解決できるとしても，そもそも交渉自体が成立しないかもしれない場合が容易に想定できる．環境権ルールであれば汚染企業が地域住民への損害賠償という形をとるが，汚染権ルールでは地域住民が汚染企業への保証金支払いという形になる．この場合，一般的には消費者の支払能力が企業の支払い能力を下回ると考えられるので交渉の場が成立しないかもしれない．また，企業においても莫大な損害賠償金を必ず支払えるという保証はないのである．

第4は，交渉の場において当事者たちが完全情報に基づいて交渉を行えるのかという点である．生産の限界便益や汚染の限界外部費用について対称な完全情報を持っていないならば，交渉の場で有利な結論を導こうとして戦略的な行動をとったり，損害について誇大な要求をしたりするかもしれない．その場合には，パレート効率的な帰結に至らなかったり，交渉の決裂となったりするだろう．

以上のように，コース定理に基づく環境問題の解決は，現実的には難しいといわざるをえない．しかし，市場メカニズムが持つ機能を十分に活用して，環境問題の改善を図ることは有益なことと思われるし，当事者間の交渉に限定するのではなく，各経済主体に環境改善のインセンティブを与えることによって，結果として社会的なパレート改善状態が実現できる可能性は残されていると考えられる[8]．

数 学 注

A．(2.2) 式の導出について

(2.1) 式より，最大化のための一階の条件を求めると次のようになる．

$$\frac{\partial L}{\partial x_A} = \frac{\partial U_A}{\partial x_A} - \lambda_2 = 0 \tag{A.1}$$

$$\frac{\partial L}{\partial y_A} = \frac{\partial U_A}{\partial y_A} - \lambda_3 = 0 \tag{A.2}$$

---

[8] 現在の環境行政においては，環境基本法第17条に基づいて，特定地域における公害の防止を目的として公害防止計画が策定されており，2005年10月14日現在で全国32地域（26都道府県）において策定されている．また，2004年には，「環境情報の提供の促進等による特定事業者等の環境に配慮した事業活動の促進に関する法律（環境配慮促進法）」が制定された．

$$\frac{\partial L}{\partial x_B} = \lambda_1 \frac{\partial U_B}{\partial x_B} - \lambda_2 = 0 \tag{A.3}$$

$$\frac{\partial L}{\partial y_B} = \lambda_1 \frac{\partial U_B}{\partial y_B} - \lambda_3 = 0 \tag{A.4}$$

(A.1) 式と (A.2) 式より,

$$\frac{\partial U_A/\partial x_A}{\partial U_A/\partial y_A} = \frac{\lambda_2}{\lambda_3} \tag{A.5}$$

(A.3) 式と (A.4) 式より,

$$\frac{\partial U_B/\partial x_B}{\partial U_B/\partial y_B} = \frac{\lambda_2}{\lambda_3} \tag{A.6}$$

(A.5) 式と (A.6) 式より, (2.2) 式を得る.

B. (2.4) 式の導出について

(2.2) 式の導出と同様にすればよい. A を参照に導出してみよ.

C. (2.6) 式および (2.7) 式の導出について

与えられた最大化問題に関してラグランジュ関数を定式化すると,

$$\begin{aligned}L = {} & U_A(x_A,\ y_A) + \lambda_1(U_B(x_B,\ y_B - \overline{U_B}) + \lambda_2(X - x_A - x_B) + \lambda_3(Y - y_A - y_B) \\ & + \lambda_4[f(L_X) - X] + \lambda_5[g(L_Y) - Y] + \lambda_6(\overline{L} - L_X - L_Y)\end{aligned} \tag{C.1}$$

となる. 最大化のための一階の条件を求めると次のようになる.

$$\frac{\partial L}{\partial x_A} = \frac{\partial U_A}{\partial x_A} - \lambda_2 = 0, \qquad \frac{\partial L}{\partial y_A} = \frac{\partial U_A}{\partial y_A} - \lambda_3 = 0, \tag{C.2}$$

$$\frac{\partial L}{\partial x_B} = \frac{\partial U_B}{\partial x_B} - \lambda_2 = 0, \qquad \frac{\partial L}{\partial y_B} = \frac{\partial U_B}{\partial y_B} - \lambda_3 = 0, \tag{C.3}$$

$$\frac{\partial L}{\partial X} = \lambda_2 - \lambda_4 = 0, \qquad \frac{\partial L}{\partial Y} = \lambda_3 - \lambda_5 = 0, \tag{C.4}$$

$$\frac{\partial L}{\partial L_X} = \lambda_4 \frac{df}{dL_X} - \lambda_6 = 0, \qquad \frac{\partial L}{\partial L_Y} = \lambda_5 \frac{dg}{dL_Y} - \lambda_6 = 0, \tag{C.5}$$

これらを整理すると (2.6) 式および (2.7) 式を得る.

D. (2.10) 式の導出について

投入制約条件より $dL_Y/dL_X = -1$, 化学工場と漁民の生産関数を L_X で微分して整理

すると $dY/dL_X = \partial g/\partial L_Y \times dL_Y/dL_X + \partial g/\partial X \times df/dL_X$ を得る．これらを整理すると（2.10）式を得る．

E. （2.11）式の導出について

化学工場と漁民の利潤最大化条件を求めると次のようになる．

$$\frac{d\pi_X}{dL_X} = p_X \frac{df}{dL_X} - w - \alpha \frac{df}{dL_X} = 0, \tag{E.1}$$

$$\frac{\partial \pi_Y}{\partial L_Y} = p_Y \frac{\partial g}{\partial L_Y} - w = 0, \tag{E.2}$$

$$\frac{\partial \pi_Y}{\partial X} = p_Y \frac{\partial g}{\partial X} + \alpha = 0 \tag{E.3}$$

これらを整理すると（2.11）式を得る．

練習問題

練習問題 2.1 2人の個人 A，B のみからなる経済があり，個人 A，B は代替可能な2財 X，Y をそれぞれ (X_A, Y_A)，(X_B, Y_B) だけ消費しているものとする．2人の効用関数は，それぞれで $U_A = X_A Y_A$，$U_B = X_B^{0.5} Y_B$ であり，経済における X，Y の総生産量がそれぞれ 15，10 であるとき，パレート最適を実現する個人 A，B それぞれの X，Y の消費量を求めなさい（労働基準監督官試験）．

練習問題 2.2 異なる個人によって経営される農場と牧場が隣接していると仮定する．農場では穀物生産が行われており，牧場では牛の飼育を行っている．農場と牧場が隣接していることから，牛の飼育頭数が増えることによって穀物生産に損害が生じることがわかっており，その関係は表の通りである．

牛の飼育頭数	牧場の収益	農場の収益
100	400	0
120	430	10
140	460	30
160	480	60
180	500	100

ここで，両者の間で損害補償に関して交渉が行われ，その際，交渉のための取引費用が一切かからず，また，分配効果がないものとする．先に農場経営が行われているところに後から牧場経営が行われた場合と先に牧場経営が行われているところに後から農場経営が行われた場合における牛の飼育頭数をそれぞれ求めなさい（国税専門官試験）．

練習問題 2.3 厚生経済学の第1基本定理と外部不経済の関係について，詳しく説明し

なさい．

> 参考文献

細江守紀他編（2000）『現代ミクロ経済学』勁草書房．
環境省編（2006）『平成18年版　環境白書』ぎょうせい．
川又邦雄（1991）『市場機構と経済厚生』創文社．
岸本哲也（1998）『公共経済学　新版』有斐閣．
熊谷尚夫（1978）『厚生経済学』創文社．
McKenna, C. J. and R. Rees (1992) *Economics: A Mathematical Introduction*, Oxford University Press.
奥野正寛・鈴村興太郎（1988）『ミクロ経済学Ⅱ』岩波書店．
柴田弘文・柴田愛子（1988）『公共経済学』東洋経済新報社．

コラムで考えよう	環境問題の原点：水俣病の50年

　2006年は，環境問題の原点ともいえる「水俣病」の公式確認から50年という節目の年であった．しかしながら，政府が取り組まなければならない課題はいまだ山積しており，今後も注視していかなければならない．本章のコラムでは，水俣病の歴史的経緯やこれからの政府のスタンスなどについて，『平成18年版環境白書』の「総説2　環境問題の原点　水俣病の50年」（pp.41-52）から抜粋した文章を紹介する．

　平成18年は，行政が水俣病を公式に確認してから50年目の年に当たります．被害を受けた地域では，被害者への救済，地域再生の取組が行われている一方，今でも多くの者が「公害健康被害の補償等に関する法律」に基づく水俣病の認定申請をしたり，損害賠償請求訴訟を起こしたりするなど，水俣病問題は今なお取り組むべき重要な課題です．（中略）

　昭和31年4月，水俣市の月浦地区に住む少女が，手足がしびれる，口がきけない，食事ができないなどの重い症状を訴え，チッソ水俣工場付属病院に入院しました．事態を重くみた同病院の細川病院長は，同年5月1日，月浦地区で脳症状を呈する原因不明の疾病が発生し，患者が入院したことを水俣保健所に報告しました．これが「水俣病公式確認」です．（中略）昭和43年9月26日，厚生省及び科学技術庁は，政府統一見解を発表し，熊本で発生した水俣病については，チッソ水俣工場の「アセトアルデヒド酢酸設備内で生成されたメチル水銀化合物」が原因であると発表しました．

水俣病の被害が拡大したのは，まさに高度経済成長の時期でした．チッソはプラスチック等の可塑剤（かそざい）の原料であるアセトアルデヒドを生産しており，その生産量は国内トップでした．また，チッソ水俣工場は雇用や税収などの面で地元経済に大きな影響を与えていました．行政は昭和34年11月頃には水俣病の原因物質である有機水銀化合物がチッソから排出されていたことを，断定はできないにしても，その可能性が高いことを認識できる状態にあったにもかかわらず，被害の拡大を防止することができませんでした．その背景には，地元経済のみならず日本の高度経済成長への影響に対する懸念が働いていたと考えられます．水俣病を発生させた企業に長期間にわたって適切な対応をなすことができず，被害の拡大を防止できなかったという経験は，時代的社会的な制約を踏まえるにしてもなお，初期対応の重要性や，科学的不確実性のある問題に対して予防的な取組方法の考え方に基づく対策も含めどのように対応するべきかなど，現在に通じる課題を私たちに投げかけています．（中略）

　公式確認から50年を迎えるに当たり，第164回通常国会の衆参両院において，「水俣病公式確認50年に当たり，悲惨な公害を繰り返さないことを誓約する決議」がなされました．また，（中略）「水俣病公式確認50年に当たっての内閣総理大臣の談話」が発表されました．これからもこの国会決議や総理大臣の談話を踏まえ，すべての水俣病被害者を含む地域の住民が安心して暮らしていけるようにするため，水俣病被害者等の高齢化に対応した医療と地域福祉を連携させた取組を進めるほか，環境保全や地域のもやい直しの観点から，何が必要で有効かを模索しながら，施策の推進に努めていきます．また，水俣病のような問題を二度と起こさないためにも水俣病の経験及び教訓を引き続き国内外に発信し続けていきます．

第3章　環境政策の目標・手段・主体

3.1　はじめに

　環境を保全するために経済や社会の仕組みを変えることを試みる環境政策は，当初，工場から排出される廃水による水質汚濁やばい煙による大気汚染などの公害を対象とした．これらの公害対策は深刻な公害が生じた後に対応する事後対策を主とし，主に企業に対し実施されてきた．しかし，家庭からの生活排水やごみ，そして自動車排気ガスが原因で生じる都市・生活型公害や地球温暖化，オゾン層破壊といった地球環境問題などの現在の環境問題は，企業だけが原因者ではなく，市民も原因者であるため，複雑で解決が困難である．

　このような複雑で解決が困難な環境問題の対策としては次のようなものがある．地球規模で深刻な温暖化問題では，国際的な対策として**京都議定書**（1997年制定）による京都メカニズムがあり，日本国内では**地球温暖化対策推進法**（1998年制定）で国，自治体，事業者，国民が一体となって地球温暖化対策に取り組むための枠組みを定めている．さらに温暖化の原因になる石油，電気の利用に対し課税する炭素税または環境税が一部の国では導入されている[1]．廃棄物対策では，日本においては**循環型社会形成推進基本法**（2000年制定）で，増大する廃棄物を抑制，リサイクルを推進するための基本的方向が示された．また廃棄物の1つである家庭ごみ対策では，多くの自治体がごみ袋を指定，有料化している．

　このように個々の環境問題に応じて，法律を制定し，税・課徴金を導入して

---

[1]　日本では，環境税に関してはまだ導入されていないが，ヨーロッパ諸国では90年代から導入されている．

対策が講じられているが，それらの対策が社会で受け入れられ，有効に機能するためには，環境政策の理念，目的，目標を明確にし，目標を達成するための手段を具体的にすることも求められる．本章では，多様で複雑な環境問題を回避，解決するために講じられる環境政策において，考慮すべき原則，目標設定の仕方，政策手段について検討する．

本章の3.2節では，環境政策における原則について説明する．3.3節では，環境政策の目標を環境問題の原因となる物質の排出量をある一定水準に抑えることとみなした場合，その排出水準がどのように設定されるのかを経済学の視点から説明する．3.4節では，環境政策の目標を達成するために実施されてきた，また新たに出現してきた政策手段の特徴について説明する．3.5節では，環境政策に積極的に関わっている市民（NPOやNGO）の役割について，経済学的な視点から検討する[2]．

3.2　環境政策における原則

環境政策を立案，実行する目的は環境を保全すること，さまざまな環境問題を解決することであるが，過去の公害や環境問題に対処する経験の中から環境政策を行う際に留意すべき原則が生み出されてきた．このような原則は国によって異なるが，環境基本法の理念や原則として定められたり，個々の環境関連法で明記されたりする．本節では，環境対策を実施する際に立てる原則（**対策実施時の原則**），対策を行う主体に対して立てる原則（**対策実施主体の原則**），環境政策を実施する主体に対して立てる原則（**政策実施主体の原則**）に分類して，環境政策における原則を紹介する[3]．

3.2.1　対策実施時の原則

未然防止原則（prevention principle）

　未然防止原則は，環境への悪影響は発生してから対応するのではなく，未然

---

[2] 環境政策の経済分析については，本シリーズ『公共経済学』の第10章も参照．
[3] 本節の内容は，主に倉阪（2004）の第8章，第9章，第10章，大塚（2002）の第3章を参考にした．

に防止すべきという原則である．一度破壊された自然環境を以前と同じ状態に復元することは困難であり，また公害病で亡くなった人を生き返らせることは不可能であるため，このような事態を回避するための原則である．

この原則は，日本の**環境基本法**（1993年施行）の第4条において「科学的知見の充実の下に環境の保全上の支障が未然に防がれることを旨として，行われなければならない」と条文化されており，また同法21条，22条において，環境の保全上の支障を防止するための規制，経済的措置が定められている．地球環境経済研究会編（1991）では，公害対策を講じなかったために生じた四日市地域の二酸化硫黄による大気汚染の損害額は，公害対策に要した費用の約10倍になったことが紹介されている．この事例は環境問題の影響が発生する前に対策を行い，未然に影響を防止する方が，社会的な費用は抑えられる可能性があることを示唆している．

予防原則（precautionary principle）

予防原則は，環境に悪影響を与えることが科学的根拠または科学的知見が不十分なために明らかでなくても，取り返しのつかない事態を防ぐために予防的な対応を求める原則である．前述の未然防止原則は因果関係が科学的に証明されるリスクに伴う損害を避けるために未然に対策を講じる原則であるが，予防原則は科学的不確実性を前提としている．たとえば，化学物質や遺伝子組み換えなどの新技術に対して，人の健康や環境に重大かつ不可逆的な影響を及ぼすおそれがある．そのような場合に，科学的な因果関係が不明確だとしても，対策を延ばすべきではないという考えから出てきた原則である．この原則は，1992年の**国連環境開発会議**（UNCED，地球サミット）のリオ宣言の原則15で記述され，日本では2000年に策定された**環境基本計画**において，環境政策の指針となる4つの考え方の1つである「予防的な方策」として明記されている[4]．また，この原則の考えが反映された日本の法律として，「特定化学物質の環境への排出量の把握等及び管理の改善の促進に関する法律」（化管法または

---

[4] 4つの考え方とは，「汚染者負担の原則」，「環境効率性」，「予防的な方策」，「環境リスク」である．環境基本計画における環境政策の指針となる4つの考え方の内容は，環境省ホームページ http://www.env.go.jp/hourei/syousai.php?id=1000004，を参照．

PRTR法，1999年制定）があり，化学物質によって引き起される環境汚染（環境リスク）を最小限に抑えるのに有益であるといわれている．

源流対策の原則（source reduction principle）

源流対策の原則は，汚染物質や廃棄物を排出口で処理するより，源流において減らすことを優先すべきという原則である．当初の公害防止対策は，汚染物質が排出される段階でその濃度や量を規制することであった．また，廃棄物処理対策は，廃棄物の容量をいかに減らすか，いかに無害化にするかという視点から行われた[5]．これに対し，製品の設計や製法に工夫を加え，汚染物質や廃棄物をそもそも出さないように配慮することを源流での対策という．

源流対策の原則は，アメリカの**汚染回避法**（Pollution Prevention Act，1990年制定），**欧州連合条約**（マーストリヒト条約，1992年施行）[6] で採用されており，日本では，**再生資源の利用の促進に関する法律**（1991年制定），**廃棄物の処理及び清掃に関する法律の改正**（廃掃法，1991年改正），**循環型社会形成推進基本法**（2000年制定）でこの原則の考えが導入されている．

統合汚染回避管理の原則（integrated pollution prevention and control principle）

統合汚染回避管理の原則は，環境影響について大気，水質，土壌などの個別の環境媒体ごとではなく，すべての環境媒体について統合的に管理すべきという原則である．さらに，この原則は，大気，水，土壌などを汚染する物質の排出だけでなく，エネルギー消費，資源消費，廃棄物の排出，騒音，振動などのあらゆる環境影響を総合的に回避し，管理する原則である．具体的には，環境に影響を与える可能性のある施設や生産工程について，最善の利用可能な技術（best available techniques）を利用して管理しているかどうかを判断し，統合的な環境影響を考慮したうえで許認可を与えるというものである．

この原則の考え方は，1970年代半ばのイギリスの環境汚染に関する王立委員会で提言され，1991年にOECD（経済協力開発機構）が公表した統合汚染回避管理に関する理事会勧告によって世界に伝えられた．1996年には欧州委員

---

5) このように排出される汚染物質，廃棄物を処理する対策を end-off-pipe と呼ぶ．
6) この条約には，環境政策上の他の原則として，未然防止原則，予防原則，汚染者負担原則がある．

会がEU加盟国に対し，統合汚染回避管理に関する指令を制定した．この指令に対応するために，イギリスでは1999年に**汚染回避管理法**（the Pollution Prevention and Control Act）が制定された．しかしながら，日本ではまだ統合汚染回避管理の原則が明確に打ち出されていないため今後の課題である．

3.2.2 対策実施主体の原則

汚染者負担（支払い）原則（PPP：polluter pays principle）[7]

　この原則は，汚染した環境を元に戻す，環境汚染を防ぐ費用は汚染物質を排出する者が負担すべきというものである．この原則は，1972年にOECDが「環境政策の国際経済面に関するガイディング・プリンシプルに関する理事会勧告」で提唱され，世界各国で環境政策における責任分担の考え方の基礎となった．この原則は主に次の2つの理由から作られた．

　1つは，環境汚染は，空気，水，土地などの環境資源を利用し，その費用に対する支払いがなされないために生じたと考えられるため，これを是正することであった．そのために，環境汚染という**外部不経済**（external diseconomy）に伴う外部費用を製品やサービスなどの価格に反映させ（外部不経済の内部化），汚染者が汚染による損害を削減しようとするインセンティブ（誘因）を作り出し，希少な環境資源を効率的に配分することを目的とした．

　もう1つは，民間企業に汚染防止のための補助金を与える国と補助金を与えない国がある場合に，市場で相対的に有利になる企業が現れ，このことによる貿易の歪み（一種の非関税障壁）を避けることであった．そのため，各国政府は汚染者に公害防止費用に関する補助金を与えないことを決定した[8]．

　この汚染者負担原則は，当初，汚染を防止するための費用負担のあり方のみを述べたものであり，原状回復のような環境復元費用や損害賠償のような被害者救済費用は含まれていなかった．しかし，「事故汚染へのPPPの適用に関するOECD理事会勧告」(1989年)において，汚染者負担原則における費用負担

---

7) 汚染者負担原則は環境基本計画における環境政策の指針となる4つの考え方の1つである．
8) ただ，①国際貿易の条件を歪めない限り，規制が強化された直後などの過渡的期間，②新たな汚染管理技術や設備に関する研究開発の援助，③経済的手法と組み合わせて行われる資金援助，については，汚染者負担原則の例外としている．

の範囲を汚染事故の事後的な対応に必要な費用まで拡張した．日本においては，4大公害病などにより，1960年代から1970年代にかけて公害被害者救済の立ち遅れが厳しく糾弾され，公害原因企業の汚染回復責任・被害者救済責任の追及に力点が置かれた．そのため，日本では，汚染環境の修復費用や公害被害者の補償費用についても汚染者が負担する考え方が一般的である．法律としては，**公害防止事業費事業者負担法**（1970年制定），**公害健康被害保障法**（1973年制定，現在は「公害健康被害の補償等に関する法律」）がある．

拡大生産者責任の原則（EPR：extended producer responsibility principle）

　拡大生産者責任の原則は，製品の生産時だけでなく，消費後の環境負荷についても生産者が責任を負うという原則である．この原則の考え方は，1994年以降，OECDで検討を進められ，拡大生産者責任のガイダンスマニュアル（2001年）で公表された．そのマニュアルでは，拡大生産者責任を「製品に対する製造事業者の責任をライフサイクルの中で消費後の段階にまで広げる環境政策のアプローチ」と定義する．具体的には，これまで自治体が行ってきた製品廃棄物の処理責任を生産者などの事業者に移行させ，また環境に配慮した製品を設計するインセンティブを生産者などの事業者に与えようとするものである．この拡大生産者責任の考えが出てきた背景には，増加する廃棄物に対する処理が限界にきている点，さらに汚染者負担原則では製品の使用中や廃棄後の環境汚染の防止，除去する費用を誰が負担すべきかが不明確であった点が挙げられる．この拡大生産者責任の考えが導入されれば，製品の回収費用やリサイクル費用を生産者などの事業者が負担することになり，リサイクルや廃棄処理にかかる社会的費用が少なくなる可能性がある．その際，生産者はそれらの費用を製品価格に上乗せすることを検討するが，製品価格が上がると販売量が減る可能性がある．そのときに，製品価格を上げないようリサイクルしやすい製品や廃棄処理しやすい製品の開発，設計が進むことが期待される[9]．

　日本では，**循環型社会形成推進基本法**（2000年制定）において，拡大生産者

---

[9] 拡大生産者責任の原則をさらに進めた原則として，**設計者責任の原則**（designer responsibility principle）の考え方がある．これは，製品だけでなく，人工物すべての設計者に対し，設計時に人工物のライフサイクルにおける環境影響を考慮する責任を負わせるという考え方である．

責任の原則が盛り込まれている．また，容器包装に係る分別収集及び再商品化の促進等に関する法律（**容器包装リサイクル法**，1995年制定），特定家庭用機器再商品化法（**家電リサイクル法**，1998年制定），食品循環資源の再生利用等の促進に関する法律（**食品リサイクル法**，2000年制定）などのリサイクル関連法では，廃棄物の減量，リサイクル，費用負担などが生産者に義務付けられている．

3.2.3 政策実施主体の原則

協働原則（collaboration principle）

協働原則は，政策の企画，立案，実行は，政策に関連する民間の各主体の参加を得て行わなければならないという原則である．たとえば，地球温暖化，ごみ問題，自動車排ガス汚染などの日常生活の活動によって生じる環境問題に対処するには，行政だけでなく企業や市民の積極的な取り組みが求められる．そのため，環境政策形成には行政が企業や市民と協働して問題解決に取り組む必要がある．この原則の適用例としては，1999年に策定された「横浜市における市民活動との協働に関する基本方針（横浜コード）」[10]がある．そこでは，市民と行政が協働するための原則・方法などが定められている．

補完性原則（subsidiarity principle）

補完性原則は，基礎的な行政単位で処理できる事柄はその行政単位に任せ，そうでない事柄は広域的な行政単位で処理するという原則である．民間部門と公共部門間との役割分担，地方政府と中央政府間との役割分担のあり方に関する原則として注目されている．この補完性原則はEUのあり方や役割，EUと加盟国との関係を議論するなかで注目され，日本では，地方分権の議論のなかで注目されるようになった．この原則はまだ環境政策に関する法令などに明確に盛り込まれてはいないが，地域レベル，国レベルなどの行政単位における環境保全のあり方，また環境保全における行政，企業，市民などの各主体の役割を議論する際に注目すべき原則である．

---

10) 基本方針の詳細な内容は，http://www.city.yokohama.jp/me/shimin/tishin/npo/code.html を参照せよ．

3.3 環境政策の目標

前節における環境政策の諸原則は,環境政策を立案,実施する際の基本的な考えを表すものであった.それらの諸原則に沿って,一定の環境の質を確保,維持すべき環境政策が検討されるが,具体的な目標や手段を定めなければならない.たとえば大気汚染に関する環境政策を例に挙げると,これ以上大気汚染を進めないために,大気汚染の原因になる物質の排出量を減らすということを政策として決めるだけでは不十分である.具体的にどの程度まで(目標値,基準値の設定),どのように(削減手段の設定)削減するのかを定めないと,排出量を減らすことはできない.本節では,環境政策の目標を「環境問題の原因となる物質の排出量を抑える」とみなし,その最適な排出水準の設定について経済学の枠組みを用いて説明する.

次のような経済モデルを考えよう.汚染物質が1つの工場から排出され,汚染物質の排出により大気汚染や健康が損なわれるという損害が発生しているとする.また,この損害については,汚染物質の排出削減政策を行う政策当局が汚染物質の排出に伴う損害を貨幣単位で評価できるものとする.ここで,工場からの汚染物質の排出量を e とし,それによる損害を $D(e)$ という関数で表す.**損害関数**(damage function)$D(e)$ は次のような特徴を持つと仮定する.

$$D(0) = 0, \quad \frac{dD}{de}(=MD) > 0, \quad \frac{d^2D}{de^2}\left(=\frac{dMD}{de}\right) > 0 \quad (3.1)$$

(3.1)式の1番目の式は,排出量が0なら,損害も0である.2番目,3番目の式は,排出量が増えるにつれ,損害は逓増することを表している.MD は**限界損害**(marginal damage)であり,排出量を追加的に変化させたときの損害の追加的変化を表す.

次に,汚染物質を削減するための費用(**削減費用**,abatement cost と呼ぶ)を $AC(r) = AC(e^m - e)$ と表す.e^m は排出削減を行わないときの汚染物質の最大排出量であり,排出量 e を減らすことは排出削減を意味する.排出削減量 r を増やせば,削減費用は逓増すると仮定すると,

図3.1 限界損害と限界削減費用

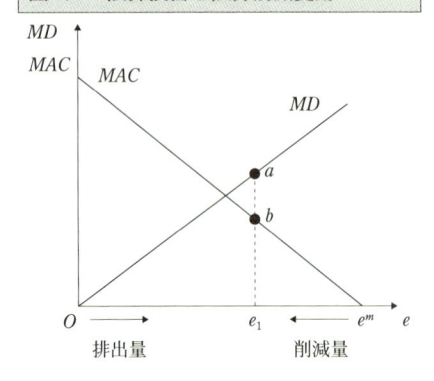

$$AC(0) = 0, \ \frac{dAC}{dr}(= MAC) > 0, \ \frac{d^2AC}{dr^2}\left(= \frac{dMAC}{dr}\right) > 0 \quad (3.2)$$

となる．MAC は**限界削減費用**（marginal abatement cost）であり，削減量を追加的に変化させたときの削減費用の追加的変化を表す．これらの損害関数と排出削減関数の仮定から限界損害 MD と限界削減費用 MAC のグラフを描いたのが図3.1である．図3.1の横軸は排出量を表し，排出量が増加すれば限界損害は増加するので，MD のグラフは右上がりである．一方，排出削減量は排出量を減少させることを意味するから e^m から左方向に増加する．排出量の削減を進めると（3.2）式の仮定より限界削減費用は増加するので，MAC は e^m から左上がりになる．さらに，図3.1を用いて汚染物質排出による損害額と排出削減費用を示そう．汚染排出量が e_1 のとき，損害額と削減費用は三角形 Oae_1（損害額），三角形 $e^m be_1$（削減費用）の面積となる．

次にこのような経済モデルをもとに経済学の視点から設定される**最適な汚染排出水準**（optimal emission）について検討する．経済学の視点から設定される排出水準は，損害と排出削減費用を合わせた社会的費用が可能な限り最小になるような排出水準で，このような排出水準を**効率的な排出水準**（efficiency emission）と呼ぶことにする．この効率的な排出水準は，汚染物質の排出削減を環境政策として実施する政策当局が損害額と排出削減費用の合計である**社会的費用**（social cost）$SC(e)$ を最小にするような汚染物質の排出水準を検討することによって求められる．すなわち，次のような費用最小化問題として考え

る.

$$\min_{e} SC(e) = D(e) + AC(e^m - e) \tag{3.3}$$

(3.3) 式を最小にする排出水準 e^* は，(3.3) 式を排出量 e で微分した費用最小化の条件より，次のように求められる.

$$\frac{dSC}{de} = MD(e^*) - MAC(e^m - e^*) = 0 \tag{3.4}$$

さらに，(3.4) 式を整理すると，

$$MD(e^*) = MAC(e^m - e^*) \tag{3.5}$$

となり，(3.5) 式は社会的費用が最小となる排出水準では，限界損害と限界削減費用が一致することを意味する．最適な排出水準における社会的費用の損害額と削減費用は図 3.2 よりそれぞれ三角形 $OAe^*(D)$，三角形 $e^m Ae^*(AC)$ となり，このとき社会的費用が最小になる．したがって，排出水準 e^* が最適な，または効率的な排出水準である.

以上のように，経済学の視点から環境政策の目標である最適な排出水準の設定について説明したが，環境政策の目標をこのように定式化することについてはいくつかの問題点がある.

現実の環境問題で最適な排出水準を設定するためには，限界損害，限界削減費用の情報が必要になる．限界損害や限界削減費用に関する必要な情報を政策当局が入手できるのであれば問題ないが，現実には入手するのは困難である．かりに限界損害や限界削減費用が推定できたとしても，真の限界費用，限界削減費用であるとは限らないため，本当に最適な排出水準を求めることは難しい[11].

また，経済学的な視点からの最適な排出水準は，社会的費用の最小化という効率性の観点からの水準である．この排出水準が人々の健康の保護および生活環境の保全の観点から維持されることが望ましい排出水準である保証はどこに

---

11) 限界損害，限界削減費用の情報に関して不確実性が存在する．このような不確実性がある場合の政策手段の選択問題についてはワイツマン（Weitzman）の定理がある．詳細は諸富（2000）の第 2 章を参照.

図 3.2　最適な排出水準

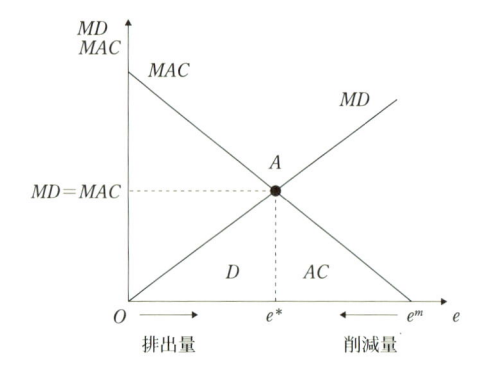

もないため，経済学的な観点だけで環境政策の目標を設定することは危険である．環境政策の目標の設定については，経済学的な観点を考慮する必要はあるが，個々の環境問題における自然科学的な知見も十分考慮する必要がある．

3.4　環境政策の手段[12]

3.4.1　直接規制（規制的手段）と間接規制（経済的手段）

3.3 節では，環境政策の目標である最適排出水準 e^* を求めた．本節では，この水準を達成するために，政策当局にはどのような環境政策の手段があるのかを紹介し，それぞれの政策手段の特徴と問題点を検討する．

環境政策の主な手段としては，政府が排出基準の遵守を直接排出者に求め，その遵守を強制するという**直接規制（規制的手段）**，排出者に税・課徴金などの経済的負担を課す，または補助金・税制優遇など経済的インセンティブを提供することで間接的に環境負荷を低減する**間接規制（経済的手段）**がある[13]．

---

[12] 環境政策手段の分類は，環境基本計画において，「直接規制的手段」，「枠組規制的手段」，「経済的手段」，「自主的取組手段」，「情報的手段」，「手続的手段」と6つに分類されている．本章では，頁の制約上，主要で注目されつつある政策手段を説明する．詳細は，環境基本計画（環境省），倉阪（2004），大塚（2002）を参照．

直接規制は，1960年代の日本において公害が深刻であった時代からの主要な政策手段であった．たとえば大気汚染防止法（1968年制定）では，煙突などから排出される煤煙中の二酸化硫黄の濃度の規制値を定め，それを遵守しているかをチェックする．違反した場合は，罰金，操業停止処分などの罰則がある．直接規制は大気汚染防止法のように規制の遵守を義務付け，直接的に排出者の行動を管理する政策手段である．この直接規制の長所としては主に次の2点がある．1つは，法的な強制力により一定の行為を禁止，制限するため，確実な効果が期待される．もう1つは，局所的な汚染，生命や健康を脅かす汚染に有効である．一方，短所は，汚染源が分散，多様，小口の場合，政策当局の遵守状況を監視する費用が増加し，十分な効果が期待できない，企業に基準値以上に汚染物質を削減するインセンティブがない，社会的な削減費用が大きいなどがある[14]．

　これに対し，経済的手段は，直接規制の欠点を補うと同時に，より経済効率性を備えた政策手段であると考えられる．経済的手段は，排出者が広範囲にわたり，また個々の排出者の排出量が軽微である環境問題に対応できる．たとえば，自動車の排ガス，生活排水などに起因する都市・生活型公害，廃棄物の増大，二酸化炭素の排出に伴う温暖化といった問題である．このような環境問題に対応するのに，政策当局が直接排出量の監視をすることは不可能に近い．そのため，環境問題の原因となる物質の排出量に対し経済的手段である税や課徴金を課せば，これらの経済的な負担をできるだけ回避するようになり，結果として排出量が減り，環境負荷が軽減される可能性がある．また，経済的手段は，直接規制よりも少ない社会的費用で目標達成が可能であり，経済的負担を軽減するための技術開発の促進や生産方法の変更，さらには環境負荷低減努力を継続的に促すなどの長所がある．短所は，課税導入は企業や消費者の経済的負担増になることから抵抗がある点，また環境目標に対する顕著な効果は不確実などである．

　ここで，環境政策の目標である最適汚染排出量 e^* を達成する手段としての

---

[13] 海外では，直接規制は command and control approach，間接規制は economic incentive (market-based) instrument と呼ばれる．
[14] 直接規制の方が経済的手段より削減費用が大きくなる点については，第4章で説明される．

図 3.3　環境政策の手段

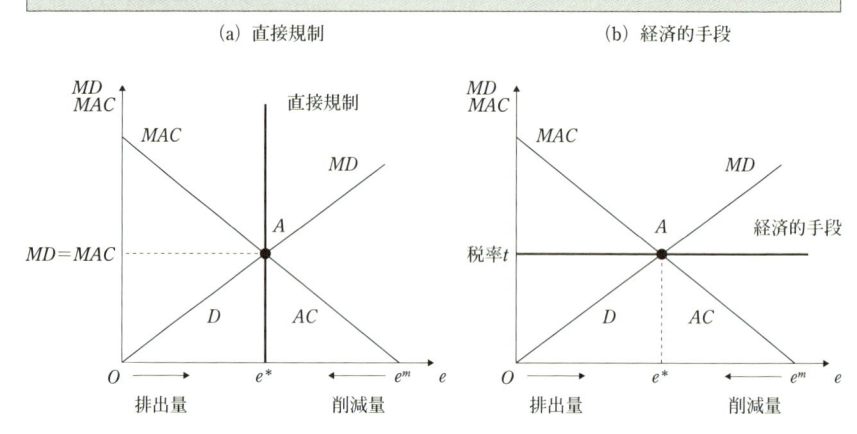

(a) 直接規制　　　　　　　　　(b) 経済的手段

直接規制や経済的手段を 3.2 節で説明した経済モデルの中に導入する．図 3.3 の (a) は直接規制を政策手段として採用した場合であり，この場合は最適排出水準 e^* を排出上限，または規制水準として設定することで，環境政策の目標を達成することになる．図 3.3 の (a) では排出量 e^* 上に垂直な実線を引くことで直接規制の採用を表している．図 3.3 の (b) は経済的手段を政策手段として採用した場合であり，この場合は排出量 1 単位当たりに対し税率 t を限界損害と限界削減費用が同じである水準に設定することで，環境政策の目標である最適排出水準 e^* を達成することになる．図 3.3 の (b) では限界損害と限界削減費用が一致する水準から水平な実線を引くことで経済的手段の採用を表している．

3.4.2　他の環境政策の手段

近年は，多様な環境問題に対し直接規制，経済的手段では十分に対応できない場合が生じてきている．また，政策当局が企業に対し上から押し付けるような環境規制を実施することで環境保全を達成するのではなく，政策当局，企業が共に費用対効果の面を重視し，民間の活力が十分に発揮できる環境政策の手段が現れてきた．以下では，新たな環境政策手段として期待されている自主的取組，情報的手段について説明する．

自主的取組（voluntary approach，自主的アプローチ）は，ある環境目標の達

成に向けて，行政が企業に自主性を持たせ柔軟に対策手段を選択することを認める政策手段である．この手段は社会的費用を最小限に抑えるのを目的として経験的に生じた．自主的取組には政府の関与が強い順に，**公的自主計画**（public voluntary schemes），**自主協定**（negotiated agreements），**一方的誓約**（unilateral commitments）と分類されている．公的自主計画は，公的機関が作成した環境改善目標，技術，経営管理などの基準・規格を達成することを企業が受け入れ，その計画に沿って環境保全に取り組むことである．自主協定は，政府（国，地方自治体）と産業界や企業間の交渉によって，汚染物質の削減目標などの環境保全に関する協定を締結し，環境保全に取り組むことである．一方的誓約は，産業界，企業が自ら環境保全上の目標設定や目標達成計画を作成し，自発的に環境保全に取り組み，利害関係者（従業員，株主，消費者などのステーク・ホルダー）に公表するものである．それぞれが実際の環境政策において実施されており，公的自主計画としては，アメリカのEnergy StarやProgramme 33/50，EUの環境経営監査制度（EMAS），また，自主協定としては，日本の公害防止協定，オランダの自主協定，一方的誓約であれば，日本経済団体連合会の環境自主行動計画などがある．

　この手段の長所は，法的拘束や多大な経済的負担を回避しようとする企業，産業界からの積極的な参加が得やすいという点がある．また，企業，産業界の目標設定や目標達成手段の選択は，その企業，産業界の技術，設備などの実情に基づいて行えるので，費用効果的である．政策当局にもメリットがあり，直接規制における運用や監視などに関わる費用を削減できる．一方，短所は，法的拘束力が弱いため目標達成の保証がない，安易な環境目標設定がなされると環境改善効果が期待できないなどである．

　次に**情報的手段**であるが，これは事業活動や製品・サービスの環境負荷などに関する情報を開示，提供するという説明責任を企業に求め，環境配慮行動を促進させる政策手段である．各企業がどの程度の環境負荷を出しているかの情報が公開されれば，企業間の比較が可能であり，環境に積極的に取り組んでいる企業，そうでない企業の判断が可能となる．企業の事業活動の情報開示，提供の手段として環境報告書，PRTR法，製品の情報提供手段としてエコマーク制度がある．また企業の事業活動を環境面から評価する方法として環境会計，

表 3.1 環境政策手段の分類

	直接規制	経済的手法	自主的取組	情報的手法
特徴	政府が企業の汚染排出量を直接的に抑制	税や補助金などの市場メカニズムを活用して汚染排出量を間接的に抑制	企業の自主的な行動に委ねることによって環境政策の目標を達成	事業活動や製品・サービスの環境負荷などに関する情報を開示，提供
長所	・確実な効果 ・局所的な汚染，生命，健康，生物種に被害を与える汚染に有効	・直接規制よりも少ない社会的費用で目標を達成 ・継続的に各主体に対し汚染物質を削減するインセンティブが働く	・政府の導入が容易 ・個々の実情に即した対策が可能 ・行政，監視費用の削減	・企業の環境保全に対する取り組み状況が把握可能
短所	・染源が分散，多様，小口の場合，政策当局による監視が不十分 ・排出削減に関わる費用が経済的手法より非効率	・環境目標に対する顕著な効果は不確実 ・課税導入に抵抗	・法的拘束力が弱い ・目標達成が不確実	・正確な情報発信が確保される保証がない
有効な分野	・従来の公害（大気汚染，水質汚染，土壌汚染，騒音など） ・健康，安全など生存，生活に大きな影響を与える環境汚染（ダイオキシン）	・温暖化対策の環境税 ・自動車税のグリーン税制 ・ゴミ袋有料化	・化学物質の使用，排出管理 ・温暖化対策	・化学物質の使用，排出管理 ・温暖化対策 ・製品，サービスの品質，安全性

製品の環境面を評価する方法としてはライフサイクル・アセスメント（LCA）[15]がある．ただしこのような情報的手段を適正に運用するためには，説明が不十分，虚偽などの不正確な情報を第三者が確認できる仕組みを構築することが求められる．

最後に表 3.1 において，各政策手段の特徴についてまとめたものを示すので，参考にしてもらいたい．

---

15) LCA は製品の原料採取，製造，流通の段階も含めて環境への負荷を評価する方法である．

3.5 環境政策の主体

　環境政策の主体は，環境政策の目標を決定したり，目標を達成するための政策手段を選択して実施する主体を指す．前節までの議論では，環境政策の政策主体は政策当局を中心に説明が展開されたので，環境政策の政策主体は中央政府や地方政府であった．実際の環境政策においても，これまでは行政が政策を立案する立場にあり，民間はそれを受け入れる立場と理解されてきた．しかし，過去の日本における公害対策を押し進める契機を作り出したのは，公害に対する損害賠償や環境保全対策を要求した住民運動や被害者の訴訟であった．さらに近年，政府以外のNPO（nonprofit organization，非営利組織），NGO（non-governmental organization，非政府組織）による環境保全に関する政策提言が増え，政府だけが政策に関わるということはなくなってきている．つまり，NPO，NGO，企業，個人などの多様な主体がそれぞれの領域で社会的な役割を認識し，それぞれが主体的，自発的に政策の立案，実行に関わる動きが出てきている．本節では，環境政策の形成における市民（またはNPO，NGOなど）の役割，それが及ぼす影響について経済モデルを利用して検討する[16]．

　次のような状況を考えよう．直接規制のような政策当局主導の環境政策では，企業が遵守しているかどうかが問題になる．政策当局だけで監視するのは多大な費用がかかるが，市民やNPOなどの民間部門の協力を得ることで政策上の費用が軽減される可能性がある．今，政策当局が企業の事業活動の監視を民間部門の協力を得て，環境目標を達成するような政策を実施したとする．市民団体またはNPOなどの民間部門（以下，NPOとする）はある企業が規制を遵守しているかどうかを監視しており，その努力水準または費用をx，その企業がNPOからの監視を避ける，またはNPOに遵守していると思わせるための努力水準または費用をyとする．不遵守が明らかになれば，企業にはペナルティーといった追加費用が発生しその費用をcとする．NPOは企業の事業活動を監視して，企業の規制に対する不遵守を発見する．その発見確率pはNPO，

---

[16] 以下で説明するモデルは，ヘイエス（A. G. Heyes）のモデルを参考にした．

企業の努力水準に依存するものと仮定し,

$$p = \frac{x}{x+y} \quad (3.6)$$

とする.

NPO と企業は次のような順番で意思決定して行動すると想定しよう. まず, NPO が企業が規制に遵守しているかどうかを監視する. 次に企業が NPO に規制に遵守しているように思わせたり, NPO の監視を回避したりして, 自らの立場が不利にならないように行動する. よって, ここでは NPO が先導者, 企業が追従者という関係になり, このような状況を経済モデルの1つであるシュタッケルベルク (Stackelberg) モデルとみなすことができる. このモデルでは, 企業は NPO の行動を観察することができるので, 追従者である企業は次のような最適化問題を先に解くことができる.

$$\min_{y} pc + y \quad (3.7)$$

(3.7) 式を最小にする企業の努力水準 y を求めると[17],

$$y^*(x) = \begin{cases} \sqrt{cx} - x & 0 < x < c \\ 0 & c < x \end{cases} \quad (3.8)$$

となる. これは NPO の行動を所与として企業の費用が最小になる選択行動を表した企業の反応関数である.

次に, NPO の最適化問題を定式化しよう. NPO は, 企業の規制に対する遵守状況を監視するために x の費用をかける. そして, 企業が規制を遵守しておらず, その不遵守を摘発できなければ, 企業の超過排出などにより d だけの損害を受けるものとする.

以上の想定のもとで, NPO の最適化問題は次のようになる.

$$\min_{x} (1-p)d + x \quad (3.9)$$

(3.7) 式と同様, (3.9) 式を最小にする x^* が求められる[18]. 企業, NPO の

---

17) (3.7) 式に $p = \frac{x}{x+y}$ を代入し, y で微分する. 実際に計算して, (3.8) 式を導出せよ.

図 3.4　環境政策手段の分類

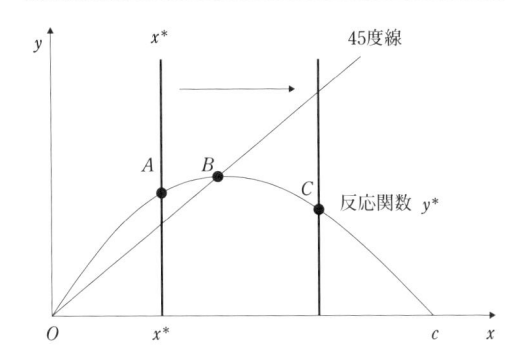

行動をグラフで描いたものが図 3.4 となる．曲線が (3.8) 式の企業の反応関数 y^*，垂直な直線が x^* である．たとえば，図 3.4 のように NPO の努力水準が x^* のとき，企業の努力水準は 45 度線より上側の点 A の水準になる．企業の反応関数の曲線が 45 度線より上にあるとき，NPO が点 B の範囲内で監視活動を積極的に行うなら（x^* が点 B の範囲内で増加），反応曲線に沿って y^* も増加する．この場合，企業は NPO の活動に対抗することを意味する．企業の反応曲線が 45 度線より下側のとき，NPO の努力水準が点 B の水準を超えてさらに監視活動を行うなら（x^* が点 B の水準以上で増加），反応曲線に沿って y^* は減少する．この場合，企業は NPO の活動に対する抵抗を控えていくことを意味する．すなわち，NPO の監視がそれほど強くなければ企業は NPO と張り合うが，監視が強くなれば企業は張り合わなくなることを意味する．ところで，政策当局は，政策目標の達成のためには，企業に対し規制に遵守してもらうことを望む．そのため，政策当局は，当局に代わって監視をしている NPO に補助金や税制優遇などへの支援を行い，目標達成を試みるであろう．たとえば政策当局による NPO への補助金や税制優遇などの支援によって，図 3.4 の x^* が右にシフトしたとしよう．このときの企業，NPO の努力水準の組み合わせは点 C となり，企業は抵抗を諦め，規制を遵守することを検討しは

---

18)　(3.7) 式と同様に，(3.9) 式を x で微分し，x^* を求めよ．

じめる．

このように，政策当局が市民団体や NPO などの協力を得て環境政策を実施することで，環境政策における問題点を克服することが可能である．

練習問題

練習問題 3.1 3.2 節で紹介された環境政策における諸原則について本章で紹介された以外の事例を調べなさい．

練習問題 3.2 3.3 節において，(3.5) 式を満たす排出量 e^* のとき，社会的費用が最小になると述べたが，なぜ e^* のとき社会的費用が最小になるのか図 3.2 を用いて確認しなさい．

練習問題 3.3 3.4 節で取り上げた Energy Star，Programme 33/50，環境経営監査制度（EMAS），日本の公害防止協定，オランダの自主協定，日本経済団体連合会の環境自主行動計画の内容について，インターネットなどを活用して調べなさい．また 3.4 節で取り上げていない政策手段も調べ，それらの特徴，長所・短所，適用例を整理しなさい．

参考文献

地球環境経済研究会編（1991）『日本の公害経験』合同出版．
Heyes, A. G. (1997) "Environmental Regulation by Private Contest," *Journal of Public Economics*, 63, pp.407-428.
倉阪秀史（2004）『環境政策論』信山社．
諸冨徹（2000）『環境税と理論と実際』有斐閣．
緒方隆・須賀晃一・三浦功編（2006）『公共経済学』勁草書房．
大塚直（2002）『環境法』有斐閣．

コラムで考えよう　環境政策実施後の効果：北九州市の家庭ごみ処理有料化政策

多くの自治体では，ごみ減量政策として経済的手段を利用したごみ有料化（ごみ処理手数料の有料化）が実施されている．この政策が意図するところはごみを出すのを有料化すれば，ごみを出すときの経済的負担が大きくなり，ごみを出すのを控え，ごみの減量化につながる点である．ところで，筆者が現在住んでいる北九州市でも 1998 年に政令指定都市で最初にごみ有料化を行った．ごみ有料化導入前後の

家庭ごみの排出状況を次のグラフで確認すると，導入直後は家庭ごみが約6%減少したが，それ以降はほぼ横ばいで，有料化の効果が継続していない．

そのため，北九州市は有料化を見直し，2006年7月からごみの量を1人1日当たり20%削減を目標にして，家庭ごみ用の指定ごみ袋の値上げ，新たに「かん・びん」，「プラスチック製容器包装」，「ペットボトル」の有料指定袋を導入し，分別収集を始めた．その結果，2006年7月，8月，9月の家庭ごみの排出状況は2003年度の同月と比較して，それぞれ33.6%，30.0%，20.8%減少し，減量効果があると公表された．しかしながら，この減量効果は，本当に有料化の見直しによるものなのかを冷静に考える必要がある．今回の見直しでは，家庭ごみの指定袋は45リットル当たり15円が50円に値上げされ，経済的負担が増大した．市民がこの経済的負担を回避する方法としては，ごみを出さないように努力する，または不法投棄するといった方法が考えられる．筆者が参加したある会合で食品小売業者が，ごみ袋値上げ以降，家庭ごみが店舗のごみ捨て場に捨てられるようなったと発言したことがある．このようなことが市内の多くの店舗で発生しているのなら，家庭ごみは事業者が処分することになる．その場合，それらの家庭ごみは家庭ごみとして分類されず，事業系廃棄物や産業廃棄物になるので，数字のうえでは家庭ごみの排出量は減少する可能性がある．

ここでの1つの教訓は，環境政策を実施したからといって，必ずしも期待される効果が発生しているとはいえず，別の問題が発生する可能性もある．したがって，環境政策を立案，実施する際には，政策導入によりどのような問題が起こりうるかも十分に検討する必要がある．ちなみに，北九州市は今回の見直しによる効果などを継続的に検証していくことを目的に2006年9月から「北九州市家庭ごみの減量・リサイクルフォローアップ委員会」を立ち上げた．

北九州市の家庭ごみの推移（万トン）

年度	1994	1995	1996	1997	1998	1999	2000	2001	2002	2003
万トン	30.4	31.4	32.5	32.5	30.7	30.6	30.3	30.8	30.7	30.6

有料指定袋導入

（出所）北九州市ホームページ「市の統計（衛星，環境，公害）」より．
http://www.city.kitakyushu.jp/file/14070100/toukei/sougou/tyouki/16/16114.xls

第4章 インセンティブと経済的手段

4.1 はじめに

環境問題が人類において最重要課題となって久しい．この間，環境問題は多種多様化しており，環境政策の手段も環境問題の特性に応じて適切に実行されなければならない．

1970年代の公害問題に対しては，**規制的手段**が中心的な役割を果たしてきた．規制的手段とは，法律に基づき，その違反に対して制裁措置として罰則を科すことで，環境悪化をもたらす経済活動を抑制しようとする手段である．

しかしながら，近年，環境問題は公害問題のような地域レベルの問題から国境を越えて汚染が広がる地球レベルの問題にシフトしている．硫黄酸化物や窒素酸化物が原因の酸性雨，フロンガスによるオゾン層の破壊，温室効果ガスの濃度の上昇による地球温暖化などが地球環境問題として，近年，クローズアップされている．このような地球環境問題は広範囲であり，因果関係も複雑であることから，その解決策として**規制的手段**には限界がある．したがって，近年，欧米などにおいて導入が進められている**経済的手段**が環境政策の中心的役割を果たすようになってきている．

経済的手段とは，市場メカニズムを利用して環境悪化を経済主体の行動に組み込むことによって，汚染活動を抑制するインセンティブを経済主体に与える政策である．経済的手段には排出税，環境税，補助金，デポジット制度，**排出権取引**などが挙げられる[1]．

---

1) 経済的手段について環境経済学の観点から解説している書物としては，Field (1997), Hanley, Shogren, and White (1997), Kolstad (1999), 柴田 (2002), 植田・岡・新澤 (1998) が詳しい．

経済的手段は規制的手段に比べて，汚染者の行動を制御する程度が小さいため，汚染者は対応の選択肢が広がり費用対効果の高い選択を行え，同一の環境目的を少ない費用で達成できるという長所を備えている．また，経済的手段のもとでは，環境負荷を削減する新たな機会を探索することが企業のコストダウンにつながることから，経済的手段の導入は環境負荷の少ない革新的技術の採択を促進するという，ダイナミックな効率性の向上が期待できる（天野 (2004)）．したがって，環境保全費用最小化の観点から経済的手段は有効な手段といえるだろう．

このように環境問題の解決策として経済的手段には大きな期待が寄せられる一方で，経済的手段に関する多くの研究が指摘しているように，実施するうえでいくつかの問題点があるのも事実である．本章では，このような経済的手段についてその有用性と問題点について経済学の観点から考察を行っていく．4.2 節と 4.3 節では，経済的手段を価格割当と数量割当に分類しそれぞれの特徴と問題点に触れながら分析を進める．4.4 節では政策当局と汚染者の間の情報の非対称性を考慮に入れたうえで，価格割当と数量割当の比較分析を行う．

4.2 価格割当

経済的手段の 1 つとして価格割当がある．価格割当とは，汚染量，もしくは汚染量と相関関係にある生産量に対して課税する（補助金を与える）ことで，汚染者の行動を望ましい方向に操作するものである．本節では，まず，英国の経済学者ピグー（A. C. Pigou）が汚染者への課税として考案したピグー税を紹介する．

4.2.1 ピグー税

今，生産者の経済活動に伴って汚染が発生する状況を考える．ここでは，議論を単純化するため，生産者（以下，汚染者と呼ぶ）の経済活動と汚染量は正の相関関係があるものとする．すなわち，経済活動の増大は汚染量を増加させる，逆の解釈として，汚染量の増加は汚染者の収益を増大させるものとする．

ここで，汚染量を減少させる場合を考えてみよう．汚染量の減少，すなわち

汚染量の削減は，汚染者の排出削減費用を増大させることから収益が減少すると解釈することもできるであろう．今，汚染量を e（>0），排出削減費用を $C(e)$ で表すと，汚染量の削減は排出削減費用を増大させることから $C'<0$ となる．ここで，汚染量を追加的に 1 単位削減することによる排出削減費用の増加分を**限界排出削減費用**（MAC: marginal abatement cost）と呼ぶことにする．$C'<0$ であることから**限界排出削減費用** MAC を正の値で定義するため，**限界排出削減費用**は $MAC \equiv -C'$ と定義される．次に，汚染量 1 単位の追加的な削減によって**限界排出削減費用**は大きくなることを仮定する（$C''<0$）．すなわち，これは，極端な話をすれば，同じ 1 トンの汚染量の削減でも汚染量を 100 トンから 99 トンに削減するよりも汚染量を 1 トンから 0 トン（汚染のない状態）に削減する方が排出削減費用が大きくなることを意味している（図 4.1）．したがって，図 4.1 に描かれている右下がりの直線が汚染者の**限界排出削減費用**となる．

また，汚染者による汚染物質の排出は周辺住民に害を及ぼすであろう．ここで，その**損害関数**を $D(e)$ とおく．損害関数について，$D'>0$, $D''>0$ を仮定する．すなわち，これは，汚染量の増大に対し損害額は大きくなり，**限界損害額**（MD: marginal damage）も汚染量の増大に対し大きくなることを意味している．図 4.1 に描かれている右上がりの直線が**限界損害額** $MD \equiv D'$ を表している．

ここで，もし汚染者が汚染物質の排出に対し何らペナルティを負うことがなければ，汚染者は排出削減費用をできるかぎり軽減しようとするであろう．すなわち，**限界排出削減費用**がゼロ（$MAC=0$）のときの汚染量を $e_{\max}$ とするならば，汚染者は $e=e_{\max}$ となる汚染量を選択するであろう（図 4.1）．では，社会的な観点からこの状況は望ましいのであろうか．答えは否である．

ここで，汚染による**社会的費用**は，汚染者の排出削減費用と損害額の和である $C(e)+D(e)$ で表される．この社会的費用を最小にするような汚染量 e^* が社会的に最も望ましい水準であり，

$$MAC = -C'(e^*) = MD = D'(e^*) \tag{4.1}$$

を満たすものである．これは，最適な汚染量は，**限界排出削減費用**と**限界損害**

第4章 インセンティブと経済的手段   69

図 4.1　最適な汚染量とピグー税

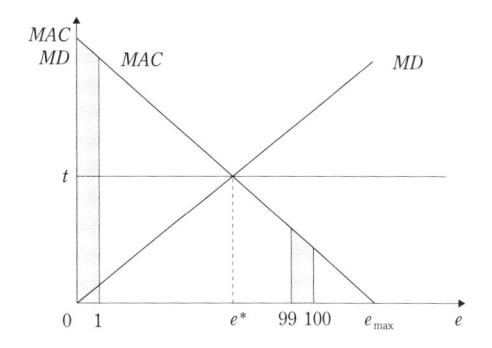

額が等しくなるように決まることを意味している．このとき，明らかに $e^* < e_{\max}$ が成り立ち，汚染者の排出に対し何らペナルティを負担させない場合の汚染量は最適な汚染量より過大になっていることがわかる（図 4.1）．

では，社会的に最適な汚染量 e^* を達成するためにはどのような政策を実行すべきであろうか．それは汚染者の排出に対し課税を行う（価格を割り当てる）ことで，汚染に対する**ディスインセンティブ**を汚染者に与える必要がある．ここで，汚染量 1 単位に対する課税額を t とすると，汚染者の**私的費用**は $C(e) + te$ となり，汚染者の選択する排出量は，

$$MAC = C'(e) = t \tag{4.2}$$

を満たすように決められる．すなわち，汚染者は課税率と**限界排出削減費用**が等しくなるように汚染量を選択する．(4.2) 式より，課税率 t の上昇は汚染への**ディスインセンティブ**を強めることから汚染量 e は減少することがわかる．ここで，最適な汚染量を達成するような課税率 t は，(4.1)式と (4.2)式より，

$$t = D'(e^*) \tag{4.3}$$

となる（図 4.1）．すなわち，汚染量 1 単位の排出に対し**限界損害額** $D'(e^*)$ に等しい税を汚染者に課すことによって最適な汚染量を達成することが可能となる．

このように**限界損害額**に等しい税率を汚染者に課すことによって，汚染者は**限界損害額**を自身の費用最小化問題に組み込んで汚染量の決定を行うことになる．このような税を**ピグー税**という．

4.2.2　多数の汚染者がいるケース

ここでは，汚染者が多数存在するケースを考える．分析の単純化のため，汚染者が2人のケースに限定して考える．先述のように，汚染者が1人のケースでは，汚染による**限界損害額**に等しい税（**ピグー税**）を汚染者に対し課すことによって社会的に最適な汚染量を達成することができた．ここでは，汚染者が2人いる場合にもピグー税は社会的に望ましい汚染量を実現できるのかどうかを検証する．

2人の汚染者を汚染者1と汚染者2のように呼ぶことにする．汚染者i（$i = 1, 2$）の汚染量をe_i，限界排出削減費用を$MAC_i = -C'_i(e_i)$と表す．

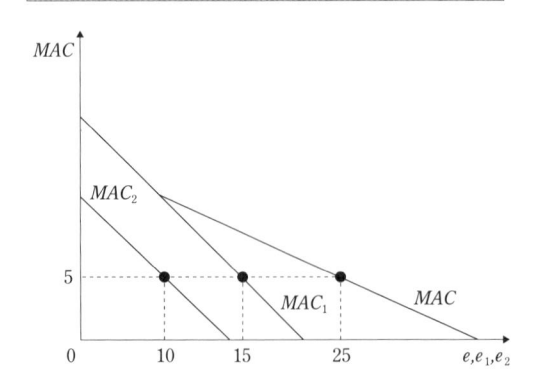

ここで，まず，社会全体の限界排出削減費用の導出を行う．これは，2人の汚染者の限界排出削減費用を集計化することによって求めることができる．今，例として，**限界排出削減費用**が5万円のときの汚染者1の汚染量が15トン，汚染者2の汚染量が10トンであるとしよう（図4.2）．このときの社会全体の汚染量は両汚染者の汚染量の合計であるから25トンとなる．したがって，社

図 4.2　社会全体の限界排出削減費用

第4章 インセンティブと経済的手段　71

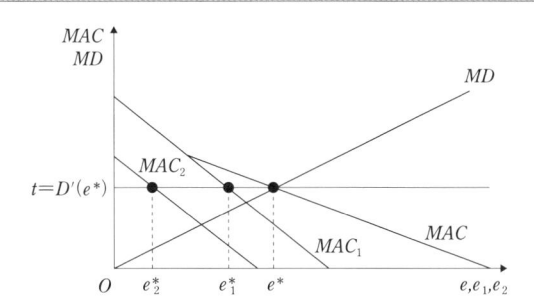

図4.3　汚染者が2人のケースの最適な汚染量とピグー税

会全体の限界排出削減費用 $MAC = -C_i'(e_i)$ は，各汚染者の限界排出削減費用を水平方向に足し合わせることによって求めることができる（図4.2）．

次に，両汚染者の汚染量排出による損害額を考える．今，汚染者1と汚染者2の汚染量の合計を $e(=e_1+e_2)$ とおけば，2人の汚染による総損害額は $D(e)$ と表すことができるであろう．

以上より，2人の汚染者の場合も限界排出削減費用，限界損害額をそれぞれ集計化することによって，1人の汚染者の場合と同様に考えることができる．したがって，最適な社会全体の汚染水準 e^* は，汚染者が1人のときと同様，集計化された限界排出削減費用と限界損害額が等しいところで決まることから，

$$MAC = -C'(e^*) = MD = D'(e^*) \tag{4.4}$$

が成り立つ（図4.3）．

では，(4.4) 式から導出される最適な社会全体の汚染量 e^* はピグー税によって達成可能であろうか．また，達成可能であるならば，最適な汚染総量 e^* は2人の汚染者によってどのような割合で排出されるべきであろうか．

今，ピグー税率を t とすると，2人の汚染者の限界排出削減費用を集計化した $MAC = -C'(e)$ とピグー税率 t が等しくなるように社会全体の汚染量が決まることになる（図4.3）．ここで，前節同様，ピグー税の税率を最適な汚染

量 e^* での限界損害額に等しく設定する（$t = D'(e^*)$）と，社会全体の汚染量は以下の式を満たすように決まる．

$$MAC = -C'(e^*) = t = D'(e^*) \tag{4.5}$$

(4.4) 式と (4.5) 式から明らかなように，ピグー税率 $t = D'(e^*)$ のもとでの社会全体の汚染量は社会的に最適な汚染量 e^* に一致することがわかる（図 4.3）．

次に社会全体で許容できる最適な汚染量 e^* の排出を 2 人の汚染者に対してどのように配分すべきかを考える．今，図 4.3 に示しているように，**ピグー税率** $t = D'(e^*)$ のとき，各汚染者は税率と自身の**限界排出削減費用**が等しくなるようにそれぞれの汚染量 (e_1^*, e_2^*) を決める．

$$\begin{aligned} t = D'(e^*) = MAC_1 = -C_1'(e_1^*), \\ t = D'(e^*) = MAC_2 = -C_2'(e_2^*). \end{aligned} \tag{4.6}$$

(4.6) 式より，ピグー税率 $t = D'(e^*)$ のもとでは，汚染者 1 は汚染量 e_1^*，汚染者 2 は汚染量 e_2^* を排出することになるが，これは望ましい排出配分であるのだろうか．ここで，汚染者 1 に対して $e_1^* + \alpha$ の汚染量の排出を許可し，汚染者 2 に対して $e_2^* - \alpha$ の汚染量の排出を許可する場合を考えてみよう．このとき，図 4.3 より，汚染者 1 の**限界排出削減費用** $MAC_1 = -C_1'(e_1^* + \alpha)$ は汚染者 2 の**限界排出削減費用** $MAC_2 = -C_2'(e_2^* - \alpha)$ より小さくなることが確かめられる．このとき，最適な汚染量 e^* を達成するための費用を最小化するには，汚染者 1 は汚染者 2 よりも多くの汚染量を削減すべきである．一方，汚染者 1 に対して $e_1^* - \alpha$ の汚染量の排出を許可し，汚染者 2 に対して $e_2^* + \alpha$ の汚染量の排出を許可する場合は逆の結果が成り立ち，汚染者 2 は汚染者 1 よりも多くの汚染量を削減すべきである．

以上のことから，**ピグー税率** $t = D'(e^*)$ のもとで実行される汚染量 (e_1^*, e_2^*) は削減費用を最小化していることがわかる．このとき，(4.6) 式より両汚染者の**限界排出削減費用**は等しくなっている（$t = MAC_1 = -C_1'(e_1^*) = MAC_2 = -C_2'(e_2^*)$）．すなわち，ある汚染量を達成するための削減費用を最小化するには，**限界排出削減費用**は均等化されなければならないことがわか

る．これを「限界排出削減費用均等化原理」という．

4.2.3 ピグー税に必要な情報とその他の問題点

これまで**経済的手段**，とくに**価格割当**の代表的な政策である**ピグー税**の環境政策としての有効性について考察してきた．そして，**ピグー税**は**限界損害額**を汚染者の最小化問題に組み込むことで社会的に最適な汚染量を達成させることができる有効な政策であることがわかった．しかしながら，**ピグー税**の実施には情報の問題やその他にも多くの課題があることが知られている．

まず，情報の問題として，**ピグー税**を実施するには，以下の情報を政策当局が知っている必要がある．

(1) 限界損害額
(2) 汚染量
(3) 限界排出削減費用

これまでの議論からわかるように，これらの情報のうち1つでも政策当局が知らなければ，最適な汚染量を計算することはできず，望ましい政策を実施することは困難となる．

まず，**限界損害額**については，被害者の医療費や汚染された土地・水の原状回復にかかる費用がどの程度であったかを調べることによってある程度は計測することが可能であるが，完全には把握できないであろう．

次に，**汚染量**については，いくつかの観測地点においてモニタリングすることによってそれを把握することになるが，汚染者が多数存在する場合，1つの観測地点において計測される汚染量に対しどの汚染者がどの程度影響しているのかを把握するのは難しいであろう．

最後に，これらのなかで最も把握するのが困難であるのが汚染者の**限界排出削減費用**である．**限界排出削減費用**は，汚染者の**私的情報**であることからそれを把握するには，すべての汚染者に対し立ち入り検査を行わなければならず，そのようなとき，検査コストは莫大な額になるであろう[2]．

このような情報の問題によって最適な汚染量を達成できない場合には，次善

---

[2] 4.4節において，汚染者の限界排出削減費用の情報を政策当局が知らないケースのもとでの環境政策について考察を行う．

の策として，ある水準の汚染量を達成することを目標とし，その目標達成のための費用を最小化する政策を考える．先述のように，各汚染者の**限界排出削減費用**が均等化されれば，ある汚染量の達成のための費用は最小化されるため，**ピグー税**同様，均一の税率をある目標とする汚染量を達成するように設定すればよいことになる．このような税は**ボーモル＝オーツ税**と呼ばれている．

情報の問題のほかにも**ピグー税**を実施するうえでいくつかの問題点がある．1つは政策当局と産業界の対立である．産業界は負担増と経済への悪影響を懸念して経済的手段の実施には難色を示すであろう．導入時における政治的な抵抗があまりにも強い場合，社会的に最適な税率を計算できたとしても，それを実施するのは困難である．

また，**ピグー税**の税収の使い道についても，税収を一般財源として使うのか（一般税），特定財源として使うのか（目的税）議論がなされている．目的税であれば，課税の目的が明確であることから，産業界や国民の賛成を得やすいであろう．しかしながら，**ピグー税**導入の本来の目的は排出削減の**インセンティブ**を与えるためであることから，目的税としては馴染まないといえる．

最後に，わが国における**ピグー税**の実用例をいくつか挙げておこう．まだ多くの実用例はないものの，ガソリンなどの化石燃料に対し二酸化炭素の成分となる炭素含有量に応じて課税する温暖化対策税，ごみの排出量に応じて課税されるごみ有料化政策の従量課税方式，産業廃棄物の排出・処理に対して課税される産業廃棄物税などが挙げられる．

4.3 数量割当

前節では，**経済的手段**でも汚染に対する価格を操作することで汚染者の行動に影響を及ぼす**価格割当**について考察を行った．ここでは，汚染総量を直接操作する数量割当について分析を行う．ここでは，**数量割当**の代表的な政策である**排出権取引**について検討する．

4.3.1 排出権取引

排出権取引は，カナダ・トロント大学のデイルズ（J. H. Dales）によって最初に提唱され，その後，モントゴメリー（W. D. Montgomery）によって厳密な定式化が行われた[3]．

排出権とは汚染物質の排出を許可する権利であり，**排出権取引**制度のもとでは，目標とする総汚染量に等しいだけの総排出権量が発行され，各汚染者に初期配分される．そして，各汚染者が保有する排出権を自由に排出権市場において売買することによって，目標とする総汚染量を最小費用で達成可能とする手段である．

各汚染者は，保有する排出権量よりも排出する汚染量の方が多い場合は排出権市場から不足分の排出権を購入する．一方，保有する排出権量よりも排出する汚染量の方が少ない汚染者は排出権市場に超過分の排出権を売却する．排出権の購入量（需要量）が売却量（供給量）よりも多ければ，排出権価格が上昇し需要量が減少，供給量が増加するように価格調整が行われる．一方，排出権の購入量（需要量）が売却量（供給量）よりも少なければ，排出権価格が下落し需要量が増加，供給量が減少するように価格調整が行われる．このような価格調整過程から排出権の売買市場が成立し，**均衡排出権価格**が決まることになる．

排出権取引は二酸化炭素などの地球温暖化問題の原因となる温室効果ガスに関する排出権や廃棄物の埋立に関する排出権などに国際的な導入事例が見られる．たとえば，1997年の**京都議定書**の締結によって，主として先進国の温室効果ガス削減目標が定められた．その第17条に，先進国がこの議定書に記載された数値目標を達成するために，先進国間で排出権を取引する排出権取引が導入されている．この制度によって，温室効果ガスの削減目標未達成の国が，達成した国から排出権を買い取ることができることになっている（詳細はコラムを参照）．

ここでは，**4.2.2**項同様，汚染者が2人いるケースを考える．ここで，まず，$MAC_1 = -C_1'(e) > MAC_2 = -C_2'(e)$ for $\forall e$ を仮定する．これは汚染者1

---

3) 諸富（2002）は環境税と排出権取引の理論的系譜について詳しい説明を与えている．

の限界排出削減費用の方が汚染者2のそれよりも大きい,すなわち,汚染者1の方が汚染者2よりも排出削減において非効率的な汚染者であることを意味している.汚染者 i ($i=1, 2$) に初期配分される排出権量を l_i ($i=1, 2$) とし,排出権価格を p とすると[4]),汚染者 i の費用最小化問題は以下のようになる.

$$\min C_i(e_i) + p(e_i - l_i) \tag{4.7}$$

第1項は排出削減費用を表している.ここで,もし $e_i > l_i$ ならば,$e_i - l_i$ だけ超過排出であり排出権が不足していることから排出権市場から $e_i - l_i$ だけの排出権を購入しなければならず,このとき,第2項は購入費用を表すことになる.もし $e_i < l_i$ ならば,$l_i - e_i$ だけ排出権が超過していることから排出権市場に $l_i - e_i$ だけの排出権を売却することから,このとき,第2項は売却利益を表すことになる.この問題を解くと,汚染者 i の汚染量 e_i は以下の式のように,排出権価格と**限界排出削減費用**が等しくなるように決まる.

$$MAC_i = -C'_i(e_i) = p \tag{4.8}$$

(4.8) 式より,排出権価格が上昇すると汚染量が減少することが容易にわかる.すなわち,排出権価格の上昇は,排出権の需要者(供給者)に対し汚染量を削減させることで排出権購入費用を軽減させる(排出権売却収入を増大させる)インセンティブを与える.

図4.4は汚染者が2人のケースでの排出権市場均衡を表している.縦軸は排出権価格であり,第1象限に汚染者1の**限界排出削減費用**,第2象限に汚染者2の**限界排出削減費用**が描かれている.各象限の垂直線は各汚染者への排出権の**初期配分量**を表している.図4.4は,排出削減に関して非効率的な汚染者1が排出権の需要者になり $e_1^* - l_1$ の排出権量を購入し,効率的な汚染者2が排出権の供給者となり $l_2 - e_2^*$ の排出権量を売却するケースを表している.均衡排出権価格 p^* はこの排出権の需要量 $e_1^* - l_1$ と供給量 $l_2 - e_2^*$ が等しくなるように決まることから,排出権市場の均衡条件は以下のようになる.

---

4) 排出権市場は完全競争的であることを仮定する.したがって,汚染者は排出権価格を所与として汚染量を決めることになる.

図4.4 排出権市場の均衡

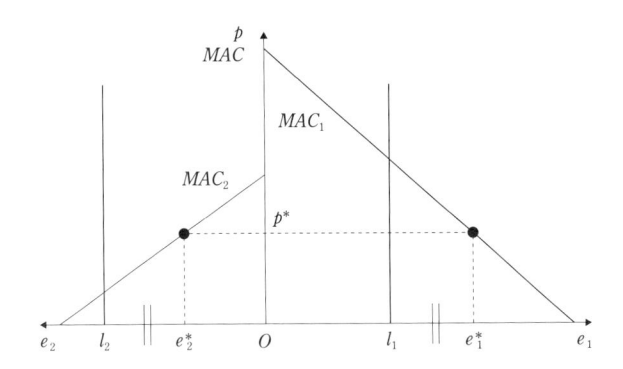

$$e_1^* - l_1 = l_2 - e_2^* \quad \Leftrightarrow \quad l_1 + l_2 = e_1^* + e_2^* \tag{4.9}$$

ここで注目すべき点は,汚染者への排出権の**初期配分比**(l_1, l_2)は,均衡汚染量(e_1^*, e_2^*)と均衡排出権価格p^*の決定にまったく影響を及ぼさないという点である.たとえば,汚染者1への初期配分量を$l_1 + \beta$,汚染者2への初期配分量を$l_2 - \beta$に変更する場合を考えよう.これは単に図4.4の2つの垂直線をβだけ右にシフトさせるだけであり,均衡解にはまったく影響を及ぼさないことがわかる.

では,**排出権取引**のもとでの均衡汚染量は社会的に最適な汚染量に等しくなっているのであろうか,また,最適な汚染量が達成されているならば,最適な汚染量を達成するための費用を最小化するように2人の汚染者に対し汚染量の排出配分がなされているのだろうか.

まず,(4.9)式より汚染量について排出権の総量$l_1 + l_2$と総汚染量$e_1^* + e_2^* = e^*$は等しくなることから,政策当局が最適汚染量e^*に等しい排出権総量$l_1 + l_2$を発行すれば($e^* = l_1 + l_2$),均衡汚染量と最適汚染量は明らかに等しくなる.

次に,最適な汚染量e^*を達成するための費用が最小化されているかどうかを見てみる.(4.8)式より$p = MAC_1 = -C_1'(e) = MAC_2 = -C_2'(e)$が成

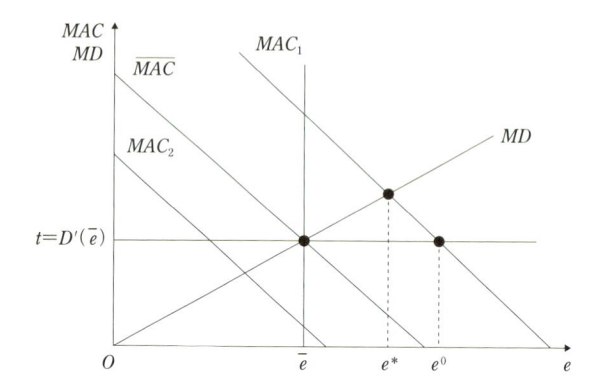

図4.5 情報の非対称性下における価格割当と数量割当の汚染量の比較

り立っていることから，4.2.2項のピグー税同様，排出権取引のもとでも「限界排出削減費用均等化原理」が成り立っていることがわかる．したがって，最適な汚染量を達成するための費用を最小化するように2人の汚染者の間で汚染量の排出配分がなされている．

4.3.2 排出権取引の実施上の問題点

ピグー税同様，排出権取引の実施においても4.2.3項の3つの情報が必要であることから，情報の問題が排出権取引にも存在する．

ピグー税と大きく異なる点は，ピグー税の場合，汚染者から徴収した税収を政策当局がどのように運用するかという問題があった．排出権取引の場合は，削減努力しなかった汚染者1から徴収した収入（汚染者1の排出権の購入費用）が，削減努力をした汚染者2への支払い（汚染者2の排出権の売却収入）となるから，その点について考える必要がないといえる．

その他の排出権取引の問題点としては，排出権市場に価格支配力を持った大企業が存在する場合である．このとき，価格支配力を持った大企業は自身に付与された排出権の初期配分量に応じて排出権価格を操作するため，排出権の市場均衡は非効率的になる．この場合，大企業への初期配分量を適切な水準に設定することが最適な汚染量を達成するための唯一の方法となる．

実際，京都議定書で定められた**国際排出権取引**において，ロシアやウクライナが排出権の巨大な供給者となることが予想されており，自国の利益を最大化するために排出権供給量を調整する可能性がある．

4.4 情報の非対称性下における価格割当と数量割当

前節までは，政策当局が汚染者の**限界排出削減費用**，**限界損害額**，そして汚染量についての情報を完全に知っている状況での**経済的手段**（**価格割当**および**数量割当**）について考察してきた．情報が完全である場合，**価格割当**も**数量割当**も理論的には同じ結論をもたらした．ここでは，**4.2.3**項で指摘した3つの情報の問題のうち，「汚染者の**限界排出削減費用**」の情報を政策当局がわからないようなケースを想定して考察する．このような汚染者と政策当局の間に**情報の非対称性**が存在するケースでの**価格割当**と**数量割当**の比較分析は，Weitzman（1974）によって考察されている．

ここで，汚染者は**4.3.1**項同様，高費用タイプ（汚染者1）と低費用タイプ（汚染者2）の2タイプが存在するものとする．政策当局は汚染者が2タイプ存在することは知っているが，汚染者がどちらのタイプであるかは知らないものとする．

高費用タイプと低費用タイプの汚染者の割合をそれぞれ（50%，50%）とする．図4.5に示すように，政策当局は2つの**限界排出削減費用**のうち真の**限界排出削減費用**がどちらであるかわからないことから，2つの**限界排出削減費用**の平均である**期待限界排出削減費用** $\overline{MAC}$ を考えることになる．図4.5より，政策当局にとっての期待最適汚染量 $\bar{e}$ は，**期待限界排出削減費用** $\overline{MAC}$ と**限界損害額** MD が等しいところで決まる．政策当局はこの汚染量 $\bar{e}$ を目標として政策を実施することになる．以下において，政策としてピグー税のような価格を操作する**価格割当**（**4.2**節）と**排出権取引**のような数量を操作する**数量割当**（**4.3**節）のどちらの**経済的手段**が望ましいのかを見ていく．

(1) **価格割当** 図4.5のように，政策当局は，目標汚染水準 $\bar{e}$ のときの**限界損害額** $D(\bar{e})$ に等しい税率 $t = D'(\bar{e})$ を課税する．ここで，真の汚染者の**限界排出削減費用**が MAC_1 であったとしよう．このとき，**ピグー税率** $t = D'(\bar{e})$

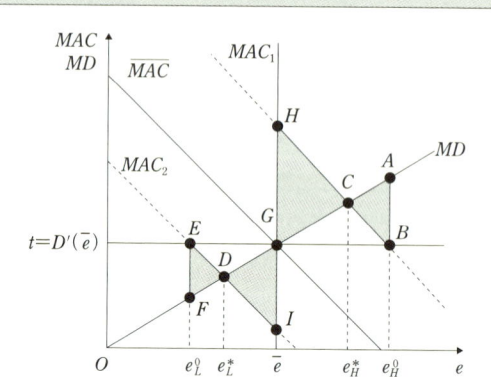

図 4.6　情報の非対称性下における価格割当と数量割当の社会的損失の比較

のもとでは，汚染者1は税率 $t = D'(\bar{e})$ と限界排出削減費用 MAC_1 が等しくなるように汚染量を e^0 に決定する．今，最適な汚染量 e^* は，真の限界排出削減費用 MAC_1 と MD が等しいときであるから，価格割当の場合の汚染量 e^0 は最適な汚染量 e^* よりも過大になってしまう．

(2)　**数量割当**[5]　図4.5のように，政策当局は目標汚染水準 $\bar{e}$ だけの排出を汚染者に許可する（$\bar{e}$ の排出権を配分する）ことで，汚染者に目標汚染水準 $\bar{e}$ を実行させることができる．**価格割当**同様，真の**限界排出削減費用**が MAC_1 であるとき，最適な汚染量は e^* であるから，数量割当の場合，最適な汚染量 e^* よりも過小な汚染量 $\bar{e}$ を導いてしまうことになる．

では，**価格割当**と**数量割当**，どちらの**経済的手段**が望ましいのであろうか．図4.6は，汚染者が高費用タイプ（低費用タイプ）であるときの最適汚染量 e_H^*（e_L^*）と**各経済的手段**のもとでの汚染量が乖離することによって生じる社会的損失を示したものである．この**社会的損失**の面積が小さい方が最適汚染量との誤差が小さく優位な手段であるといえるだろう．

図4.6より，**価格割当**の場合，汚染者のタイプが高費用タイプであるときには，最適な汚染量は e_H^* であるのに対し，実現する汚染量は e_H^0 であることから

---

5)　分析の単純化のため汚染者は1人の場合を想定している．したがって，ここでは，排出権証取引というよりは数量規制の方がイメージしやすいであろう．

過大になる．一方，汚染者のタイプが低費用タイプであるときには，最適な汚染量は e_L^* であるのに対し，実現する汚染量は e_L^0 であることから過小になる．ここで，汚染者のタイプが高費用タイプであるときには，三角形 ABC が社会的損失になる．すなわち，最適汚染量 e_H^* より達成される汚染量 e_H^0 が大きいとき，e_H^0 から e_H^* への汚染量の減少による便益の増分が四角形 $BCe_H^* e_H^0$ になるのに対し，損害額の増分は四角形 $ACe_H^* e_H^0$ になることから，**社会的損失**は三角形 ABC として表される．一方，汚染者のタイプが低費用タイプであるときには，三角形 EFD がその損失となる．

数量割当の場合，汚染者のタイプが高費用タイプであるときには，最適な汚染量は e_H^* であるのに対し，実行される汚染量は $\bar{e}$ であることから過小となり，もし汚染者のタイプが低費用タイプであるときには，最適な汚染量は e_L^* であるのに対し，実行される汚染量は $\bar{e}$ であることから過大になる．したがって，汚染者のタイプが高費用タイプであるときには，三角形 CHG が社会的損失になる．一方，汚染者のタイプが低費用タイプであるときには，三角形 GDI がその損失となる．

汚染者が高費用タイプであるとき，低費用タイプであるときの割合は（50%，50%）であることから，各**経済的手段**の期待損失は，それぞれ以下のようになる．

$$\text{（価格割当の期待損失）} = \frac{1}{2} \times \text{三角形 } ABC + \frac{1}{2} \times \text{三角形 } EFD$$

$$\text{（数量割当の期待損失）} = \frac{1}{2} \times \text{三角形 } CHG + \frac{1}{2} \times \text{三角形 } GDI$$

では，果たしてどちらの**経済的手段**の期待損失が小さく，そして社会的に望ましい経済的手段なのだろうか．

今，**限界損害直線** MD に注目してみよう．図 4.6 より，**限界損害直線**を点 G を中心に時計回りに回転させるケース（**限界損害直線の傾きが小さくなるケース**）を考える．このとき，価格割当のケースでは，最適な汚染量と実行される汚染量の乖離度合いが小さくなり，期待損失は小さくなることがわかる（三角形 ABC，三角形 EFD ともにその面積は小さくなる）．一方，数量割当のケー

スでは，最適な汚染量と実行される汚染量の乖離度合いが大きくなり，期待損失は大きくなることがわかる（三角形 CHG，三角形 GDI ともにその面積は大きくなる）．すなわち，これは，限界損害直線の傾きが十分に小さい場合は価格割当が望ましく，十分に大きい場合は数量割当が望ましいことを意味している．

次に，**限界排出削減費用**直線に注目する．図 4.6 より，2 タイプの**限界排出削減費用**直線を点 B および点 E を中心に時計回りに回転させるケース（**限界排出削減費用**直線の傾きの絶対値が大きくなるケース）を考える．このとき，価格割当のケースでは，最適な汚染量と実行される汚染量の乖離度合いが小さくなり，期待損失は小さくなることがわかる（三角形 ABC，三角形 EFD ともにその面積は小さくなる）．一方，**数量割当**のケースでは，最適な汚染量と実行される汚染量の乖離度合いが大きくなり，期待損失は大きくなることがわかる（三角形 CHG，三角形 GDI ともにその面積は大きくなる）．すなわち，これは，**限界排出削減費用**直線の傾きの絶対値が十分に大きい場合は**価格割当**が望ましく，十分に小さい場合は**数量割当**が望ましいことを意味している．

以上のことをまとめると，限界損害直線の傾きが十分小さく限界排出削減費用直線の絶対値の傾きが十分大きい場合，**価格割当**が望ましく，限界損害直線の傾きが十分大きく**限界排出削減費用**直線の絶対値の傾きが十分小さい場合，**数量割当**が望ましいことがいえる．これは**ワイツマン定理**と呼ばれている．

4.5 おわりに

本章では，環境政策のなかでも，近年，その導入に注目が集まっている**経済的手段**について考察を行ってきた．汚染に対し価格付けを行うことで汚染者の行動を操作する**価格割当**（ピグー税）と汚染者に対し排出可能な汚染量を割り当てることで汚染量を調整する**数量割当**（排出権取引）について比較分析を行い，完全情報を仮定すれば，どちらの**経済的手段**も最適な汚染量を達成することが可能であることを示した．

一方，政策当局と汚染者の間に**情報の非対称性**が存在する場合，**価格割当**，**数量割当**ともに最適な汚染量を達成することは不可能となる．**限界排出削減費**

用について**情報の非対称性**が存在するとき，**限界排出削減費用**曲線の絶対値の傾きが十分大きく，限界損害曲線の傾きが十分小さい場合，**価格割当**が**数量割当**よりも望ましく，**限界排出削減費用**曲線の絶対値の傾きが十分小さく，限界損害曲線の傾きが十分大きい場合，**数量割当**が**価格割当**よりも望ましいことを示した．

本章で述べたように**経済的手段**は最小費用で目標汚染量を達成できる有効な手段であるが，その導入にはさまざまな障壁や問題点があるのも事実である．したがって，環境税や**排出権取引**など**経済的手段**の導入に際しては，その導入効果と問題点を明らかにし慎重に議論する必要があるであろう．

練習問題

練習問題 4.1 J国，R国，A国の3国で温室効果ガスの排出権取引を行うものとする．J国の温室効果ガスの排出量を e_J，R国を e_R，A国を e_A で表し，各国の限界排出削減費用をそれぞれ以下の3式で表す．今，排出権の初期配分量がJ国に6，R国に8，A国に10与えられているものとする．また，排出権の価格を p で表す．

$$J国：MAC_J = 18 - e_J$$
$$R国：MAC_R = 12 - e_R$$
$$A国：MAC_A = 24 - e_A$$

(1) 排出権市場の均衡条件式を求めなさい．
(2) 排出権市場の均衡価格 p^* を求めなさい．
(3) 均衡価格 p^* のときの各国の排出量をそれぞれ求め，各国が排出権の需要国になるのか，それとも供給国になるのか説明しなさい．

練習問題 4.2 今，政府（政策当局）が汚染による限界損害額を知らないものとする．このとき，環境税などの価格割当と排出権取引などの数量割当のどちらの経済的手段を用いた方が望ましいのかを図を用いて説明しなさい．

練習問題 4.3 近年，環境政策に経済的手段を導入しようという動きが活発化している．日本においても経済的手段のいくつかの導入例が見られる．経済的手段の導入例を1つ挙げて，その効果と問題点を論じなさい．

参考文献

天野明弘（2004）「排出取引制度に関する産業界の意見について」中央環境審議会地球環境部会第 21 回会合委員提出書面意見.

Field, B. C. (1997) *Environmental Economics: An introduction,* The McGraw-Hill Companies, Inc.（秋田次郎・猪瀬秀博・藤井秀昭訳（2002）『環境経済学入門』日本評論社）.

Hanley, N., J. F. Shogren, and B. White (1997) *Environmental Economics in Theory and Practice,* Macmillan Press（(財)政策科学研究所環境経済学研究会訳（2005）『環境経済学－理論と実践』勁草書房）.

環境省地球環境局地球温暖化対策課（2006）「図解 京都メカニズム 第 6.1 版」環境省資料.

Kolstad, C. D. (1999) *Environmental Economics,* Oxford University Press（細江守紀・藤田敏之監訳（2003）『環境経済学入門』有斐閣）.

諸富徹（2002）『環境税の理論と実際』有斐閣.

柴田弘文（2002）『環境経済学』東洋経済新報社.

植田和弘・岡敏弘・新澤秀則（1998）『環境政策の経済学－理論と現実』日本評論社.

Weitzman, M. L. (1974) "Prices vs. Quantities," *Review of Economic Studies,* Vol.41, pp.477-491.

コラムで考えよう　　　　京都メカニズム

　1997 年 12 月，京都において「気候変動に関する国際連合枠組条約」第 3 回締約国会議が開かれ，**京都議定書**が採択された．**京都議定書**では，（ロシア・ウクライナなどの市場経済移行国を含む）先進国が全体で温暖化ガスを 2008 年から 12 年までに 1990 年比で 5％削減することを義務付けられている．なお，各国別での削減目標も定められており，日本は温暖化ガスを 6％削減することが義務付けられている．

　京都議定書において，これらの削減目標を達成するための補足的な仕組みとして「**京都メカニズム**」の導入が認められた．「**京都メカニズム**」は，「**国際排出権取引** (International Emissions Trading)」（17 条），「**共同実施**（JI: Joint Implementation）」（6 条），「**クリーン開発メカニズム**（CDM: Clean Development Mechanism）」（12 条）の 3 つの**経済的手段**からなる．これら 3 つの**経済的手段**はともに**数量割当**（各国に排出枠の量を割り当てる）であり，定められた削減目標を最小費用で達成し排出総量管理を確実に行うことができる有効な手段であるが，それぞれ異なった特徴を持っている．

第4章 インセンティブと経済的手段　　　　　　　　　　　85

　まず,「**国際排出権取引**」は,4.3節で述べたように,各先進国に排出枠（排出権）を配分し先進国間で排出権の売買を行うことで,先進国全体に義務付けられた削減目標（総排出枠の量）を最小費用で達成できる手段である（図4.7）.

　一方で,「**共同実施**」と「**クリーン開発メカニズム**」は,排出削減や吸収増大プロジェクトを実施し,その結果生じた排出削減量を**クレジット**として認定し当事者国間で移転・獲得することで,削減目標（総排出枠の量）を最小費用で達成できる手段である.

　「**共同実施**」と「**クリーン開発メカニズム**」の違いは,「**共同実施**」はプロジェクトが行われる国,投資を行う国ともに先進国であるのに対し,「**クリーン開発メカニズム**」はプロジェクトが行われる国は途上国であり,投資を行う国は先進国である点が異なっている.したがって,「**共同実施**」の場合,プロジェクトは先進国間で行われるため,全体の総排出枠の量は変わらないことになる（図4.8）.一方,「**クリーン開発メカニズム**」の場合,途上国には排出枠が設けられていないことから,プロジェクトの実施で生じた排出削減量は資金を提供した先進国の排出枠に加えられることになり,全体の総排出枠は増大することになる（図4.9）.（図4.7,図4.8,図4.9は参考文献：環境省地球環境局地球温暖化対策課（2006）を参考にして作成したものである.）

図4.7　国際排出権取引

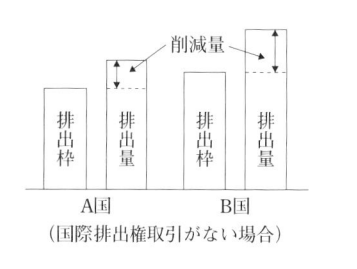

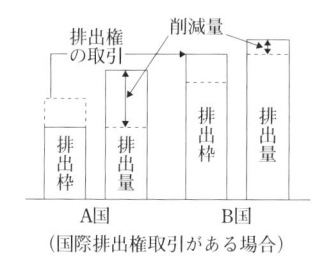

図4.8　共同実施

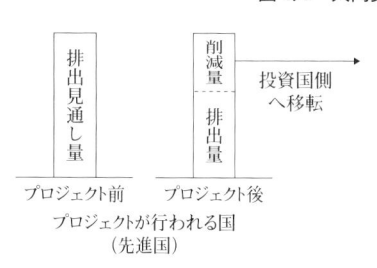

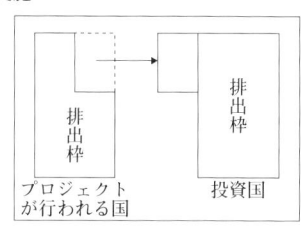

86　第1部　環境経済学の基礎

図4.9　クリーン開発メカニズム

```
┌─────────────────────────────────────────────────────────────┐
│                                                             │
│  排出     削減量    投資国側      プロジェクト      排出      │
│  見通     ─────    へ移転       が行われる       枠        │
│  し量     排出量               途上国には                  │
│                                排出枠がない                 │
│                                                投資国       │
│                                                             │
│  プロジェクト前  プロジェクト後                              │
│   プロジェクトが行われる国      「全体の総排出枠の量は増大する」│
│       （途上国）                                            │
└─────────────────────────────────────────────────────────────┘
```

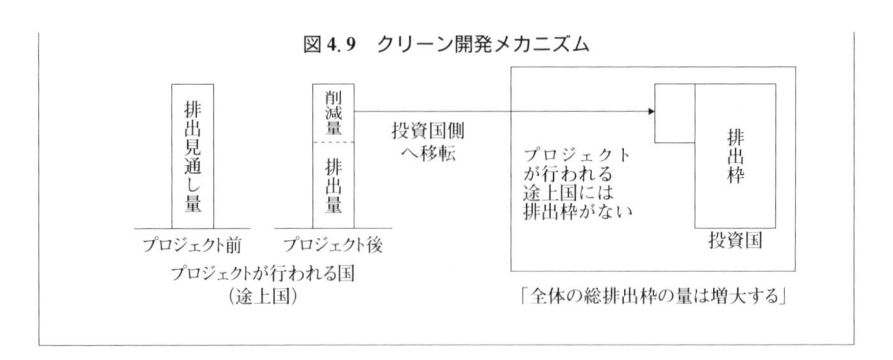

第2部　資源経済学の基礎

第5章　再生可能資源の経済学

5.1　はじめに

　本章と次章では，環境問題と一緒に取り上げられる資源問題の経済分析について取り上げる．環境問題も資源問題も1970年代に入ってから，ストックホルムの世界人間環境会議（1972）や石油危機（1973）などに代表されるよう世界的に重要な政治・経済問題となった．いずれも自然界にあるモノや現象を取り扱う資源・環境問題であり，人々によりその重要性は認識されてはいても，解決は容易でない．資源が問題になるのは，世界的な人口の増加と，経済発展によりエネルギー資源や金属資源があと50〜60年しか利用できない心配が生まれてきたからである．ここでは再生可能資源をいかに利用していくのが効率的で公平かを考える．5.1節では資源とは何かについて，5.2節で魚資源の効率的利用を取り上げ，コモンズの悲劇に言及する．5.3節で森林資源を取り上げ，5.4節で資源利用の外部性に触れる．

5.1.1　資源とは
　資源（resources）とは人々が生活に利用する生産物や，その生産物を生み出す手段となる生産物などの，資材を生み出す源となる財のことである．財を生み出す本源となるものという意味である．資源は何を本源と考えるかで石油・鉄鉱石・魚などの天然資源だけでなく，労働力を本源とみなすなら人的資源という使い方や技術・知識も本源だと考えれば文化的資源という言い方のように幅広く使われる．これを分類すれば次のようになる．

(1)　**自然資源**は自然界に存在する資源であって，石油・天然ガスのように機

械を動かしたり，灯りをともしたりのエネルギーを生み出すエネルギー資源，人工物体を作る材料になる金・銀・鉄の金属資源，石材のような非金属資源がある．このほか大気・水のような環境資源もこの範囲に入る．

(2) **生物資源**は，自然に存在する野生の鳥・哺乳類・魚，自然林である．

(3) **人工的資源**は，人間が生産した機械設備，建物などで資本と呼ばれるものである．

(4) **人工的生物資源**は(2)と(3)の中間に位置する家畜，養殖魚，果樹園，人工林など人間が飼育や栽培など管理している生物資源である．

(5) **人的資源**は労働力のことである．

(6) **文化的資源**とは，科学技術・専門知識，制度，文化遺産などの知的資材をいう．

通常の資源経済学では(1), (2)の狭い意味の資源を取り上げる．

5.1.2 資源経済学と環境経済学

資源経済学と環境経済学は兄弟関係にある．いずれも自然界の自然資源や生物資源を分析対象にする．アメリカなどでは資源経済学と環境経済学が一緒に教えられている．それでは，両者の違いはどこにあるのだろうか．それは経済学の部分の違いである．

経済学では，貴重な財の効率的利用，無駄のない利用の方法や制度を考察して，人類を貧しさから解放することや富の形成を図ることを目的としている．その場合，**アダム・スミス**（A. Smith）以来，解決の基本的視点は市場経済化，つまり市場を通じて買い手と売り手の願望を調整することにある．ただし，労働経済学・財政金融・医療など細分化された経済学各分野では固有の問題を持っているが，**資源経済学**の場合，エネルギー資源・金属資源・生物資源の現在の利用と将来の利用の間の効率性・公平性をどのように確保するかを対象にする．現世代または親の世代がこれらの資源を大量に利用すれば，将来世代または子や孫の世代の利用可能量に不足が出る．現在と将来との間でどのように自然資源を分けて利用していくのが効率的・公正的かについて考察する．

一方**環境経済学**は，現在のきれいな空気や水，適度の大気温度などの環境が汚染されたり温暖化したりするという問題の解決を取り扱う．問題はこれらの

環境資源は貴重と考えられているにもかかわらず価格がつけられていないため，汚染された水や空気を排出する工場や個人の家庭は，排出によって自然界にあるきれいな水・大気を消費しても，カネを支払わない．**外部不経済**を生み出している．このため，きれいな水・大気は汚染者により過大消費され，効率的使用が達成されない．

環境経済学は，自然資源の利用に際して外部不経済の解消（価格のつかない自然資源の価値評価を行い，その価値評価を用いて消費の抑制を行い，効率的利用を導く制度の設計）について取り上げる．

一方**資源経済学**は，石油や鉄鉱石のような価格がついている自然資源の市場経済のもとで効率的・公平的利用を考察する．（価格が低い時には利用量が多くなり，高いときには少なくなるので，価格がつく市場経済のもとで利用方法を考える）

5.1.3 再生可能資源と再生不可能資源

自然資源は再生可能資源と再生不可能資源に分けられる．**再生可能資源**は現在の利用を過度にしないかぎりいつまでも利用可能な資源のことである．野生の鳥や魚・鯨のような生物個体種は現存する親ストックが子供を産み自然増殖するから，将来も利用可能となる．

一方再生不可能資源は，一度利用した分はふたたび回復することはできないので使った分だけ総量が減少する．本章では再生可能資源の効率的使用について取り上げ，次の第6章で再生不可能資源について考える．

5.2 漁業資源の効率的利用モデル

5.2.1 世界の漁業資源

表 5.1 は FAO が発表した魚種ごとの資源の状況である．441 種のうち何パーセントがそれぞれ回復傾向，枯渇，過開発，高度開発，中程度開発，低開発の範疇に入るかを示している．低開発はわずか 4% である．しかし漁業資源の状況を評価するのに，**最大持続可能漁獲量 MSY** を基準とする場合，上記区分の高度開発が MSY より良い状況であるとするなら，資源の 72% が持続的水準

表5.1 世界の漁業資源の利用状況（2000年）

状　　況	比　率（%）
回復傾向	1
枯渇	9
過開発	18
高度開発	47
中程度開発	21
低開発	4

で開発されており，残りの28%が乱獲または枯渇の状態であるといえる．

5.2.2 漁業資源の成長経路

それでは，最大持続可能漁獲量のような値はどのようにして求められるのか，また人間の漁獲活動はどのような捕獲量を目指しているのか．これらについて見てみよう．野生の哺乳類，鳥類，魚類は過度に捕獲しなければ動物の増殖作用により再生する．いったん使用しても将来の利用可能量がそれだけ減少しない．このような再生可能資源の中から**漁業資源の成長プロセス**を示すモデルは次のように定式化されよう．記号を次のようにする．

Z_t: t時点の個体ストック，　Z_{t+1}: $t+1$時点の個体ストック

t時点のストックZ_tが与えられたとき，$t+1$時点のストックZ_{t+1}はいくらになるかを定める式は，次のようである．

$$Z_{t+1} = Z_t + H(Z_t) \tag{5.1}$$

ここでHは（出生率−死亡率）のストック**純増殖関数**である．上式はt時点のストックの大きさが与えられたとき，$t+1$時点におけるストック量は，親の個体数Z_tが出産する子供の個体数と，t時点と$t+1$時点間のt期のうち死亡する親や子の個体数の差だけ変化することを述べる．そしてこの大きさは自然条件や，病気・捕食者数などの条件を表すパラメータに依存する．

すると$t \to t+1$時点の間での増加は

第5章 再生可能資源の経済学

図5.1 純増殖関数

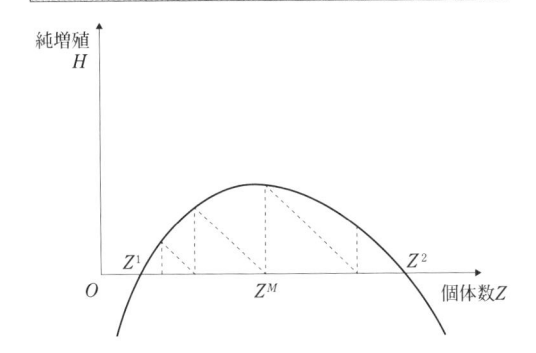

$$Z_{t+1} - Z_t = H(Z_t) \tag{5.1}'$$

となる．これを $\dot{Z}_t = H(Z_t)$ と書く場合もある．ここで「・」（ドット）は単位時間当たり増加分である．$H(\ )$ の形状は図5.1のようになると考えられる．

まず H は2つの正の値 Z^1, Z^2 で横軸を切る下に凹の形をした関数になる．なぜなら，$Z_t < Z^1$ なら親の個体数が少ないため配偶者に出会うチャンスが少ないので出生率は低い．そこで出生率から死亡率を差し引いた値 H は負となる．

$Z^1 < Z_t < Z^M$ なら個体数が増大するにつれ交配チャンスが増大し，食料もまだ十分存在するので，個体数 Z が増大するほど増加分 H は大きくなる．

$Z^M < Z_t < Z^2$ なら交配チャンスはますます増大するが，反面個体ストックの大きさに比べ食料がだんだん不足してきて，出生した子供の死亡率が高まり増加分 H はプラスだが Z とともに逓減していく．

$Z^2 < Z_t$ なら食料に比べて個体数が多すぎるので高まった死亡率が出生率を超えて，増加分 H もマイナスになる．

具体的な純増殖関数として次の**ロジスティック関数**がよく使われる．

$$H(Z_t) = rZ_t(1 - Z_t/K) \tag{5.2}$$

この関数は $\Delta Z/Z = r$ という生物にとって食料・捕食者など生活環境に制約

図 5.2　個体数の時間経路

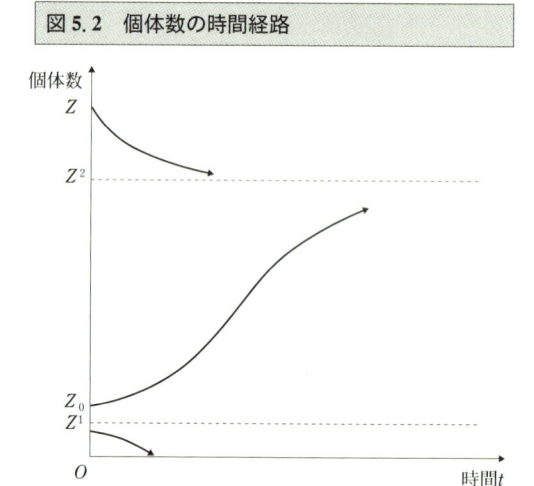

がなかったとしたら最大成長可能となる率 r に，第 2 因子 $(1-Z_t/K)$，現在個体数が**環境容量**（環境が養うことのできる最大個体ストック）の何パーセントに達しているかを 1 から引いた値（環境容量まであと何パーセントの余裕があるか）を示す項を乗じて形成されている．このときの Z_t の成長経路はどのようになるか．これを図示するには 0 時点のストック Z_0 から決まる次の時点（1 時点）におけるストック Z_1 の大きさは，Z_0 の値を H 関数に代入した値が 0 から 1 時点の間の増分なので，その分だけ増加した値とする．

増加した結果としての 1 時点のストックは，図 5.1 の釣鐘型曲線上の $H(Z_0)$ の点から右下方に 45 度線を引いたとき，その直線が横軸を切る点で与えられる．なぜなら Z_1-Z_0 の距離が Z_0 からの増分を横座標になおしたものだからである．

出発点ストックが Z^1 に近いとき最初は増分が小さいが，Z_t が Z^M に近づくと増分は急速に大きくなる．さらに Z_t が大きくなると今度は増分が小さくなり Z_t は Z^2 の水準に漸近する[1]．Z_t の時間経路は図 5.1 の横座標の値を t に関

---

[1]　ただし，常に Z^2 に単調収束するわけではなく，H 関数の横軸を切るときの形状によっては Z^2 の回りを循環したりするカオスが発生する．これについては Conrad (1999) を参照．

するグラフに表して図 5.2 の S 字状のようになる.

一方出発点ストック Z_0 が Z^M を超えるときは，増分は時間とともに減少するので，Z_0 が Z^M より大なら Z_t は逓減的に単調増加しつつ Z^2 に収束する．Z_0 が Z^2 より大きいときは増分がマイナスなので，Z_t は減少するが，減少幅は Z_t が Z^2 に近づくにつれ小さくなるので Z^2 に漸近していく.

Z_0 が Z^1 より小さいと増分がマイナスであり，しかも時間とともにマイナスの値はますます大きくなるので有限期間で個体数ゼロに到達する.

これが図 5.2 の Z_t の時間経路である.

5.2.3　人間による捕獲と再生可能資源の時間経路

これまで再生可能資源ストックの採取が行われないときの魚ストックの推移を見てきた．本項では人間による経済的利用のため魚ストックの捕獲が行われる場合の個体ストックの時間経路を見ていく.

自然界における魚ストックの動態式は (5.1) 式として表せる．しかし捕獲があるとその分死亡数が増えるので個体数は H からさらに減少する．記号を Y_t : t 時点の捕獲とおくと

$$Z_{t+1} = Z_t + H(Z_t) - Y_t \tag{5.3}$$

図 5.3　捕獲と個体数の変化

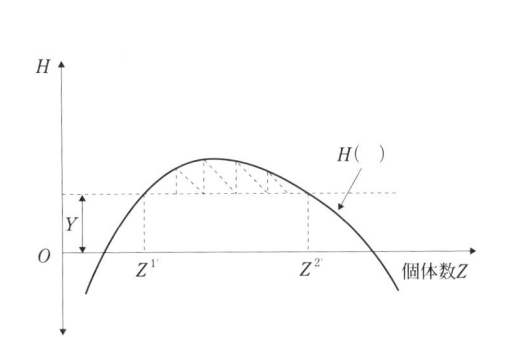

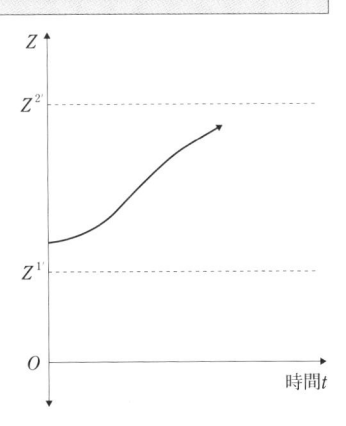

ここで Y_t は外生的に決まるとする．このときの個体の変化は

$$Z_{t+1} - Z_t = H(Z_t) - Y_t \tag{5.3}'$$

捕獲があるときは捕獲した量 Y_t だけ純増殖は下にシフトさせられる．捕獲量 Y_t がある場合個体の純増殖は $H(Z_t)$ が Y_t の水平線を超える部分，Y_t が毎期同一の Y なら $H(Z_t) - Y$ という部分が純増殖を与える．個体数は時間がたつと図 5.3 のように $H(Z_t)$ が Y の水平線を切る点の個体数に収束していく．

それでは**定常捕獲**（毎期同一量の捕獲 Y）のなかで最適な大きさはいくらかを見てみよう．これは図 5.1 の Z^M の与える**自然増殖** $H(Z^M)$ に等しい捕獲により達成させられる．最適（定常）捕獲（最適採取）は $Y^M = H(Z^M)$ である．しかしこれ以上の定常捕獲を行うと $H(Z_t) - Y$ がマイナスになり有限時間で個体数 $Z_t = 0$ となり種は絶滅する．

5.2.4　オープンアクセス的漁獲

しかし上の最適定常捕獲の分析では漁獲費用が考慮されていない．漁獲費用は**漁獲努力量** E（effort，漁船の数，網の数，漁獲労働時間などを総合したもの）に依存する．

$$C_t = cE_t \qquad c > 0 \tag{5.4}$$

ここで c は努力 1 単位当たりの費用である．

さて，努力により得られる漁獲量は，努力量 E とともに魚資源の濃さ Z に正比例すると考える．

$$Y_t = qE_tZ_t \qquad q > 0 \tag{5.5}$$

この関数は努力量当たり漁獲量 Y/E が，海のなかの魚の数に比例するという仮定のもとで導かれる．比例定数 q は漁獲係数と呼ばれる．

さて，ここで魚はロジスティック関数に従って自然増殖し，漁獲量は定常捕獲でなければならないとしよう．

$$Y_t = rZ_t(1 - Z_t/K) \tag{5.6}$$

第5章 再生可能資源の経済学　　　　　　　　　　　　97

図 5.4　捕獲と個体数の変化

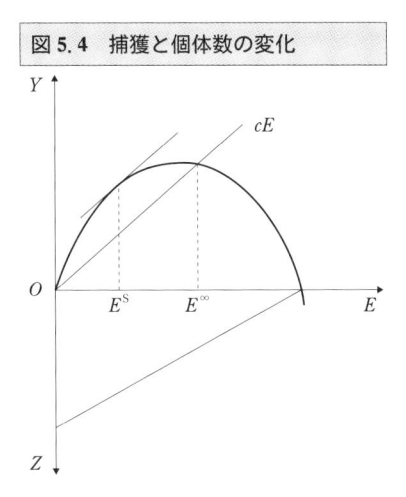

(5.5) 式と (5.6) 式より Y を消去すると

$$Z_t = K(1-(q/r)E_t) \tag{5.7}$$

という努力量と定常ストックの関係がわかる．そこでこの (5.7) 式を (5.5) 式に入れれば

$$Y_t = qKE_t(1-(q/r)E_t) \tag{5.8}$$

という努力量 E_t と漁獲量 Y_t との関係が得られる．再び二次関数が現れる．これをグラフに示すと，図 5.4 のようになる．なお下のパネルは，努力量と定常個体ストックの逆相関関係を示している．

今，魚の価格が 1 であるとすると，ここに示した下に凹の E と Y の関数が漁獲収入関数でもある．

費用を表す直線 (5.4) を書き加えると，凹曲線と直線の交わるところが見出されるが，この点の横座標が**完全競争均衡**の努力水準である．なぜなら，E^∞ の左側では，漁獲収入が費用を超えているので，長期的に利潤が正となっている．すると新たに漁船などを調達して漁業に参入するものが現れる．こうして，社会全体の努力水準は押し上げられていき，結局 E^∞ のところに落ち着く．これは，過大努力水準と過少の漁獲しかもたらさないので非効率均衡である．

単一企業の参入しかないときのように努力水準を E^S に抑えると，収益と費用の差が最大となる社会的最適点となる．E^∞ や E^S のような点を**生物経済的均衡**（bionomic equilibrium）という．完全競争市場で E^∞ のような非効率点が達成されることは，オープンアクセス漁業では公海中の魚資源の価格が考えられていないからである．

5.2.5 コモンズの悲劇

オープンアクセス漁場での過剰漁獲は，ハーディン（G. Hardin）の「**コモンズの悲劇**（tragedy of commons）」と呼ばれるものの漁業版である．ハーディンはすべての羊飼いに開放されている有限の牧草地（コモンズ）を想定する．各羊飼いは合理的であるとする．彼は，自分の羊の群れにつけ加えた1頭の羊を売ることでプラスの効用を得，過放牧することでマイナスの効用を得ることを認識している．しかしすべての羊飼いの行動の結果，全羊の食べる草の量が，持続可能な牧草の生産水準を超え始めたとき，各羊飼いは，自らの飼育する羊の数をますます増やそうとする．なぜなら，自らが追加した1頭の羊がもたらす効用は，過放牧の結果としての牧草が減少するというマイナスの効用（のうちの彼の負担分）より大きいからである．このようにコモンズは，合理的羊飼いのもとでさえ限りなく羊を増やし破壊につき進むシステムとなっているという．

5.2.6 白ナガス鯨の捕獲

さて，過剰捕獲により資源の枯渇した例として白ナガス鯨がある．Dasgupta and Heal（1979）によりながら見ていこう．次の表5.2のデータは1909～60年における毎年のキャッチボート数と鯨捕獲数である．1929～38年が鯨捕獲の黄金時代といえるであろう．しかしこの間の捕獲は最適な定常捕獲のレベルを超えていないだろうか．なぜなら，1938年以降ボート数を増やしても捕獲数が減少するのは，個体数が減少しているとみなされるからである．

ここで白ナガス鯨の**最大定常捕獲数**を計算してみよう．鯨の自然増殖関数 $H(Z_t)$ を次の（5.9）式のように定式化する．この式は，t 時点の Z_t のストックが捕獲がない場合 $t+1$ 時点には AZ_t^α になること，言い換えると t 時点から $t+1$ 時点までのストックの増加分が $Z_{t+1}-Z_t = AZ_t^\alpha - Z_t$ になることを意味す

る.

$$Z_{t+1} - Z_t = H(Z_t) = AZ_t^\alpha - Z_t \tag{5.9}$$

$$Z_{t+1} = AZ_t^\alpha \tag{5.10}$$

ただし $0 < \alpha < 1$ とする.

一方，鯨の捕獲量を定める関数 Y_t を次の（5.11）式のように定式化する．鯨の捕獲量は**努力**や**エフォート**を示すボート数 X_t と漁場にいる鯨の個体数 Z_t に依存する．

$$Y_t = AZ_t^\alpha \{1 - e^{-vX_t}\} \tag{5.11}$$

この式でボート数を $X_t = \infty$ とすると，$t+1$ 時点に存在するすべての鯨を取り尽くすので

$$Y_t = AZ_t^\alpha$$

となる．だがボート数 $X = 0$ なら鯨は最大数の AZ_t^α 存在することを示す．

この捕獲の上限 $X = \infty$ と下限 $X = 0$ の間を，ボート数 X_t が増大するにつれて収穫逓減的に Y_t が増加する．

以上のことより（5.9），（5.11）式という2つの式で X_t と Y_t の関係がまとめられる．ここで未知の定数は，A：環境定数，α：鯨の生産弾力性値（期首に1％鯨ストックが増すと何％期末にストックが増大するか），および，v：ボートの生産効率低下を示すものの3つである．この A, α, v の定数を過去のデータから確定する必要がある．

しかしわれわれは，海洋中の鯨の個体数 Z_t を知ることができないので直接（5.9），（5.10）式が計算できない．そこで（5.9）式と（5.11）式から Z_t を消した式——Y_t と X_t の関係式——を導きその式を使い回帰分析により推定する．

（5.11）式において時間を1期遅らせた式

$$Y_{t+1} = AZ_{t+1}^\alpha \{1 - e^{-vX_{t+1}}\}$$

に（5.10）式を代入して

表 5.2 鯨捕獲数とキャッチャーボート数 (1909〜60年)

年	キャッチャーボート数	鯨捕獲数	年	キャッチャーボート数	鯨捕獲数
1909	149	316	1932	186	19,067
1910	178	704	1933	199	17,488
1911	251	1739	1934	242	16,834
1912	246	2,417	1935	312	18,108
1913	254	2,963	1936	254	14,636
1914	182	4,527	1937	357	15,035
1915	151	5,302	1938	362	14,252
1916	94	4,351	1945	158	3,675
1917	130	2,502	1946	246	9,302
1918	141	1,993	1947	307	7,157
1919	154	2,274	1948	348	7,781
1920	112	2,987	1949	382	6,313
1921	142	5,275	1950	468	7,278
1922	174	6,869	1951	430	5,436
1923	194	4,845	1952	379	4,218
1924	234	7,548	1953	368	3,009
1925	235	7,229	1954	386	2,495
1926	233	8,722	1955	419	1,987
1927	222	9,676	1956	395	1,775
1928	242	13,792	1957	417	1,995
1929	337	18,755	1958	420	1,442
1930	280	26,649	1959	399	1,465
1931	100	6,705	1960	418	1,987

$$Y_{t+1} = A(AZ_t^\alpha)^\alpha \{1 - e^{-vX_{t+1}}\}$$

もう一度 (5.11) 式を用いて

$$Y_{t+1} = A(Y_t)^\alpha \{1 - e^{-vX_{t+1}}\} / \{1 - e^{-vX_t}\}^\alpha$$

この両辺に現れる Y, X はデータがあるのでそれを用いて非線形回帰分析（対数をとって線形回帰分析）により A や α, v を求めることができる．

すると Dasqupta and Heal より

$$v = 0.0019, \ \alpha = 0.8204, \ A = 8.356$$

ということが知られている．すなわち

$$H(Z) = Z^{0.3204}(8.356 - Z_t^{0.1796}) \tag{5.12}$$

　白ナガス鯨の最大定常捕獲数は，鯨の自然増殖関数 $H(Z_t)$ の最も高いところを与える Z_t というストックのもたらす増殖分 $H(Z)$ で与えられる．ここで Z を計算することにしよう．

　それは $H(Z) = AZ^\alpha - Z$ を微分してゼロのところである．

$$H'(Z) = \alpha A Z^{\alpha-1} - 1 \tag{5.13}$$

より $H'(Z) = 0$ の点は

$$\begin{aligned} Z^{\alpha-1} &= 1/(\alpha A) \\ Z &= (1/\alpha A)^{\alpha-1} \\ Z &= (1/0.8204 \times 8.356)^{-0.1796} = 45,166 \end{aligned} \tag{5.14}$$

となり，最適個体水準 $Z = 45,166$ 頭であることがわかる．そのときの純増は $H(Z) = AZ^\alpha - Z = 8.356 \times [45166]^{0.8204} - 45,166 = 9,890$ 頭となる．毎年 9,890 頭捕獲するのが最適定常捕獲数である．ところで 1929～39 年の時期には約この 2 倍の捕獲を行っていた．明らかに過剰漁獲ということがわかる．

5.3 森林管理モデル

5.3.1 世界の森林資源の増減

　世界の森林は 2000 年において 38.7 億 ha あり，1990 年から 2000 年までの 10 年間で 900 万 ha 減少した．減少率は 1 年当たり 0.2% である．これは 500 年で森林がすべて枯渇する比率であることを意味する．70 年代，80 年代のような高い比率ではない．しかし，表 5.3 のように地域別に見るとアフリカは 0.78% と高く，南アメリカも 0.4% となっている．焼畑，さらに先進国による商業伐採が行われているからであり，125 年や 250 年で枯渇する恐れがある．

表 5.3　世界の地域別森林の増減

地　　域 2000 年	2000 年森林合計 (1000ha)	1990～2000 年増減 (1000ha)	10 年間の増減率 (％)
アフリカ	649,866	−5,262	−0.78
アジア	547,793	−364	−0.07
大洋州	197,623	−365	−0.18
ヨーロッパ	1,039,251	881	0.08
北・中央アメリカ	549,304	−570	−0.10
南アメリカ	885,618	−3,711	−0.41
世界	3,869,455	−9,391	−0.22

5.3.2　最大持続産出の達成

本節では，どのような森林の利用が効率的かという森林管理の経済分析を行う．樹木は多様な用途を持つ資源である．たとえば，薪，炭（産業革命以後石炭が使われるようになる以前には製鉄の燃料として），パルプ，材木として，また炭酸カリウム，乾留すればクレオソートの材料として利用される．あるいは防風林として機能したり，激しい降雨から表土の流出を防いだり，動物の棲家を与えたり，枯死した後も土壌に栄養分を供給して他の商業用作物を育てるなど多様な役割を果たす．

森林の効率的利用を考えるにあたり，ここでは，これら用途のなかで材木などの商業作物としての樹木に焦点を当てる．伝統的に森林経済学の中心的問題は，等しく成長した立木をいつ伐採するかである．人工林の樹木の場合，各年齢の生育状態を正確に把握できるので，樹木の価値のライフサイクルはかなり正確につかみうる．実質価値タームで図 5.5 の $P(t)$ のように示される．

ここで樹木の価値 $P(t)$ は伐採費用や（間伐，枝打ちなど）管理費用を差し引いた純価値で示される．さて純商業的価値はしばしば「立木価値」と呼ばれる．樹木の価値はその樹齢に依存する．図 5.5 のようにそれはしばらくの間，時間 t が経過してもゼロである．体積がある水準を超えるまで伐採費用を上回る収入はないからである．しかし樹齢が増大するにつれ価値はプラスに上昇する．当初逓増的に増加するが，逓減的比率での上昇に変わり，やがてある時点で枯死し，腐朽が始まり樹木の価値は逆に下落する．

図 5.5　樹木の価値と樹齢

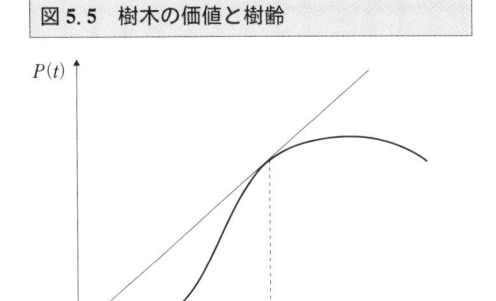

森林管理における，5.2.3 項の魚捕獲の際の定常状態に対応する概念は**正規な森林**（regular forest）といわれるものである．正規な森林では，地主は「循環期間（または伐採時期）」を決めて，土地を循環期間の数で等分し，等分された各土地上で 1 年ずつ生育期間がずれた木（コホート）を育てていく．毎年伐採時期に至ったコホートだけを伐採し，伐採後に 1 年ものの苗を植えていく．1 年経つごとに，前年に伐採した立木の 1 年前に植えた樹木の伐採をしていくやり方を繰り返していく．こうして循環期間を何年にするかが問題となる．

森林管理者の目的は，正規の森林からの持続可能な産出価値を最大化する循環期間を選択することである．**最大持続産出**（MSY: maximal sustained yield）を求めることである．

もし土地の上に 800 本の木があれば，そして循環周期が 80 年なら毎年 10 本の木が伐採される．もし循環期間が 40 年なら毎年 20 本の木が伐採される．

土地の上に，t 年経過すれば $P(t)$ の価値を持ついろいろの年齢の樹木合わせて n 本があれば，そして $t = T$ が循環周期なら n/T 本が毎年伐採され，伐採価値は $(n/T) \cdot P(T)$ となる．目的は

$$\max \to n/T \cdot P(T) \tag{5.15}$$

である．ここで n を一定の木の数とする．T を適当に選ぶことにより $P(T)/T$ を最大にすることである．それは，下に示すように原点から引かれた直線がち

ょうど曲線 $P(t)$ に接するところで与えられる．

$P(T_M)$ は個々の木が時間の経過において得る最大値 $P(\ )$ より小さいことに注意すべきである．これは古い樹木（$P(\ )$ が最大となるまで成長した樹木）に土地を占有させるより，伐採して新しく成長の早い樹木で森林の土地を埋めるのが有利だからである．

樹木当たり平均産出 $P(T)/T$ は時間とともにどのように変わるのか．最初に $P(T)/T$ の T に関する微分を求める．

$$\Delta(P(T)/T)/\Delta T = \{T \cdot (\Delta P(T)/\Delta T) - P(T) \cdot 1\}/T^2 \\ = \{1/T\}\{\Delta P(T)/\Delta T\} - [P(T)/T]\} \quad (5.16)$$

ここで微分をゼロとおき解を見出す．

$$(\Delta P(T)/\Delta T)(T_M) = P(T_M)/T_M \quad (5.17)$$

または

$$(\Delta P(T)/\Delta T)(T_M)/P(T_M) = 1/T_M \quad (5.18)$$

MSY 解は T_M である．そこでは限界産出 $\Delta P(T)/\Delta T$ が平均産出 $P(T)/T$ と等しい．言い換えれば，$t = T_M$ において「時間に関する限界生産物」は「時間の平均生産物」に等しい．図でいえば $\Delta P(T)/\Delta T$ は $P(t)$ 線の勾配として示される．他方，原点を通る直線の勾配は P/t である．この2つの勾配は $T = T_M$ という**最適循環周期**において等しい．樹木は T_M 期間で循環させればよい．

5.4 生産の外部性

5.4.1 自然資源の外部性

自然資源に対する**財産権**（それを持っている人が自由に使える権利）は定義したり，主張することが困難である．このことは人々が自然資源の利用について互いに交渉したり，第三者に契約を押し付けるのに多大な費用がかかることを意味する．そのため市場メカニズムを使う資源の効率的配分ができない．

たとえば，アメリカの開拓者時代，放牧している牛が所属牧場主の土地の境界を越え他の牧場主の牧草地に入るのを止めるには膨大な費用がかかるのでそれを阻止できなかった．迷い牛を手に入れた牧場主は外部経済を得る．果樹園の持ち主は自分のリンゴ園に蜜を求め飛来するミツバチに，利用料金を支払った養蜂業者の蜂と，払わない業者のそれとを区別できないので市場取引は成立しない．養蜂業者は外部経済を得る．

本節では，ある主体の生産活動から発生する**外部性**のうち，他の主体の生産活動へ影響がある場合の効率的資源配分の問題を取り扱う．たとえば公海に棲んでいる魚1匹ごとに財産権をつけることはできない．魚に対し誰も財産権を持たないので，どの漁師も他の漁師が捕獲してしまう前に捕獲しようとして，資源を節約する気にはならないだろう．その結果，すぐに魚資源は激減する．

5.4.2 外部性を含む生産モデル

ある生産主体が他の生産主体に与える外部性効果を含む簡単なモデルで示そう．ある地域に2つの企業がいて，一方はX財，他方はY財を生産している．

企業1は企業2の生産において利用される再生可能資源ストックAを悪化するという副作用を引き起こす（企業1が巻き網やトロール漁で一網打尽に大衆魚の捕獲を行う漁師で企業2はマグロの一本釣り漁師）．A（マグロ資源量）の減少が外部性のもとになる．

企業1と企業2は完全競争企業とする．X財とY財の価格P_x，P_yは外生的に与えられ，価格は社会的価値を反映するとする．

このもとで資源の効率的配分とは，次の計画問題の解で与えられる．社会的厚生は2つの企業の生産物価値を足し合わせたものであり，この値を最大化する事が効率的配分の達成である．つまり

$$V = \int_0^T [X_t P_x + Y_t P_y - C(X_t) - C(Y_t, A_t)] dt \quad (5.19)$$

の最大化である．ここで割引率はゼロと仮定しよう．

Xの費用関数は限界費用逓増とする．

$$C'(X) > 0, \ C''(X) > 0$$

Y の限界生産費も生産量に関し逓増的とする．

$$C_Y(Y, A) > 0, \ C_{YY}(Y, A) > 0$$

環境が良好であればあるほど Y の生産費は少なくなるとする．

$$C_A(Y, A) < 0, \ C_{AY}(Y, A) < 0$$

これは環境の向上による Y の限界費用の低下分は $-C_A$ であり，これは生産量 Y が大きいほど大きいという仮定を表す．

このような性質を持つ V を，動学制約式

$$\dot{A}_t = G(A_t) - F(X_t) \tag{5.20}$$

のもとで最大化したい．

この動学制約式は，再生可能資源の成長率が自然成長率 $G(A)$ と企業 1 の生産に伴い殺りくされるマグロの稚魚や小型マグロによる成長抑制効果 $F(X)$ の差で与えられることを述べる．A をマグロストックとすると，親マグロが卵を生み自然界で大きくなるマグロがある．それゆえ A の自然成長は，A のストックの大きさに依存する．また，企業 1 の捕獲により，A の成長は抑制されその大きさは生産量 X に依存する．

5.4.3 効率的利用条件

さて，効率的利用を求めるには社会的最大化問題を解けばよい．ただしここで次のような簡単化のための仮定を置く．生産物 X と Y の測定単位を P_x と P_y が 1 に等しくなるよう選ぶ．$F(X)$ は X に関し線形とする．さらに X の生産活動により汚染される（発生する被害）A の量の単位をうまく選ぶと，$F(X_t) = X_t$ と表すことができる．現在価値表現は以下のようになる．

$$V = \int_0^T [X_t + Y_t - C(X_t) - C(Y_t, A_t)] dt \tag{5.21}$$

動学制約式は

$$\dot{A}_t = G(A_t) - X \tag{5.22}$$

となる．ハミルトニアン H を

$$H = X_t + Y_t - C(X_t) - C(Y_t, A_t) + q[G(A_t) - X_t] \quad (5.23)$$

としたとき，状態変数が A，コントロール変数が X, Y である．最適条件はポントリャーギンの最大原理より，H を最大にする X, Y を求めればよい．まず $H_X = 0$ より

$$q = 1 - C'$$

ここで $C' = C'(X)$ である．

この条件は資源価格 q が X 財生産の限界収入 ($P_x = 1$) と限界費用 C' の差に等しいことを述べる．この式を変形し

$$1 = C' + q \quad (5.24)$$

として見る．この式は，X 財を生産するときの限界収入 1 は，通常の限界費用 C' に X の生産が環境質 A に与える限界被害（X の生産 1 単位当たり環境費用）を加えたものに等しくなければならないことを示す．

次に $H_Y = 0$ より

$$1 = C_Y \quad (5.25)$$

ここで $C_Y = C_Y(Y, A)$ である．A は企業 2 にとって所与の値である．環境資源の価値 q は次の式に従って変化しなければならない．

$$\dot{q}_t = -H_A = C_A - qG' \quad (5.26)$$

ここで，$C_A = C_A(Y, A)$, $G' = G'(A)$.

この式の意味は次のようになる．環境質 A を（X の生産減少によって）もう 1 単位増大したときのメリットを考える．右辺にマイナスをつけたものはその大きさが，A の増加による A の限界変化を資源価格 q により評価した値 qG' と，企業 2 の生産手段にもなる A が企業 2 に寄与するはずの生産費用低下 $-C_A$ の 2 つの和になることを示す．一方，環境質 A を社会が X の生産減少によってもう 1 単位増大したときのデメリットは，左辺にマイナスを付した

値が示すようにキャピタルロス $-\dot{q}$ となる．そして最適な A の値においては，A を1単位増やすことのメリットとデメリットは一致しなければならないという裁定条件である．

最適解を求めるのに現れる方程式は，以上に加えて前出の動学的制約式 (5.20) がある．

5.4.4 持続可能最適解

上の4つの式から X, Y, A, q の時間経路を求めると効率的利用がされるときの状態変数 A やコントロール変数 X, Y の動き知ることができる．ここでは，簡単のため各変数が一定値をとりつづける（$\dot{A}_t = 0$, $\dot{q}_t = 0$）持続可能状態での効率経路を見てみよう．

$$C'(X) + q = 1 \tag{5.24}$$
$$C_Y(Y, A) = 1 \tag{5.25}$$
$$C_A(Y, A) = qG'(A) \tag{5.27}$$
$$G(A) = X \tag{5.28}$$

の4つの式にまとめられる．

環境の価値 q がシステムを動かす理由は以下のようである．q が上昇すると (5.24) 式より企業1の生産は減少しなければならない．汚染企業の生産は抑えられる．X が減少すると環境質 A は向上する．A が大きくなると Y の生産費用曲線は下落するので，(5.27) 式より Y の生産量は増加する．注意すべきは，q は計算価格で現実市場の価格でない．したがって現実の市場経済で企業1は q に関した費用に配慮した行動はとらない．

5.4.5 汚染税

q という計算価格が存在しないなら，政府が q の働きをする汚染税を課すのはどうかという考えが現れる．企業1は生産をする際に通常の生産費用に加え，環境破壊価値に等しい費用を支払わねばならないとする方法である．

最適な汚染税の大きさを見つけるにはどうするか．今，政府が企業1の産出に対し従価税 τ を課すとしよう．企業Xの収入の計算において，$(1-\tau)X$ が

売り上げに変わる．企業 1 は利潤

$$\Pi_X = (1-\tau)X_t - C(X_t)$$

を最大化し，企業 2 は利潤

$$\Pi_Y = Y_t - C(Y_t, A_t)$$

を最大化する．すると

$$(1-\tau) = C'(X_t) \tag{5.29}$$
$$1 = C_Y(Y_t, A_t) \tag{5.30}$$

となる X，Y を各企業がとることを計画当局は想定できる．これを考慮に入れて計画当局は最適課税を決めればよい．最適性は社会の合計利潤

$$Z_t = X_t + Y_t - C(X_t) - C(Y_t, A_t)$$

の最大化である．微分をとって

$$\Delta Z = \Delta X + \Delta Y - C'\Delta X - C_Y \Delta Y - C_A \Delta A$$
$$= (1-C')\Delta X + (1-C_Y)\Delta Y - C_A \Delta A$$

ここで上述の企業の利潤最大条件（(5.29), (5.30) 式を計画当局が知っていると仮定しているので）を代入すると

$$\Delta Z = \tau \Delta X - C_A \Delta A$$

となる．(5.28) 式は

$$\Delta A = (1/G')\Delta X$$

を与えるので上に代入すると

$$\Delta Z = (\tau - C_A/G')\Delta X$$

最適値は上式カッコ内をゼロにするときである．よって

$$\tau = C_A/G' \tag{5.31}$$

が Z を最大にする**最適汚染税**である．

一方，中央集権的計画当局は（5.26）式において持続可能状態 $\dot{q} = 0$ の式より

$$q = C_A/G' \tag{5.32}$$

となるよう資源価格を選ぶことがわかる．以上より分権化された課税当局によって選ばれる最適汚染税は，集権的計画当局によって選ばれる資源価格と等しい[2]．

5.5 再生可能資源の効率的利用と環境問題

再生可能資源は，自然環境と同様の意味を人間に対して持つ．現在世代において過剰利用しないよう人間が管理すれば長期にわたり再利用が可能になる．5.2 節の過剰漁獲において述べたように再生可能資源も完全競争的利用状態にゆだねると長期的非効率性が発生する．この非効率性は海洋中の魚に価格がつけられていないことに起因する．

また 5.4 節に示したようにある主体の再生可能資源の利用によって，外部不経済の発生が起こり社会全体の生産性にマイナスとなる場合がある．この場合自然資源の消費や生み出された汚染に対して政府当局が汚染税を課すか，社会のメンバーによる民主的合意（NGO や NPO を含む）による利用抑制を通じて，社会的最適性の達成に導くことが必要になる．再生可能資源の効率的利用と環境保全は，同一の概念的フレームワークを持つことがわかる．

---

[2] この結果は次のように解釈される．(5.27) 式の左辺の C_A は，所与の Y の生産水準に対し $C_A = \Delta C/\Delta A$ であり，これは A の Y の費用に対する限界節約効果である．(5.27) 式の右辺 G' は (5.28) 式を使って次のように解釈される．$G' = \Delta X/\Delta A$ と一緒にして

$$q = C_A/G' = \Delta C/\Delta A \div \Delta X/\Delta A = \Delta C/\Delta X$$

つまり X の 1 単位の限界社会的被害は，企業 2 の限界節約費用の喪失，つまり X の 1 単位のもたらす限界社会的損害と等しい．

数 学 注

本章 5.4 節で用いたポントリャーギンの最大原理の手法と,その導出法を簡単に述べる.

まず,ある変数 $x(t)$ ――状態変数と呼ぶ――が時間とともに,次の微分方程式に従って動くとする.

$$\dot{x} = g(x(t), t, u(t)) \tag{A.1}$$

ここで (A.1) 式の右辺の $g(\ )$ の中には $x(t)$ だけでなく,$u(t)$ というもう1つの変数――コントロール変数という――が含まれている.この $u(t)$ は,経済の運動システムのような動学システムに外部から加わる力,すなわち政策変数の影響を表すものと考えられている.この $u(t)$ の値や,それに動かされての状態変数 $x(t)$ の値から,経済システムにある評価額

$$f(x(t), t, u(t))$$

が得られる.この評価額の時間区間にわたる合計値,すなわち積分値

$$I = \int_{t_0}^{T} f(x(t), t, u(t))dt$$

を社会の目標として,これを最大化することにしたい.

このような I を最大にするコントロール変数 $u(t)$ の区間 $[t_0, T]$ の動きを求めることができたとき,われわれは最適制御を求めたということにする.

形式的にいうと

$$\max \to I = \int_{t_0}^{T} f(x(t), t, u(t))dt \tag{A.2}$$
$$\text{subject to } \dot{x} = g(x(t), t, u(t))$$

なる $u(t)$ の $[t_0, T]$ 区間の時間経路を求めたいのである.

この問題を解く方法を与えたものがポントリャーギンの最大原理といわれるものである.それは次の形で述べられる.

上記の問題 (A.2) の解 $u(t)^*$ が存在するなら,ある時間の関数 $\lambda(t)$ ――随伴変数と呼ぶ――が存在して,次のハミルトニアン関数といわれる関数

$$H = f(x(t), t, u(t)) + \lambda(t)g(x(t), t, u(t)) \tag{A.3}$$

を作るとき,以下の条件1,2が成立しなければならない.

条件1.各時点において $\max H$ になるように $u(t)^*$ を選ぶ.すなわち

$$\partial H/\partial u(t) = 0 \tag{A.4}$$

となる.

条件 2. また随伴変数 $\lambda(t)$ は次の微分方程式を満足する.

$$\dot{\lambda}(t) = -\partial H/\partial x = -f_x(x(t), t, u(t)) - \lambda(t)g_x(x(t), t, u(t)) \tag{A.5}$$

この最大原理の条件を,前出ラグランジュ乗数法を用いて導出しよう.

ここで変数 $x(t)$, $u(t)$ が小さい単位時間幅 h を持つ離散的な時点でのみ値を持つ離散的変数と考える.(ただし後ほど $h \to 0$ として,連続版に戻るが.)

微分方程式(A.1)は

$$(x(t+h) - x(t))/h = g(x(t), t, u(t))$$

として,すなわち

$$x(t+h) - x(t) - hg(x(t), t, u(t)) = 0$$

として書き換えることができる.

次に目的関数の評価値 I の小時間区間 $[t, t+h]$ での値も,次のように近似できることに注意する.

$$\int_t^{t+h} f(x(t), t, u(t))dt = f((x(t), t, u(t))h$$

すると問題(A.2)は

$$\begin{aligned}&\max \to f(x(t_0), t_0, u(t_0))h + f(x(t_0+h), t_0+h, u(t_0+h))h + \cdots \\ &\text{subject to } x(t_0+h) - x(t_0) - hg(x(t_0), t_0, u(t_0)) = 0 \\ &\qquad\qquad x(t_0+2h) - x(t_0+h) - hg(x(t_0+h), t_0+h, u(t_0+h)) = 0\end{aligned} \tag{A.6}$$
$$\tag{A.7}$$

となるが,ここで制約条件(A.7)に 1 つずつラグランジュ乗数 $\lambda(t_0+h), \lambda(t_0+2h)$ などを導入して,関数

$$\begin{aligned}V = &\, f(x(t_0), t_0, u(t_0))h + f(x(t_0+h), t_0+h, u(t_0+h))h + \cdots \\ &- \lambda(t_0+h)[x(t_0+h) - x(t_0) - hg(x(t_0), t_0, u(t_0))] \\ &- \lambda(t_0+2h)[x(t_0+2h) - x(t_0+h) - hg(x(t_0+h), t_0+h, u(t_0+h))] \cdots\end{aligned}$$

を作る.とくに時点 t_0, t_0+h, t_0+2h の代表的な点を t とし,$x(t)$, $u(t)$ を含む項をとり出して書いて

$$V = \cdots f(x(t),\ t,\ u(t))h - \lambda(t+h)[x(t+h)-x(t)-hg(x(t),\ t,\ u(t))]$$
$$-\lambda(t)[x(t)-x(t-h)-hg(x(t-h),\ t-h,\ u(t-h))]\cdots$$

を作り，この V を最大化するように $x(t)$, $u(t)$ を求めることを考える．

そのため

$$\partial V/\partial u(t) = 0 \qquad (A.8)$$
$$\partial V/\partial x(t) = 0 \qquad (A.9)$$

としてみる．まず (A.9) 式より

$$f_x(x(t),\ t,\ u(t))h + \lambda(t+h)[1+hg_x(x(t),\ t,\ u(t))] - \lambda(t) = 0$$

これを整理して，

$$\lambda(t+h)-\lambda(t) = -f_x(x(t),\ t,\ u(t))h - h\lambda(t+h)g_x(x(t),\ t,\ u(t))$$

となるが，両辺を h で割った後 $h \to 0$ として

$$\dot{\lambda}(t) = -f_x(x(t),\ t,\ u(t)) - \lambda(t)g_x(x(t),\ t,\ u(t))$$

を得る．(A.3) 式のハミルトニアンの定義を思い起こすと，この式は

$$\dot{\lambda}(t) = -\partial H/\partial x$$

と書き換えられる．これが条件 2 である．

次に (A.8) 式より

$$f_u(x(t),\ t,\ u(t))h + \lambda(t+h)hg_u(x(t),\ t,\ u(t)) = 0$$

両辺を h で割った後 $h \to 0$ とおいて

$$f_u(x(t),\ t,\ u(t)) + \lambda(t)g_u(x(t),\ t,\ u(t)) = 0$$

を得るが，この式は (A.3) 式のハミルトニアンを使って表すと

$$\partial H/\partial u(t) = 0$$

に同じである．こうして条件 1 を導くことができた．

さて本章 **5.4** 節のケースでは，状態変数 $x(t)$ が A でありコントロール変数 $u(t)$ が X, Y になっている．$f(\ ) = X+Y-C(X)-C(Y,\ A)$, $g(\ ) = G(A)-X$, $\lambda(\ ) = q$ になるので，ハミルトニアンは (5.23) 式 $H = X+Y-C(X)-C(Y,\ A)+q(G(A)-X)$ のように表される．

したがって，最大原理を適用して

114   第2部 資源経済学の基礎

$$\partial H/\partial X = 0,\ \partial H/\partial Y = 0$$

から，$q = 1 - \partial C/\partial X$ および，$1 = \partial C/\partial Y$ を得る．また，随伴変数の値を決め微分方程式は

$$\dot{q} = -\partial H/\partial A = \partial C/\partial A - q\partial G/\partial A$$

となる．

練習問題

練習問題 5.1 ある哺乳動物の増殖関数がロジスティック関数に従うとする．また，人間による捕獲が無い場合個体ストックは 300 万頭になる傾向があり，餌場の制約がない場合，最大で個体の 20 ％の増殖が可能であるとする．最大定常増殖頭数は何万頭であるか．

練習問題 5.2 上の増殖関数のもと，人間による捕獲関数が $Y = 0.5 \times E \times Z$ で表されるとする．ここで Y は捕獲頭数，E は努力，Z は個体ストック頭数とする．捕獲した動物価格が1頭1ドルとしたときの産出－努力曲線を求めなさい．ただし，捕獲は定常捕獲とする．

練習問題 5.3 上の増殖関数，捕獲関数のもと，本文に述べた漁業モデルのように完全競争的な漁業でなく，独占的漁業が行われている場合，均衡個体ストックにはどのような違いが現れるか．

練習問題 5.4 本文に述べた鯨の定常捕獲モデルの議論の想定と，わが国の商業捕鯨解禁理論者が考えている議論の基にある想定の違いを明らかにしなさい．

参考文献

Conrad, Jon M. (1999) *Resource Economics,* Cambridge University Press（岡敏弘・中田実訳（2002）『資源経済学』岩波書店）．

Dasgupta, P. S and G. M. Heal (1979) *Economic Theory and Exhaustible Resources,* Cambridge University Press.

桂木健次・増田信彦・藤田暁男・山田国広（2005）『人間と環境の経済学』ミネルヴァ書房．

Neher, P. H. (1990) *Natural, Resource Economics,* Cambridge University Press.

時政勗（2001）『環境・資源経済学』中央経済社．

時政勗（1993）『枯渇性資源の経済分析』牧野書店．

| コラムで考えよう | 漁業資源の保全と乱獲 |

　2006年8月テレビのゴールデンアワーにお茶の間に流された映像は衝撃的であった．山口県山陽小野田市の漁民が網を上げるため出漁した目的は岸から1～2分のところに仕掛けた網の中の体長80cm～1mあろうかというアサリを大量に食べるナルトビエイを駆除するためである．毎年数千匹を捕獲しているが，食糧にする方法とてなく，肥料工場にただで引き取ってもらうしかない．ナルトビエイは温暖化による海水温の上昇の影響を受けて，2001年以降瀬戸内海にも現れるようになり，反対に2002年には570トンあったアサリの漁獲が2003年には4トン，2004年には2トンにまで落ち込んだといわれる．自然条件の変化以外の要因によっても，わが国の伝統的水産資源の多くが減少危機にある．

(1) マイワシ．日本人に馴染み深い魚の1つマイワシは資源量の変動が激しい魚である．日本の漁獲量は下図のように1965年の9千トンが1988年の449万トンになり，それが再び2000年に15万トン，2001年に18万トンとピーク時の1/30に減少している．漁獲量のもとになる資源量の増減のはっきりした理由はわかっていない．卵から孵化したばかりの稚魚が水温やえさの条件によって生き残り率に大きな差がでて，これらの条件が良い年に稚魚が大量に生き残り，このような状況が複数年継続することが考えられているが，乱獲によるものかもしれない．

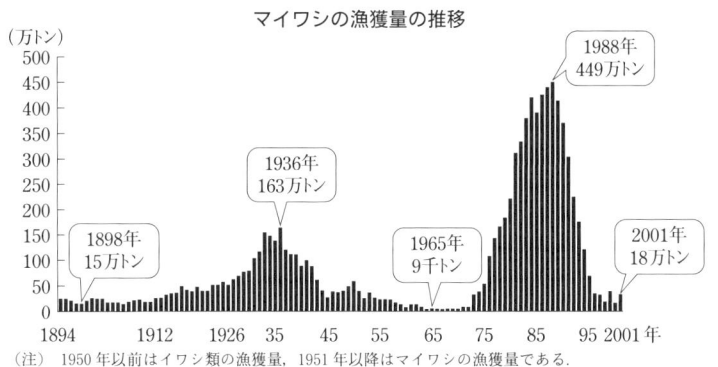

マイワシの漁獲量の推移

（注）　1950年以前はイワシ類の漁獲量，1951年以降はマイワシの漁獲量である．
（資料）　農林水産省『漁業白書』．

(2) キチジ．キチジは北海道や東北・関東沿岸に分布する底魚で「赤もの」として家庭の煮魚として人気の高いものであったが，現在資源量はきわめて少なくなり，漁獲量も過去最低になっている．

(3) スケソウダラ．スケソウダラはかまぼこやすり身の原料魚として日本周辺の底

魚資源の1つであるが，現在資源量はピーク時の2割程度にまで落ちていると推定される．

(4)サワラ．サワラは西日本の代表的な魚であるが，近年資源減少を示す兆候が顕著に現れ，漁獲量の激減が見られる．

(2), (3), (4)は乱獲が原因とも考えられ，資源の回復を目指そうと水産庁や県が音頭をとり，休漁・減船による漁獲量の削減，稚魚放流による培養，漁場環境の保全などを通して，「資源回復計画」が実施されている．全国のほとんどの沿岸部を含む範囲で20近くの計画，76種の回復に取り組んでいる（『漁業白書』参照）．

この結果ズワイガニは93年各府県で管理計画が策定され，資源量は回復してきている．また，秋田県のハタハタは，塩焼き，ハタハタ寿司，しょっつるなど秋田の食文化を代表していたが1974年の1.7万トンをピークに1975年以降漁獲量が激減し，1991年には70トンに落ち込み，とうとう1992〜94年の3年間全面禁漁を行って，秋田産ハタハタは高嶺の花となった．しかし禁漁明けの1995年に142トン，2005年に2,355トンにまで回復し各地の魚屋の店頭に並ぶまでに回復した．

このように，現在では魚資源は自由競争の早い者勝ちで捕獲してよい状況ではなく，養殖や，漁獲の制限を導入した管理漁業を行わねばならない時代となっている．本章では，漁業資源の管理についての経済分析を取り上げる．

秋田県のハタハタの漁獲量

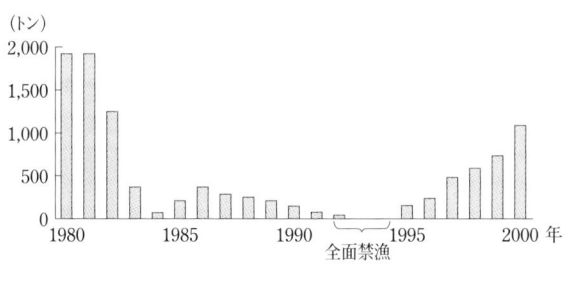

（資料）農林水産省『漁業白書』．

第6章　枯渇性資源の経済学

6.1　はじめに

　枯渇性資源とは，石油などの再生不可能資源を意味する．枯渇性資源は採掘・消費すればその分だけ将来利用可能な資源が減少する．枯渇性資源が持つ，この特性は以下の重要な問題を提起する．異時点間での資源の効率的配分はどのように特徴付けられるであろうか．そのような効率的な配分は市場によって達成可能であろうか．どのような場合に市場の失敗は生じるだろうか．また，市場で実現する異時点間配分は現在世代と将来世代の間で公平な配分となるであろうか．どうすれば将来世代に負担をかけない公平な配分が実現できるだろうか．以上が本章で扱うテーマである．

　本章の構成は以下の通りである．次節において，埋蔵量など枯渇性資源の量を表す用語について簡単に説明した後，続く **6.3** と **6.4** 節において，それぞれ枯渇性資源の異時点間配分の効率性と公平性に関する諸問題を論じる．**6.5** 節は，どのような場合に市場の失敗が生じるのかについて先行研究をまとめたものである．**6.6** 節は結論である．

6.2　枯渇性資源の量に関する定義

　かつて石油の埋蔵量は20年しかもたないといわれたことがあったが，それから20年以上たつ現在においても埋蔵量は1兆バレル以上存在し，可採年数も約50年である．なぜこのようなことが生じるのだろうか．

　そのからくりは埋蔵量の定義に隠されている．**枯渇性資源**の埋蔵量

図6.1 埋蔵量・資源量・資源量ベースの関係

	確実	不確実
経済的に採掘可能	埋蔵量（reserves）	
	資源量（resources）	
経済的に採掘不可能	資源量ベース（resources base）	

（出典）Tilton（2003）図3-1をもとに作成．

　（reserves）とは，存在量が確定しており，かつ，経済的に採掘可能な資源量を意味する．したがって，それは探査によっても増えるが，技術進歩により採掘費用が下がることによっても増加するし，資源価格が上昇することによっても増加しうる．このように埋蔵量という概念はどちらかといえば経済的な概念であり，探査による発見がなくとも埋蔵量は増加するのである．一方，資源量（resources）は，(1)経済的に採掘可能であるが，まだ発見されていない資源と，(2)近い将来に利用される新技術によって経済的採掘可能となる資源を先の埋蔵量に加えたものである．それに対して，資源の物理的量を表すのが資源量ベース（resource base）である．これは絶対的な存在量であって，鉱床の発見や技術革新によっても変わらない量である．埋蔵量（reserves），資源量（resources），資源量ベース（resource base）の関係は有名なマッケルビーボックスを修正した図6.1に示すことができる．

　資源の量に関して複数の定義が存在することを見たが，その理由は，一般に資源が同質ではないことと，それが地下に存在するために量に関して不確実性が存在することである．本章では，分析を単純にするために資源の持つ非同質性と不確実性を排除して議論をすすめたい．すなわち，資源は同質（一単位採掘費用が一定）であり，存在量も確定しているものと仮定する．この単純化によって，6.3節と6.4節で見ていく枯渇性資源の効率的あるいは公平的な利用

（異時点間配分）に関する分析は容易になる．

6.3 枯渇性資源の効率的な異時点間配分とホテリング・ルール

さて，競争市場において，資源価格はどのように決定されるだろうか．ホテリング（H. Hotelling）によれば，資源価格から限界採掘費用を引いた純資源価格（net price）は利子率rで上昇せねばならない（ホテリング・ルール）．最初にこのことを確認しよう．単純化のため，1単位当たり採掘費用cは一定であるとする．競争市場均衡においては，お互いに競争的に行動する鉱山企業の利害の調整が各期で実現していなければならない．すなわち，枯渇性資源1単位を現在期で採掘・販売して利潤（p_0-c）を受け取る場合と，t期にそれを採掘・販売して利潤（p_t-c）を受け取る場合が無差別とならなければならない．現在期で（p_0-c）の資金を金融市場で運用すれば，t期には$(p_0-c)(1+r)^t$の利益になるから，このことは，競争市場において市場均衡が維持されるためには，資源価格から限界採掘費用を引いた資源のネットプライスが利子率rで上昇せねばならないことを意味している．

後の議論で明らかになるように，一般には枯渇性資源の競争市場での異時点間配分は社会的に最適な結果と一致しない．しかしながら，単純な仮定のもとでは，**厚生経済学の基本定理**[1]は成り立つ．このことを単純な2期間モデルで確認しよう．今，採掘される資源から直接効用を享受する単純な経済を考えよう．すると，t期での採掘量をR_tで表せば，t期で得られる効用は$U(R_t)$で表すことができる（$t=0, 1$）．また，限界採掘費用cは一定であるとし，現在の資源ストックをS_0としよう．すると，社会的最適化問題は次のように定式化される．

$$\max_{R_0, R_1} U(R_0)-cR_0+\frac{1}{1+r}(U(R_1)-cR_1)$$
$$\text{subject to} \quad S_0 = R_0+R_1 \tag{6.1}$$

---

[1] 厚生経済学の基本定理については，たとえば江副憲昭・是枝正啓編『ミクロ経済学』の第5章を参照されたい．

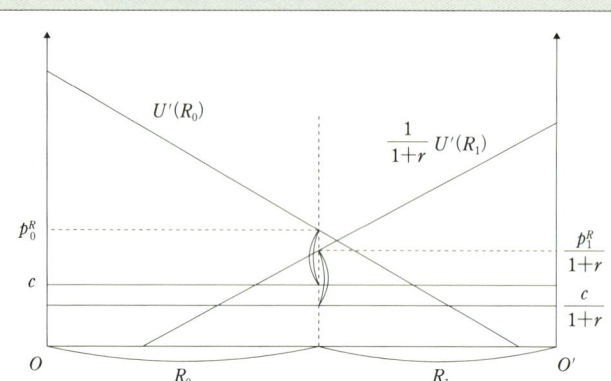

図 6.2 社会的最適解と競争市場均衡解

(6.1) 式を目的関数に代入すれば，上の社会的最適化問題は次のように書き換えられる．

$$\max_{R_0} U(R_0) - cR_0 + \frac{1}{1+r}(U(S_0-R_0) - c(S_0-R_0))$$

必要条件として，ただちに次式を得る．

$$U'(R_0) - c = \frac{1}{1+r}(U'(R_1) - c) \tag{6.2}$$

(6.2) 式の左辺は 0 期での採掘量 R_0 を 1 単位増やしたときの社会的便益の増加分（限界社会的便益）を表す．ところが，0 期での採掘量を 1 単位増やせば，1 期での採掘量 R_1 を 1 単位減らさなければならなくなる．(6.2) 式の右辺は，1 期での採掘量を 1 単位減らしたことによる社会的便益の減少分の（0 期で評価した）現在価値を表す．したがって，(6.2) 式は，社会的最適な状態において，これらが等しくなければならないことを示している．

同じことであるが，(6.2) 式は，社会的に最適な資源の異時点間配分のもとでは $U'(R_t) - c$ が割引率 r で上昇することを意味する．ここで，競争市場の枠組みにおいて，t 期における資源の限界効用 $U'(R_t)$ は t 期における資源の需要関数を表し，(6.1) 式と (6.2) 式を満たす $U'(R_t)$ は t 期での（採掘された）資源価格 p_t^R と一致することに注意しよう．すると，(6.2) 式によれば，競争市場において資源のネットプライス（$p_t^R - c$）が利子率 r で上昇するとき，

競争市場における資源の異時点間配分は社会的に最適となっていることがわかる．先に見たように競争市場均衡では資源のネットプライスは利子率rで上昇するので，単純な仮定のもとでは，競争市場は社会的に最適な枯渇性資源の異時点間配分を達成すると結論付けられる．図6.2は2期間モデルでの社会的最適解と競争市場均衡解との関係を示している．

さて，2期間モデルを無限期間に一般化する場合，上で用いた代入による解法はいささか面倒である．上のような制約付最適化問題は**ラグランジュ未定乗数法**を用いるのが通例である[2]．上の2期間モデルに対応する無限期間の社会的計画問題は次のように定式化できる．

$$\max_{R_t} \sum_{t=0}^{\infty} (U(R_t) - cR_t)(1+r)^{-t}$$
$$\text{suject to} \quad S_0 = \sum_{t=0}^{\infty} R_t$$

この問題の解は，次に定義するラグランジュ関数Lを最大にする解と同じであることが知られている．

$$L = \sum_{t=0}^{\infty} (U(R_t) - cR_t)(1+r)^{-t} + \lambda \left(S_0 - \sum_{t=0}^{\infty} R_t \right)$$

ここで，未定乗数λ（定数）は現在期（$t=0$）で評価した（未採掘の）資源ストックのシャドウプライスを表す．すると，社会的余剰最大化の必要条件として，

$$(U'(R_t) - c)(1+r)^{-t} = \lambda \tag{6.3}$$

---

[2] ラグランジュ未定乗数法は，次のような制約付最適化問題を解く手法である．

$$\max_{x, y} f(x, y) \quad \text{s.t.} \quad g(x, y) = 0$$

このような制約付き最大化問題は，ラグランジュ関数Lを定義して解くことができる．

$$L = f(x, y) + \lambda g(x, y)$$

ここで，λはラグランジュ未定乗数と呼ばれる定数である．この制約付き最大化問題の必要条件は次の3式で与えられる．

$$\frac{\partial L}{\partial x} = 0, \ \frac{\partial L}{\partial y} = 0, \ \frac{\partial L}{\partial \lambda} = 0,$$

ラグランジュ未定乗数法については，たとえばChiang（1984）を参照されたい．

を得る((脚注2)を参照のこと).これは上の(6.2)式と同じように社会的に最適な資源の異時点間配分のもとでは $U'(R_t) - c$ が割引率 r で上昇することを意味する.したがって,無限期間に拡張しても,単純な仮定のもとでは枯渇性資源の異時点間配分に関して厚生経済学の基本定理は成立する.

6.4 枯渇性資源配分の公平性：
ハートウィック・ルールとグリーン NNP

われわれは単純な経済を考えて,競争市場が枯渇性資源の効率的な異時点間配分を達成することを見た.しかしながら,よく知られているように効率的な資源配分は公平な資源配分であるとは限らない.一般には,効率性と公平性は両立しない.したがって,問題は公平な枯渇性資源の配分を実現するにはどういったことが必要となるかである.枯渇性資源は有限なストックであり,採掘すればなくなってしまう.このような枯渇性資源をどのように配分すれば,**現在世代と将来世代の公平性**を実現することができるのだろうか.一見すると,これは解決できない問題であるが,少し観点を変えれば解決不可能というわけではない.

厳密な議論は後で見ることとして,ここでは,そのヒントとなる考え方を示しておこう.枯渇性資源から生産された財の一部は投資にまわるが,それによって経済における人工資本の蓄積が進む.ここで,財の生産は枯渇性資源と人工資本から生産され,それら2つの生産要素が代替可能であると仮定しよう.すると,現在世代は少ない人工資本ストックと豊富な枯渇性資源ストックを保有し,他方,将来世代は豊富な人工資本ストックと少ない枯渇性資源ストックを保有することになる.こうして現在世代と将来世代の公平性の問題は枯渇性資源ストックと人工資本ストックの代替によって解決できる可能性がある.

6.4.1 生産経済とホテリング・ルール

現在世代と将来世代における公平性の問題を考えるために,先ほどよりもう少し現実的な経済を考えよう.ここでは,枯渇性資源は消費財の生産に利用され,社会は枯渇性資源から直接効用を得るのではなく,そこから生産された消

第6章 枯渇性資源の経済学

費財から効用を得るものとしよう．すなわち，効用関数 $U(C) = C$ とする．また，消費財は，採掘された枯渇性資源 R と人工資本 K によって競争的な生産者によって生産されるものとし，連続微分可能な生産関数 $F(K_t, R_t)$ を仮定する．t 期で生産された財 $F(K_t, R_t)$ は，投資 I_t と消費 C_t に配分される．ここで，消費財（資本財）を価値基準財としよう（したがって，消費財および資本財の価格は1である）．さらに，人工資本 K は減耗しないと仮定する．厚生経済学の基本定理に従えば，このような競争市場で実現する競争市場均衡は次の社会的最適化問題の解と一致する．

$$\max_{\{C_t\},\{R_t\},\{I_t\}} \sum_{t=0}^{\infty} C_t \delta^t$$

$$\text{subject to} \quad F(K_t, R_t) = C_t + I_t \tag{6.4}$$

$$K_{t+1} - K_t = I_t \tag{6.5}$$

$$S_0 = \sum_{t=0}^{\infty} R_t \tag{6.6}$$

ここで，利子率を r で表し，$\delta = \dfrac{1}{1+r}$ とする．また，現在期の人工資本ストック K_0 と資源ストック S_0 は所与とする．

(6.4)，(6.5)，(6.6) 式を用いて，ラグランジュ関数 L を次のように定義しよう．

$$L = \sum_{t=0}^{\infty} [F(K_t, R_t) - (K_{t+1} - K_t)]\delta^t + p_0^R (S_0 - \sum_{t=0}^{\infty} R_t)$$

ここで，p_0^R（定数）は枯渇性資源の**シャドウプライス**（競争市場では現在期の競争価格）を表す．なお，p_0^R は現在時点（$t=0$）で評価された価値である．すると，効用最大化の必要条件として次式を得る．

$$\frac{\partial L}{\partial K_t} = [F_K(K_t, R_t) + 1]\delta^t - \delta^{t-1} = 0 \tag{6.7}$$

$$\frac{\partial L}{\partial R_t} = F_R(K_t, R_t)\delta^t - p_0^R = 0 \tag{6.8}$$

(6.7) 式は次のように書き換えることができる．

$$1 + F_K(K_t, R_t) = \delta^{-1} \tag{6.9}$$

消費財（資本財）を価値基準財としているため，(6.9) 式の右辺は t 期で資本1単位を（銀行預金等）安全資産で運用したときの $t+1$ 期における収益を表している．一方，左辺は t 期で資本1単位を生産に振り向け，その後売却した場合の $t+1$ 期で得る収益を表している．この2つの収益が等しいことを示す (6.9) 式は，各期の資本市場における競争均衡条件に対応している．

また，競争市場における t 期での資源価格を p_t^R で表せば，$p_t^R = F_R(K_t, R_t)$ が満たされる．このことに注意すれば，(6.8) 式は

$$p_t^R = \delta^{-t} p_0^R \tag{6.10}$$

と書き換えられる．つまり，(6.8) 式は競争市場で成立する**ホテリング・ルール**に対応したものである．このように，より一般的な経済を想定してもホテリング・ルールは成立する．

6.4.2　ソローの世代間公平性の議論とハートウィック・ルール

枯渇性資源の異時点間配分問題は，上で定式化されたように，ラムゼイ（F. Ramsey）らによって研究が進められた最適成長と資本蓄積に関する標準的なモデルに枯渇性資源を取り込むことで扱うことができる．このようなラムゼイ・モデルは，社会的厚生を各時点での消費から得られる効用を合計したものと考え，その意味において功利主義に基づいている．それは世代間の公平性をどのように考えているのだろうか．**功利主義**によれば，社会的厚生は各時点での消費から得られる効用の合計であるため，ある世代（時点）の効用の1単位の犠牲によって他の世代の効用が1単位以上増加するのであれば，当該世代（時点）が被る犠牲はむしろ望ましいとされる．このような功利主義に基づく資源の異時点間配分は，世代間の公平性の観点からは，とうてい認められない．

そこで，ソロー（R. M. Solow）はロールズ（J. Rawls）にならって**マキシミン原理**を支持した．社会的厚生を最も恵まれない世代の効用とするマキシミン原理に従えば，現世代が枯渇性資源を採取してよいのは，将来世代の効用が少なくとも現世代と同じ水準に保たれるときのみということになる．

このようなマキシミン原理のもとで効率的な経路は，どのように特徴付けられるだろうか．今，消費水準が一定ではない（消費水準に世代間格差がある）

経路を考えよう．マキシミン原理に従えば，最も消費水準の低い世代に他の世代の消費の一部を回すことによって，社会的厚生を引き上げることができる．この意味において，消費水準が一定でない経路は非効率的となる．したがって，マキシミン原理のもとで効率的な経路は消費水準が一定となる経路である．

さて，このような消費水準を一定に保つような経路を実現させるためには，どのように経済運営をしていけばよいのだろうか．その指針を与えるのがハートウィック（J. M. Hartwick）によって提唱された**ハートウィック・ルール**である．すなわち，「枯渇性資源で得られた利益をすべて人工資本に投資すれば，各時点での消費を一定にすることができる」というものである．

上の単純なモデルでは，ハートウィック・ルールは次を意味する．

$$I_t = p_t^R R_t \tag{6.11}$$

また，ハートウィック・ルールは「枯渇性資源を含めたすべての資本ストックの価値を一定に保つようにすれば，消費水準を一定に保つことができる」とも表現される．これは次のことを意味する．

$$(K_{t+1} - K_t) - p_t^R R_t = 0 \tag{6.12}$$

明らかに（6.11）式と（6.12）式は同じものである．

さて，上のモデルにおいても，ハートウィック・ルールが近似的に成立することを示すことができる．t 期と $t-1$ 期における消費 C_t と C_{t-1} の差をとろう．

$$\begin{aligned}
C_t - C_{t-1} &= F(K_t, R_t) - F(K_{t-1}, R_{t-1}) - I_t + I_{t-1} \\
&= F_K(K_t, R_t)(K_t - K_{t-1}) + F_R(K_t, R_t)(R_t - R_{t-1}) - I_t + I_{t-1} \\
&= (\delta^{-1} - 1)I_{t-1} + p_t^R(R_t - R_{t-1}) - I_t + I_{t-1} \\
&= [\delta^{-1} I_{t-1} - p_t^R R_{t-1}] - [I_t - p_t^R R_t] \\
&= \delta^{-1}[I_{t-1} - p_{t-1}^R R_{t-1}] - [I_t - p_t^R R_t] \tag{6.13}
\end{aligned}$$

（6.13）式において 2 番目の等号では，テーラー展開で一次近似を行っている．3 番目の等号では，（6.8），（6.9），（6.10）式を使っている．最後の等号では，（6.10）式を使っている．（6.13）式から明らかなように，ハートウィック・ルー

ル((6.11)式)のもとでは,

$$C_t - C_{t-1} = 0$$

となり,各時点における消費が一定となる.枯渇性資源に依存する経済においても,ハートウィックによって提唱された投資ルールに従って,(枯渇性資源と財の生産において)代替可能な人工資本に投資していけば,(より厳密にはパレート効率的な経路上では)消費水準を一定水準に保つことができる.こうして公平な資源配分が可能となる.

その後の研究では,**ネット・インベストメント**という一般的な概念を用いて,再生可能資源を含めた自然資本に対してもハートウィック・ルールが成り立つことが示されている.ネット・インベストメントとは,上のモデルでは(6.12)式の左辺を意味する.この拡張された概念を用いると,ハートウィック・ルールは,次のようなより一般的なルールとして表現できる.すなわち,ネット・インベストメントを常にゼロに保つならば,各時点において効用がコンスタントに保つことができる.ここでいう「ネット・インベストメントをゼロに保つ」とは,「自然資本の市場価値の減少分と等しい額だけ人工資本に投資されている」ことを意味する.

6.4.3 持続可能な発展,グリーン NNP およびネット・インベストメント

さて,自然資本を枯渇性資源に限定して議論を進めよう.t 期における GDP は,

$$GDP_t = C_t + (K_{t+1} - K_t)$$

と表されるが,そこには枯渇性資源を採掘したことによって得られる所得も含まれている.これをすべて所得として計上してよいかが問題である.ヒックス(J. R. Hicks)によれば,資産から得られる所得はその資産によって生み出される永久に持続可能な消費の流列である.今考えている資産は枯渇性資源ストックであり,それは採掘によって減耗する.したがって,枯渇性資源を採掘したことによる資源ストック資産の経済価値の減耗分は所得から控除されねばならない.

それでは資源の採掘によってどれだけの資源ストック資産価値の減耗が生じるであろうか．今，t 期における資源ストックの（t 期で評価した）時価を V_t で表そう．資源ストックを t 期で売却し，それを安全資産で運用した場合，$t+1$ 期の資産価値は $\delta^{-1}V_t$ となる．一方，t 期で R_t だけの資源を採掘し，$t+1$ 期で資源ストックを売却した場合の資産価値は $\delta^{-1}p_t^R R_t + V_{t+1}$ となる．競争市場均衡ではこの2つの場合における資産価値は等しくなることから，

$$\delta^{-1}V_t = \delta^{-1}p_t^R R_t + V_{t+1} \tag{6.14}$$

が成立する．

さて，t 期で評価した資源ストック資産価値の減耗分は，

$$V_t - \delta V_{t+1}$$

で表される．(6.14) 式を使うと，資源ストック資産価値の減耗分は，

$$V_t - \delta V_{t+1} = p_t^R R_t \tag{6.15}$$

と書き換えることができる．(6.15) 式の右辺は**トータル・ホテリング・レント**と呼ばれる．したがって，GDPから資源ストック資産価値の減耗分を引いた値を**グリーンNNP**というが，それは，

$$グリーンNNP_t = C_t + (K_{t+1} - K_t) - p_t^R R_t$$

として表される．

これがなぜ経済の総資産から永久に消費可能な（その意味で持続可能な）所得というヒックスの所得概念に合致したものであるのかを確認しよう．経済が持つ t 期の総資産 (K_t, S_t) の価値を W_t で表すものとしよう．ここで，K_t と S_t はそれぞれ t 期における資本ストックと枯渇性資源ストックを表す．t 期における資産価値は，(K_t, S_t) をもとにした生産活動から生み出される消費の総和を t 期で評価したものである．したがって，

$$W_t = \sum_{s=t}^{\infty} C_s \delta^{s-t}$$

と表すことができる．ワイツマン（M. L. Weitzman）は連続時間モデルにおいて，

$$\sum_{s=t}^{\infty} C_s \delta^{s-t} = [C_t + (K_{t+1} - K_t) - p_t^R R_t] \sum_{s=t}^{\infty} \delta^{s-t} \qquad (6.16)$$

を示した((6.16)式証明は章末の数学注を参照).上で定義したグリーン NNP を用いて (6.16) 式を次のように書き換えることができる.

$$W_t = (1 + \delta + \delta^2 + \delta^3 + \cdots) NNP_t \qquad (6.17)$$

ここで,t 期以降の毎期において NNP_t をコンスタントに消費したとすれば,(t 期で評価した) そのような消費計画に対する支出総額は (6.17) 式の右辺で表されることに注意しよう.一方,(6.17) 式の左辺は,t 期における総資産価値を表す.このように見れば,(6.17) 式は t 期以降の毎期において NNP_t のコンスタントな消費が可能であることを意味することがわかる.したがって,グリーン NNP はヒックスの所得概念である.このことが,グリーン NNP が持続可能な最大のコンスタント消費水準と呼ばれる理由であり,同時に持続可能な発展と関連付けられる理由でもある.グリーン NNP を引き下げるような発展は持続可能な発展とは考えられない.

最適な経路上でグリーン NNP の減少を防ぐことは,持続可能な発展の観点から望ましいことである.それでは,どうすればグリーン NNP の減少を防ぐことができるだろうか.その 1 つの答えは,ネット・インベストメントを非負に保つことである.実際,(6.13) 式を使って $NNP_{t+1} - NNP_t$ を計算すると,

$$\begin{aligned} NNP_{t+1} - NNP_t &= C_{t+1} - C_t + (K_{t+2} - K_{t+1} - p_{t+1}^R R_{t+1}) - (K_{t+1} - K_t - p_t^R R_t) \\ &= (\delta^{-1} - 1)(I_t - p_t^R R_t) \end{aligned}$$

を得ることができる.したがって,ネット・インベストメントを非負に保てば,グリーン NNP の減少を防ぐことができる.このように,グリーン NNP,持続可能なコンスタントな消費水準,ネット・インベストメントは密接に関わっている[3].

---

3) グリーン NNP や持続可能な発展に関する研究は,現在も多くの研究者によって進められている.最新の研究については,大沼 (2002) に詳しい.

6.5 枯渇性資源と市場の失敗

これまで見てきた単純な経済においては，公平性の問題はともかくとしても，少なくとも効率的な枯渇性資源の異時点間配分は市場の枠組みで達成できる．しかしながら，よく知られているように，しばしば市場は失敗する．枯渇性資源の異時点間配分も例外ではない．ここでは，どのような場合に枯渇性資源の効率的な異時点間配分に関して市場の失敗が起きるのかを見る．ここでは，独占市場と生産可能集合の非凸性の2つのケースについて考察する．

6.5.1 独占市場のケース

枯渇性資源を採掘する企業の多くは多国籍企業であり，メジャーという呼ばれ方をするほど個々の企業の市場シェアは他の業種と比較しても大きい．枯渇性資源の採掘市場は寡占状態にあるともいえる．ここでは，寡占市場を扱うかわりとして，その究極ともいえる独占市場が枯渇性資源の異時点間配分に与える影響を見よう．

これまでの研究（たとえば Dasgupta and Heal (1979) ch.11 を見よ）によって，独占市場における採掘量と社会的に最適な採掘量の大小関係は，需要の価格弾力性が消費量の増加関数であるか減少関数であるかに依存することが明らかにされた．今，2期間モデルを考えよう．各期の採掘量を q_t で表し，資源の需要関数は $P(q_t)$ で表されるものとする．さらに，単純化のために採掘に費用はかからないものとする．さて，独占利潤を最大化する0期と1期における採掘量は，次の必要条件を満たす．

$$MR(q_0) = \frac{1}{1+r}MR(q_1) \tag{6.18}$$

ここで，$MR(q_t) = P(q_t) + q_t\frac{\partial P}{\partial q_t}$ は限界収入を表している．資源需要の価格弾力性 $\varepsilon = -\frac{\partial q}{\partial P}\frac{P}{q}$ を用いれば，(6.18) 式は次のように書き換えることができる．

$$\left(1-\frac{1}{\varepsilon_0}\right)P(q_0) = \left(1-\frac{1}{\varepsilon_1}\right)\frac{P(q_1)}{1+r} \tag{6.19}$$

最初に，需要の価格弾力性 ε が一定であるケースを考えよう．このとき，(6.19) 式より資源価格が利子率で上昇する（ホテリング・ルールが成立する）ことがわかる．したがって，独占企業による採掘量は競争市場のそれと一致する．

次に，需要の価格弾力性 ε が資源消費量 q の増加関数であると仮定しよう．$q_0 > q_1$ となることに注意すれば，この仮定のもとでは，$\varepsilon_0 > \varepsilon_1$ となる．このとき，(6.19) 式から

$$P(q_0) < \frac{P(q_1)}{1+r} \tag{6.20}$$

が満たされることがわかる．この場合，独占価格は利子率以上で上昇する．このことは，競争市場均衡と比較して，現在期（0 期）において独占企業による過剰な採掘が行われることを意味する．

最後に，需要の価格弾力性 ε が資源消費量 q の減少関数である場合を考えよう．この場合，$\varepsilon_0 < \varepsilon_1$ となり，(6.19) 式から

$$P(q_0) > \frac{P(q_1)}{1+r} \tag{6.21}$$

が満たされることがわかる．このとき独占価格は利子率以下で上昇する．このことは，競争市場均衡と比較して，現在期（0 期）において独占企業による過少な採掘が行われることを意味する．以上のように，独占市場による歪みの方向は，需要の価格弾力性が資源消費量の増加関数であるか減少関数であるかでまったく異なる．

6.5.2 生産可能集合の非凸性とセットアップコストの存在

枯渇性資源の採掘が規模の経済を有していることはよく知られたことである．また，採掘が開始される前には，莫大な資本投下を必要とされる．資源採掘において，いわゆる**セットアップコスト**の存在は無視しえない．以下では，このような枯渇性資源採掘に特有の性質が資源の異時点間配分にどのような影響を及ぼすかを見ていこう．

まず，**生産可能集合の非凸性**を入れた場合を考えるが，これは採掘量の小さい領域において採掘の拡大とともに平均費用が逓減する収穫逓増現象に対応している．平均費用曲線が U 字型をしている場合においては，U 字型の左側の領域（$0 < q < \underline{q}$ としよう）で採掘を行わないのが最適な採掘計画であることを示すことができる．これは，通常の利潤最大化問題と同じように，$0 < q < \underline{q}$ では，採掘量 q を増やせば利潤を増加させることができるからである[4]．ここで，競争市場で生産する採掘企業が，同じ平均費用曲線と同じ資源ストック量を持つと仮定しよう．すると，最適経路上では，すべての採掘企業は同じ生産経路を持つと考えられるが，このとき競争均衡が存在しないことは明らかである．それは，すべての採掘企業は同時に採掘を終了するが，その時点において，すべての採掘企業は採掘量を不連続的にゼロにし，それが価格の不連続的な上昇をもたらすからである．明らかに，価格の不連続的な上昇は，完全予見を仮定した競争均衡では存在しえない．というのは，その時点で価格が不連続的に上昇することがわかっていれば，採掘企業の 1 つは，その時点の前において採掘を控え，他のすべての企業が採掘を終了した後も採掘を行うことによって独占利潤を享受できるからである．

このような競争均衡が存在しないという事態は，採掘企業による費用のかからない参入・退出を認めることで理論的には回避可能である．参入・退出に費用がかからないと仮定することで，産業全体の採掘量は連続的に減少することが可能となり，結果として競争均衡の存在することが示される．しかしながら，たとえば金属資源鉱山の場合，休山していた鉱山が採掘を開始する場合，あるいは，採掘を行っていた鉱山が休山する場合，少なからずコストが発生する．とくに，それまで採掘を行っていない鉱山が新規に開山する場合，莫大な費用がかかる．このような初期投資にかかる費用はセットアップコストと呼ばれる．

次に，セットアップコストが存在するときに枯渇性資源の異時点間配分がどのような影響を受けるのか見よう．セットアップコストは，一旦投下すれば中

---

[4] U 字型平均費用関数を $C(q)$ で表すと，利潤 Π は，$\Pi(q) = (p - C(q))q$ で表される．利潤最大化の必要条件は，$\frac{\partial \Pi}{\partial q} = (p - C(q)) - C'(q)q = 0$ となる．今，最適な生産量 q^* が最低平均費用を達成する q よりも小さいとしよう．すると，q^* においては，$(p - C(q^*)) = C'(q^*)q^* < 0$ が成立する．このことは，$\Pi(q^*) < 0$ を意味し，q^* が利潤を最大にする生産量であることに矛盾する．

古市場等で換金しえないという意味でサンクコストでもある．セットアップコストが存在すると，社会的最適な枯渇性資源の異時点間配分は競争市場において実現できない．このことは本章で扱ってきた離散時間モデルでは説明が困難であるので，ハートウィックらの連続時間モデル（Hartwick et al. (1986)）で説明しよう．今，2つの枯渇性資源デポジット A と B が存在するものとしよう．2つの資源デポジットの資源ストック量は同じであるとする．単純化のために採掘費用はかからないものとするが，採掘を開始するにあたってはセットアップコスト K がかかるとする．すると，デポジット A（あるいは B）の採掘を行い，それが枯渇した時点でデポジット B（あるいは A）の採掘を開始するという経路が社会的最適な採掘経路となる．2つのデポジットで同時に採掘を行わないのは，セットアップコストがかかるためである．今，デポジット A の採掘を先行して行うものとすれば，デポジット B の採掘を開始する時間を T で表すと，最適な T は次の必要条件を満たす．

$$\begin{aligned}(U(R(T^-))-p^R(T^-)R(T^-))+rK\\=U(R(T^+))-p^R(T^+)R(T^+)\end{aligned} \quad (6.22)$$

ここで，U は効用関数，R は採掘量，p^R は資源のシャドウプライス，r は利子率を表す．デポジット B の採掘開始時間 T を微小単位遅らせることで，社会は T 直前の純便益 $(U(R(T^-))-p^R(T^-)R(T^-))$ が享受可能であるのに加えて，デポジット B のセットアップコストの支払いを遅らせることができる．セットアップコストの支払いを遅らせれば，利払い rK が節約される．したがって，左辺はデポジット B の採掘開始時間 T を微小単位遅らせることの社会的限界便益を表している．一方，デポジット B の採掘開始時間 T を微小単位遅らせると，それまでデポジット B の採掘直後に享受していた純便益 $(U(R(T^+))-p^R(T^+)R(T^+))$ が享受できなくなる．したがって，右辺は T を微小単位遅らせることに伴う社会的限界損失を表す．いうまでもなく，社会的に最適な T は社会的限界便益と社会的限界損失が等しくなる値である．

資源のシャドウプライス p^R は $U'(R)$ と等しくなることに注意すれば，(6.22) 式は時間 T において $U(R)-U'(R)R$ が不連続的に増加することを意味する．効用関数 U が凹関数であると仮定すれば，これは採掘量 R が時間 T

において不連続的に増加することを意味する[5]．

以上の社会的最適な採掘経路は競争市場で実現可能だろうか．答えは否である．採掘量が T で不連続的に増加するということは，競争市場では資源価格が不連続的に下落することを意味する．このとき，先に採掘していたデポジット A の割引現在利潤はデポジット B のそれを上回る．デポジット A と B は同質であると仮定されているので，両デポジットの経営者はわれ先にと採掘を開始するだろう．したがって，セットアップコストが存在する場合，社会的に最適な枯渇性資源の異時点間配分に市場は失敗する．

6.6 枯渇性資源と将来

本章では，枯渇性資源の異時点間配分の効率性と公平性について論じてきた．非常に単純化された仮定のもとでは，競争市場によって効率的な資源配分は可能であるが，枯渇性資源の偏在性を背景に個々の企業は少なからず価格影響力を持っており，競争市場の仮定はあてはまらないことが多い．たとえ市場が競争的であっても，大規模なセットアップコストが存在するなど生産過程の特殊性のために市場が効率的な資源配分に失敗する可能性が残る．

枯渇性資源の公平な配分にいたっては，競争市場がそれを達成する保証はどこにもない．言い換えれば，ハートウィック・ルールは，政策介入なしには競争市場均衡では成立しない．このように効率的な資源配分，公平的な資源配分を達成するために一般には適切な政策介入が必要となる．

最後に本章では扱うことができなかったトピックスについて言及しておこう．現在，先進国を中心としてリサイクルシステムの構築が進んでおり，それまで埋め立て処分されていた廃家電などの使用済み耐久消費財からの資源回収が行われている．一方，途上国では，一部で不適切なリサイクルが環境汚染を引き起こしているものの，リサイクルが採算性を持っており，ほぼ完全な市場リサイクルが確立している．このように今や枯渇性資源を考える場合，リサイクルによって回収された二次資源をも視野に入れる必要がある．ところが，驚くこ

---

[5] $U(R)-U'(R)R$ は R の増加関数であることに注意する．

とに，資源採取（一次資源）・リサイクル（二次資源）を包括的に分析した研究は数少ない．これから研究が進められるべき領域の1つといえよう．

数 学 注

(6.16) 式証明は以下の通りである．

$$\begin{aligned}
W_t &= \sum_{s=t}^{\infty} C_s \delta^{s-t} \\
&= \sum_{s=0}^{\infty} C_t \delta^s + \delta \sum_{s=0}^{\infty} (C_{t+1} - C_t)\delta^s + \delta^2 \sum_{s=0}^{\infty} (C_{t+2} - C_{t+1})\delta^s + \cdots \\
&= \Delta C_t + \delta \Delta (C_{t+1} - C_t) + \delta^2 \Delta (C_{t+2} - C_{t+1}) + \cdots \\
&= \Delta C_t - \delta \Delta p_{t+1}^R R_t + \delta \Delta (p_{t+1}^R - \delta p_{t+2}^R) R_{t+1} + \delta^2 \Delta (p_{t+2}^R - \delta p_{t+3}^R) + \cdots \\
&\quad + \delta \Delta (\delta^{-1} I_t - I_{t+1} + \delta(\delta^{-1} I_{t+1} - I_{t+2}) + \delta^2(\delta^{-1} I_{t+2} - I_{t+3}) + \cdots) \\
&= \Delta (C_t + I_t - p_t^R R_t) \\
&= \Delta (C_t + (K_{t+1} - K_t) - p_t^R R_t)
\end{aligned}$$

となる．ここで，$\Delta = \sum_{s=t}^{\infty} \delta^{s-t} = \sum_{s=0}^{\infty} \delta^s = \dfrac{1}{1-\delta}$ である．4番目の式の等号は (6.13) 式，5番目の式の等号は (6.10) 式による．

練習問題

練習問題 6.1 次の問題において，社会的に最適な資源採掘量 R_t を求めなさい．

$$\max_{R_t} \sum_{t=0}^{1} 2R_t^{1/2}(1+r)^{-t}$$
$$\text{subject to} \quad S_0 = \sum_{t=0}^{1} R_t$$

練習問題 6.2 現実の経済において，ハートウィック・ルールの成立はきわめて困難であると思われる．その理由としてどのような要因が考えられるであろうか．

練習問題 6.3 独占企業が枯渇性資源の採掘を行っているものとし，採掘には費用がかからないものとする．ここで，需要関数が，$q = b - aP$ で与えられているとき，枯渇性資源の独占価格の上昇率は利子率と比較して大きいだろうか小さいだろうか．

参考文献

Barnett, H. J. and C. Morse (1963) *Scarcity and Growth*, Baltimore: Johns Hopkins University Press.

Chiang, A. C. (1984) *Fundamental Methods of Mathematical Economics*, McGraw-Hill.（大住栄治・髙森寛・小田正雄・堀江義訳 (1995)『現代経済学の数学基礎（上）』シーエーピー出版).

Dasgupta, P. and G. M. Heal (1979) *Economic Theory and Exhaustible Resources*, Cambridge: Cambridge University Press.

江副憲昭・是枝正啓編 (2001)『ミクロ経済学』勁草書房.

Hartmick, J. M. (1977) "Intergenerational Equity and the Investing of Rents from Exhaustible Resources," *American Economic Review*, 67 (7), pp.972-974.

Hartwick, J. M., M. C. Kemp, and N. V. Long (1986) "Set-up Costs and Theory of Exhaustible Resource," *Journal of Environmental Economics and Management*, 13, pp.212-224.

Hotelling, H. (1931) "The Economics of Exhaustible Resources," *Journal of Political Economy*, 39, pp.137-175.

大沼あゆみ (2002)「環境の新古典派的接近」佐和隆光・植田和弘編『環境の経済理論』（岩波講座『環境経済・政策学』1)，岩波書店.

Pindyck, R. S. (1978) "The Optimal Exploration and Production of Nonrenewable Resources," *Journal of Political Economy*, 86, pp.841-862.

Slade, M. E. (1982) "Trends in Natural Resource Commodity Prices: An Analysis of the Time Domain," *Journal of Environmental Economics and Management*, 9, pp.122-137.

Solow, R. M. (1986) "On the Intergenerational Allocation of Natural Resources," *Scandinavian Journal of Economics*, 88(1), pp.141-149.

Tilton, J. E. (2003) *On Borrowed Time? Assessing the Treat of Mineral Depletion, Resources for the Future*（西山孝・安達毅・前田正史訳 (2006)『持続可能な時代を求めて 資源枯渇の脅威を考える』オーム社).

時政勗 (1993)『経済の情報と数理⑧ 枯渇性資源の経済分析』牧野書店.

Weitzman, M. L. (1976) "On the Welfare Significance of National Product in a Dynamic Economy," *Quarterly Journal of Economics*, 90, pp.156-162.

| コラムで考えよう | 実質資源価格の動き |

　下図は GDP デフレーターを用いた 1870 年から 2005 年までの実質銅価格を表している．図が示すように実質銅価格には長期的な上昇傾向を見てとることができないばかりか，むしろ低下傾向すら見られる．このような実質資源価格の低下傾向は実際に銅以外の多くの枯渇性資源についても見られる現象である．このような実質資源価格の動きは，6.3 節で紹介したホテリング・ルールと矛盾するような印象を与える．というのは，ホテリング・ルールに従えば，実質資源価格から限界採掘費用を引いたネットプライスは利子率で上昇しなければならないからである．とくに限界採掘費用を一定とした場合は，実質資源価格は上昇しなければならない．

1870 年から 2005 年までの銅の実質価格（基準年 2004 年）

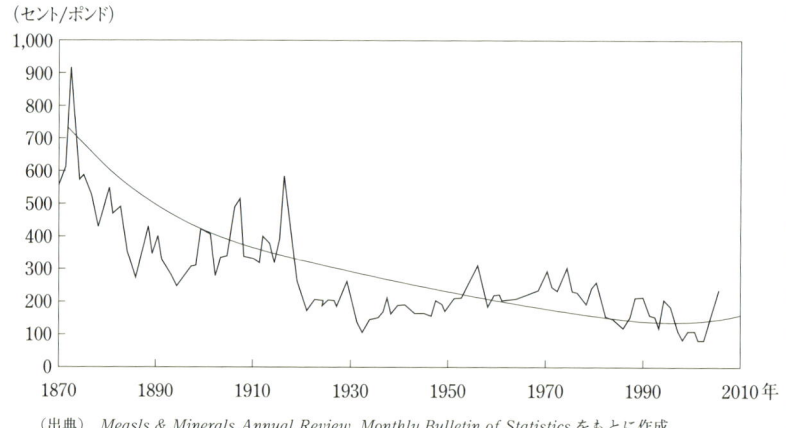

(セント/ポンド)

[グラフ：縦軸 0〜1,000，横軸 1870〜2010 年]

（出典）　*Measls & Minerals Annual Review, Monthly Bulletin of Statistics* をもとに作成．

　今，ホテリング・ルールが現実の経済においても成立していると仮定しよう．すると，実質資源価格が低下しているなかで資源のネットプライスが上昇するためには限界採掘費用が低下しなければならない．Barnett and Morse (1963) は 1870 年から 1957 年の約 90 年間において資源を生産するために必要な労働と資本の投入が 75％以上も低下していることを発見した．このことは他の一次産業における低下率よりもはるかに大きかった．こうした採掘費用の低下は技術革新と資源デポジットの発見によるところが大きい．したがって，過去見られた実質資源価格の低下傾向それ自体はホテリング・ルールと矛盾するものではない．ただし，ホテリング・ルールが実証データによって支持されるかどうかについては，いまだ結論が出ていない．

ある研究はホテリング・ルールを支持し，他の研究はそれを棄却している．

さて，図に戻って実質資源価格の長期的なトレンドについて考えよう．スレード（M. E. Slade）は，実質資源価格は長期的にはU字型の時間経路を持つと主張した．彼女はホテリング・ルールが成立するものとしたうえで，U字型の価格経路を次のように説明している．最初のうちは，技術進歩による採掘費用の低下が利子率で上昇するネットプライスの上昇分を上回り，実質資源価格が低下する．しかしながら，時間が経つと，採掘費用とネットプライスの合計（＝実質資源価格）にしめる採掘費用のシェアが小さくなり，やがて採掘費用の低下がネットプライスの上昇を相殺しきれなくなる．その結果，いずれ実質資源価格の上昇期を迎えることになる．

このような枯渇性資源価格の長期的なU字型価格経路は，理論的には技術革新以外の観点からも説明が可能である．ピンダイク（R. S. Pindyck）は，探査活動によって埋蔵量が増加しうる点に着目してU字型価格経路を説明した．彼は，平均（限界）採掘費用は埋蔵量の減少関数で表されると仮定したうえで，初期のうちは探査活動による埋蔵量の増加に伴って平均（限界）採掘費用も低下し，そのことが実質資源価格の低下を可能にすると論じた．ところが，探査による新規発見は探査が進むにつれ次第に困難になり，いずれは埋蔵量が減少し，平均（限界）採掘費用も増加する．したがって，長期的には実質資源価格は上昇せざるをえない．

ここまでは実質資源価格の長期的なトレンドについて見てきたが，図を見ると，短期的にはかなり大きな変動が見られることがわかる．**6.5**節で見るように，枯渇性資源市場は寡占的市場の様相を呈する．実際，これまでOPEC（石油輸出国機構），CIPEC（銅輸出国政府間協議会），IBA（ボーキサイト輸出国機構）などいくつものカルテルが結ばれた．カルテルによる生産調整の成功や失敗は資源価格に大きな影響を与えてきた．また，資源価格は戦争などの外生的ショックに敏感に反応する．たとえば1960年代後半から1970年代前半にかけての銅価格の上昇にはベトナム戦争の影響が大きい．また近年は中国の銅需要の増加により銅価格は上昇傾向にある．

第3部　環境評価

第7章 環境価値と環境評価

7.1 はじめに

われわれは，環境を酷使してきた結果，地球の生命維持機能を低下させるという危機を招いている[1]．経済システムは環境の便益を明示的に取り扱っていない．これは，われわれがさまざまな意思決定の中で環境の便益を評価していないからである．このため環境財は自由財から稀少財へと変わりつつある．環境財の効率的な配分や利用を行うためには，人々が環境に対する選好を明示し，その価値を適切に評価し，それを社会的意思決定に反映させていくことが緊急の課題となっている．

本章では，われわれが享受する環境の便益を確認し，価値を帰属させる必要性を述べ，これまで論じられてきた環境価値の整理を行う．そのうえで環境価値の経済的評価の方法を整理し，その中から市場を経由して環境価値を測定する2つの方法（トラベルコスト法とヘドニック価格法）について概説する．

7.2 環境の価値

7.2.1 環境の機能と便益

われわれは，海岸や森林，湖沼，河川など自然のなかへ出かけることで風景を楽しみ，快適さを感じて満足感を得る．あるいは，こうした自然の近隣に居

---

[1] ここでは，生物の相互関係とその生息環境を構成する非生物との相互関係を含めた生態系として環境と表現する．

住する場所を選択することも少なくない．これは環境が提供するアメニティという環境サービスを消費したいという欲求に基づく行動である．また，経済システムは財・サービスの生産のため環境から資源をとり出し，加工し，消費し，そして廃物を環境へ戻すことで処分している．この経済のスループットは，環境の天然資源供給機能，廃物の吸収機能に依存している．

　これらの機能は環境の質と量に規定される．それゆえ，これら3つの環境の機能は相互に独立ではなく，相互依存関係にある．そして重要なことは，これら3つの機能は環境の生命維持機能なしには存在しえないということである．つまり，われわれは環境の生命維持機能と，これを基盤とする天然資源供給機能，廃物の吸収機能およびアメニティ供給機能に依存している．経済システムは，環境に対して「開いたシステム（open system）」である．それゆえ環境から制約を受け，環境に対して影響を及ぼすのである[2]．

　これらの環境の機能は，環境が提供する環境財・サービスによりわれわれが享受できる便益に基づいている．便益は人々が改善されたと感じるときに発生し，逆に悪化したと感じるときには損失（費用）が発生する．産業革命以降，経済のスループットは急速に増大し，天然資源のストックを圧迫し，同時に環境へ戻される廃物も増大した．廃物が環境の吸収機能を超えて環境へ戻されると，廃物は蓄積し環境機能の低下を招く．環境機能の低下が健康被害をもたらす，あるいは快適性を損なうと人々が感じるとき環境問題が認識される．つまり，環境問題が認識されているのは，人々が環境の損失を感じ，それが社会的に望ましくないと考えているからである．

　経済学は，環境問題の原因を**市場の失敗**と**政府の介入の失敗**として説明する（第2章参照）．多くの環境財・サービスが公共財の性質（非排除性と非競合性）を持つため，市場メカニズムは価格をつけることができない．このため，非市場財である環境財・サービスは市場による効率的な配分がなされず過剰な消費がなされる．公共財のように市場が最適な資源配分を行えない場合，政府の介入が必要であるが，利益集団の抵抗や正確な情報収集が行えないことから介入

---

2) これらのことは，熱力学の第1法則（エネルギー保存の法則）・第2法則（エントロピー増大の法則）に基づく物質収支の考え方により理解が容易になる．

に失敗することがある．

　われわれは経済システムの運営方法を変えなければならない．そのためには，人々が環境の便益を認識し，持続的に環境の便益を享受できるような選択を行わなければならない．人々は，便益をもたらす財・サービスの特性を比較考量して，効用最大化をもたらす便益を持つ財・サービスの選択を行う．市場財であれば，その価格，質や量といった利用可能な情報に基づく評価と選択を行っている．価格は受益者（購入者）にとって費用であるので，金銭的な損失と得られる便益（経済的価値）を比較考量していることになる．よって，市場財であれば市場価格を観察することで，その経済的価値を推し測ることが可能となる．しかし，価格を持たない多くの環境財・サービスでは，その経済的価値を推し測ることが困難である．このため，価格を持たない多くの環境財・サービス（非市場財）を比較考量するためには，何らかの形で環境財・サービスに価値を帰属させる必要がある．

7.2.2　環境の価値

　われわれは環境にどのような価値を見出すことができるのであろうか．そのすべてを把握することができるのであろうか．Turner（1999）は，一般的な価値類型を人間中心的（anthropocentric）であるか非人間中心的（non-anthropocentric）であるかという観点と，道具的（instrumental）な有用性を有するか，固有の本源的な（intrinsic）ものであるかという観点から，次のような4つの価値類型を行い，環境の価値について考察している．すなわち，

　　①人間中心的な道具的価値（anthropocentric instrumental value）
　　②人間中心的な本源的価値（anthropocentric intrinsic value）
　　③非人間中心的な道具的価値（non-anthropocentric instrumental value）
　　④非人間中心的な本源的価値（non-anthropocentric intrinsic value）

　このうち，④は環境の**固有価値**（inherent worth）であり生命倫理的なもので，これが本源的価値（intrinsic value，内在的価値や固有価値とも呼ばれる）であり，人間と環境の価値関係とは分離されたものとしている．③も人間の関心とは無関係なものであるが，人間以外の生態系の相互依存関係に関係するものとされる．これは環境の生命維持機能に関係する価値であり，人間はこれに依

存している.

また,Turner (1993) は人間の生命維持機能への依存が①の意味を有することと,③の人間以外に関する価値を合わせて一次的価値 (primary value) と呼んでいる. ②はスチュワードシップ (人間の社会的責務) に関係した利他的動機に基づく価値であり, 生態系の存在に対して認められる価値 (**存在価値**; existence value) が対応する. ①が**総経済的価値** (total economic value) と呼ばれるものの中心的な価値である. しかし, 一次的価値に属する部分は総経済価値には含まれず, これを除いたものと存在価値により総経済的価値が構成される. ターナー (R. K. Turner) は, これを二次的価値 (secondary value) と呼び, 総経済価値の対象は二次的価値であるとしている. つまり, 二次的価値は環境の資源供給機能や廃物の吸収機能, アメニティ供給機能などの個別の機能に関係する価値であり, 一次的価値はその源泉と考えることができる.

さらに, ターナーは総経済的価値が不確実性や科学的分析の困難性等から二次的価値のすべてをとらえることができない場合も存在することから, **準オプション価値**を加えて[3], 総環境価値 (total environmental value) としている. つまり, 総環境価値は一次的価値, 本源的価値, 準オプション価値および総経済的価値により構成されるというものである. これらの構成要素は, 異なる次元の価値であるため加法的に取り扱うことができないとターナーは指摘している.

このように考えると, 人々が環境の便益を認識する経済的価値は環境の価値の一部であることを意識できる. 一次的価値の概念は重要である. 一次的価値の概念を受け入れることで, ストックとしての環境資産の重要性がさらに強調され, 強い持続可能性 (strong sustainability) がより支持されることになるからである.

7.2.3　環境の経済的価値

経済的価値は人々の選択行動と無関係に存在しえない. 前述したように市場

---

[3] われわれは科学的に生態系のすべてを解明していない. それゆえ, 開発行為に対する生態系の反応には不確実性が存在する. 不確実性の下で不可逆性を伴う開発行為に対して, 将来, 不確実性が解消されるまで環境を保全することで得られる価値を準オプション価値 (quasi option value) という.

において人々が財・サービスの選択を行うとき，その価格と得られる便益を比較考量している．価格が**支払意思額**（WTP：willingness to pay）を上回るときはその財・サービスは選択されず，等しいか低いときに選択される．ゆえに価格が人々のWTPを適切に反映していれば，その財・サービスは選択される可能性が高くなる．これはWTPが人々の財・サービスに対する選好の強さを測る尺度となっていることを意味している．

また，人々は損失を許容するときに補償を受け取ることがある．補償を受け入れるか否かという選択は，補償額を**受取意思額**（WTA：willingness to accept）と比較考量して決定される．これはWTAもまた人々の選好の強さを測る尺度となっていることを意味している．したがって，WTPやWTAを観察すれば，価格を持たない環境財・サービスでも人々が享受する便益や許容する損失，つまり正の経済的価値や負の経済的価値に対する選好の強さを知ることが可能となる．環境の経済的価値とは市場価格やWTP，WTA等の貨幣尺度により，人々が選好の強さを示すことができる価値範疇であるといえよう．

最も単純で明解なものは天然資源の利用に伴う価値である．われわれは環境から地下資源や森林資源を取り出し消費している．こうした消費可能な生産物を獲得することによる価値を**直接利用価値**（direct use value）という．また，われわれは日常生活やレクリエーション活動において，環境のアメニティを享受している．これは資源のように消費的に環境を利用していないが，間接的に環境を利用しているととらえることが可能である．これにより得られる価値を**間接利用価値**（indirect use value）という．

さらに，現在は環境を利用していないが，将来にその利用可能性（オプション）を残すために環境を保全しようと考えることもある．このことにより得られる価値を**オプション価値**（option value）という．これと類似するものに**代理価値**（vicarious value）と呼ばれるものがある．代理価値とは現代の他の人々が環境を利用することに対する期待に基づく価値である．これらの経済的価値は直接的・間接的に環境を利用することにより得られる価値として**利用価値**（use value）と呼ばれる．

オプション価値と関係する価値形態として環境を保全することで将来世代の環境の便益を確保することから得られる**遺産価値**（bequest value）があ

る[4]．遺産価値は，環境の利用面と非利用面の両方を考慮した価値形態であり，利用価値と**非利用価値**（non-use value）の両側面を持つ．非利用価値は実際の利用や，利用可能性とは無関係な価値形態で，存在価値は非利用価値の典型的なものである．人々はある特定の種，あるいは生態系がそこに存在するという情報により満足感を得ることがある．存在価値は人間が認める環境の本源的価値を表すものである．非利用価値は，環境の価値を問われたときに受動的に選好を表明する部類のものとして**受動的利用価値**（passive use value）と表現する場合もある．この表現の方が，人々の反応をうまく表現している．

われわれは，環境の便益により生存し経済を運営している．環境問題は環境の便益が低下していることを意味している．持続的に環境の便益を確保するには，人々の環境の便益に対する選好を明らかにしなければならず，それには環境財・サービスに価値を帰属させる必要がある．市場価格や人々のWTP，WTAを観察することで環境に価値を帰属させることが可能である．われわれが観察できるのは環境の価値の一部の経済的価値であるが，これにより環境に対する人々の選好の強さを把握できる．

7.3 環境の評価

7.3.1 環境評価の手法

一般に評価とは，ある目的や目標のもとで対象を重要性に基づき順序関係の位置付けを行う行為である．日本語の評価に対応する英語にはassessmentとvaluationがある．環境問題に関係するものとしては，前者に対応する**ライフサイクル・アセスメント**（LCA：Life Cycle Assessment）や**環境アセスメント**（環境影響評価）が，後者に対応するものに**社会経済的な環境評価**が挙げられる．valuationは価値評価を意味するので，社会経済的な環境評価とは市場価格やWTP等から観察される人々の環境に対する選好の強さに基づき環境の価値計測を行い，環境に社会としての重要性を与え，意思決定の順序付けのなか

---

[4] 遺産価値は世代間のオプションを，代理価値は世代内の他者のオプションを確保することに由来するものであるので，これらもオプション価値とすることもある．また，オプションには非利用的側面も含まれることもある．

に環境を位置付けることである．

　LCAは生産される財・サービスについて原材料の採取から消費，廃棄までのすべての過程における環境負荷を把握し，製品や企業の環境負荷を評価しようとするものである．LCAは，①目的と範囲の設定，②ライフサイクル・インベントリ分析（LCI：Life Cycle Inventory Analysis），③影響評価（impact assessment），④結果の解釈という4つの過程で構成される．LCIでは環境負荷を定量的な把握が行われ，その結果に基づいて影響評価が行われる．影響評価では，定量化された環境負荷を環境問題領域ごとに集計し，各環境問題領域に製品や企業が及ぼす影響を評価する．ここでの評価には製品の環境効率や前年と比較した環境負荷の削減率などが使用されることが多い．それゆえ，製品や企業の環境以外の属性と併せた総合的な評価は明確にできていないのである．

　一方，環境アセスメントには環境保全目標が設定されており，これは社会的な目標となっている．環境アセスメントでは，まず自然科学的な知識により評価対象となる環境の状態を正確に把握し，客観的な事実を認識することから始まる．そして，事業が環境に与える影響の大きさを自然科学的な知見に基づき環境保全目標に照らして評価するものである．しかし，その過程では評価対象の環境に対して社会がどのような重要性を認識しているかが不明瞭である．つまり，環境アセスメントは社会的評価の形態はとっているものの，その評価過程は人々の環境に対する価値意識への対応がきわめて不十分なものである点が欠陥となっている．

　また，大規模な開発を伴うプロジェクトでは，環境アセスメントとともに**費用便益分析**（cost-benefit analysis）が行われる．費用便益分析では，経済的な利益と不利益が比較考量される．つまり，投資により得られる便益と，投資の費用を比較することによりプロジェクトを実行すべきか否かが判断される．プロジェクトによる環境への影響を費用便益分析に組み込むためには，環境の状態変化に対する人々の効用変化を貨幣評価する必要がある．

7.3.2　費用便益分析

　一般に，費用便益分析ではプロジェクトの費用とその実施によりもたらされる便益が貨幣単位で得られる．費用Cが便益Bを上回れば，つまり$B < C$で

あればそのプロジェクトは実行するに値しないと評価される．

ここで，便益と費用について再確認しておこう．便益とは，ある状態変化が人々に改善をもたらすときに発生するものであるから，状態変化により得られる効用（満足感）の増加分を意味し，便益は効用の増加分の貨幣評価額となる．これに対して費用は，ある状態変化に対して人々が望ましくないと感じるとき，つまり何らかの損失を感じるときに発生するものであるから，状態変化により失われる効用の減少分の貨幣評価額となる．

そうすると費用が便益を上回るのは，得られる効用よりも失う効用の方が大きいことを意味し，便益が費用を上回るのは失う効用より得られる効用の方が大きいこととなる．便益から費用を差し引いたものを**純便益**（net benefit）という．つまり，純便益が正値（$B-C>0$）であれば状態変化は受け入れられ，純便益が負値（$B-C<0$）であれば状態変化は棄却される．状態変化に関する複数の代替案が存在する場合には，純便益が最大となるものが選択される．

こうした状態変化に対する意思決定が，公共事業など大規模な開発を伴うプロジェクトに関するものである場合，これは社会の選択問題となる．この場合，プロジェクトによる影響を受ける社会構成員の便益と費用を合計し比較考量することとなり，影響を受けるすべての社会構成員の純便益の総和が正ならば，プロジェクトは実施に値すると判断され，負となればプロジェクトは実施されない．

しかし，純便益の総和が正であっても，社会構成員の個々人では異なり，純便益が負となり損失を受ける人も存在しうる．そこで，純便益が正である人から純便益が負の人の損失を相殺するような再配分（補償）がなされること（パレート改善）を考えると，個々人の純便益が非負となり，純便益の総和が正であればプロジェクトは実施に値すると判断できる．このような補償が実際に行われるならばプロジェクトはパレート改善をもたらすが，現実的にはきわめて困難である．

仮想的にこの補償を考えると，それは潜在的パレート改善となる．費用便益分析では，このような再配分問題は意思決定基準から切り離しており，プロジェクトの受益者が被害者の損失を補償しても，純便益が正であるならばプロジェクトの実施は望ましいと考える．この考え方を**補償原理**（compensation principle) あるいは**カルドア＝ヒックスの補償原理**という．

さらに，大規模なプロジェクトの便益と費用は長期間にわたり生じる．一般に人々は，将来の便益や費用よりも現在の便益や費用を好むという時間選好がある．また，資本は生産的であるので，将来は現在以上の価値を生み出すため，投資家は現在の価値以上の支払意思を持つと考えられる．これを**資本の限界生産性**という．

これらのことより，将来の便益と費用は，割り引いて現在の価値に修正する必要がある．この現在の価値に修正するのに使用される**割引率**は，複利計算における期間利子率と同様な考え方をすればよい．割引率により修正されたものは現在価値（present value）という．t 年後のプロジェクトによる便益を B_t，割引率を r とすると，現在価値は（7.1）式により算定される．費用についても同様である．

$$B_t/(1+r)^t \tag{7.1}$$

プロジェクトによる便益と費用が生じる全期間にわたる純便益の現在価値の総和を**純現在価値**（NPV：net present value）といい，プロジェクトが実行されるには NPV が正値となることが求められる．

$$NPV = \sum_t \frac{B_t - C_t}{(1+r)^t} > 0 \tag{7.2}$$

このほか，費用便益分析では便益／費用比率を算定する方法や，**内部収益率**（IRR：internal rate of return）を求める方法もある．便益／費用比率（B/C）は，（7.3）式により算定され，$B > C$ つまり B/C が 1 より大きいことが求められる．

$$B/C = \sum_t \frac{B_t}{(1+r)^t} \Big/ \sum_t \frac{C_t}{(1+r)^t} > 1 \tag{7.3}$$

IRR は，（7.4）式のように NPV がゼロとなるような割引率であり，より高い IRR を示すプロジェクトほど望ましいとされる．

$$\sum_t \frac{B_t - C_t}{(1+IRR)^t} = 0 \tag{7.4}$$

このように費用便益分析は補償原理に基づき効率性を計測するものであり，種々の政策評価基準の1つとして使用されている[5]．

さて，以上から費用便益分析において割引という操作が非常に重要な役割を果たしていることが理解できる．つまり，割引は将来の便益と費用に低いウエイトを与えることにほかならない．

ここで，費用便益分析にプロジェクトによる環境への影響を含めることを考えてみよう．環境改善は人々に便益をもたらす．これを**環境便益**（environmental benefit）という．一方，環境悪化は人々に損失を与える．これを**環境費用**（environmental cost）という．プロジェクトの実施により，社会構成員のある集団に環境被害が発生すること，あるいは大きな環境リスクが負わされる場合[6]，そこには環境費用が生じていることになる．

一方，プロジェクトが実施されたことは，社会構成員の中に便益を受ける集団が存在することを意味する．しかし，費用便益分析が基礎とする補償原理は現実の補償を要求しない．このため，分配の不平等問題が発生する．さらに，割引計算は将来の環境費用と環境便益を低く見積もるため，世代間の分配問題が生じる．世代間の補償は世代内の補償よりも大きな困難性を伴う．しかし，費用便益分析はこの問題を取り扱うことはできない．

このように費用便益分析は，人々の便益と費用を集計することで効率性を評価するため限界があるが，理論的には環境便益と環境費用を取り扱うことは可能である．しかし，費用便益分析に環境便益と環境費用を含めるには環境の経済的価値が適切に測定される必要がある．これまで，費用便益分析が適切に環境費用や環境便益を取り扱えなかったのは，その価値計測の難しさがあるからである．社会的に受容される環境の価値計測が行われなければ，費用便益分析は公共事業などのプロジェクトの環境側面を適切に評価することができない．

なお，プロジェクトのもたらす便益の貨幣評価が非常に困難な場合に適用さ

---

[5] Field (1997)は，環境政策の評価基準として有用なものとして，①効率性と対費用効果，②衡平，③長期的な技術革新に向けてのインセンティブ，④法規制の実施可能性，⑤道徳的指針と適合度の5つを解説しているので参照されたい．

[6] 環境リスクに関係する費用便益分析の限界については，岡（2006）が詳しく解説しているので参照されたい．

れる類似の分析方法として**費用対効果分析**（cost effectiveness analysis）がある．これは同様の効果を最少の費用で達成することを目的とする方法である．このため同じ効果をもたらす代替案の比較評価には有効であるが，異なる効果を持つプロジェクトの比較評価には適さず，この点では費用便益分析が有用である．

7.3.3 環境価値の評価方法

近年，環境経済学や農業経済学など多くの分野で環境の価値計測の方法論が開発されつつあり，なかでも第8章で詳述される**仮想評価法**（CVM：contingent valuation method）を代表とする**表明選好法**（stated preference methods）の発達は著しいものがある．この背景には，環境の非利用価値に対する人々の選好を明らかにし，社会にその重要性を認識させることで環境保全を推し進める必要があるからである．図7.1に環境の貨幣評価方法を示した．

環境価値の貨幣評価方法には，需要曲線によって評価しない**非需要曲線アプローチ**と，需要曲線によって評価する**需要曲線アプローチ**の2つの基本的アプローチがある．前者は**選好独立型評価法**，後者は**選好依存型評価法**とも呼ばれ，この呼称は，個人の選好とは無関係（独立）に評価するか，個人の選好を基礎とするか，の違いを明確に表現しているので，本章ではこの呼称を用いる．

選好独立型評価法は，価値評価の主体となる個人の環境に対する選好を無視

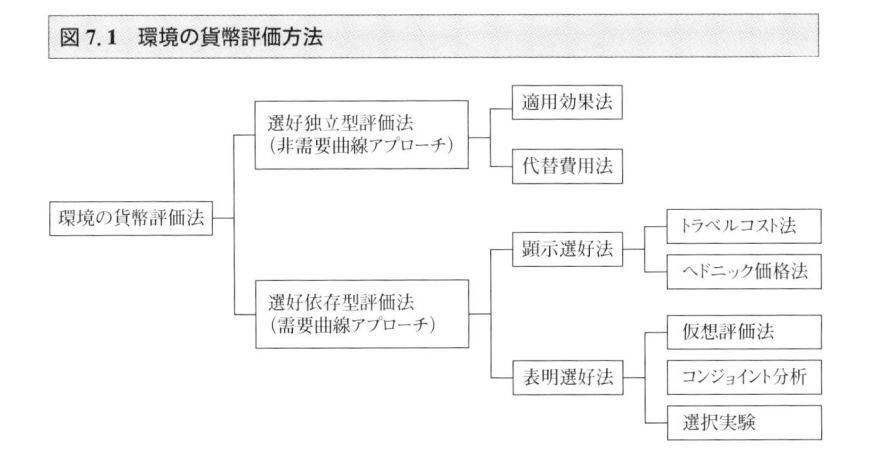

図7.1 環境の貨幣評価方法

```
                          ┌─ 選好独立型評価法 ─┬─ 適用効果法
                          │ (非需要曲線アプローチ)└─ 代替費用法
環境の貨幣評価法 ─┤
                          │                      ┌─ 顕示選好法 ┬─ トラベルコスト法
                          │                      │              └─ ヘドニック価格法
                          └─ 選好依存型評価法 ─┤
                            (需要曲線アプローチ)  │              ┌─ 仮想評価法
                                                  └─ 表明選好法 ┼─ コンジョイント分析
                                                                  └─ 選択実験
```

した価値計測であるため，社会的に受容される環境の価値と評価することができない．しかし，それゆえに計測結果には頑健性があるため，環境アセスメントや費用便益分析の情報として有用なものとなっている．

選好独立型評価法のうち，まず**適用効果法**（dose-response methods，用量反応法とも呼ばれる）とは，環境変化が市場の財・サービスの生産変化と結びついている場合，その生産額の変化量を用いて環境変化の貨幣評価を行う方法である．たとえば，ある水域の汚染により漁業生産が減少したならば，その減少額により評価し，水質改善により漁業生産が増加したならば，その増加額によりその水域環境の価値を評価する方法である．

代替費用法（replacement costs method，置換費用法や再生費用法などとも呼ばれる）は，環境を再生するために必要となる費用，あるいは環境サービスと同様のサービスを提供するために必要とされる費用により評価する方法である．ただし，代替費用法が人々の選好が無差別となるような財・サービスにかかる費用により適用された場合は，選好依存型の評価となる．

一方，選好依存型評価法は，さらに**顕示選好法**（revealed preference methods）と表明選好法に分けられる．顕示選好法は，個人が実際に支出している費用，つまり市場価格を持つ財・サービスの購入費用から環境に対する選好をとらえようとする方法である．この手法に分類されるものとして，**トラベルコスト法**（travel cost method）は，人々が訪れる場所の環境の利用価値を訪問に要する費用，すなわち旅行費用により評価する方法である．また，**ヘドニック価格法**（hedonic price method）は，環境が財の市場価格に影響を及ぼすことに着目して，市場価格に反映された環境の外部効果を計測することで環境の価値を評価する方法である．

表明選好法は，アンケートなどにより環境に対する選好を個人から直接獲得する方法である．CVM はその代表格であるが，財・サービスの属性として環境側面を含め，部分効用を求める**コンジョイント分析**もこの1つである．また，ランダム効用理論に基づいた離散的選択モデルにより分析する多属性表明選好法として**選択実験**（choice experiments），**仮想ランキング法**（contingent ranking method），**仮想評定法**（contingent rating method）などが挙げられる．ここでは，選択実験をこれらの代表として位置付け，選択実験と CVM，コンジ

ョイント分析を表明選好法としている．

これらの評価方法のうち，表明選好法の CVM については次章に譲り，以下では，市場を経由して環境の価値を評価する顕示選好法の2つの手法であるトラベルコスト法とヘドニック価格法について解説することにしよう．

7.3.4　トラベルコスト法

トラベルコスト法は，使用するデータとモデルにより，**個人トラベルコスト法**（ITCM：individual travel cost method），**ゾーン・トラベルコスト法**（ZTCM：zone travel cost method）および**離散選択型トラベルコスト法**（DTCM：discrete choice travel cost method）に分けられる．トラベルコスト法は，人々が実際に行楽地などを訪れる行動に基づいているため，実在しない訪問地を評価することができないが，最近では CVM と組み合わせた**仮想トラベルコスト法**が開発され，非訪問者を取り扱えない問題をクリアしている[7]．

(1) **個人トラベルコスト法**

ITCM は，訪問地に対する個人の訪問回数と旅行費用のデータを使用し，訪問地に対する需要関数を推定し，消費者余剰測度を用いて訪問地の利用価値を評価する方法である．また，訪問地の環境変化と訪問回数の関係から観察される需要変化により環境変化を貨幣評価することができる．

一般に，個人は所得による予算制約を受けているため，旅行費用が上昇すると訪問回数は減少するので需要曲線は図 7.2 のような右下がりの曲線となる．需要関数が推定されれば，現在の旅行費用 p'_i から訪問回数がゼロとなる旅行費用 p^*_i（これを**臨界価格**（choke price）という）まで上昇したときの消費者余剰の変化分 S_i を計測することにより，訪問地の利用価値が推定される．

また，図 7.3 は訪問地の環境が Q' から Q'' に改善されたとき，訪問回数が x''_i に増加することを示している．需要関数は，環境改善に伴いシフトし消費者余剰が ΔS_i だけ増加する．ここで臨界価格が存在し，かつ訪問しない人にとって訪問地の環境改善は無価値であり（これを**弱補完性**（weak complemen-

---

[7] トラベルコスト法の詳細は，竹内（1999）を参照されたい．

図 7.2 訪問地の需要曲線

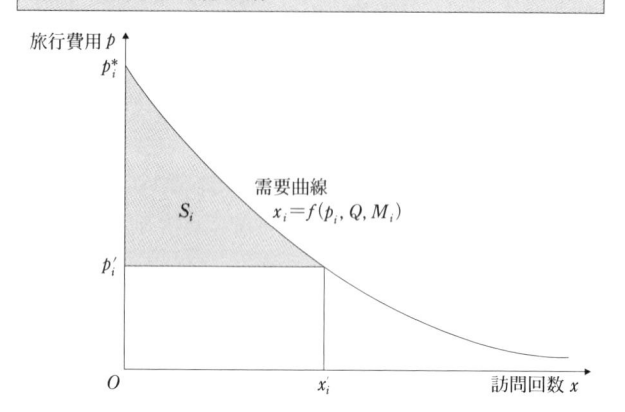

（注） $x_i = f(p_i, Q, M_i)$ は個人 i の訪問回数を x_i，旅行経費を p_i，所得を M_i，訪問地の環境状態を Q とした需要関数．

図 7.3 環境改善の価値

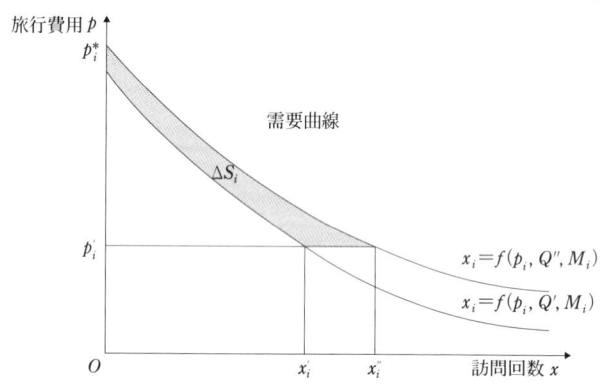

（注） $x_i = f(p_i, Q'', M_i)$ は個人 i の訪問回数を x_i，旅行経費を p_i，所得を M_i，訪問地の環境状態を Q' とした需要関数．
　　　$x_i = f(p_i, Q'', M_i)$ は訪問地の環境状態が Q' から Q'' に改善されたときの需要関数．

tarity) の仮定といい，訪問地の非利用価値はゼロであるという仮定でもある)，加えて訪問の所得弾力性が小さいと仮定できるならば，消費者余剰により**補償変分**を近似できるため，ΔS_i は補償変分尺度で計測した環境改善の価値を表す．このアプローチは，**弱補完性アプローチ**と呼ばれる[8]．なお，環境変化の方向により ΔS_i は**等価変分尺度**となる場合もある．

ITCM の適用上の問題点としては，①対象は個人が年間に複数回訪れるような訪問地であること，②需要関数を推定するために必要なデータは現地調査により収集されるので1回も訪問したことのないデータは収集できない．このため切断分布となるので切断回帰モデル等を使用して需要関数を推定する必要がある，③環境が悪化した場合，個人は代替地を選択する可能性があるが，このことは無視していること，などが挙げられる．

(2) ゾーン・トラベルコスト法

ZTCM は，訪問者個人ではなく，居住ゾーンからの訪問率に基づいて需要関数を推定することから評価する方法である．ZTCM では，訪問率を使用することにより年1回の訪問回数しか持たない訪問地に対しても適用することができる．ゾーニングは旅行費用が同等であると考えられる地域を区分することで行われる．訪問率は，各ゾーンの人口に対する訪問者の割合として定義され，ゾーンの旅行費用を説明変数として訪問率に関する需要関数を推定する．

これにより現在の旅行費用から臨界価格までの消費者余剰の変分が得られ，これに各ゾーンの人口を乗じることで各ゾーンの消費者余剰が推定される．そして，すべてのゾーンで消費者余剰を集計することにより訪問地の利用価値を評価するのである．ZTCM においても，ITCM と同様に代替地の存在が無視されている．

表7.1 は ZTCM を北海道東部の観光農園のレクリエーション価値の推計適

---

[8] 通常の（マーシャルの）需要関数を使用して消費者余剰を計測しているが，これを厚生変化の指標とするには所得の限界効用と経路独立性条件に強い仮定を置く必要がある．つまり，価格変化の経路により消費者余剰が影響を受ける経路従属性の問題などから効用変化と整合しないという理論的問題を抱えている．理論的には補償需要関数を推定し，補償消費者余剰に基づく補償変分あるいは等価変分を計測することが求められるが，市場データから補償需要関数は推定できない．これらの理論的背景については，Johansson (1987) や栗山 (1998) を参照されたい．

表 7.1 ZTMC の適用例

観光農園のレクリエーション価値	
時間費用 0	9,704.5 千円
時間費用 1/2	19,322 千円
時間費用 1/4	29,832 千円

(出所) 出村・吉田 (1999) より作成.

用されたものである.時間費用には平均賃金単価が使用され,その 1/2 と 1/4 を時間の機会費用とするケースで計測されている.このケースでは,競合地は存在せず,ゾーニングはクラスター分析により行われている.時間の機会費用を考慮しなければ(時間費用ゼロ)評価価値が小さくなることがわかる.時間の機会費用については後述する.

(3) 離散選択型トラベルコスト法

上述のように訪問地の代替地が存在する場合,訪問地の環境が悪化すれば,代替地の訪問者が増加する可能性がある.逆に,競合する代替地の環境が悪化すれば,評価対象とする訪問地の訪問者が増加する可能性があるということである.この影響を考慮するには,訪問者の行動を複数の訪問地からある特定の場所を選択する行動としてとらえる必要がある.

DTCM は,このような訪問者の行動をランダム効用理論に基づき間接効用関数で表現する.そのうえで効用の確率項の確率分布を仮定し,ロジットモデルなどの離散選択モデルによる選択行動を表現する.そして,最尤法などによりモデルのパラメータ推定を行い,訪問地の環境変化に伴う効用差から消費者余剰の変化分を計測することで評価する方法である.

(4) トラベルコスト法の問題点

トラベルコスト法の最大の問題点は機会費用の取り扱いである.通常,訪問地から遠い人ほど旅行時間が大きくなる.この時間の機会費用を考慮しないと消費者余剰を過小評価することとなる.この旅行時間の機会費用は,既存研究では平均賃金単価を適用するなどして推計されているが,労働時間と旅行時間

の時間価値が等しいと考えるのは難しい．

　また，経済学では労働を苦痛ととらえるため，余暇の時間価値は賃金単価よりも低くなるので割り引いた賃金率による推定も行われている．しかし一方では，旅行では移動も旅行を楽しむことの1つでもあり，そうすると旅行時間を費用として考えること自体に疑問が生じる．このように旅行時間の価値のとらえ方には，決定的な解決策がないのが現状である．

　次に，トラベルコスト法が対応に苦慮するものとして周遊型の行動がある．つまり，1回の旅行で複数の訪問地を訪れるような周遊型の旅行形態の場合，ある特定の訪問地に対する旅行費用として取り扱うことができないので，適用を誤ると過大評価することとなる．こうした，複数の目的地を持つ周遊型の旅行に関して，①訪問者から特定の訪問地に対する相対的重要度を求め，そのウエイトで旅行費用を配分する，②周遊型の旅行者を除外したデータから消費者余剰を計測し，これに基づいて全訪問者の消費者余剰を集計する，③周遊型の旅行者の訪問頻度関数を推計する方法などにより対応している．

　この複数目的地の問題と関係する問題として結合費用の問題がある．たとえば，自家用車の購入費用や維持費用は，日常的使用や他の目的地への旅行でも消費されるため当該旅行に関係する分だけを分離することが困難である．また，食費などは日常生活においても必要な費用であり，これらを旅行費用として取り扱うことは旅行の真の価格を客観的に観察できないこととなる．

　通常，トラベルコスト法では，旅行に対する需要が他の財・サービスの需要とは独立に与えられるという分離可能性の仮定を置いている．竹内（1999）は，この問題を少しでも緩和するには，結合費用に関係する費用を除外した最小限の費用により旅行費用を定義し消費者余剰の下限値を適用することや，結合費用の影響が小さい対象に適用を限定することが現実的な対応としている．

　さらに，多くの人々が訪れる訪問地の近隣に居住する人々の問題がある．訪問地の近隣に居住する人の旅行費用は非常に小さいかゼロである．しかし，近隣の人々が，その訪問地に対して高い価値をもっている場合（たとえば，居住地選択においてその訪問地の近隣であることが重要な要素となった場合など）は，トラベルコスト法では，近隣の人々の訪問地の価値をとらえることができない．

7.3.5 ヘドニック価格法

ヘドニック価格法は，環境がある財の市場価格に及ぼす影響を計測し，その影響度合いから環境を評価する方法である．つまり，着目する財の市場を非市場財である環境の代理市場と考えるのである．着目される市場財としては，住宅や土地などの資産価格が一般的であるが，勤務地の環境が賃金に影響を及ぼすという仮定から賃金を，農産物も周辺の環境の影響を受けることから農産物価格などを使用する例もある．以下では資産価格に着目して概説する．

われわれが居住地を選択するとき，通勤・通学に要する距離，駅までの距離，周辺の商店数，医療施設の数などを考慮に入れる．同時に，快適な居住環境の要因として公園や森林，水辺などの環境側面も考慮して意思決定を行うであろう．こうした立地条件は地価に何らかの影響を及ぼしていると考えられる．また，住宅などの建物の仕様も，騒音を遮断する構造や眺望を確保する，あるいは景観と調和するように考慮されることがあり，建物の価格も周辺環境の影響を受けていると考えることもできる．したがって，周辺の環境要因が資産価格に反映されると仮定できる．これを**キャピタリゼーション仮説**という．

そこで，土地と建物の価格 P は，立地条件を規定する属性 q_i（$i=1, \cdots, m$），建物の仕様に関する属性 h_i（$i=1, \cdots, n$），および周辺環境に関する属性 e_i（$i=1, \cdots, j$）の関数と考えることができる．これを**ヘドニック価格関数**という．

$$P = f(h_1, h_2, \cdots, h_m, q_1, q_2, \cdots, q_m, e_1, e_2, \cdots, e_j) \tag{7.5}$$

ヘドニック価格関数（7.5）のある環境属性に関する偏微分係数は，その環境属性が1単位変化したときの資産価格の変化分を表すことになり，その環境属性の限界潜在価格となる．一方，所得による予算制約下における家計の効用最大化問題を考えると，これより環境属性の限界支払意思額と限界潜在価格が一致することが求められる．ヘドニック価格法は，これを満足しているとみなすことで環境の利用価値の貨幣評価額が得られるのである．

このように考えられるのは，キャピタリゼーション仮説が同質な消費者の存在を仮定していることによる．しかし，この仮定は非現実的であり，異質な消費者の存在を認めるとヘドニック価格法による評価が過大評価となることが証

明されている[9]．さらに，キャピタリゼーション仮説は，地域間の移住は自由であり，移住費用がかからない（完全競争市場）という仮定も置いている．これを地域の開放性の仮定という．この仮定が成立しない場合は，ヘドニック価格法による評価が過小評価となることが証明されている．

また，ヘドニック価格関数を特定するためには，一般的に回帰分析が多用されるが，資産価格に関係する多くの属性データを使用する必要があるため，多重共線性の問題を招き易いので説明変数の選択に注意が必要となる．

さらに，ヘドニック価格法で取り扱える環境属性は地域限定的なものであり，地球環境問題などのような純公共財の性質を持つものは，市場価格に反映されないためヘドニック価格法では取り扱うことができないのである．

こうした問題があるものの，ヘドニック価格法による評価実績は数多く存在する．これは，地価などの資産データが統計情報として整備されているので，データが豊富でかつ精度が高いことと，それゆえに客観性と透明性があるため，ヘドニック価格関数の推定と更新が比較的容易に行えるからである．さらに，土地や住宅のみならず，交通サービスや社会資本整備などのプロジェクトにも適用可能であるため，実用的な適用範囲が広いこともある．こうしたことにより，多くの研究がなされ，ヘドニック価格法の推計精度は向上している．

表7.2は，北海道の水田と畑の外部効果計測にヘドニック価格法を適用した例である．ヘドニック価格関数は地価を使用して推定され，説明力より関数形はBox-Cox変換パラメータ[10]を使用した関数形が最終的に選択されている．計測された外部効果は，主に水田と畑の景観の価値と解釈されている．表に示したようにヘドニック価格関数の関数形が計測値を大きく変動させるため，信頼性の高い関数形を選択することがヘドニック価格法のポイントである．

---

9) ヘドニック価格法の詳細は，肥田野（1997）を参照されたい．
10) Box-Cox変換とは，データ分布を正規分布に近づけるため，

$$x \mapsto x^{(\lambda)} = \begin{cases} \dfrac{x^{\lambda}-1}{\lambda} \cdots\cdots \lambda \neq 0 \\ \log x \cdots\cdots \lambda = 0 \end{cases}$$

のような変換を行うことである．このλがBox-Cox変換パラメータであり，$\lambda=0$のとき片対数，$\lambda=1$のとき線形となる．表7.2では地価をBox-Cox変換した関数形で計測している．

表7.2 北海道の水田・畑の景観価値

関数形	Box-Cox	片対数形	線形
水田	261億円	678億円	104億円
畑	670億円	1,307億円	479億円

(出所) 出村・吉田 (1999) より作成.

練習問題

練習問題7.1 持続可能性 (sustainability), あるいは持続可能な発展 (sustainable development) については, 環境と開発に関する世界委員会 (通称, ブルントラント委員会) による定義がよく知られているが, ピアースは人々のニーズの解釈により弱い持続可能性と強い持続可能性に大別されることを示した. さらに, ターナーは政策戦略により弱い持続可能性と強い持続可能性を細分化し, 4つに区分している. このような持続可能性概念の違いについて調べなさい.

練習問題7.2 練習問題7.1で調べた持続可能性の強さに順序付けて, 持続可能な天然資源の利用について考えなさい.

練習問題7.3 日本のエコロジカル・フットプリントの大きさを調べなさい. また, 世界平均や高所得国, 低所得国のエコロジカル・フットプリントの大きさの違いについて考察しなさい.

練習問題7.4 S市では, 森林保全事業として15億円の初期投資と, 毎年1,500万円の維持管理費により市有林の保全を図ることとした. S市の試算では, この事業による森林の環境便益は, 2年目から5年間にわたり毎年3億5千万円と見込まれている. 割引率が0%, 3%, 5%の場合についてこの事業の純現在価値 (NPV) を求めなさい.

練習問題7.5 ある自然公園の利用調査を行ったところ, 利用者は旅行費用からA〜Dの4つの地区に区分されることがわかった. それぞれの地区の人口, およびこの自然公園までの1人1回当たりの旅行費用は表の通りであった. 年間の訪問率 (人口1人当たりの年間訪問回数) と旅行費用の関係式が次式で表されるとして, この自然公園の利用価値をトラベルコスト法により求めなさい. なお, この公園は無料で利用でき, 利用者の時間費用は無視するものとして考えなさい.

$$(\text{訪問率}) = 3500 - 10 \times (\text{旅行費用})$$

地域	人口（人）	旅行費用（円）
A	200,000	60
B	235,000	120
C	80,000	180
D	130,000	250

参考文献

出村克彦・吉田謙太郎編著（1999）『農村アメニティの創造に向けて－農業・農村の公益的機能評価－』大明堂.

Field, Barry C.（1997）*Environmental Economics: An introduction*（秋田次郎・猪瀬秀博・藤井秀昭訳（2002）『環境経済学入門』日本評論社）.

藤枝省人（2001）『経済社会の社会的便益費用分析』税務経理協会.

肥田野登（1997）『環境と社会資本の経済評価：ヘドニック・アプローチの理論と実際』勁草書房.

栗山浩一（1998）『環境の価値と評価手法　CVM による経済評価』北海道大学図書刊行会.

Johansson, P.-O.（1987）*The Economic Theory and Measurement of Environmental Benefits,* Cambridge University Press（嘉田良平監訳（1994）『環境評価の経済学』多賀出版）.

岡敏弘（2006）『環境経済学』岩波書店.

竹内憲司（1999）『環境評価の政策利用－CVM とトラベルコスト法の有効性』勁草書房.

Turner, R. K., D., Pearce, and I. Bateman（1993）*Environmental Economics: An Elementary Introduction,* The Johns Hopkins University Press（大沼あゆみ訳（2001）『環境経済学入門』東洋経済新報社）

Turner, R. K.（1999）"Economic Value in Environmental Valuation," in I. Bateman and K. G. Willis eds., *Valuing Environmental Preferences,* Oxford University Press, pp.17-41.

鷲田豊明（1999）『環境評価入門』勁草書房.

第8章 環境価値と仮想評価法

8.1 はじめに

　仮想評価法（CVM：contingent valuation method）とは，一般に市場で取引されていない財やサービスについて，人々に仮想的な条件のもとで質問を行うことにより，その価値を評価する手法のことである．このような方法は，**表明選好法**（stated preference method）と呼ばれ，人々が言い表したデータに基づく手法であるのに対し，第7章で説明したように，市場行動に基づくデータで評価を行う方法は顕示選好法（reveled preference method）と呼ばれ，ヘドニック価格法やトラベルコスト法が代表的な手法である．
　CVMのアイディアは，すでに1947年のシリアシイ-ウントラップ（Ciriacy-Wantrup）による土壌流亡防止の便益評価に関する論文に見ることができる．実証研究は米国の国立公園局が1958年に行った野外レクリエーションサービスから始まったとする文献もあるが，1963年に発表されたDavisによる森林レクリエーションの便益評価研究がよく引用されている．
　CVM研究は1970年代を通して徐々に増加し，とくに，エクソン社所有のオイルタンカー，バルディーズ号が1989年3月アラスカ湾沖で座礁し，この原油流出事故に伴う環境価値の損失額をカーソン（Carson）らが30〜50億ドルであると推計した研究で一躍注目を浴びるようになった．なぜなら，この研究により，エクソン社は約30億ドルの浄化費用に加え，さらに高額な追加的補償を求められる可能性が生じたため，産業界を巻き込んでCVMの妥当性や有効性に関する一大論争が巻き起こったからである．そして，ノーベル賞学者らを交えたパネルによってCVMのガイドラインが定められるなど，学会を越

第 8 章 環境価値と仮想評価法　　163

えて社会的関心が集まるという世界的な潮流のもと，わが国でも環境評価に CVM を適用する研究が 1990 年代から急速に増加してきた．

さて，CVM の実施にあたっては，いくつか重要なポイントがある．たとえば，状況の変化を想定して環境価値を推計するが，その場合に，環境改善か環境悪化のどちらを想定するのか．**支払意思額**（WTP：willingness to pay）か**受取意思額**（WTA：willingness to accept）のどちらで質問するのか．支払手段は基金，税金，入場料等のどれを採用するのか．回答形式は支払カード方式や二肢選択方式などのうち，どれを使用するのかなどである．以下，これらについて順次説明していこう．

8.2　仮想評価法の経済学的基礎

8.2.1　暗黙の権利

環境の価値を WTP や WTA で質問するためには，調査者は環境にして暗黙の権利を想定することになる．暗黙の権利といったのは，環境に対して，市場で取引される財やサービスのような明確な権利が設定されていないからである．もし，環境が市場で取引されていれば，市場価格が存在するので，わざわざ CVM を使ってその価値を評価する必然性は少なくなる．

しかしながら，美しい景観やきれいな空気などは，明確な権利の設定が困難であるために市場では取引されていない．そこで，調査者は環境に対して権利を想定して市民にアンケートを行い，環境価値を推計することになるのである．

8.2.2　WTP と WTA

CVM では，事前と事後の状況変化について，WTP か WTA のどちらかで質問する．まず，環境改善の場合，たとえば，川の上流に工場があり，その下流に住民が住んでいて，工場からの汚水がそのまま川に流れる事前の状況と，汚水処理を施した事後の状況を考えよう．水質に対する権利関係が明確でない場合，水質改善のための WTP を住民に問えば，住民には事後の改善された状況に対して権利がないことを調査者は想定している．なぜなら，事後の状況に権利があるにもかかわらず，それを獲得するための金額を質問することは，矛

盾する発想だからである．逆に，事後の状況に対して住民は権利を持っていると想定するならば，水質改善を見逃すための WTA を問うことになる．

次に，環境悪化の場合，たとえば，川の上流に工場ができ，川が汚染される状況を考えよう．ここで，水質悪化を回避するための WTP を問えば，住民には事前の良好な状況に対して権利がないことを想定していることになる．他方，水質悪化を受忍するための WTA を問えば，事前の良好な状況に対して住民は権利を持っていると調査者は想定していることになる[1]．このように，WTP か WTA かの選択は，調査者や社会の権利想定に依存していることがわかる．

なお，良好な環境に対して自分は権利を持っていると思っている被験者に対して，環境改善のための WTP を質問すると，被験者は回答自体を拒否したり，環境に対して価値を認めておきながら「支払わない」という**抵抗回答**（protest bids）を示したりする場合がある．そのため，仮想的状況に関して十分なプレテストを行い，より抵抗回答の少ない仮想的状況を想定することが重要となる．

8.2.3 厚生測度の図形的表示

ここでは，WTP と WTA について図形的に表現する．分析対象の環境と，その他すべての財をまとめた合成財（composite commodity）の 2 財のケースを扱う．合成財の価格は 1 に基準化し，これを構成する多数の財の相対価格は変化しないと仮定すれば，合成財は貨幣と考えることもできる．

効用関数を $u = u(x, q)$ で定義する．図 8.1 では，横軸が環境 q の，縦軸が合成財 x の需要量とし，原点に対して凸の無差別曲線を仮定する．環境については，対価を支払わなくても利用可能であるという非排除性を仮定し，その価格をゼロとする．そうすると，所得 m は合成財 x の購入にのみあてられ，合成財の需要量は $x^0 = m/1$ となる．これより，x^0 を通り横軸に水平な予算制約線が描ける．

環境は同時に多くの人が利用できるという非競合性を持つから，所与の環境水準 q^0 まで，消費者は環境を最大限利用できるとする．その場合，無差別曲

---

[1] Mitchell and Carson (1989) を参照.

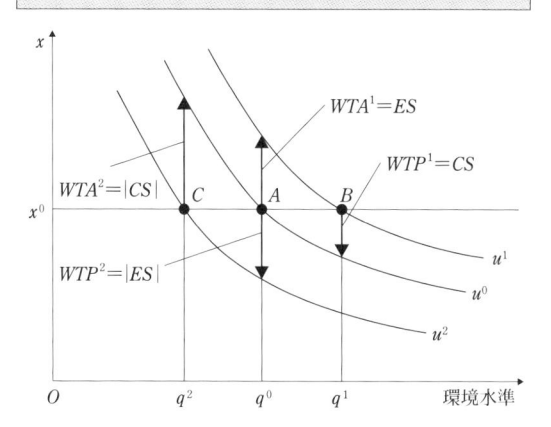

図8.1 環境水準の変化と補償余剰・等価余剰

線が原点から東北方向に最も離れた点 A (x^0, q^0) を通るとき，所与の予算と環境水準のもとで，最も高い効用水準 u^0 が実現できる．

ここで，環境水準が q^0 から q^1 まで改善された状況 ($q^0 < q^1$) を考える．消費者は q^1 まで環境を利用するから，無差別曲線は右にシフトして点 B を通り，より高い効用水準 u^1 が実現する ($u^0 < u^1$)．ここで，より高い環境水準 q^1 を獲得するために消費者が支払ってもよいと考える最大金額を求めよう．q^1 を獲得するためにお金を支払うと，その分だけ効用水準は低下する．許容できる効用水準の低下は，事前の効用水準 u^0 までであるから，手放すことが可能な最大金額は WTP^1 となる．このように，事後の環境水準 q^1 を基準に，事前の効用水準 u^0 に戻すための所得の調整額は**補償余剰**（CS：compensating surplus）と呼ばれ，この支払意思額が環境改善の価値の評価額として使用される．

他方，事前の環境水準 q^0 を基準に，事後の効用水準 u^1 になるような所得の調整額は**等価余剰**（ES：equivalent surplus）と呼ばれ，この金額もまた環境改善の価値の評価額として使用される．つまり，環境が改善されたときの効用水準 u^1 を，事前の環境水準 q^0 のもとで得るためには，少なくともいくら補塡されなければならないかと考えると，受取意思額として WTA^1 だけの追加所得が必要となり，この金額が等価余剰となる．

表8.1 権利想定と厚生測度，符号条件の関係

シナリオ	権 利 想 定	WTPとWTAの質問	厚生測度
環境改善 ($u^1 > u^0$)	改善された事後の環境に権利がない	改善を獲得するためのWTPを質問する	補償余剰 CS>0
環境改善 ($u^1 > u^0$)	改善された事後の環境に権利がある	改善を見逃すためのWTAを質問する	等価余剰 CE>0
環境悪化 ($u^2 < u^0$)	悪化していない事前の環境に権利がない	悪化を回避するためのWTPを質問する	補償余剰 CS<0
環境悪化 ($u^2 < u^0$)	悪化していない事前の環境に権利がある	悪化を受忍するためのWTAを質問する	等価余剰 ES<0

次に，環境水準が q^0 から q^2 に悪化した場合 ($q^2 < q^0$) を考える．環境水準が低下すると，予算制約線に沿って点Aから点Cまで無差別曲線も左にシフトし，効用水準は u^2 に低下する ($u^2 < u^0$)．ここで，事後の環境水準 q^2 を基準に，事前の効用水準 u^0 を維持するための所得の調整額を考えると，その金額は補償余剰（CS）の絶対値に対応し，消費者には WTA^2 だけの所得が補填されなければならない．そして，この金額が，環境悪化を受忍するための受取意思額となる．

また，事前の環境水準 q^0 を基準に，事後の効用水準 u^2 となるような所得の調整額を考えると，この金額は等価余剰（ES）の絶対値に対応する．q^0 にとどまるために支払うことのできる最大金額は WTP^2 であるから，この金額が環境悪化を防止して事前の環境水準を維持するための支払意思額となる．なお，補償余剰や等価余剰の絶対値といったのは，環境改善に比較して環境悪化の場合には，効用水準の変化が増加から減少に転じ，それに伴ってCSやESは正から負の値に変わるからである[2]．以上をまとめると表8.1のようになる．

---

2) 間接効用関数を $v(p, y, q)$ とする．だだし，p は価格，y は所得，q は環境水準を示す．このとき，補償余剰CSは $v(p, y-CS, q^1) = v(p, y, q^0)$ で，等価余剰ESは $v(p, y, q^1) = v(p, y+ES, q^0)$ で定義される．これより，CS, ESとも環境改善の場合 ($q^0 < q^1$) は正となり，q^1 を q^2 で置き換えた環境悪化の場合 ($q^2 < q^0$) は負となる．鷲田 (1999) を参照のこと．

8.2.4 支払手段によって異なる厚生測度

CVMでは，仮想的状況にふさわしい支払手段を考案する必要がある．そのため，税金，基金，入場料等のさまざまな支払形態が採用されているが，支払形態によっては状況変化の貨幣的評価額である厚生測度が異なることもある．

前節で述べたCSやESは，環境以外の財やサービスの需要量と価格は不変という仮定のもとで，環境変化の価値を所得の調整額で評価したものである．つまり，税金の導入，基金や寄付金，あるいは補償金などは，所得のみを直接的に調整するための支払手段といえる．

他方，水源林を守るための水道料金の値上げ，自然公園への入場料や有料道路の通行料といった支払手段もしばしば用いられる．この場合，対象となる財やサービスの質的変化を，その財（たとえば，水質評価における水道水）や対象となる財やサービスに関連した財（水源林評価における水道水）の価格変化で評価することがある[3]．そのとき，価格変化の前と後では，評価対象となる財の需要量も異なるはずである．したがって，このような支払手段による評価額は，先に述べたCSやESではなく，別の厚生測度となる．

その場合，利用回数や利用人数を現状に固定して，環境改善や環境悪化の防止のための最大価格を問うことがある．このときWTPは，需要量を価格に応じて調整できないため，CSやESの絶対値よりも小さくなる．他方，どのくらい値下げをすれば，環境改善を見逃したり環境悪化を受忍したりするかを問うWTAについては，事前の需要量に固定されると価格に応じて需要量が調整できないので，CSの絶対値やESよりも評価額は大きくなる．

なお，価格変化を問う場合でも，需要量の影響を受けない質問の仕方がある．たとえば，水道料金の値上げで環境価値を問うとき，水の使用単価ではなく，基本料金で問うならば，このような需要量の変化に伴う問題は回避できる．あるいは，1回当たり利用料金ではなく，通年利用料金であれば，利用回数の問題が回避できる．したがって，価格変化で質問する場合でも，不自然でないかぎり，需要量の影響がない支払手段を工夫することが必要である．しかしなが

---

[3] 価格変化とそれに対応した所得調整の関係を評価する厚生測度は，補償変分（compensating variation）と等価変分（equivalent variation）として知られており，対象とする財の質は価格変化の前後で一定と仮定されている．竹内（2000）を参照．

ら，ストーリーの展開上，どうしても価格変化で環境価値を評価せざるえない場合には，過大評価が回避される，環境改善の場合での使用が望ましいといえる．

8.3 代表的な質問形式と抵抗回答の処理

CVMの質問形式はいくつかあるので，その代表的なものについてWTPで評価する場合を中心に説明する．

8.3.1 自由回答方式

自由回答（open-ended）**方式**では，被験者自身にWTPの大きさを考えてもらう．それゆえ，この方式の長所は調査票の設計が簡単な点である．他方，短所としては，被験者に今までにほとんど考えたこともない環境価値や公共サービスの価値を直接質問するため，精神的な負担がより大きくなる点である．そのため，郵送法やインターネット調査では，調査票の回収率やWTPの設問への回答率が低下する傾向がある．さらに，一部の極端な回答によって評価額の平均値が大きく影響を受けるという問題などが挙げられる．

8.3.2 支払カード方式

支払カード（payment card）**方式**あるいはチェックリスト（checklist）方式とも呼ばれる方式では，0円から順次増加した金額の一覧表を示し，被験者に各自のWTPに対応した金額か，WTPが含まれる金額の区間を選択してもらう．この方式ではいくつもの金額が提示されているため，被験者は評価額を決定しやすく，回答率は自由回答方式に比較して高い．とくに，身近な市場財と類似した対象，たとえば，新商品や公共サービスなどは評価が容易なため，回答率も高く，この方式の適用は有益であろう．ただし，問題点としては，自由回答方式と同様に極端な金額や被験者の戦略的行動によって評価額の平均値が影響を受けることが挙げられる．

支払カード方式の質問例

問 環境保全事業のために,あなたは年間最大いくらまでなら支払ってもよいとお考えですか.支払った金額だけ普段の買い物などに使えるお金が少なくなることを念頭において,最大金額を下記の中から一つ選び,その番号に○をつけてください下さい.

① 　　　0 円	② 〜1,000 円	③ 〜2,000 円
④ 〜3,000 円	⑤ 〜5,000 円	⑥ 〜7,000 円
⑦ 〜10,000 円	⑧ 〜20,000 円	⑨ その他(　　　)円

8.3.3 二肢選択方式

1979 年にビショップ(Bishop)らは,**二肢選択**(dichotomous choice)**方式**と呼ばれる質問方式を開発し,Hanemann (1984) によって**ランダム効用理論**からその経済学的基礎が与えられた.この方式は,かつて投票質問(referendum questions)や諾否(take-it or leave-it)方式と呼ばれていたが,今日では二肢選択(あるいは二項選択)方式と呼ばれるのが一般的であり,数多くの研究が存在する.

通常,調査者は 5 から 10 種類程度の提示額の異なる調査票を用意する.たとえば,500 円,1,000 円,2,000 円,3,000 円,5,000 円,10,000 円,20,000 円と 7 種類の金額を用意し,各提示額に被験者 300 人を抽出して割り当てたとすれば,総被験者数は 2,100 人となる.被験者は 1 つの提示額に対し,「支払ってもよい」,あるいは「支払いたくない」と答えるだけでよい.さらに,支払う・支払わないという 2 つの選択肢に加えて,「よくわからない」という第 3 の選択肢を設けることが推奨されている.

この方式の長所としては,①ある 1 つの提示された金額に支払う・支払わないと答えることは,日常の購買行動に似ているため,被験者の精神的負担が軽い.そのため馴染みの薄い環境の経済的評価にあたっても,より高い回答率が期待できる.また,②故意に高い(低い)金額を回答することによって WTP の平均値を高め(低め)ようとする戦略的行動にも対処できる.他方,短所としては,より多くの標本が必要であること,推計方法,関数型や説明変数の選択によって評価額が異なる,提示額自体が推計結果に影響を及ぼす等の問題が指摘されている.

なお，二肢選択方式から得られる情報量の少なさを改善するため**二段階二肢選択方式**が考案されている．この方式では，最初に提示された金額（たとえば1,000円）に対し，①支払うと回答した被験者にはより高い提示額（2,000円）を，②支払わないと回答した被験者にはより低い提示額（500円）を示して，再度，支払の有無を質問する．これにより，被験者の持つWTPの範囲がより狭められるため，効率的な推計を行うことができる．ただし，提示額によって推計額が影響を受けるという問題はより顕著に表れる．

二肢選択方式の質問例

問　環境保全事業のために，あなたは年間最大いくらまでなら支払ってもかまわないとお考えですか．支払った金額だけ普段の買い物などに使えるお金が少なくなることを念頭において，その事業の負担金が年間＊＊＊円であれば，あなたは支払いますか．

　　　①支払う　　　　②支払わない　　　　③よくわからない

（注：＊＊＊には，たとえば 500, 1,000, 2,000, 3,000, 5,000, 10,000, 20,000 円の金額から1つだけ選ばれて，各アンケート用紙に記入されている．）

8.4　CVMによる評価額の推計

8.4.1　自由回答方式による評価額

ある環境の保全に関して母集団から1,000人を無作為に抽出し，自由回答方式でWTPを求めたとき，表8.2のようなデータが得られたとする．ここで，表8.2の第1列はWTP，第2列は人数，第3列はその構成割合である．もちろん，現実には，この例よりもはるかに多様なWTPが存在するが，ここでは説明のために単純化している．この標本集団のWTPの平均値は以下のように計算される．

$$0\times0.1+200\times0.2+400\times0.4+600\times0.2+800\times0.1=400 \text{（円）} \quad (8.1)$$

また，低い値から順に並べたとき中央に位置する値は中央値と呼ばれる．この例の場合，サンプル数が偶数であるため中央に位置するサンプルが存在しない．そこで，500番目と501番の値（各400円）の平均をとると，WTPの中

第 8 章　環境価値と仮想評価法

表 8.2　支払意思額の分布

WTP	人数	構成割合
0円	100人	10%
200円	200人	20%
400円	400人	40%
600円	200人	20%
800円	100人	10%
合計	1,000人	100%

図 8.2　WTP とその構成割合の変化

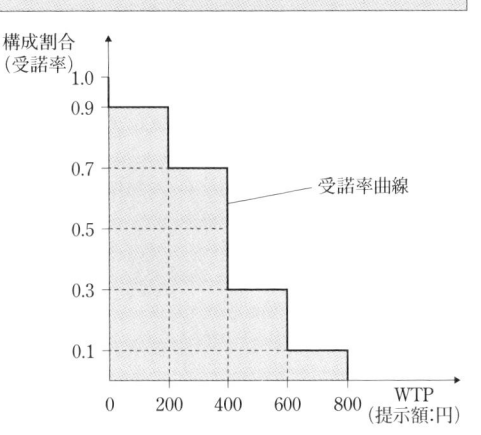

央値は 400 円となる．

さて，この 1,000 人の集団に対して，その構成割合と WTP の関係を図示すれば図 8.2 のようになる．つまり，階段状の面積を横に切った長方形に注目するとWTPが 0 円の人の構成割合は $1-0.9=0.1$，200 円の人の構成割合は $0.9-0.7=0.2$，400 円の人の構成割合は $0.7-0.3=0.4$ などのようになっている．したがって，(8.1) 式は，ちょうど図 8.2 の影の付いた部分の面積を求める計算になっている．

次に，WTP の増加分とその構成割合に注目して，階段状の面積を縦に切った長方形から WTP の平均値を求める．0 円から 200 円までの 200 円の増加に対して，支払ってもよいと考える人の割合は 0.9 であり，200 円から 400 円までの 200 円の増加額に対してその割合は 0.7，400 円から 600 円までの 200 円の増加額に対してその割合は 0.3，そして 600 円から 800 円までの 200 円の増加額に対しては 0.1 である．これより，WTP の平均値は

$$200 \times 0.9 + 200 \times 0.7 + 200 \times 0.3 + 200 \times 0.1 = 400 \text{（円）}$$

となる．この方法も図 8.2 の影の付いた部分の面積を求めているから，WTP に注目する方法も，WTP の増加分に注目する方法でも，同じ平均値が得られることがわかる．

さて，WTPに対する構成割合を，提示額に対する受諾率と読み替えよう．そして，提示額と受諾率の関係を示す受諾率曲線を図中の太線とすれば，WTPの平均値は受諾率曲線と，横軸および縦軸で囲まれた面積から求められることがわかる[4]．

8.4.2　支払カード方式による評価額の推計

支払カード方式では，各区間の真中の値を用いて，自由回答方式と同様の推計手続きで平均値と中央値を求めることができる．あるいは後述の二肢選択法のパラメトリック推計法のように，被験者が選択した区間内に，各WTPの推計値が入るもっともらしさが最大になるようにパラメータを推計する方法もある．

8.4.3　二肢選択法による評価額の推計

二肢選択法では，被験者のWTPやWTAを直接知ることはできないため，それらの値や代表値を推計することになる．その方法には，ノンパラメトリック手法とパラメトリック手法がある．前者は母集団のWTPやWTAの分布に忠実に基づくが，代表値を1つに決めることができない．他方，パラメトリック手法では，母集団の平均値や中央値を推計することはできるが，WTPやWTAの分布の形状について何らかの仮定が必要となる．以下では，WTPの場合を扱うが，WTAの場合も同様に考えることができる．

ノンパラメトリック手法

ノンパラメトリック手法のなかでも，生存分析の分野で開発されたターンブル（Turnbull）法による推計を示す[5]．表8.2に示した集団について，無作為に200人ずつ5つのグループに分けて，各グループにそれぞれ異なる金額が提示されたとき，その受諾率は表8.3のように，提示額が100円では0.9，300円では0.7，500円では0.3，700円では0.1，900円では0になったとする．

このとき，たとえば，質問をしていない提示額50円の受諾率は0.9以上1

---

[4] この説明については，鷲田（1999）を参考にした．
[5] ノンパラメトリック法の詳細な説明は，肥田野（1999），寺脇（2002）を参照のこと．

第8章 環境価値と仮想評価法

表8.3 提示額と受託率

提示額	受諾率
100 円	0.9
300 円	0.7
500 円	0.3
700 円	0.1
900 円	0.0

以下という範囲でしかわからないから，受諾率曲線の形を完全に決めることができない．そこで，中間的な受諾率を採用して図8.3(a)のような受諾率曲線を描くことを考える．すなわち，金額0円での受諾率を1と仮定し，各提示額での受諾率を結ぶ受諾率曲線を描く．そして，この受諾率曲線と横軸および縦軸で囲まれた面積について，それぞれの台形の面積を計算して合計すれば，

$$[(1+0.9) \times 1/2 \times 100] + [(0.9+0.7) \times 1/2 \times 200] + [(0.7+0.3) \times 1/2 \times 200]$$
$$+ [(0.3+0.1) \times 1/2 \times 200] + [(0.1+0) \times 1/2 \times 200] = 405 (円)$$

を得る．これより中間的な受諾率を採用した場合の平均値は405円となる．

また，受諾率0.5を通る横軸に平行な直線と受諾率曲線が交わった点に対応

図8.3 受託率曲線

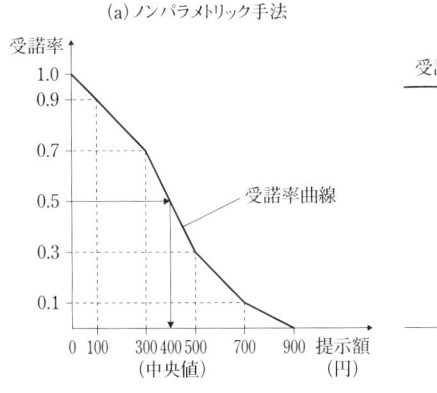

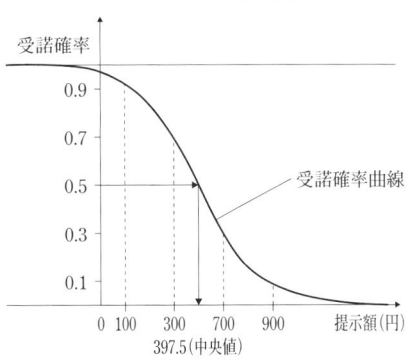

(a) ノンパラメトリック手法　　　(b) パラメトリック手法

する金額を求めれば,中央値は 400 円となる.

パラメトリック手法

パラメトリック手法では,生存分析による推定法,**ランダム効用理論（確率効用理論）による推計法**,**WTP 関数による推計法**がある.

生存分析による推定法では,分布関数の形状を仮定して母集団の WTP の分布を表現する.ワイブル分布は,形状が柔軟に変化し受諾率曲線（生存分析の手法から言えば生存分布曲線）への当てはまりがよいため,使用されることが多い.そして,受諾率曲線と縦軸,横軸で囲まれた面積から平均値を,受諾率 0.5 に対応した金額から中央値を計算する.

次に,ランダム効用理論では,環境を改善（悪化を防止）するためにお金を支払ったときの効用水準と,お金は支払わないが環境水準も変化前の状況にある効用水準とを比較し,効用の増加（あるいは減少）分を求め,それがどの程度の確率で発生するに注目する.その場合,ある環境改善に対して,支払額が小さければ,効用の増分は大きくなるため,小さな提示額に対する受諾確率は高くなる.逆に,提示された金額が大きいとき,環境改善に対して効用の増分は小さくなるために,受諾確率も低くなる.

ランダム効用理論では,効用の増分 ΔV を提示額（T）の関数（たとえば,$\Delta V = \alpha + \beta T$）で表し,これと受諾確率との関係について特定の分布関数を仮定する.この分布関数がロジスティック分布に従うとすれば,提示額 T に対して Yes という確率は,次のような関係式で表せる.

$$\Pr(yes) = \frac{1}{1+e^{-\Delta V}} = \frac{1}{1+e^{-\alpha-\beta T}}$$

そして,最尤法を用い,支払う・支払わないといった観察されたデータセットからパラメータ（ここでは α と β）を推計する.この事例のデータを用いロジットモデルにより推計すれば,受諾確率曲線は図 8.3(b) のようになり,ここでも縦軸と横軸で囲まれた面積から平均値 402.3 円が,受諾確率 0.5 の値からは中央値 397.5 円が求められる.

さらに,WTP 関数による推計法では,基本的な発想はランダム効用理論による推計法と同じであるが,提示額での受諾確率をもとに,WTP 関数のパラ

メータを最尤法で推計する点で異なる．この推計方法は被験者1人1人のWTPまで推計できるという利点を持ち，それゆえ，平均値が直接計算できるために，受諾確率曲線から平均値を求めることはない．

8.5 仮想評価法の課題

以上のように CVM の基本的な説明を行ってきたが，いくつか残された課題や実施上の留意点がある．

8.5.1 情報や提示額の影響

CVM では，被験者に仮想的な状況を説明し直感的理解を助けるために，しばしば写真を使用する．ただし，センセーショナルな写真の使用については注意が必要である．

また，被験者は質問票のなかにある金額から評価額の手がかりを得ようとする傾向があるため，アンケートに使用する情報については注意を要する．とくに，二肢選択法では提示額自体が被験者の評価額に影響を与えるため，このような問題に対処するための推計方法の開発も進められている．

8.5.2 支払手段と抵抗回答

理論上は同じ厚生測度持つ支払形態であっても，支払形態によって心理的影響や強制力，仮想的ストーリーの実現可能性が異なるために，回答行動に異なる影響を与えることがある．たとえば，環境保全対策のために，特別税を導入する場合と寄付金を募る場合において，両者は所得を直接調整するという意味では同じ厚生測度を持つが，強制力や参加者の範囲，社会的意味が異なるために評価額が異なってくる．また，特別税という支払手段を採用すれば，環境価値は認めるものの，すでに納めた税金から支払うべきであるとして，支払いを拒否する「**抵抗回答**」(protest bids) を招く場合もある．したがって，予備調査を行うなどして，被験者の受け入れやすい支払形態や適切な仮想的ストーリーを検討したうえで，本調査に臨むことが重要となる．

8.5.3 包含効果と温情効果

ある環境全体の評価額が，その部分の評価額と統計的に有意に異ならない問題を**包含効果**（embedding effect），**部分・全体バイアス**（part-whole bias）あるいは**範囲不感応性**（scope insensitivity）と呼ぶ．たとえば，保護される渡り鳥の数が2万羽から200万羽に増加しても，あるいは評価対象の量や範囲が拡大しても，推計された評価額に有意差が見ならないという事例が報告されている．それでは，なぜこのような現象が見られるのか．1つの仮説として，人々は環境の価値を経済的に評価してWTPを表明したのでなく，寄付行為や環境保全に協力したことへの満足感，あるいは慈善心からWTPを示したにすぎないという**温情効果**（warm glow）というものがある．

それでは，このような問題にどう対処すればよいのか。重要なことは，数字だけで状況を説明するのではなく，質的な差異とその意義について，明確かつ具体的に伝えることである．たとえば，水質の差異をppmという専門的単位だけで説明するのではなく，釣りができる水質，泳げる水質，飲める水質等，わかりやすく説明することが必要であろう．あるいは，予備調査では異なる水準を提示して評価額の違いを見る**スコープテスト**（scope test）を実施し，包含効果が発生しないように質問文を工夫していくことも有益である．

練習問題

練習問題 8.1 所得をすべて支出する個人の効用関数が $u = xq$ で与えられたとする．ただし，x は合成財でその価格は1，q は環境水準とする．また，個人の所得は9，所与の環境水準が4とする．ここで，環境水準が4から12に向上するとき，この個人が環境改善のために支払ってもよいと考える最大金額はいくらか．

練習問題 8.2 練習問題 8.1 と同じ条件で，環境水準が4から2に低下したとしよう．このとき，環境水準が低下する前と同様の効用水準を維持するためには，少なくともいくらの補償額が必要か．

練習問題 8.3 町並み保全地域に指定された住民に対して，家屋の改築にあたっては伝統的外観を維持するよう要請したとする．その場合，住民が被る不便さへの補償額を住民へのアンケートから推計するとすれば，厚生測度は何であるか．

練習問題 8.4 下のデータを用い，ノンパラメトリック手法により中間の受諾率曲線を

示し，WTP の平均値と中央値を求めなさい．ただし，各提示額のサンプル数は同数とする．

ヒント：最大の提示額でも受諾率がゼロにならなかった場合，ノンパラメトリック手法では受諾率がゼロになる提示額がわからない．そこで，最高提示額 500 円以上の受諾率を 0 とみなす．

提示額	100 円	200 円	300 円	400 円	500 円
受諾率	0.90	0.75	0.65	0.45	0.20

練習問題 8.5 自然公園の利用価値を，来訪者の仮想的な入場料によって評価するとしよう．その場合，利用回数は，入場料の大きさや交通費によって影響を受けることが予想されるので，このような問題への対処も考慮して二肢選択法による質問文を考えなさい．

参考文献

Bateman, I. and K. G. Wills eds. (1999) *Valuing Environmental Preference*, Oxford University Press.

出村克彦・吉田謙太郎編著（1999）『農村アメニティーの創造に向けて―農業・農村の公益的機能評価』大明堂．

Hanemann, M. W. (1984) "Welfare Evaluations in Contingent Valuation Experiments with Discrete Responses," *American Journal of Agricultural Economics*, 66, pp.332-326.

肥田野登編著（1999）『環境と行政の経済評価―CVM＜仮想市場法＞マニュアル』勁草書房．

栗山浩一・北畠能房・大島康行（2000）『世界遺産の経済―屋久島の環境価値とその評価』勁草書房．

Mitchell, R. C. and R. T. Carson (1989) *Using Surveys to Valuing Public Goods: The Contingent Valuation Method*, Resource for the Future.

竹内憲司（2000）『環境評価の政策利用―CVM とトラベルコスト法の有効性』勁草書房．

寺脇拓（2002）『農業の環境評価分析』勁草書房．

鷲田豊明（1999）『環境評価入門』勁草書房．

コラムで考えよう　　　環境価値評価と農業の持つ多面的機能

　農業は，市場で取引される市場財を生産するだけでなく，美しい伝統的景観やメダカやトンボといった多様な生物，洪水時の遊水機能などの非市場財も市民に提供している．このような非市場財は多面的機能と呼ばれる．

　この多面的機能は，次のような特徴を持つ．まず，農業生産と密接不可分に生産される（結合性）．また，市場を介さないで他者の生産や効用に影響を与え（外部性），さらに公共財的性質を持つため，同時に多くの市民が利用することができ（非競合性），対価を支払わなくてもその利用から排除することができない（非排除性）．そのため，社会にとって有益であったとしても，その提供によって対価が得られないために，農業者は意識的な供給を行ってこなかった．しかしながら，国土の開発が進み，貴重な環境が破壊され，伝統文化が失われていくなかで，多面的機能を維持・発揮することが農業政策の重要課題として認識されるようになってきた．

　それでは，どれだけの多面的機能を保持することが望ましいのか．そのためには，どれほどの政策費用をかけることが妥当なのか．このような問いに答えるため，CVMを中心に，ヘドニック価格法，旅行費用法，コンジョイント分析など環境価値の経済的評価手法よる多数の実証研究が行われてきた．そして，このような多面的機能の評価研究は，わが国における環境評価研究の推進に少なからず貢献してきたのである．

　それでは，多面的機能の評価研究はどのように農業政策と結びついていたのだろうか．第1に，1990年代を通して行われてきたGATTウルグアイラウンドでの農業保護の論拠を強化することに使用されてきた．つまり，多面的機能は，地域固有財であるため，農産物のように海外から輸入することができず，その場所に行って初めて美しい景観や自然環境を享受できる性質を持つ．そのため，農産物の輸入によって失われることが予想される多面的機能の経済価値を，地域レベルや国レベルで評価し，農業交渉における基礎資料を提供してきたのである．

　また，国土面積の69%を占める中山間地域では，高齢化の進行，生活環境整備の遅れ，農業の担い手不足とあいまって，農地の耕作放棄が深刻化している．そこで，農業生産の維持を図りつつ多面的機能を確保し，また，地域社会の活力を保持するためにも，中山間地等直接支払制度が2000年から導入された．この制度設計にあたっても，中山間地の持つ農業生産以外の価値を評価にするために，CVMによる研究が用いられた．

　さらに，近年，食の安全・安心の重要性が再認識されてきている．そのため，化学合成農薬・化学農薬の半減と環境保全的農法の採用を進める農家に対して，環境支払いを行う政策が2007年度より導入された．その先鞭をつけたのが，2004年度

から導入された滋賀県の環境農業直接支払い制度であるが，その導入においてもCVMとコンジョイント分析は重要な役割を果たした．すなわち，県は同制度の実施に伴う費用対効果を県議会に説明するにあたり，これらの手法によって滋賀県民の環境便益を調査し，説明資料としたからである．

　このように，CVMをはじめとする環境評価手法は，わが国における農業政策の立案にあたって重要な貢献を果たしてきたといえよう．

第9章　環境経済統合勘定

9.1　はじめに

本章に先立つ第7章と第8章では，個々の自然環境に対して，その価値をどのように考え，どのような手法で経済的に評価するのか，という問題が論じられてきた．それに対して本章では，1国全体の観点から，どのような経済活動がどのような環境問題をどの程度引き起こしているのかを統計的に把握し，経済活動と環境負荷の相互関係を包括的に示す，**環境経済統合勘定**を取り上げる．

環境経済統合勘定は，経済活動が引き起こす環境負荷を貨幣換算して表示するか，物量単位のまま表示するかによって2つのタイプに分類される．本章では，両方のタイプを順次取り上げ，その成り立ちと問題点について解説する[1]．

またあわせて，環境経済統合勘定を基礎に提案されている**マクロ環境経済統合指標**についても紹介することとしたい．

9.2　環境経済統合勘定の研究開発の経緯

9.2.1　SNAと環境経済統合勘定

一般に，政策の立案には対象領域に関する統計体系の整備が不可欠であるが，**持続可能な発展**（sustainable development）は環境保全と経済発展の両立を旨としているため，それに基づく政策立案には，経済と環境の相互作用を記録す

---

[1] 環境経済統合勘定を含む環境勘定全般に関しては，古井戸（2006）に詳細な解説があり，本章を読む際の参考になると思われる．

第9章　環境経済統合勘定　　　　　　　　　181

る統計体系が必要となる．

　このうち経済の側面については，1国の1年間におけるさまざまな経済活動の成果を包括的かつ網羅的に記録するための国際標準ハンドブック System of National Accounts（国民勘定体系：SNA）がいくつかの国際機関の協働によって提供されており（Commission of the EC et al. (1993))[2]，各国はこれに準拠して自国の経済統計体系である**国民経済計算**を整備している．

　しかしながら，SNA ないし国民経済計算で用いられる国内総生産（GDP）などの概念や，産業分類，財・サービス分類，資産分類などの各種の分類は，経済と環境との相互関係を適切に記録できるようには配慮されていない．そこで国連は，こうした要請に応えるために，SNA をベースとしながらも環境面を的確に把握できるよう SNA の概念や分類を拡張・変更した，SNA のサテライト勘定としての環境経済統合勘定体系（SEEA：System for integrated Environmental and Economic Accounting）の研究に取り組み，1993年に，SEEA の国連ハンドブック United Nations（1993）（以下では **SEEA93** と称す）を刊行した．

9.2.2　日本版 SEEA と日本版 NAMEA

　こうした状況を受けて，各国では SEEA93 やそれにかわる勘定体系の研究・開発が盛んに行われるようになった．わが国も例外ではなく，環境省地球環境研究総合推進費のもとに，日本版環境経済統合勘定の研究開発が，1992年度より内閣府経済社会総合研究所（旧経済企画庁経済研究所：以下では内閣府と称す）によって取り組まれ，現在にいたっている．

　そのうち，1992年度から2000年度までの9年間は，環境負荷を貨幣評価して表示する SEEA93 の第IV.2版（**9.3.1項の脚注5**）を参照）に準拠して，**日本版 SEEA**（エス・イー・イー・エイ）が作成され，これまでに3度にわたって試算結果が公表されてきた[3]．

---

2) 本書は，1968年に公刊された SNA の改訂版であり，68年版を68SNA，93年版を93SNA と呼んで区別することがある．
3) （財）日本総合研究所（1995）『国民経済計算体系に環境・経済統合勘定を付加するための研究：報告書（平成6年度経済企画庁委託調査）』，（財）日本総合研究所（1998）『環境・経済統合勘定の推

9.3 節で紹介する日本版 SEEA では,環境負荷の貨幣評価を政策的観点から評価する向きもあったが,その一方で,そこで用いられる貨幣評価の手法には,解決が困難と思われるいくつかの重要な問題点が指摘されてきた(9.3.7項).そのため内閣府では,SEEA93 第Ⅳ.2 版に基づく日本版 SEEA の推計を断念し,2001 年度からは,経済活動は貨幣単位で表示し,環境負荷は物量単位のまま表示する「経済活動と環境負荷のハイブリッド型統合勘定」の研究開発を行い[4],2004 年 10 月にはその推計結果を公表するにいたった(内閣府(2004)).

このハイブリッド型統合勘定は,1990 年代初頭にオランダ中央統計局によって開発され,SEEA93 の改訂版である SEEA2003 [United Nations (2004)] の編纂にも貢献した NAMEA (National Accounting Matrix including Environmental Accounts) (Keuning et al. (1999)) と呼ばれる勘定体系に準拠しながら,これに改良を加えることによって,日本独自の勘定体系として提示したものである.本章では,ハイブリッド型統合勘定を,日本版 SEEA と対比する際の呼称のわかりやすさの点から,**日本版 NAMEA(ナミア)** と呼ぶこととし,9.4 節でその概要を解説したい.

9.3 日本版 SEEA

9.3.1 日本版 SEEA の基本構造

SEEA93 は,概念や分類,推計対象や推計手法等の違いによってさまざまな版を用意し,各国の統計事情や政策目的等に応じて自由に選択できるよう配慮がなされている[5].その中で,日本版 SEEA は,データの入手可能性や信

計に関する研究:報告書(平成 9 年度経済企画庁委託調査)』,および(財)日本総合研究所(2001)『環境・経済統合勘定の確立に関する研究:報告書(平成 12 年度内閣府委託調査)』.このうち 2 度目の試算結果については,内閣府(1998)からダウンロードが可能である.なお,後述する日本版 SEEA の中心部分である帰属環境費用の推計方法については,(財)日本総合研究所(1998)に詳しい.

4) (財)日本総合研究所(2004),『SEEA の改訂等にともなう環境経済勘定の再構築に関する研究:報告書(平成 15 年度内閣府委託調査)』.

5) SEEA93 は第Ⅰ版から第Ⅴ版までである.第Ⅰ版:SNA の適切な再構成による基本行列.第Ⅱ版:SNA 統計から下水道処理や廃棄物処理などの環境関連活動を詳細に分解し,実際環境費用と

頼性および政策への適用可能性を考慮して，第IV.2版を選択した．そして，SNAや産業連関表をはじめ各種の統計資料を用いて，実際に支出された環境関連費用である**実際環境費用**，廃棄物処理施設や下水道処理施設等の**環境関連資産**，および実際には支出されなかった環境負荷対策費用である**帰属環境費用**などを中心に推計作業を行った．とくに帰属環境費用の推計に際しては，環境を一定水準に維持するよう対策を講じたとしたら要したであろう費用によって環境負荷を間接的に評価する**維持費用評価法**が用いられた．

表9.1は，SEEA93第IV.2版に準拠して作成された日本版SEEAの簡略版である．また，表9.2は表9.1の行番号に対応させて，日本版SEEAの推計対象と推計方法を整理したものである．表9.1が示すように，SEEA93は，産業連関表形式の勘定表（表中の太線の矩形(1)）に非金融資産表（矩形(2)）を重ね合わせた形をとっている．

まず，表9.1の矩形(1)に注目して日本版SEEAの解説をすすめよう．この矩形で，生産物の使用を表す第2行は，実際環境費用を記録するために環境関連の財・サービス（第3行）とその他の財・サービス（第4行）に分割されている．一方，第1列から第4列までの4つの列には，生産活動分類が示されている．

このうち産業の列と政府の列は，本来ならそれぞれ環境保護活動とその他の活動に分類され，さらに産業の環境保護活動は外部的環境保護活動と内部的環境保護活動に分類されるのであるが，表9.1ではこれらは簡略化されている．

して市場価格で記帳する体系．また，SNAの資産境界の拡張を行い，従来の経済資産から経済取引の対象外にある土壌や大気などすべての自然資産を記録の対象とする．第III版：上記第II版に物量データを記帳することによって，貨幣勘定と物的勘定を一対の勘定として表示する体系．なお，第III版以降の版ではすべて，貨幣勘定と物的勘定は一対のものとされる．第IV版：第III版で，実際環境費用に加えて帰属環境費用も記述する体系．第IV版はさらに，帰属環境費用の評価手法に応じて，可能なかぎり市場評価法で評価する第IV.1版，維持費用評価法で評価する第IV.2版，および市場評価法と仮想的市場評価法（第8章参照）で評価する第IV.3版に分類される．第V版：第IV版で生産境界の拡張を付加した体系．SNAでは市場取引目的の生産を記録の対象にするが，この版では，家事等の家計内活動を家計による生産とみなして第IV版と同じ3つの評価手法で記録する第V.1～3版をはじめ，土地が持つ処分サービス（廃物吸収機能）や生産的サービス（土地の生産的機能）を土地による生産活動とみなす第V.4版，自然環境がもつ消費サービス（レクリエーションその他の供給機能）を自然環境による生産活動とみなす第V.5版，企業内での内部的環境保護サービス活動を外部化し独立した生産活動とみなす第V.6版にが提示されている．なお，日本版SEEAが選択した第IV.2版は貨幣勘定と物的勘定が一対になったものであるが，実際には物的勘定（物的データ）を基礎に貨幣勘定を作成し，その貨幣勘定をもって日本版SEEAと称している．

表9.1 日本版 SEEA（1995年）

勘定（分類）		生産活動（産業分類別）				最終消費支出（部門別）		
		産業	政府		対家計民間非営利団体		政府現実最終消費	家計現実最終消費
		1	2	3	4	5	6	7
期首ストック	1							
生産物の使用（財・サービス別）	2	406,898.4	387,946.4	15,295.9	3,656.1	347,878.5	32,615.9	315,262.6
環境関連の財・サービス	3	3,173.8	2,628.8	493.0	52.0	5,192.4	4,383.2	809.2
その他の財・サービス	4	403,724.6	385,317.6	14,802.9	3,604.1	342,686.1	28,232.7	314,453.4
生産される資産の使用（固定資本減耗）	5	88,442.3	78,699.8	8,900.8	841.7	－	－	－
自然資産の使用（帰属環境費用）	6	3,640.2	2,677.6	962.6	‥	1,936.2	0.6	1,935.6
廃物の排出	7	2,256.1	1,293.5	962.6	‥	1,936.2	0.6	1,935.6
土地・森林等の使用	8	1,381.9	1,381.9	0.0	‥			
資源の枯渇	9	2.2	2.2	‥	‥			
地球環境への影響	10	‥	‥	‥	‥			
自然資産のその他の使用	11	‥	‥	‥	‥			
自然資産の復元（帰属環境費用）	12					-18.1	-18.1	‥
帰属環境費用の移項	13	-774.4	188.2	-962.6	‥	774.4	‥	774.4
環境調整済国内純生産（EDP） エコ・マージン（－帰属環境費用）	14	-2,865.8	-2,865.8	0.0	0.0	-2,692.4	17.5	-2,709.9
国内純生産（NDP）	15	429,319.5	388,621.9	32,654.3	8,043.4	－	－	－
産出額	16	924,660.3	855,268.1	56,851.0	12,541.2			
自然資産の蓄積に関する調整項目	17	－	－	－	－			
その他の調整項目	19	－	－	－	－			
期末ストック	18	－	－	－	－			

(1) 産業連関表形式の勘定表
(2) 非金融資産表

(注1) 本表は（財）日本総合研究所（2001）『環境・経済統合勘定の確立に関する研究：報告書（平成12年内閣府委託調査）』第1部第2章の表 2.3.1.7-5 を簡略化したものである．表中，「－」は概念的に存在しないセルを，「‥」は推計できないため数値を計上しないセルをそれぞれ表す．なお，第14行には，帰属環境費用の合計（16＋22＋23）にマイナス符号をつけてエコマージンとして記帳している．

(注2) 第18列の不突合は，総資本形成に係る消費税控除額（1,879.5），帰属利子（24,424.7），および中間投入の推計方法の違いによって生じる誤差（-1,747.6）からなっている．

(単位：10億円)

非金融資産の蓄積とストック（資産分類別）								輸出	輸入 (控除)	不突合
	生産される 資産	生産され ない資産	大気	水	土壌	土地	地下 資源			
8	9	10	11	12	13	14	15	16	17	18
3,122,124.6	1,207,444.2	1,914,680.4	‥	‥	‥	1,914,011.1	669.3	―	―	―
140,338.6	135,741.0	4,597.6	‥	‥	‥	4,597.6	0.0	45,461.6	-40,473.5	24,556.6
‥	―	‥				‥	‥	‥	‥	-1,238.0
140,338.6	135,741.0	4,597.6	‥	‥	‥	4,597.6	0.0	45,461.6	-40,473.5	25,794.6
-88,442.3	-88,442.3	―	―	―	―	―	―	―	―	―
-5,575.6	0.0	-5,575.6	-2,346.1	-894.6	‥	-2,333.5	-2.2	‥	‥	―
-4,192.3	‥	-4,192.3	-2,346.1	-894.6	‥	-951.6	‥	‥	‥	―
-1,381.9	0.0	-1,381.9	‥	‥	‥	-1,381.9	‥	‥	‥	―
-2.2	‥	-2.2	‥	‥	‥	‥	-2.2	‥	‥	―
‥	‥	‥								
‥	‥	‥								
18.1	‥	18.1	‥	9.2	8.9	‥	‥	‥	‥	―
―	―	―		―	―	―	―	‥	‥	―
―	―	―	―	―	―	―	―	―	―	―
―	―	―	―	―	―	―	―	―	―	―
5,920.1	379.1	5,541.0	2,346.1	885.4	-8.9	2,333.5	-15.1	―	―	―
-116,346.5	-28,569.2	-87,777.3	‥	‥	‥	-87,777.3	‥	―	―	―
3,058,037.0	1,226,552.8	1,831,484.2	‥	‥	‥	1,830,831.4	652.0	―	―	―

表 9.2　日本版 SEEA の推計対象と推計方法

推計値	表9.1との対応	推計対象	推計方法
実際環境費用（実際に支出された環境関連費用）	第3行	・産業による廃棄物処理やリサイクル等の活動 ・政府による下水処理，廃棄物処理等の活動	原則として，国民経済計算や産業連関表の既存の推計値から分離して把握
環境関連資産	第1，4，18行の第9～15列	・産業の汚染防止施設や廃棄物処理施設のフローとストック ・政府の下水処理施設や廃棄物処理施設のフローとストック ・森林，利用形態別の土地，地下資源等のフローとストック	原則として，国民経済計算や産業連関表の既存の推計値から分離して把握
帰属環境費用（実際には支出されない環境負荷の貨幣評価額）	第7行	廃物の排出 ・大気汚染…硫黄酸化物（SO$_x$），窒素酸化物（NO$_x$） ・水質汚濁…生物化学的酸素要求量（BOD），化学的酸素要求量（COD），窒素（N），リン（P）	＜維持費用評価法＞* ・（除去費用／除去量）×総排出量 ・（除去費用／除去量）×総排出量 除去費用＝運転費用＋固定資本減耗
		＊環境を一定水準に維持するよう対策を講じたとしたら要したであろう費用をもって，実際に生じた環境負荷を間接的に貨幣評価する手法。このように仮設的な手法で評価された，実際には支払われていない費用を，帰属環境費用と呼ぶ．	
	第8行	土地，森林等の使用 ・森林伐採 ・土地開発*	＜維持費用評価法＞ ・樹木成長量を上回る伐採を断念した場合の遺失利益 ・土地開発を断念した場合の遺失利益
		＊開発地…都市開発（農林地・埋立地から住宅・工業用地等への変更）に関する帰属環境費用 保全地域…自然保全地域・自然公園の減少に関する帰属環境費用	
	第9行	資源の枯渇 ・地下資源の枯渇…石炭，石灰石，亜鉛	＜ユーザーコスト法＞*
		＊地下資源所有者（ユーザー）が，資源枯渇後も永久に一定所得が得られるよう，毎期，枯渇資源からの収益の一部を金融市場等で運用するとした場合の，毎期の運用充当額（ユーザーコスト）をもって，地下資源枯渇の帰属環境費用とみなす手法。地下資源の枯渇後も，地下資源所有者は永久に一定の所得を持続させることができる．	
	第10行	地球環境への影響 ・自然吸収量を超えるCO_2の排出	＜維持費用評価法＞ ・現実的な推計値を算出できないため公表せず
	第11行	自然資産のその他の使用 ・自然景観，騒音，振動	・定量化が困難なため，現時点では推計不可能
	第12行	自然資産の復元 ・汚濁河川の浚渫・導水，事業農用地土壌汚染改良事業	・復元事業に要した費用（負の帰属環境費用）
	第13行	帰属環境費用の移項 ・政府のし尿処理施設と上下水道に関する水質汚濁	・政府の帰属環境費用から当該額を控除し，原因行為をなした産業と家計に移項して記録

矩形（1）のうち，第6行〜第14行までの各行は帰属環境費用を記帳するために用意されたものである．したがって，矩形（1）からこれらの行を除いた残りの部分は，通常の産業連関表の形になっていることに留意されたい．

矩形（2）は，非金融資産の分類を表す第8列から第15列までの各列を囲んだものである．この矩形では，非金融資産が生産される資産（第9列）と生産されない資産（第10列）に分類され，さらに後者は大気，水，土壌，土地，および地下資源に分割されている．一方，この矩形（2）を行の観点から眺めると，第1行と第18行は，環境関連資産を含む各種非金融資産の期首ストックと期末ストックをそれぞれ表し，また，これら2つの行にはさまれた各行には，さまざまな要因による非金融資産の期中フローが記帳される．したがって，この矩形（2）は，非金融資産のストック・フロー表とみなすことができる．

日本版 SEEA の基本的特徴は，それが実際環境費用，環境関連資産，および帰属環境費用を，可能なかぎり包括的・整合的に記録している点にある．以下ではこれらの点を中心に日本版 SEEA の成り立ちを見ていくことにしよう．

9.3.2　実際環境費用と環境関連資産

まず，実際環境費用を記録する第3行に注目する．この行には，産業による廃棄物処理サービスやリサイクル製品，あるいは政府による下水処理サービスや廃棄物処理サービスなどの環境関連の財・サービスが，産業，政府，対家計民間非営利団体および家計によって投入・消費されていく様子が記録されている．

具体的にはまず，環境関連財・サービスの中間投入は 3,173.8 で，その内訳は，産業に 2,628.8，政府に 493.0，および対家計民間非営利団体に 52.0，また，最終消費に向けられた額は 5,192.4 で，そのうち政府消費が 4,383.2，家計消費が 809.2 であったことがそれぞれ示されている．このうち，政府消費 4,383.2 は，政府によって産出された環境関連サービスのうち集合消費に向けられた部分であり，政府による環境関連サービス産出額から，当該サービスの産業，政府および対家計民間非営利団体への中間投入と対家計民間非営利団体および家計による最終消費支出を控除した残額が記録されている．表 9.2 の最上部には，実際環境費用の推計対象と推計方法が整理した形で記されている．

次に，環境汚染防止機器などの環境関連資産に眼を転じよう．これについては，第3行の環境関連の財・サービスの行ではなく，第4行のその他の財・サービスの行に記録されることに留意が必要である．このうち，環境関連資産の設置は資本形成として第4行第9列のセルに，またその維持管理のための財・サービスの投入は，第4行の第2列〜第4列のセルにそれぞれ記録される．表9.2には，上から2段目にその推計の概要が整理して示されている．

9.3.3 帰属環境費用と維持費用評価法

最後に，SEEA93の第Ⅳ.2版に準拠した日本版SEEAの最大の特徴である帰属環境費用の推計対象，推計方法，および記帳方法を説明することにしよう．

表9.1では，第7行〜第11行に5つの環境負荷要因が掲げられている．他方，第2列〜第4列と第6列〜第7列には環境負荷（環境費用）を引き起こす活動が，また第11列〜第15列には，それらによって影響を受ける環境媒体がそれぞれ列記されている．

今，1例として，「廃物の排出」を記録する第7行に注目しよう．ここでいう廃物の排出は，硫黄酸化物（SOx）と窒素酸化物（NOx）による大気汚染，生物化学的酸素要求量（BOD），化学的酸素要求量（COD），窒素（N）およびリン（P）によって表示される水質汚濁，および廃棄物の最終処分に伴う土地の汚染をさしている．こうした環境負荷（環境費用）は生産活動と消費活動によって引き起こされるが，それらは第7行の第2列〜第3列と第6列〜第7列にそれぞれ記帳されている．すなわち，生産活動については産業による1,293.5と政府による962.6の合計2,256.1，また，消費活動については政府による0.6と家計による1,935.6の合計1,936.2である．

この結果，生産活動と消費活動による環境負荷（環境費用）の合計は4,192.3（＝2,256.1＋1,936.2）となるが，第7行の第11，12，および14列には，この4,192.3のうち大気への負荷（大気汚染）が2,346.1，水への負荷（水質汚濁）が894.6，そして土地への負荷（廃棄物の最終処分）が951.6であったことがそれぞれ負値で示されている．このような記帳の結果，実は第7行の行和はゼロとなっていることに留意されたい．

こうした記帳方法は，「土地・森林等の使用」を記録する第8行についても

同様であり，第 7 行の類推によって容易に理解できるであろう．また，第 7 行と第 8 行の帰属環境費用の推計方法についても，いずれも維持費用評価法の考え方を適用したものであり，表 9.2 によって理解可能であると思われる．

9.3.4 帰属環境費用とユーザーコスト法

一方，「資源の枯渇」を記録する第 9 行については，維持費用評価法ではなく，**ユーザーコスト法**を用いていることに留意が必要である．

ユーザーコスト法は，表 9.2 にも記したように，枯渇資源の帰属環境費用を推計するために開発された手法で，石油や石炭などの地下資源から得られる毎期の収益の一部を，地下資源所有者（ユーザー）が，枯渇後も永久に一定所得が得られるよう金融市場等で運用すると仮定した場合の毎期の運用充当額（ユーザーコスト）をもって，地下資源枯渇の帰属環境費用とみなすものである．

もとより，枯渇資源は持続可能ではなく，維持されるのは地下資源ユーザーの収益である．しかし，持続可能性概念を環境保全と経済発展の両立として理解すれば，ユーザーコスト法も，資源の枯渇のかわりに経済を維持させるという意味で，持続可能性概念に基づいた推計手法といえるかもしれない．

9.3.5 その他の環境負荷項目と帰属環境費用

表 9.1 の第 10 行「地球環境への影響」は，森林等による自然吸収量を超える CO_2 の排出を帰属計算するものであるが，排出削減対策の想定の困難さなどのため現実的な推計値を算出できなかった．また，第 11 行の「自然資産のその他の使用」については，現時点では推計が困難な項目として記帳されていない．

次に，第 12 行の「自然資産の復元」に進もう．この行は，浚渫・導水事業による水環境の復元や土地改良事業による土壌の復元を記帳している．ただし，復元は環境負荷とは逆の効果をもつので，その推計値は，環境媒体の変化を記録する第 12 行の第 12 列と第 13 列に正値（9.2 と 8.9）で，環境費用を記録する第 12 行第 6 列に負値（－18.1）でそれぞれ記帳される．なお，復元の －18.1 が政府最終消費（集合消費）の列（第 12 行第 6 列）に記帳されているのは，復元事業が政府支出によって行われているからである．

第13行の「帰属環境費用の移項」は，第7行第3列に記帳されている政府のし尿処理施設と上下水道処理施設に起因する水質汚濁962.6を，その原因行為をなした産業と家計へ移項するために設けられた行である．具体的には，まず962.6を移項元として第13行第3列に負値で記帳し，次に移項先として，962.6のうち産業に起因する額188.2を第13行第2列に，また，家計に起因する額774.4を第13行第7列にそれぞれ正値で記録する．

9.3.6 環境調整済国内生産（EDP）

最後に，第14行と第15行に注目しよう．まず，第14行の第1列と第5列には，それぞれ第7行から第13行までの帰属環境費用の合計，2,865.8および2,692.4がエコマージンとして負値で記帳されている．エコマージンは，生産活動および消費活動による最終的な環境負荷額（帰属環境費用）を表しており，国内純生産（NDP）429,319.6から生産活動によるエコマージン2,865.8を控除することによって**環境調整済国内生産**（EDP：Environmentally adjusted Domestic Product）426,453.8（表9.1には明示されていない）が得られる．

EDPは，それが1国の生産活動の成果を表すNDP（ないしGDP）から環境負荷額を控除したものであるため，**グリーンGDP**，すなわち環境面を配慮したGDPの代表例とみなされ，持続可能性指標としての期待がかけられる．しかしながら，EDPについては，次の2つの問題点を指摘することができる．

(1) ＜EDPはモデルに基づく推計値＞　維持費用評価法は，もしも対策を講じたと仮定したら要したであろう費用を推計したもので，一種のモデルに基づく推計値であり，この点でSNAの市場原則に基づく推計値と性質を異にする．もし，維持費用評価法による帰属環境費用を生産者や消費者が実際に支払っていたとすれば，NDPの値は異なっていたはずである．

(2) ＜EDPは持続可能性指標として不適切＞　NDPやGDPは，生産や所得の大きさを表すマクロ経済指標であり，大きいほどよい．これに対してEDPは，たとえば，それが年々増加していても，それ以上のペースでNDPが増加している場合には，NDPとEDPの差額である環境負荷額（帰属環境費用）もまた増加しており，決して望ましい状況ではない．その意味で，EDPは，**持続可能性指標としては不適切である**といわざるを

えない.

9.3.7 維持費用評価法の問題点と政策的評価

日本版 SEEA は,帰属環境費用の推計方法として維持費用評価法を採用し,これによって,金額という単一の尺度で経済と環境の相互関係を把握している.しかし,維持費用評価法には次のような3つの問題点が指摘されている.

(1) ＜環境負荷削減対策の選択＞維持費用評価法では,環境負荷削減対策としてどのような手段を選択するかによって,適用される費用が異なり,したがって評価額に大きな差が出る可能性がある.

(2) ＜排出ゼロ基準の採用＞本来,維持費用を推計する際には,自然環境が持つ自浄能力水準(持続可能な水準)を超えた部分について計算すればよいが,そうした水準を特定することは困難であるため,次善策として,排出ゼロ基準で維持費用を計算している.

(3) ＜対策費用の非線形性＞たとえば SO_x や NO_x の場合,まず除去装置を特定してその費用原単位(除去費用／除去量)を計算し,それに全国の総排出量を乗じる.しかし,わが国のようにすでに一定程度の対策が行われている国では,さらに一層の対策を行うときの費用は,費用原単位に比例して増加するのではなく,非線形的に逓増すると考えられる.

ところで,各種の環境負荷に対して実際に排出削減政策が導入される場合,政策当局が,それぞれの環境負荷に対して削減技術とその費用に関する情報を所有し,かつ公表していることは重要であると思われる.実は,日本版 SEEA は,維持費用評価法で想定した技術を用いた場合の環境負荷削減費用を明示する勘定体系とみなすことができる(作間(1997)).その意味で,維持費用評価法を用いて日本版 SEEA を作成する政策的意義は小さくないと考えられる.

9.4 日本版 NAMEA

9.4.1 日本版 NAMEA の概要

内閣府では,維持費用評価法の3つの問題点を重視し,それらを回避するため,2001年度から日本版 SEEA の推計にかわって日本版 NAMEA の推計を

開始した．日本版 NAMEA は，**9.2.2** 項で紹介したように，オランダの NAMEA と呼ばれる勘定体系を日本向けに改良したもので，その特徴は，経済活動を貨幣単位で表示する一方で，環境負荷を物量単位のままで表示する点にある[6]．

表 9.3 は，日本版 NAMEA を簡略化したものである．日本版 NAMEA では，左上部に国民経済計算体系を行列表示した貨幣単位の国民勘定行列（NAM：National Accounting Matrix）が置かれ，その外側（右および下側）に物量単位の環境勘定（EA：Environmental Accounts）が配置されている．以下では，表 9.3 に基づいて，国民勘定行列（NAM）と環境勘定（EA）の概要を順次解説することにしたい．

9.4.2 国民勘定行列（NAM）

NAM は表側と表頭に同じ分類をもつ正方行列で，同じ名前（番号）をもつ行と列の組が 1 つの勘定を表す．行にはその勘定の収入項目，列には支出項目がそれぞれ記帳される．したがって各勘定について常に行和＝列和が成立する．

NAM は，生産勘定（第 2 行と第 2 列からなる勘定：第 2 勘定）から読み始めると理解しやすい．生産勘定では，434.9（第 1 行第 2 列）の中間消費を支出して 941.5（第 2 行第 1 列）を産出し，468.0（第 4 行第 2 列）の総付加価値と生産への純間接税の支払 38.7（第 6 行第 2 列）を発生させる．このうち付加価値勘定（第 4 勘定）の収入項目である 468.0（第 4 行第 2 列）は，固定資本減耗 98.0（第 4 行第 8 列）を控除し，海外からの雇用者報酬 0.0（第 4 行第 9 列）を加え，海外への雇用者報酬 0.0（第 9 行第 4 列）を減じて，370.0（第 5 行第 4 列）の国民純所得を分配・使用勘定にもたらす．

分配・使用勘定（第 5 勘定）では，まず国民純所得 370.0（第 5 行第 4 列）に加えて，国内部門から各種の税 82.6（第 5 行第 6 列）と海外からの財産所得と経常移転 13.0（第 5 行第 9 列）を受け取る．その一方で，国内部門への所得・富等に課される経常税 44.2（第 6 行第 5 列）と海外部門への財産所得・経常移転 7.4（第 9 行第 5 列）が支払われる．以上の残額が可処分所得となるが，

---

[6] 日本版 NAMEA における環境負荷の物量単位データは詳細なものであるが，これらのデータを，維持費用評価法を用いて貨幣換算すれば，日本版 SEEA を得ることが可能である．

そこからさらに，最終消費 369.8（第 3 行第 5 列）が支出され，残りの 44.2（第 7 行第 5 列）が純貯蓄となる．第 3 行第 5 列に記帳された最終消費 369.8（目的別×部門別）は，第 3 勘定の最終消費勘定によって財・サービス勘定の行である第 1 行第 3 列（財・サービス別×目的別）に転記される．

資本勘定（第 7 勘定）の収入として記録された純貯蓄 44.2（第 7 行第 5 列）は，海外からの資本移転（純）−1.0（第 7 行第 9 列）と統計上の不突合 5.1（第 7 行第 1 列）を加えて，純資本形成 36.4（第 8 行第 7 列）にあてられる．その残額である貯蓄投資差額 11.9 は，第 9 行第 7 列に海外に対する債権の純増として記録される．第 8 行第 7 列の純資本形成 36.4（非金融資産の種類別×部門別）は，非金融資産勘定（第 8 勘定）によって，総資本形成 134.4（第 1 行第 8 列：財・サービスの種類別×非金融資産の種類別）と固定資本減耗 −98.0（第 4 行第 8 列）に分けて記録される．

ここで，第 1 勘定の財・サービス勘定に注目しよう．この勘定は，第 1 行に需要項目として中間消費 434.9，最終消費 369.8，総資本形成 134.4 および輸出 55.3 を，第 1 列には，供給項目として産出 941.5，輸入品に課される税・関税等 −0.2，統計上の不突合 5.1，および輸入 47.9 を持つ．総資本形成 134.4 には意図せざる在庫投資も含まれているので，財・サービス勘定の行和と列和は必ず等しくなる．あわせて，海外勘定を含めたすべての勘定について，行和＝列和が成立していることを確認されたい．

最後に，非金融資産勘定の第 8 列に注目しよう．第 8 列の上部の第 OA 行第 8 列には，非金融資産の期首ストック 2,885.8 が記帳されている．この 2,885.8 に，第 8 列の総資本形成 134.4，固定資本減耗 −98.0 および調整項目 −92.9 を加えることによって，期末ストック 2,829.3 が第 CA 行第 8 列に記帳されている．日本版 NAMEA では，非金融資産は，環境関連資産や社会資本などに分類されることに留意されたい．以上で，NAM の概要が説明された．

9.4.3　環境勘定（EA）

次に環境勘定（EA）にすすもう．表 9.3 に示されているように，EA は，物質勘定（第 10 勘定），環境への蓄積表（第 X 列）および環境問題表（第 11 列）から構成されている．このうち，NAM に隣接する物質勘定は，汚染物質勘定，

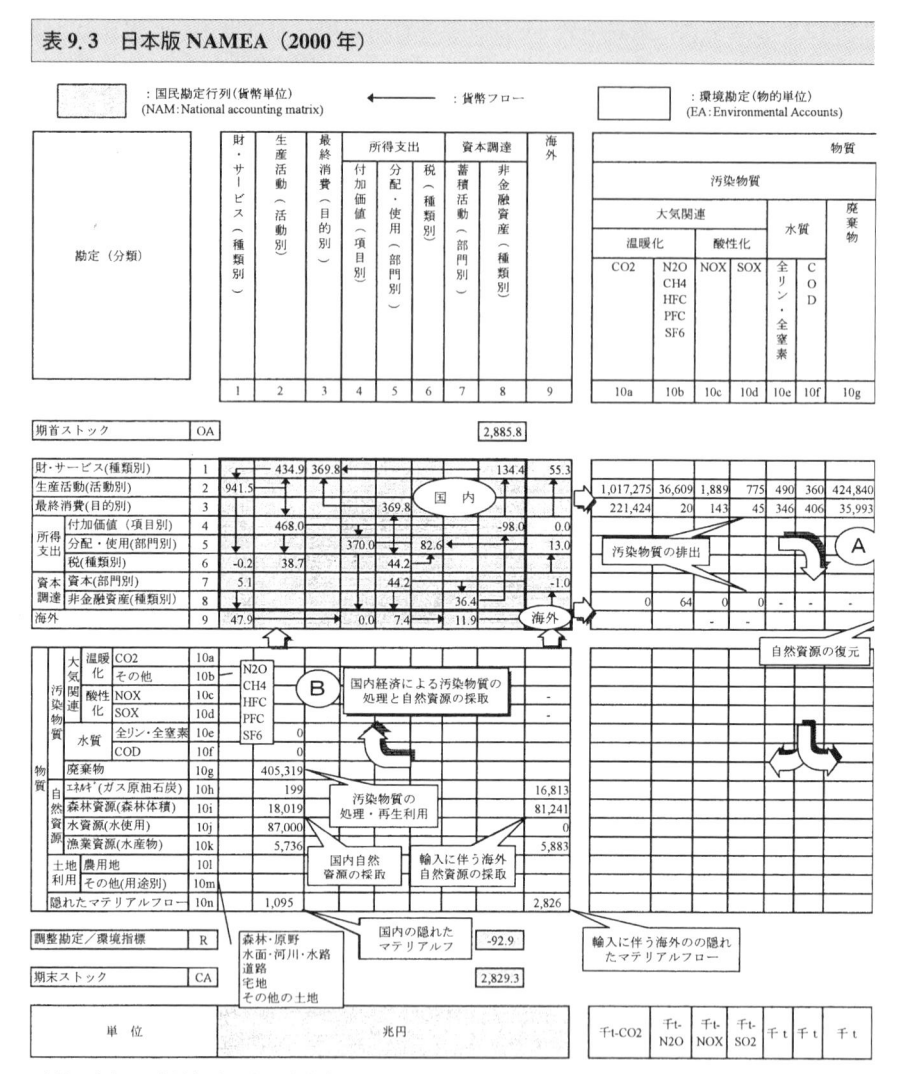

表9.3 日本版 NAMEA (2000年)

勘定(分類)		国民勘定行列(貨幣単位) (NAM: National accounting matrix)								環境勘定(物的単位) (EA: Environmental Accounts)						
		財・サービス(種類別)	生産活動(活動別)	最終消費(目的別)	所得支出			資本調達		海外	物質 汚染物質					
					付加価値(項目別)	分配・使用(部門別)	税(種類別)	蓄積活動(部門別)	非金融資産(種類別)		大気関連				水質	廃棄物
											温暖化		酸性化			
											CO2	N2O CH4 HFC PFC SF6	NOX	SOX	全リン・全窒素	COD
		1	2	3	4	5	6	7	8	9	10a	10b	10c	10d	10e	10f	10g
期首ストック	OA								2,885.8								
財・サービス(種類別)	1		434.9	369.8					134.4	55.3							
生産活動(活動別)	2	941.3									1,017,275	36,609	1,889	775	490	360	424,840
最終消費(目的別)	3					369.8					221,424	20	143	45	346	406	35,993
所得支出 付加価値(項目別)	4		468.0					-98.0	0.0								
分配・使用(部門別)	5				370.0		82.6			13.0							
税(種類別)	6	-0.2	38.7			44.2											
資本調達 資本(部門別)	7	5.1				44.2				-1.0							
非金融資産(種類別)	8							36.4			0	64	0	-	-	-	-
海外	9	47.9			0.0	7.4	11.9										
汚染物質 大気関連 温暖化 CO2	10a																
その他	10b	N2O CH4 HFC PFC SF6															
酸性化 NOX	10c																
SOX	10d																
水質 全リン・全窒素	10e	0															
COD	10f	0															
廃棄物	10g	405,319															
自然資源 エネルギー(ガス原油石炭)	10h	199								16,813							
森林資源(森林体積)	10i	18,019								81,241							
水資源(水使用)	10j	87,000								0							
漁業資源(水産物)	10k	5,736								5,883							
土地利用 農用地	10l																
その他(用途別)	10m																
隠れたマテリアルフロー	10n	1,095								2,826							
調整勘定／環境指標	R	森林・原野 水面・河川・水路 道路 宅地 その他の土地					-92.9										
期末ストック	CA								2,829.3								
単位		兆円									千t-CO2	千t-N2O	千t-NOX	千t-SO2	千t	千t	千t

(注) 本表は, 内閣府(2004)の参考資料1-3を簡略化したものである.

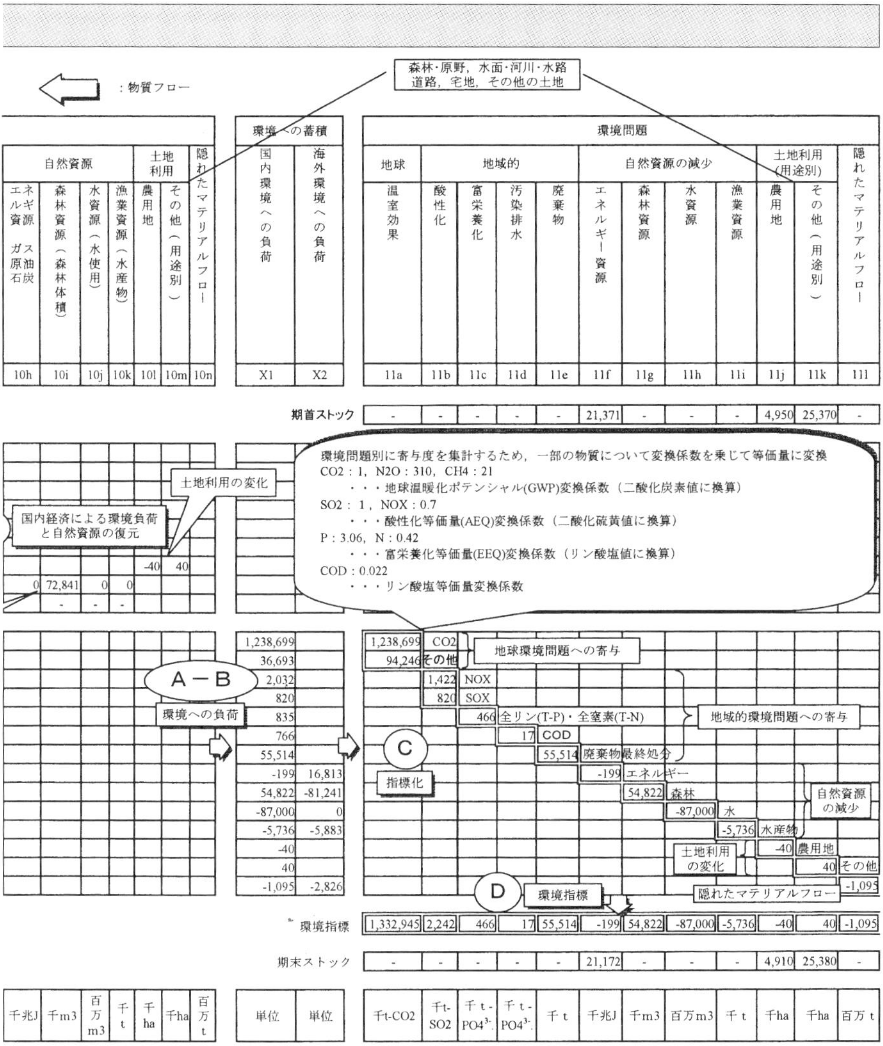
：物質フロー
森林・原野，水面・河川・水路
道路，宅地，その他の土地
自然資源
土地利用
隠れたマテリアルフロー
エネルギー資源　ガス　原油　石炭
森林資源（森林体積）
水資源（水使用）
漁業資源（水産物）
農用地
その他（用途別）
10h 10i 10j 10k 10l 10m 10n
環境への蓄積
国内環境への負荷
海外環境への負荷
X1 X2
環境問題
地球
地域的
自然資源の減少
土地利用（用途別）
温室効果
酸性化
富栄養化
汚染排水
廃棄物
エネルギー資源
森林資源
水資源
漁業資源
農用地
その他（用途別）
隠れたマテリアルフロー
11a 11b 11c 11d 11e 11f 11g 11h 11i 11j 11k 11l
期首ストック　-　-　-　-　-　21,371　-　-　-　4,950　25,370　-
土地利用の変化
国内経済による環境負荷と自然資源の復元
-40　40
0　72,841　0　0
-　-　-
環境問題別に寄与度を集計するため，一部の物質について変換係数を乗じて等価量に変換
CO2：1，N2O：310，CH4：21
・・・地球温暖化ポテンシャル(GWP)変換係数（二酸化炭素値に換算）
SO2：1，NOX：0.7
・・・酸性化等価量(AEQ)変換係数（二酸化硫黄値に換算）
P：3.06，N：0.42
・・・富栄養化等価量(EEQ)変換係数（リン酸塩値に換算）
COD：0.022
・・・リン酸塩等価量変換係数
A－B
環境への負荷
1,238,699
36,693
2,032
820
835
766
55,514
-199　16,813
54,822　-81,241
-87,000　0
-5,736　-5,883
-40
40
-1,095　-2,826
C
指標化
1,238,699　CO2
94,246　その他
地球環境問題への寄与
1,422　NOX
820　SOX
466　全リン(T-P)・全窒素(T-N)
17　COD
55,514　廃棄物最終処分
地域的環境問題への寄与
-199　エネルギー
54,822　森林
-87,000　水
-5,736　水産物
自然資源の減少
-40　農用地
40　その他
土地利用の変化
-1,095
隠れたマテリアルフロー
D
環境指標
環境指標　1,332,945　2,242　466　17　55,514　-199　54,822　-87,000　-5,736　-40　40　-1,095
期末ストック　-　-　-　-　-　21,172　-　-　-　4,910　25,380　-
千兆J　千m3　百万m3　千t　千ha　千ha　百万t
単位　単位
千t-CO2　千t-SO2　千t-PO4³⁻　千t-PO4³⁻　千t　千兆J　千m3　百万m3　千t　千ha　千ha　百万t

自然資源勘定，土地利用勘定，および隠れたマテリアルフロー勘定からなる．物質勘定のうち，A領域には，国内経済による環境負荷（汚染物質の排出や土地利用の変化）と自然資源の復元が記録され，B領域には，国内経済による汚染物質の処理・再生利用や自然資源の採取，あるいは隠れたマテリアルフローが記録される．そしてAからBを控除した物質量が，A−B領域の環境への蓄積表（X列）に，国内（第X1列）と海外（第X2列）に分けて記帳される．

国内環境への蓄積表（第X1列）に記帳された物質量は，さらに環境問題ごとにC領域の環境問題表（第11列）へ記録される．そのうち，汚染物質は，表9.3に示されているように，温室効果や酸性化，富栄養化といった環境問題別に，各汚染物質の寄与度を一定の変換係数を乗じることによって算出し記録する．その他の項目については，環境への蓄積勘定に記録された物質量が，そのまま環境問題別に区分して記録される．最後に，C領域に記録された数字が列方向に集計され，D領域（第R行）に環境問題別の指標として記録される．

なお，C領域の環境問題表（第11列）では，ストックとしての記録が可能な項目について，期首ストックおよび期末ストックを記帳している．

EA部分の記帳方法について，いくつか具体例を挙げて説明することにしよう．たとえば，温暖化物質のCO_2は，生産活動から1,017,275（第2行第10a列），消費活動から221,424（第3行第10a列）だけ排出され，物質勘定のA領域に記録されるが，この合計1,238,699が国内環境への蓄積表の第10a行第X1列に記録される．そして，この物質量がそのまま温室効果への寄与度として環境問題表の第10a行第11a列に記帳される．

CO_2以外の温暖化物質については，N_2O，CH_4，HFC，PFC，およびSF_6について推計しているが，表9.3では，第10b列にまとめて表示している．これらの物質の生産活動からの排出は36,609（第2行第10b列），消費活動からの排出は20（第3行第10b列），各種施設からの漏出は64（第8行第10b列）で，環境への蓄積表の第10b行第X1列には，その合計36,693が記帳される．そして，これらの物質の温室効果への寄与度は，それぞれにCO_2換算係数を乗じて合計94,246として第10b行第11a列に記帳されている．環境問題表の温室効果の列（第11a列）に記帳されたこれら2つの数字は，列方向に合計して，経済活動による温室効果への寄与指標として第R行第11a列に記録さ

れる．

　廃棄物については，生産活動から 424,840（第 2 行第 10g 列），消費活動から 35,993（第 3 行第 10g 列）がそれぞれ排出され，その合計のうち 405,319（10g 行 2 列）が処理施設で処理されたり再生利用されたりする．そして残りの 55,154 が，最終処分量として環境への蓄積表の第 10g 行第 X1 列に記録される．この 55,154 は環境問題表の廃棄物の列（第 10g 行第 11e 列）に記帳され，さらに第 R 行第 11e 列に記録される．

　自然資源については，たとえば森林資源を見ると，18,019（第 10i 行第 2 列）が伐採されて生産活動に投入される一方，72,841（第 8 行第 10i 列）の自然成長があり，その結果として 54,822（第 10i 行第 X1 列）の純蓄積が示されている[7]．なお，輸入木材については，海外で伐採され，海外の経済活動を通じて国内に輸入されることから，海外の列（第 10i 行第 9 列）に記帳される．

　土地利用については，どの部門がどのような用途変更を行ったかを示すために，第 7 行の第 10l 列と第 10m 列に，それぞれの変化量が記帳されている．

　隠れたマテリアルフロー勘定については，若干の説明が必要である．これは，地下資源の採取や建設活動などに伴って採取・掘削されるが，一度も経済的に利用されることなく廃棄される物質フローをいう．金属資源の採掘に伴って掘削される表土・岩石や，建設活動により掘削される土などが具体例である．

　表 9.3 では，隠れたマテリアルフローを掘削面で推計し，国内で発生した 1,095 と，資源輸入等に伴って海外で発生した 2,826 を，それぞれ物質勘定の B 領域である第 10n 行第 2 列と第 10n 行第 9 列に記帳し，さらに，それぞれに負の符号をつけた数字を，国内環境への負荷表（第 10n 行第 X1 列）と海外環境への負荷表（第 10n 行第 X2 列）に記帳している．環境問題表の第 10n 行第 11l 列とその下の環境指標の第 R 行第 11l 列には，国内発生分の－1,095 だけが記帳される．以上で，EA の概要が示された．

9.4.4　日本版 NAMEA の特徴と問題点

　オランダの NAMEA に対する日本版 NAMEA の重要な特徴の 1 つとして，

7）　管理下にある森林の成長は，生産活動の行（第 2 行第 10i 列）に記帳する方が適切かもしれない．

環境問題表へのストック勘定の導入を挙げることができる[8]．

　9.4.5項で言及するように，通常，持続可能性指標を定義する際には，データの入手が比較的容易なGDPのような経済フローや，環境負荷量ないし資源投入量のような環境フローを用いる．しかしながら，いうまでもなく，経済社会が環境から被害を受けるのは，今期発生した環境負荷量や資源投入量ではなく，過去から現在までに蓄積され，悪化した環境負荷量や資源投入量のストックにほかならない．現時点では，環境ストックの記帳はデータの入手が困難なため十分ではないが，今後の大きな課題であると思われる．

　一方，日本版NAMEAの問題点は，環境データの物量表示に見出すことができる．もとより日本版NAMEAの日本版SEEAに対する最大の相違点は，環境データをすべて物量単位のみで評価し，**9.3.7**項で言及したような貨幣評価の問題を発生させないという点にあった．

　しかし，さまざまな物質の環境負荷量や資源投入量が物量単位で表示されていても，その数値を見ただけで，それが引き起こす環境問題を未然に防ぐ対策費用や，その環境問題が実際に発生したときの被害額を，どれだけ正確に把握できるだろうか．とくに，そうした貨幣情報を，政策担当者は事前に試算しておく必要はないのであろうか．

　その意味で，**9.3.7**項の後半で紹介した作間（1997）の見解には説得力があると思われる．環境データを貨幣評価するには物量データが不可欠であるので，問題は，環境データは物量表示されるべきか，それとも貨幣評価されるべきか，ということではない．物量表示の日本版NAMEAを作成し，加えて，環境データを貨幣評価する手法を備えておくことが肝要であると思われる．

9.4.5　環境効率改善指標

　内閣府（2004）では，日本版NAMEAの作成とあわせて，持続可能性指標の1つとして，次のような**環境効率改善指標**を提案している[9]．

---

[8]　日本版NAMEAのさまざまな改良点については，河野編（2005）第10章，p.183を参照．
[9]　このタイプの指標は，OECD等ではデカップリング指標と呼ばれている．

環境効率改善指標
$$= \left(1 - \frac{\text{期末の環境負荷/期首の環境負荷}}{\text{期末の経済的駆動力/期首の経済的駆動力}}\right) \times 100$$

ここで，経済的駆動力とは，直接・間接に環境負荷を発生させる経済活動指標のことで，GDPや最終消費支出などが代表的な例である．この指標は，たとえばGDPの増加率より環境負荷の増加率が同じまたは小さく，その結果としてこの式の値が非負の値をとるときに，環境効率は改善しているとみなし，そうでないときに負の値をとって，環境効率が悪化しているとみなす．

しかし，この指標は経済活動と環境負荷の相対的関係を表す効率性指標であり，環境負荷の増加率が大きいときでも，GDPの増加率がそれを上回るときには，環境効率の改善を示してしまうことに注意が必要である．絶対的な持続可能性指標としては，このようなフロー概念に基づいた指標ではなく，ストック概念に基づいた指標が必要であろう．

9.4.6 環境経済統合勘定の今後の課題

本章をむすぶにあたって，環境経済統合勘定が抱える今後の課題について言及しておくことにしたい．

課題の第1は，**地域版環境経済統合勘定**の開発である．すべての環境問題は個々の地域で発生し，そしてその影響が広い範囲に及んでいく．したがって，*Think Globally, Act Locally* の標語を持ち出すまでもなく，地域レベルで環境経済統合勘定を作成し，それに基づいて地域レベルで適切な原因把握と政策の立案・実行が求められる．実は，**地域版 SEEA** や**地域版 NAMEA** については，すでにいくつかの試算例があり，現在も内閣府において，地域版NAMEAの調査研究が行われている[10]．

---

10) 地域版 SEEA については，富山県版が青木・桂木・増田（1997），北海道版は林（2004），そして東京都版については，東京都職員研修所調査研究室（1999）『平成10年度東京都環境経済統合勘定の試算に関する調査研究報告書』（内部資料）にある．地域版 NAMEA については，内閣府による試行版として兵庫県版 NAMEA が芦谷・有吉・宮近（2006）に示されている．また，北海道版 NAMEA については，山本充（2004）「北海道 NAMEA の試算」『草地生態系の物質循環機能を考慮した酪農の持続的生産体系と LCA 分析（平成13年度～平成15年度科学研究費補助金（基盤研

第2の課題は，**企業環境会計**や**自治体環境会計**とのリンクである[11]．1999年以来，環境省の**環境会計ガイドライン**（最新版は環境省（2005））に準拠して環境会計を作成・公表する企業は急増しており，さらに，近年では，自治体環境会計を作成し，環境施策の評価とその開示に活用する自治体も増えている．

　環境会計ガイドラインに基づく環境会計は，企業等の内部での意思決定への寄与と，外部に対する説明責任の履行を目的に作成されるもので，企業等が行った環境保全対策の費用（貨幣単位），それによる環境保全効果（物量単位），および環境保全対策に伴う自社の財務上の経済効果（貨幣単位）が，それぞれ数値およびそれを説明する記述情報によって記録される．

　また，自治体環境会計については，環境会計ガイドラインを参考にしながら庁舎内での環境保全対策費用とその効果を記録する庁舎管理型と，自治体が環境基本計画にもとづいて行う環境施策の費用とその効果を記録する地域管理型に分類される（河野（2001））．

　これらの環境会計については，自らが実施した環境保全対策ないし環境施策の費用とその効果のみが対象とされ，したがって，実施されなかった環境保全対策ないし環境施策については記録の対象外となる点に留意が必要である．とくに自治体レベルについては，地域版環境経済統合勘定が，当該地域の企業，消費者および自治体等のすべての経済活動とそれらがもたらす環境負荷の関係を記録の対象としているのに対して，地域管理型自治体環境会計は，詳細な記述情報を付加しているものの，基本的には自治体が実施した環境施策の費用とその効果のみを記録の対象としている点が気にかかるところである．

　今後は，企業環境会計，自治体環境会計，地域版環境経済統合勘定，および日本版環境経済統合勘定の担当者が相互に交流し，修正・改良を通じて関係性を深めることによって，地域レベルでのより的確な環境経済相互関係の把握と，それに基づく有効な政策立案が可能となることを大いに期待したい．

究（B）（2）研究成果報告書）』，pp.69-112，にある．
11）河野（2001）および河野編（2005）には各種環境会計についての詳細な解説があり，参考になる．

第 9 章　環境経済統合勘定　　　201

> 練習問題

練習問題 9.1　年々の環境負荷額（帰属環境費用）が減少傾向にあり，NDP よりも速いペースで EDP（グリーン GDP）が増大しているとき，無条件に持続可能な状況にあるといってよいだろうか．この状況について考察し論述しなさい．

練習問題 9.2　環境負荷は物量単位で表示すべきか，あるいは貨幣換算して表示すべきかについて検討し，理由を付して論述しなさい．

練習問題 9.3　環境効率改善指標の問題点について，数値例を挙げて説明しなさい．

> 参考文献

青木卓志・桂木健次・増田信彦（1997）「地域における環境・経済統合勘定－富山県の場合」『研究年報』第 22 巻，富山大学日本海経済研究所，pp.1-57.

芦谷恒憲・有吉範敏・宮近秀人（2006）「兵庫県環境経済統合勘定の開発と推計」『産業連関－イノベーション&I-O テクニーク』第 14 巻第 3 号，環太平洋産業連関分析学会，pp.58-70.

有吉範敏（1997）「グリーンＧＤＰと持続可能な発展」清正寛・丸山定巳・中村直美編『現代の地域と政策』九州大学出版会，第 5 章，pp.105-122.

Commission of the EC, IMF, OECD, United Nations, and World Bank (1993) *System of National Accounts 1993*, United Nations（経済企画庁経済研究所国民所得部（1996）『1993 年改訂：国民経済計算の体系』（社）経済企画協会）.

古井戸宏通（2006）「環境勘定用語集」(http://www.geocities.com/furu5362/era.htm).

林岳（2004）「地域における第一次産業の持続可能な発展に関する分析―北海道地方を事例とした環境・経済統合勘定の構築と推計」『農林水産政策研究』第 8 号，pp.1-22.

Hicks, John R. (1946) *Value and Capital : An Inquiry into Some Fundamental Principles of Economic Theory*, 2nd ed., Clarendon Press, Oxford, Chap.XIV, pp.171-188（安井琢磨・熊谷尚夫訳（1951）『価値と資本Ⅰ・Ⅱ』岩波書店，第 14 章，pp.247-273）.

河野正男（2001）『環境会計－理論と実践』中央経済社.

河野正男編（2005）『環境会計 A－Z』ビオシティ.

環境省（2005）「環境会計ガイドライン 2005 年版」(http://www.env.go.jp/policy/kaikei/).

Keuning, Steven J., Jan van Dalen, and Mark de Haan (1999) "The Netherlands' NAMEA : presentation, usage and future extensions," *Structural Change and*

Economic Dynamics, vol.10, pp.15-37.

内閣府経済社会総合研究所国民経済計算部（1998）「環境・経済統合勘定の試算について」(http://www.esri.cao.go.jp/jp/sna/kouhyo.html#sateraito).

内閣府経済社会総合研究所国民経済計算部（2004）「新しい環境・経済統合勘定について」(http://www.esri.cao.go.jp/jp/sna/kouhyo.html#sateraito).

作間逸雄（1997）「環境費用を統計に組み込むには」『経済セミナー』12月号，pp.29-33.

United Nations (1993) *Handbook of National Accounting: Integrated Environmental and Economic Accounting, Interim version,* United Nations（経済企画庁経済研究所国民所得部（1995）『国民経済計算ハンドブック：環境・経済統合勘定』).

United Nations (2004) *Handbook of National Accounting :Integrated Environmental and Economic Accounting 2003,* Final draft circulated for information prior to official editing, http://unstats.un.org/unsd/envAccounting/seea.htm.

United Nations (2004), *Handbook of National Accounting :Integrated Environmental and Economic Accounting 2003,* Final draft circulated for information prior to official editing, http://unstats.un.org/unsd/envAccounting/seea.htm.

コラムで考えよう	環境資源のご利用は計画的に

　持続可能性指標を考えるとき，絶対的な指標としては，フロー概念ではなくストック概念に基づいた指標が必要であるかもしれない．ストック概念にもとづく指標開発にあたっては，**ヒックス**（J. R. Hicks）**の所得概念**が参考になる（Hicks (1946)）．ヒックスは，所得を計算する実際的目的を，人々が貧しくなることなしに消費することのできる額を指示することによって，思慮ある行動の指針として役立つことにあるとし，所得を，「人々が1週間のうちに消費し得て，しかもなお週末における経済状態が週初におけると同一であることを期待しうるような最大額」として定義した．たとえば，週の利率が10%のとき，週初に110万円の預金残高（ストック）を持つ人は，最大10万円まで引き出して消費にあてても，残金の100万円が10%の利子によって週末には週初と同じ110万円になる．したがって，この人のこの週の所得額は10万円というわけである．

　このヒックスの所得概念を一国の環境問題に適用すると，「ストックとしての自然環境が悪化しないよう維持しながら一国経済が生み出しうる最大生産額」と読み替えることができる．これは，環境負荷（環境負債）を累積させないような思慮ある行動の指針としての事前概念であり，1つの持続可能性概念ではないだろうか．

　昨今の消費者金融の広告コピーではないが，"ご利用は計画的に"というわけである．

もし，計画的な利用が出来なければ，自然環境からの悪質な取り立て（悪化した自然環境からの重大な被害）にあわないとも限らない．

ただし，このような事前概念としての持続可能性概念は，実際のところ計算することが困難である．たとえば，もし，廃物の受け皿としての自然環境と資源供給源としての自然環境を，ともに一定水準に維持できる最大可能な自然資源投入量を計算することができれば，そこから今期の持続可能な GDP を導くことができるし，その GDP は，そうした最大可能な自然資源投入量の生産者や消費者への適切な割り当てによって実現可能であると思われる．しかしながら，そのような持続可能な最大自然資源投入量の算出は容易ではないであろう．

なお，本コラムに関連しては有吉（1997）pp.114-119 もあわせて参照されたい．

第10章 環境分析用産業連関表の作成と利用

10.1 はじめに[1]

　本章に先立つ3つの章（第7〜9章）では，自然環境の価値や環境負荷を，どのような手法で把握し，記録（表章）するか，という問題が論じられてきた．とくに第9章では，マクロ的な観点から，SNAのサテライト勘定としての環境経済統合勘定が取り上げられた．本章では，経済効果の予測をはじめさまざまな場面で広く経済分析に用いられている**産業連関表**に注目し，それが，環境評価ないし環境分析にどのように応用されているのかを解説する．

　人口増大と人類の社会経済活動の活発化により，オゾン層の破壊，気候変動と気候温暖化，大気汚染，廃棄物問題，海洋汚染，水質の悪化，土壌の劣化，森林破壊，生物多様性の危機，そしてエネルギーの枯渇といった地球規模での環境問題が顕在化し，人間の社会活動や生命そのものを規制する社会的問題として認識されるにいたっている．とくに，化石燃料の燃焼によって引き起こされる地球温暖化問題については，地球温暖化を防止するための国際的な協力体制が提案され，また，日本国内においても，リサイクルや循環型社会に向けての枠組みが法案化されてきた．そして，国際的国内的な環境保全型社会のあり方をめぐる議論は，産業連関計算にも影響を与え，今日的な環境評価法として，**環境分析用産業連関計算**が開発されることとなった．

---

[1] 本章は，産業連関表とその分析手法をある程度前提にして議論が展開される．産業連関表ないしその分析手法の基礎的内容については，本書と同じ「現代経済学のコア」シリーズの藤田渉・福澤勝彦・秋本耕二・中村博和編『経済数学』第7章の pp.225-242 を参照されたい．

本章は，環境問題に対応するために開発された環境産業連関計算について，はじめに，環境分析用産業連関表の基本的な表章形式と分析モデルを概説し，つぎに，具体的な分析事例を示すことによって分析手順を確認し，最後に，少し発展的な展開を追うことによって，今日的な環境分析用産業連関計算の全体像を紹介したい[2]．

10.2 環境分析用産業連関表の作成方法

10.2.1 基本的な表章形式

1970年，国際公害シンポジウム（東京）における**レオンチェフ**（W. W. Leontief）の講演：「環境波及と経済構造」をきっかけとして，産業連関表を環境分析に適用する研究が開始され，それに基づいて，わが国において，通産省が1968年と73年を対象とした「産業公害分析用産業連関表」を作成した．同表は，公害除去活動アクティビティを明示的に示し，硫黄酸化物，水質汚濁および産業廃棄物の排出状況を把握可能であり，今日の産業連関表とは異なる表章形式に基づいて作成・公表されていた．

その後，「公害分析用産業連関表」の作成は行われなかったが，近年，新たな環境問題として，地球温暖化問題が脚光浴びることによって，経済活動とエネルギー消費量および環境負荷の関係を詳細に分析することが必要になった．そのために開発された表が「**環境分析用産業連関表**」である．

図10.1は，慶應義塾大学産業研究所の環境問題研究グループが作成した環境分析用産業連関表の基本構成を示している[3]．図にそって，表の作成方法を概説していこう．

図中のAは，総務省が公表する産業連関表であり，環境表を作成するために，1985年表と1990年表は，**取引基本表**を部門統合して正方化し，約400部

---

[2] 本章で示すCO_2の値は，すべてCO_2換算値である．
[3] 環境産業連関表の詳細な作成方法については，1990年表年は産業研究所環境問題分析グループ（1996）の第1章と第2章，1995年表は朝倉他（2001）の第1章と第2章，2000年表は中野（2005）を参照せよ．なお，2000年表については，作成・利用報告書が出版される予定であり，本章の基本的な値は，1990年表または95年表を利用している．

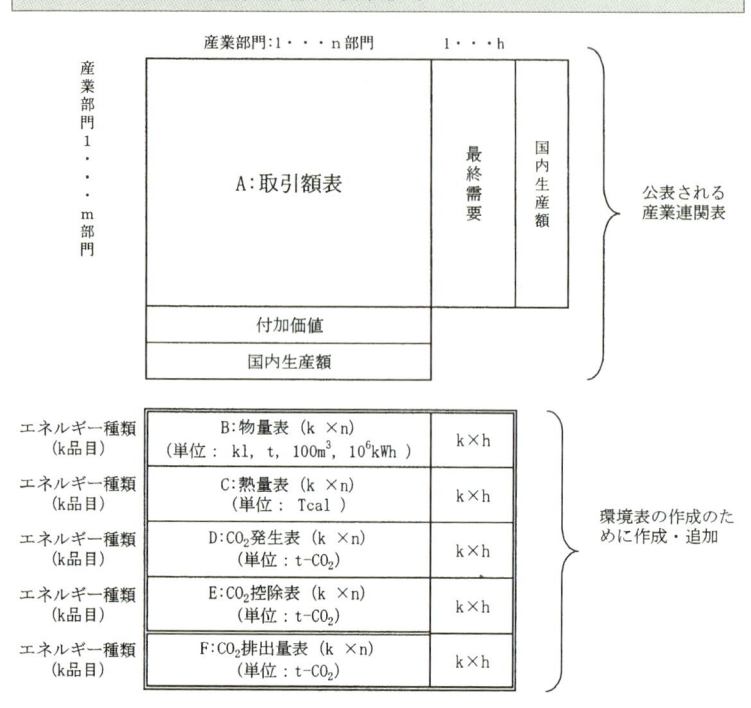

図 10.1 環境分析用産業連関表の表章形式

	産業部門:1···n 部門	1···h	
産業部門 1···m 部門	A:取引額表	最終需要	国内生産額
	付加価値		
	国内生産額		

右側括弧: 公表される産業連関表

エネルギー種類 (k 品目)	B:物量表 (k×n) (単位: kl, t, 100m³, 10⁶kWh)	k×h
エネルギー種類 (k 品目)	C:熱量表 (k×n) (単位: Tcal)	k×h
エネルギー種類 (k 品目)	D:CO₂発生表 (k×n) (単位: t-CO₂)	k×h
エネルギー種類 (k 品目)	E:CO₂控除表 (k×n) (単位: t-CO₂)	k×h
エネルギー種類 (k 品目)	F:CO₂排出量表 (k×n) (単位: t-CO₂)	k×h

右側括弧: 環境表の作成のために作成・追加

(注) 産業研究所環境問題分析グループ(1996), 朝倉他(2001), 中野(2005)より作成.

門で構成されるが，1995年表と2000年表は，取引基本表をそのまま使用している(1995年表は，519部門(行)×403部門(列), 2000年表は，517部門(行)×405部門(列)).

Bの部分は，各部門が経済活動のために投入した約50種類のエネルギー財を種類別に物量(t, kl, 1000m³等)で表示した表であり，「**物量表**」と呼ぶ.「物量表」は，産業連関表に付帯している物量表の値をベースに使用し，それ以外のエネルギー財について，公表統計等から作成している.

Cの部分は，Bの「物量表」を熱量に換算した「**熱量表**」である.「熱量表」は，「物量表」と同じ種類のエネルギー財について「物量単位あたり発熱量」を別途作成し，物量表にかけることによって作成される.

表 10.1　部門別 CO_2 排出量（上位 5 部門）

(単位：百万 t-CO_2)

	1990 年		1995 年		2000 年	
	部門	排出量	部門	排出量	部門	排出量
1 位	電力・ガス・熱供給	343.7	電力・ガス・熱供給	371.5	電力・ガス・熱供給	413.0
2 位	運輸	175.9	運輸	208.1	運輸	194.5
3 位	民間消費支出	120.8	民間消費支出	149.8	民間消費支出	176.9
4 位	鉄鋼	102.8	窯業・土石製品	100.0	鉄鋼	96.5
5 位	窯業・土石製品	99.9	鉄鋼	96.7	窯業・土石製品	88.9
	その他	364.7	その他	391.6	その他	364.5
	排出量計	1,207.9	排出量計	1,317.8	排出量計	1,334.3

(注)　産業研究所環境問題分析グループ (1996), 朝倉他 (2001), 中野 (2005) より作成.

　最後に，D，E，F の部分を，それぞれ「CO_2 発生表」，「CO_2 控除表」，「CO_2 排出量表」と呼ぶ．「CO_2 発生表」は，投入されたエネルギー財の炭素分がすべて CO_2 に転化したことを前提にして CO_2 排出量を計測した表である．しかし，投入されたエネルギー財のなかで，CO_2 を生成しない部分があり，それを「CO_2 控除表」として計測する．

　「CO_2 控除表」は，2 つの方法によって作成される．第 1 の方法は，「燃焼比率方式」であり，それは，投入されたエネルギー財が原料として使用され，燃焼されなかった値を推計して，控除量とする方法である．第 2 の方法は，「炭素収支方式」であり，産出物に含まれる炭素分を推計して，控除量とする方法である．どちらの方法を採用するかは，部門によって異なるが，大半の部分は，「燃焼比率方式」を採用している．そして，「CO_2 発生表」から「CO_2 控除表」を引き，実際の CO_2 排出量を示す「CO_2 排出量表」が作成される．

　表 10.1 は，図 10.1 から計測される部門別 CO_2 排出量を約 30 部門に統合し，CO_2 排出量上位 5 部門を示している．それによれば，わが国の CO_2 排出量は，1990 年から 2000 年にかけて，12.1 億トンから 13.3 億トンへと増加していることがわかる．また，CO_2 排出量の上位部門を見てみると，3 時点において，電力・ガス・熱供給部門，運輸部門および民間消費支出（最終需要部門）が上位を占めている．とくに，電力・ガス・熱供給部門は，90 年では 3.4 億トン，95 年では 3.7 億トン，2000 年では 4.1 億トン排出し，CO_2 負荷の最も高い産業部

門となっている．

10.2.2 基本的な計数値

今日的な環境評価法は，「**ライフサイクル・アセスメント**（LCA：Life Cycle Assessment）」の枠組みでとらえられる[4]．LCA は，ある製品やシステムの製

図10.2　産業連関計算の波及図

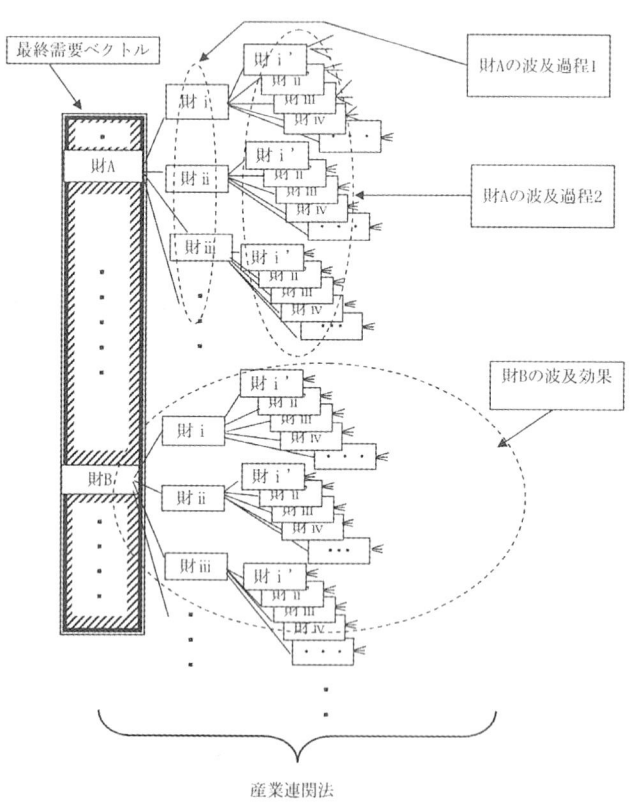

(注)　産業連関計算の波及過程をイメージして，作成．なお，図中の「財」は「財・サービス」である．

---

4) LCA の基本的な考え方や「積み上げ法」と「産業連関法」の手法的な比較については，たとえば，未踏科学技術協会・エコマテリアル研究会（1995）を参照せよ．

造過程,運用過程および最終的な廃棄過程において,投入されるエネルギー,財,サービスと排出される環境負荷を把握し,環境影響を評価する手法である.

LCA の枠組みにおける環境産業連関計算の特徴点は,図 10.2 が示すように,評価対象となるシステムが**最終需要ベクトル**として設定されるならば,それを構成する財・サービスごとに,財 A →財 A を製造するために必要な財・サービス(財 A の波及過程 1)→波及過程 1 の財・サービスを製造するために必要な財・サービス(財 A の波及過程 2)→……という過程が包括的に(「直接間接」的に)把握され,その生産過程で排出される環境負荷量がモデル計算されることである.

しかし,最終需要の波及効果は,最終需要そのものの大きさや構成によって左右される.したがって,「単位当たり(=100 万円)」の生産活動から発生する CO_2 負荷を基本的な計数値としてデータベース化し,環境負荷の観点から財・サービスの特徴点を整理する必要がある.ここでは,「**単位当たりの直接間接 CO_2 排出量**」を計測するために必要な基本的な手順を示す.

図 10.1 の環境分析用産業連関表が作成されると,2 つの基本係数が計測される.その第 1 は,産業部門別 CO_2 排出量を国内生産額で割った値(生産過程の直接 CO_2 排出係数)であり,その第 2 は,財・サービスの「消費」過程から発生する CO_2 排出量を消費額で割った値(消費過程の CO_2 排出係数)である(もちろん,レオチェフ逆行列は,公表産業連関表から計測される)[5].2 つの基本係数を利用して,第 j 部門の単位当たりの直接間接 CO_2 排出量は,次のように計算される[6].

$$CO2_j = \left(\mathbf{CO2}^\mathrm{p}(\mathbf{I}-\mathbf{A})^{-1}+\mathbf{CO2}^\mathrm{f}\right)\mathbf{f}_{(j)} \tag{10.1}$$

$$CO2_j = \left(\mathbf{CO2}^\mathrm{p}(\mathbf{I}-(\mathbf{I}-\widehat{\mathbf{M}})\mathbf{A})^{-1}+\mathbf{CO2}^\mathrm{f}\right)\mathbf{f}_{(j)} \tag{10.2}$$

ただし,$CO2_j$:第部門の国内生産額 1 単位当たりの直接間接 CO_2 排出量

---

5) 消費過程の CO_2 排出係数については,単純な割り算ではないため,その詳細は,朝倉他(2001)p.50 を参照されたい.
6) (10.1) 式と (10.2) 式の違いは,輸入財の取り扱い方法である.ある財を国内で製造するためには,国内財だけでなく輸入財も必要である.(10.1) 式は,輸入財を国内の同一の産業部門で製造したと仮定して CO_2 排出量を計測するモデルであり,(10.2) 式は,輸入財の製造過程から発生する CO_2 負荷を控除して CO_2 排出量を計測するモデルである.

表10.2 財・サービス1単位当たり直接間接 CO_2 排出量

(単位：kg-CO_2)

部門番号	産業部門名	生産過程	消費過程	合計
011101	米	1,415	0	1,415
011102	麦類	2,382	0	2,382
011201	いも類	1,613	0	1,613
011202	豆類	1,576	0	1,576
011301	野菜	2,251	0	2,251
011401	果実	1,267	0	1,267
011501	砂糖原料作物	1,831	0	1,831
⋮	⋮	⋮	⋮	⋮

(注) 朝倉他（2001）表2-5を一部抜粋．(10.2) 式の生産過程からのCO_2排出量と消費過程からのCO_2排出量を区分している．

$CO2^P$：財・サービスの生産過程の CO_2 排出係数（行ベクトル）
$CO2^f$：財・サービスの消費過程からの CO_2 排出係数（行ベクトル）
$f_{(j)}$：第要素のみ1でその他の要素が0である最終需要ベクトル
I：単位行列
$\widehat{M}$：輸入係数行列（対角化）
A：投入係数行列

　(10.1) 式，または (10.2) 式で計算される値は，図10.2の最終需要ベクトルにおいて，たとえば，財 B＝100万円，その他の財＝0円に設定し，点線で囲んだ複数の部門にまたがる波及過程（財 B の波及効果）から排出されるCO_2量を合算した値と解釈されたい．その具体例を表10.2で示しており，それは，「米を100万円生産するならば，直接間接的に1.4トンのCO_2が排出される」「麦類を100万円生産するならば，直接間接的に2.4トンのCO_2が排出される」等々を意味しており，同データベースから，財・サービスごとに比較可能な環境負荷の高低が把握される．

図 10.3 最終需要の作成方法

①環境評価の対象となる財・システム物量情報		②10桁コード分類体系の対応			③環境 IO の対応（価額）		④商業・輸送マージン付加	
構成財	物的投入量	構成財	10桁コード分類		IO表分類	価額	IO表分類	価額
			部門分類	単価				
財1	a	財1	財A′	p_a	財A	a×(p_a)	財A	a×(p_a)
財2	b	財2	財B′	p_b	財B	b×(p_b)	財B	b×(p_b)
財3	c	財3	財C′	p_a	財C	c×(p_a)	財C	c×(p_a)
財4	d	財4	財D′	p_b	財D	d×(p_b)	財D	d×(p_b)
・	・	・	・	・	・	・		
・	・	・	・	・	・	・		
・	・	・	・	・	・	・		
							商業・輸送マージン	m_1
								m_2
								・
								・

(注) 最終需要ベクトルの作成過程をイメージして，作成．

10.3 オープン型環境産業連関計算の基本モデル

ある財・システムの環境負荷を**オープン型環境産業連関モデル**によって計算するならば，輸入財の取り扱いによってモデルが異なるが，その基本型は，

$$CO2 = \widehat{CO2}^P(I-A)^{-1}f \tag{10.3}$$

$$CO2 = \widehat{CO2}^P(I-(I-\widehat{M})A)^{-1}f \tag{10.4}$$

ただし，CO2：部門別直接間接 CO_2 排出量ベクトル
　　　　$CO2^P$：財・サービスの生産過程の CO_2 排出係数（対角化）
　　　　f：評価対象となる財・技術システムの最終需要ベクトル

である[7]．環境産業連関表が完成したならば，環境評価の対象となる技術システムを，最終需要ベクトル f として作成すればよい．ここでは，図 10.3 にそって，最終需要ベクトル f を作成する基本手順を確認しよう．

---

7) 基本モデルが煩雑になるため，消費過程からの CO_2 排出量は，モデル上に明示していない．

手順1：環境評価する財やシステムの構成素材を物量レベルで整理する（①）．

手順2：①の物量情報を「部門別品目別国内生産額表（通称：単価表＝10桁コード分類体系）」に対応づける（②）[8]．

手順3：①の物量に②の単価を掛け，価額を計算し，産業連関表の部門分類に格付けする（③）．

手順4：③の財A，財B，財C，財D，……ごとに，商業・輸送マージンを計測後，合算し，③に付加する（④）→最終需要ベクトルfの完成．

手順1から手順4が最終需要ベクトルの基本的な作成方法である．しかし，最終需要ベクトルを作成する過程においては，補完的あるいは代替的な手順をもちいる必要性が生じてくる．たとえば，手順1から手順2の過程において，①のある財の単価が「部門別品目別国内生産額表」から得られないならば，さらに詳細に分類された『日本貿易月表』から計測される単価を利用したり，報告書等に掲載される単価・価額や聞き取り調査等によって得られる単価・価額を『接続産業連関表』の「部門別インフレータ一覧表」を用いて対象年次に対応させたりする．また，完成された最終需要ベクトル（④）において，財の構成に関する情報が欠落しているのならば，①と類似した産業連関表の内生部門のベクトルの品目構成を利用する場合もあるだろう．

手順1から4によって最終需要が作成され，モデル式（10.3）または（10.4）を適用することによって，図10.2で示した波及過程にそって，CO_2排出量が計測される．そして，環境分析用産業連関計算は，CO_2排出係数のベースとなる環境分析用産業連関表と最終需要ベクトルの作成精度によって，分析の有効性が左右されることを理解しておいていただきたい．

環境分析用産業連関表の作成・公表に対応して，いろいろな技術システムの最終需要ベクトルが作成され，環境負荷が計測されている．それについては，たとえば朝倉（2006，表4.1，pp.86-91），WGⅡ（2002，早見他：Ⅰ-1章，表3，pp.19-

---

[8] 「部門別品目別国内生産額表」は産業連関表の計数編（1）に掲載されている．

20) を,また,分析事例を合本した文献としては,朝倉他 (2001),産業研究所環境問題分析グループ (1996),吉岡他 (2003),WGⅡ (2002) 等を参照されたい.

10.4 研究事例:宇宙太陽発電衛星の CO_2 負荷計算

10.4.1 宇宙太陽発電衛星への着目

本節は,宇宙太陽発電衛星の CO_2 負荷の計算過程を概説し,環境分析用産業連関分析の基本的な手順を具体的に確認したい[9]。

表10.1では,日本の CO_2 排出量の上位部門を示したが,世界各国の部門別 CO_2 排出状況を見ても,上位部門は電力生成部門である.それは,各国の電源構成や財・サービスの生産活動のために直接的間接的に電力を必要とすることからも類推できる.したがって,多くの論者によって,発電効率の上昇,廃熱の再利用,そして,自然エネルギーそのものを利用して,化石燃料の依存度を下げる発電方法等が研究されてきた.とくに,太陽光発電は,火力発電所のように CO_2,NOx および SOx を排出しないこと,原子力発電のように放射性廃棄物が出ないことから,クリーンなエネルギーとして注目されてきた.しかし,発電量が天候に左右されることや夜間には発電ができないことから,安定的な電力供給が難しい.

ゆえに,われわれは,**化石燃料の依存度**が低く,安定的な電力供給が可能な未来型の発電方法として,宇宙太陽発電衛星 (SPS:Solar Power Satellite) に着目してきた.しかし,SPS システムは,宇宙空間を利用した大規模な発電システムであることから,SPS システムの建設・運用時に,直接的間接的に膨大な CO_2 が排出されることが予想される.

本節は,SPS システムの有効性を評価するために,はじめに,SPS システ

---

[9] 本節は,環境産業連関計算の手順を確認することが目的であり,詳細な推計に興味がある読者は,吉岡他 (1998a) を参照されたい.また,SPS システムの最終需要ベクトルは,本節で用いた DOE/NASA リファレンスシステムに基づくベクトルだけでなく,日本に導入するケースや新しい SPS システムのベクトルも作成し,CO_2 負荷を計算しているが,本章では触れない.なお,推計には 1990 年環境産業連関表を利用している.

ムの全体像を概観し，次に，環境分析用産業連関分析の手法にもとづいて，同システムの CO_2 負荷を計算し，最後に，CO_2 負荷の観点から，SPS と他の発電方式との比較研究を試みる．

10.4.2 SPS システムの基本構成と CO_2 負荷計算の対象範囲

はじめに，太陽発電衛星（SPS）の基本的なシステム構成を説明し，CO_2 負荷計算の対象となるシステムの範囲を明確にしておく．SPS の構想は，1968年にアメリカのグレイザー（P. E. Glaser）が提案し，1978年にアメリカのエネルギー省（DOE：Department of Energy）と航空宇宙局（NASA：National Aeronautics and Space Administration）が，通称リファレンスシステムと呼ばれる SPS を発表した（以下では，DOE/NASA リファレンスシステムと呼称する）．

図10.4は，SPS の基本構成を示している．図の上部の構造物が太陽電池を搭載した太陽発電衛星であり，大きさは 5km×10km である．太陽発電衛星で発電した電力は高周波マイクロ波に変換され，地上へ送られる．図の下部の構造物がレクテナであり，電力マイクロ波を受電し，各産業・家計に送電する機能を持つ．大きさは 10km×13km である．

図10.4は，SPS の主要な構成物を示しているが，SPS システムを建設・運用するためには，表10.3に示すいろいろなユニットが必要となる．同表によって，SPS の建設について概説する．SPS システムの建設は，はじめに地上から，大量打ち上げロケットと人員打ち上げロケットによって，低軌道上に資材と人員を打ち上げ，基地を建設し，軌道間輸送機を組み立てる．次に，軌道間輸送機によって，低軌道から静止軌道まで資材と人員を輸送する．静止軌道上においても，基地を建設し，太陽発電衛星を組み立てる．地上では，太陽発電衛星で発電した電力マイクロ波を受信・変換するためのレクテナを建設する．また，宇宙輸送機の推進燃料（水素，酸素，アルゴン）を製造することが必要である．

表10.4は，DOE/NASA リファレンスシステムの発電規模を示している．1基の太陽発電衛星は，5GW の発電能力を持ち，それを60基打ち上げて発電を行うことを想定しており，それは，1970年代当時，21世紀に予想される全米の電力需要を SPS がすべて供給するという発想に基づいている．60基の

第10章　環境分析用産業連関表の作成と利用　　　215

図10.4　SPSの基本システム構成

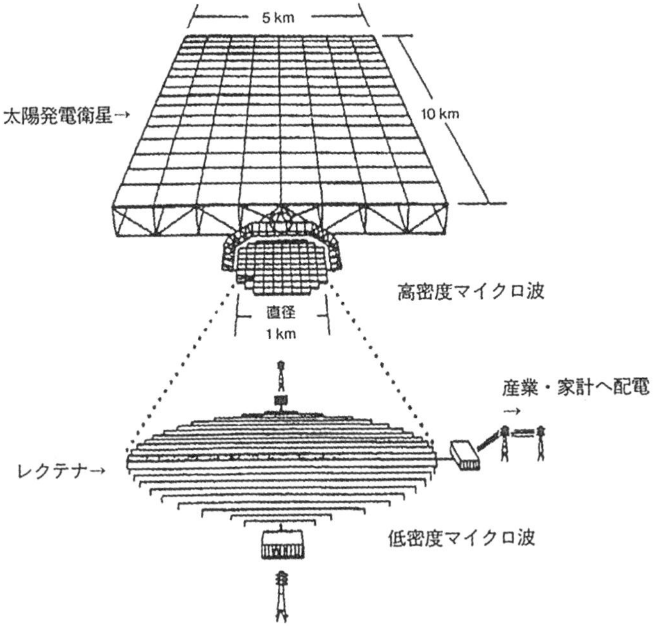

（注）　DOE/NASA（1980），'SPS－FY79 Program Summary' DOE-ER-0037の図3（p.3）.

SPSが完成したときの年間発電量は，26,280（億kWh）である．そういった大規模なSPSシステムを建設し，稼動させるために必要なすべてのユニット（表10.3の1～10）について，CO_2負荷を計算する．

10.4.3　最終需要の作成とCO_2負荷の計算

SPSのCO_2負荷は，環境分析用産業連関表を利用して，（10.3）式に基づいて計算する．SPSの各ユニットについて，最終需要ベクトル**f**を作成する基本的な手順は，図10.3で示したとおりであり，はじめに，DOE/NASAリファレンスシステムの報告書に掲載される物量情報を主要な情報源として，SPSのユニットの物量構成情報を整理し（①），①の物量情報を「部門別品目別国内生産額表」に対応づけ（②），単価を掛け，価額を計算し，環境産業連関表

表10.3 SPSシステムを構成するユニット

・宇宙輸送機	
1 大量打ち上げロケット	300機
2 人員打ち上げロケット	40機
3 軌道間貨物輸送機	190機
4 軌道間人員輸送機	30機
・宇宙基地	
5 低軌道基地	2基
6 静止軌道上の建設基地	2基
・太陽発電衛星	
7 衛星	60基
8 宇宙用太陽電池	60基
・その他	
9 レクテナ	60基
10 宇宙輸送機の推進燃料	

（注）　DOE/NASAリファレンスシステムの報告書等により作成．出典は吉岡他（1998a）参照．

表10.4 SPSの基本想定

発電衛星1基当たり発電量	5GW
発電衛星の数	60基
1日当たり発電時間数	24時間
1年当たり発電日数	365日
1年当たり発電量（60基）	26,280億kWh
1年当たり発電量（1基）	438億kWh

（注）　吉岡他（1998a），表3．DOE/NASAリファレンスシステムに基づいて，60基のSPSが1年間稼働する際の発電量を，5（GW/基）×60（基）×24（時間）×365（日）と計算．今回のCO_2負荷計算では，SPSが発電できない春分と秋分を考慮しないが，基本的な計測値に変化はない．

の部門分類に格付けする（③）．そして，③に商業・輸送マージンを付加し（④），そのベクトルを，SPSの最終需要ベクトルに設定している．

ただし，①から④の過程においては，リファレンスシステムの報告書と「部門別品目別国内生産額表」だけでなく，『日本貿易月表』から計測される単価，地上の大規模太陽光発電の報告書，産業連関表の航空機部門，電力施設建設部門，その他の聞き取り調査データも利用している．

表10.5は，SPSのCO_2負荷計算の結果を示している．DOE/NASAリファレンスシステムに基づくSPSのCO_2排出量は，15.8億トンと計算される．最も排出量が大きいユニットは，太陽電池の製造であり，全体の約6割を占め，2番目に排出量が大きいユニットは，レクテナの建設である．

また，表10.6は，SPSシステム全体の直接間接CO_2排出量の上位10部門を示している．SPSシステムを建設するためには，半導体製品，ガラス製品，電子機器およびアルミ製品等のいろいろな構成素材を必要とするが，CO_2の波及排出量を見ると，電力関連部門（事業用発電と自家発電）が全体（15.8億トン）の約5割を占めることが特徴的である．

表 10.5　SPS の CO_2 負荷

(単位：万t-CO_2)

SPSの各ユニット構成	DOE/NASA (60 基)
・宇宙輸送機	
1 大量打ち上げロケットの製造	412
2 人員打ち上げロケットの製造	12
3 軌道間貨物輸送機の製造	9,576
4 軌道間人員輸送機の製造	4
・宇宙基地	
5 低軌道基地の資材製造	5
6 静止軌道上の建設基地の資材製造	19
・太陽発電衛星	
7 衛星の製造	1,424
8 宇宙用太陽電池の製造	90,393
・その他	
9 レクテナの資材製造，建設	38,688
10 宇宙輸送機の推進燃料の製造・燃料	17,473
計	158,007

(出典)　吉岡他（1998a）表 2．

表 10.6　SPS 建設による部門別直接間接 CO_2 負荷

(単位：万t-CO_2)

産業部門	排出量
事業用発電	6,900.8
板ガラス・安全ガラス	1,085.7
自家発電	960.1
石炭製品	670.7
銑鉄	622.0
アルミニウム（含再生）	336.5
道路貨物輸送	269.7
石油製品	225.0
自家用貨物自動車輸送	188.7
その他の窯業・土石製品	179.5
その他の産業部門	4,362.0
総計	15,800.7

(注)　吉岡他（1998b）表 24-1 より作成．CO_2 負荷の波及計算とは別に推計したシリカ還元や水素の製造・液化過程からの CO_2 排出量は，上位 10 部門には含めていないが，総計には含めている．

10.4.4　電力生産単位当たり CO_2 負荷の比較

最後に，CO_2 負荷の観点から，SPS システムを既存の発電設備と比較して，有効性を吟味する．もちろん，発電システムごとに発電量や耐用年数が異なることから，統一した比較基準として，「電力生産 1 単位当たりの CO_2 排出量」を用いる．

表 10.5 より，SPS システムの建設時には，トータルで 15.8 億トンの CO_2 が排出される．したがって，SPS の耐用年数を 30 年とすれば，発電 1 kWh 当たり CO_2 排出量は，

$$158,007\ (CO_2\text{排出量：万トン}) \div 30\ (\text{耐用年数})$$
$$\div 26,280\ (SPS \text{発電量：億 kWh/年}) \times 100 = 20\ (g/kWh)$$

と計算される．

表 10.7 は，発電方式別に電力生産 1 単位当たりの CO_2 排出量を示している．

表 10.7　電力生産 1 単位当たり CO_2 排出量

(単位：g-CO_2/kWh)

発電方式	経常運転	建設	合計
SPS	0	20	20
石炭火力発電	1,222	3	1,225
石油火力発電	844	2	846
LNG火力発電	629	2	631
原子力発電	19	3	22

(注)　吉岡他 (1998a) 表 5. 火力発電と原子力発電の値は，慶應義塾大学産業研究所環境問題分析グループ (1996) より計測．

「経常運転時」の値は，1 年間の電力生産過程から発生した 1 単位当たりの CO_2 排出量を示し，「建設時」の値は，発電設備の建設から発生する CO_2 を耐用年数で割った値である．

表 10.7 を見ると，SPS の電力生産 1 単位当たり CO_2 排出量は，20g/kWh であって，石炭火力の 1/60，LNG の 1/30 であり，原子力発電よりも若干小さい値である．ただし，SPS データの制約から，SPS の電力生産 1 単位当たり CO_2 排出量の値には，経常運転に関連する CO_2 排出量が含まれていないが，火力・原子力の値には含まれていることに留意されたい．

本節は，DOE/NASA リファレンスシステムに基づいて，SPS の CO_2 負荷計算を行った．表 10.5 が示すように，SPS の建設から大量の CO_2 が排出されることが示された．しかし，表 10.7 が示すように，電力 1 kWh 当たりの CO_2 排出量によって，既存の発電設備と比較すると，SPS の CO_2 は，非常に小さな値として評価されることが明らかになった．

10.5　環境分析用産業連関表の展開

本節は，産業連関表を用いた環境分析の展開動向を概観する[10]．産業連関表の投入産出関係に基づいて環境表を拡張する方向は，直感的に 2 つある．

---

[10]　紙面の都合により，すべての論点を示すことができないので，興味のある読者は，たとえば，朝倉 (2006) の第 4 章を参照されたい．

その第1は，産業部門別の環境負荷・汚染因子のメニューを増やす方向である．図 10.1 の B から F の部分は，産業部門別 CO_2 排出量を計測するために作成されているが，研究者や研究機関によって，SOx，NOx，浮遊粒子状物質，ばいじん，工場廃水および産業廃棄物等が計測・公表されており，それについては，日本建築学会 (2003) の表 2.3.1 に，とりまとめられている．

その第2は，環境表の作成を地域的時系列的に拡張する方向である．わが国では，1 国表だけでなく，地域（間）表が整備され，また，経済産業省やアジア経済研究所から，国際（間）表も公表されており，その連関表と整合的な環境表も作成されている．とくに，国際間表の枠組みにもとづいて，環境表が整備されるならば，**国際貿易をとおした環境負荷の誘発効果**も分析可能になる（たとえば，WG I (2002))．

第1と第2の方向によって，環境産業連関表が整備されるならば，特定の技術システムの CO_2 負荷計算だけでなく，産業連関分析における要因分解法の適用，スカイライン図表の作成，および動学化等の応用分析の枠組みのなかで，環境負荷を取り扱うことが可能となる．

次に，産業連関分析における「仮定」に関連する論点に触れる．

産業連関表を利用した環境負荷計算の大きな特徴は，レオンチェフ逆行列を媒介として，環境負荷の直接間接効果を計測することであるが，産業連関表の投入産出関係が中間財に限定されていることから，固定資本減耗を投入産出関係に組み込んで排出係数を計測する研究もある．また，産業連関表を利用して計測される単位当たりの環境負荷は，1つの産業部門の背後にある複数の技術アクティヴィティの「平均値」として評価され，詳細な技術フローを追求する「積み上げ法」の観点から，産業連関計算の「制約」として取り上げられており，それについて，ミクロデータを利用して，生産額 1 単位当たりの燃料使用量と CO_2 排出量の分布を明示する研究も行われている（吉岡・中島 (1998c))．

そして，産業連関表においては，1つのアクティビティが**結合生産**を行う場合は，主生産物とくず・副産物に区分し，**ストーン方式**によって処理しており，実態的な生産活動と環境負荷量の関係に「歪み」が生じる．

それについて，屑・副産物の取引情報を活かして，「**三次元産業連関表**」や線形計画法を適用する「**プロセス産業連関法**」が開発される一方（たとえば，

WGⅡ (2002) のⅠ-2.3章 (松橋隆治)),「**シナリオレオンチェフ産業連関表**」のように，1つのアクティビィティが複数の財・サービスを生産するケース，複数のアクティビィティが1つまたは複数の財・サービスを生産するケース，財・サービス自体が代替的・補完的関係を示すケース等が整理され，シミュレーション分析が可能な枠組みも提示されている（吉岡・菅 (1997)).

社会的に注目されている廃棄物の環境評価については，産業連関表の付帯表として廃棄物の排出量と最終処理量を計測する研究が行われる一方，産業連関表の内生部門を拡張し，廃棄物の発生，処理および再資源化の過程を把握可能な「**廃棄物産業連関表**」の開発も行われている（中村 (2002)).

10.6　おわりに

本章は，環境分析用産業連関表の作成方法と基本的な分析手順を示し，今日の研究動向の一部を概観した．産業連関計算は，投入係数が「技術係数」と呼ばれることからもわかるように，理工系の技術情報と深い関係をもつ．そして，産業連関表が環境分析のデータベースとして利用されることによって，文系・理系という枠組みを超え，学際的な研究グループが形成され，経済統計情報を理工系技術情報や自然科学情報等と接合する研究が行われている．

今後，研究者として，オープン型産業連関モデルから一歩進み，多部門計量経済モデルやCGEモデルを構築し，環境政策や技術移転のシミュレーション分析へ進む読者もいるかもしれない．また，実態的な財・サービスのフロー過程を精査し，それを反映する新しい環境分析用産業連関計算を考案する読者もいるかもしれない．

いずれにせよ，実証的な経済・環境研究を行うならば，環境・経済情報を相互的に補完できる研究ネットワークが重要であることと，環境・経済情報を収集・データベース化し，モデル操作等を経て，「答え」を導出する体力が不可欠であることも忘れないでいただきたい．

練習問題

練習問題 10.1 本章は，環境産業連関計算のベースになる産業連関計算そのものに触れていない．基本的な産業連関計算を再確認するために，総務省『産業連関表：総合解説編』（全国統計協会連合会）の第Ⅰ部第1章2章を読み，表の基本構成を確認しなさい．

練習問題 10.2 『産業連関表：総合解説編』の第Ⅰ部第3章を読み，分析の基本手順を確認しなさい．

練習問題 10.3 下図のように，2部門でとらえられる仮想的な経済システムがあり，産業1からは200 t-CO_2，産業2からは900 t-CO_2が排出されている．産業1に100万円の追加的な需要が生じるならば，そのときの波及生産額と直接間接CO_2排出量を計算しなさい．

練習問題 10.4 練習問題 10.3 と同様に，産業2に100万円の追加需要が生じた場合を計算しなさい．

練習問題 10.5 練習問題 10.3 と同様の経済システムがあり，それに基づいて追加的な技術システムを構築したい．技術システムのメニューは2つあり，技術システムAは，産業1の商品：100万円，産業2の商品：50万円から構成され，技術システムBは，産業1の商品：50万円，産業2の商品：100万円から構成される．このとき，技術システムAとBの建設時における波及生産額と直接間接CO_2排出量をそれぞれ計算しなさい．

練習問題用の図

（単位：100万円）

	産業1	産業2	最終需要	生産額
産業1	30	150	120	300
産業2	60	250	190	500

CO_2排出量	200	900

（単位：t-CO_2）

参考文献

朝倉啓一郎・早見均・溝下雅子・中村政男・中野諭・篠崎美貴・鷲津明由・吉岡完治（2001）『環境分析用産業連関表』慶應義塾大学出版会．

朝倉啓一郎（2006）『産業連関計算の新しい展開』九州大学出版会．

未踏科学技術協会・エコマテリアル研究会（1995）『LCAのすべて』工業調査会．

中村慎一郎（2002）『廃棄物経済学をめざして』早稲田大学出版部．

中野諭（2005）「平成12年環境分析用産業連関表」KEO Discussion Paper, No.98.
日本建築学会（2003）『建物のLCA指針（第2版）』日本建築学会.
産業研究所環境問題分析グループ（池田明由・篠崎美貴・菅幹雄・藤原浩一・早見均・吉岡完治）（1996）『環境分析用産業連関表』慶應義塾大学産業研究所.
吉岡完治・菅幹雄（1997）「環境分析用産業連関表の活用」『経済分析』no.154, 経済企画庁経済研究所, pp.79-127.
吉岡完治・菅幹雄・野村浩二・朝倉啓一郎（1998a）「宇宙太陽発電衛星のCO_2負荷」KEO Discussion Paper, No.G-2.
吉岡完治・菅幹雄・野村浩二・朝倉啓一郎（1998b）「環境分析用産業連関表の応用（9）」『産業連関－イノベーション＆I-Oテクニーク』第8巻第2号, 環太平洋産業連関分析学会, pp.28-44.
吉岡完治・中島隆信（1998c）「産業におけるエネルギー消費構造の分析－『工業統計』と『石油等消費構造統計』のマッチングによる観察結果の整理」『平成8・9年度科学研究費補助金：重点領域研究（2）研究成果報告書』.
吉岡完治・大平純彦・早見均・鷲津明由・松橋隆治（2003）『環境の産業連関分析』日本評論社.
WG I（Working Groupe ワーキンググループ I）（2002）『アジアの経済発展と環境保全：EDEN（環境分析用産業連関表）の作成と応用』慶應義塾大学産業研究所.
WG II（Working Groupe ワーキンググループ II）（2002）『アジアの経済発展と環境保全：未来技術のCO_2負荷』上・下, 慶應義塾大学産業研究所.

コラムで考えよう　　　部門別の情報も大切に

　いろいろなメディアをとおして，「環境にやさしい」という冠がつけられた商品やシステムが宣伝されている．たしかに，エコ・カー（電気自動車，ハイブリッド車等）は，ガソリン自動車と比較して，走行時のCO_2排出量は小さいだろう．また，屋根置き型の太陽電池は，化石燃料を使用する発電システムと比較して，発電時のCO_2負荷は小さいだろう．

　しかし，今日の環境研究のベースとなるLCAの枠組みは，運用時のCO_2負荷だけに注目して，環境負荷の高低を論じているわけではなく，建設・製造時の環境負荷も計測し，商品やシステムを環境評価している．

　太陽電池は，多くの研究者によって注目され，製造時と運用時のCO_2負荷量が計測されており，電力生産1単位当たりのCO_2排出量で見ると，LNG，石炭および石油火力発電より優れた発電方法であることが明らかになっている．その一方，太陽電池の製造工程からのCO_2負荷を部門別に詳細に吟味すると，結果として，電力

生成部門の CO_2 排出量が最も大きい．それは，本章の図 10.2 で示したように，(a)ある財・サービスを製造→(b)(a)の財・サービスを製造するために必要な複数の財・サービスを製造→(c)(b)の財・サービスを製造するために必要な複数の財・サービスを製造→……という過程において，電力が必要不可欠だからである．したがって，化石燃料の依存度が高い国で太陽電池を製造するならば，その環境負荷は高くなることが類推できるし，また，電源構成を変化させ，太陽電池の発電電力を利用して太陽電池を製造する「ソーラーブリーダー」によるシミュレーションも行われている．

太陽電池だけでなく，いろいろな商品やシステムの直接間接 CO_2 排出量を計測すると，電力生成部門が上位に位置する．環境分析用産業連関計算を利用すれば，そういった直接間接 CO_2 排出量が部門別にシステマティックにモデル計算される．京都議定書が発効し，温室効果ガスの削減が緊急の課題となった今日，集計量だけでなく，産業部門別の直接または直接間接 CO_2 排出量を眺めながら，どこに技術的ブレイクスルーがあるのかをアレコレ考えてみていただきたい．

第4部　資源と環境

第11章 経済発展と環境

11.1 はじめに

　経済が発展するにつれて，環境水準が悪化するのか改善するのかは，古くて新しい，そしていまだに解決をみない問題である．ある指標を見ると，経済発展とともに環境水準が改善する傾向が見られる一方，別の指標を見ると，経済発展とともに環境水準は悪化しているというように，この問題に対する答えは簡単ではない．また，環境水準という言葉によって一体何を意味しているのかについても一様ではない．

　今日において，環境問題が深刻化しているという意見は多いが，発展途上国と先進国では，まったく異なった問題に直面しているかもしれない．たとえば，発展途上国においては，「貧困こそ最大の環境問題であり，貧困の克服のためには開発が必要不可欠である」という意見がある．後に見るように，発展途上国においては，きれいで安全な水を手に入れることすら容易ではない．「明日の自然より今日のパン」という状態にある国は，依然として多いのである．先進国においては，以前から指摘されている大気汚染，水質汚濁などに加え，地球温暖化問題や新たな化学物質の出現などの新たなタイプの環境問題も生じてきており，環境保護と経済成長をどのように両立させるのかが重要なテーマとなっている．このように発展途上国と先進国では，一口に環境問題といっても直面している問題は異なっているかもしれない．

　また，経済発展と環境の問題を考える場合には，ある程度の時間的視野を持つことが必要となる．すなわち，現在だけではなく将来との関係やトレードオフということを考えることが重要なのである．

実際，経済発展と環境を考えるときには，しばしば「**持続可能な発展**」(sustainable development) という概念が使われるが，この概念では，まさしく将来世代への配慮の必要性が強調されている．「持続可能な発展」をどのように定義するのかは，人によって若干の違いがあるが，広く受け入れられているものの1つに，1987年に国連の「**環境と発展に関する世界委員会**（いわゆるブルントラント委員会）」によって提唱されたものがある．そこでは，持続可能な発展は，「将来の世代がその要求を満たす能力を損なうことなく現代の世代の要求を満たす開発」と定義されている[1]．

これまでの章で見てきたように経済学のフレームワークを用いて環境問題を考えるとき，われわれは「市場の失敗」という概念をもとに議論することが多い．本章でも「市場の失敗」という概念は重要である．ミクロ経済学で見たように市場の失敗の存在は，政府の介入を正当化する1つの理由となる．本章でも政府の政策（環境政策と考えることができる）が持続可能な発展を考えるうえで重要な役割を果たすことが明らかになるであろう．

11.2　経済発展と環境汚染のトレンドデータ

経済発展とともに環境水準を表す指標はどのように変化していくのであろうか．一般には，3つのパターンがあるといわれている．

第1のパターンは，経済発展とともに，データがより望ましい方向に移動するというものである．第2のパターンは，経済発展の初期の段階では，環境は悪化するが，やがて改善するというものである．第3のパターンは，環境水準が通時的に悪化するというものである[2]．

---

[1] ただし，ブルントラント委員会は，将来世代への配慮だけを強調したわけではない．「持続的開発は，世界のすべての人々の基本的欲求を満たし，また世界のすべての人々によりよい生活を送る機会を拡大することを必要とする」のであり，「基本的な欲求を満たすためには，経済成長を最大限に追及することも必要であり，持続的開発がそうした基本的欲求が現に満たされていない地域において経済成長を必要とすることは論を待たない」としている．すなわち，現代世代の発展途上国の抱える問題にも目を配っており，世代間だけはなく世代内の公平性についても言及している．
[2] 赤尾（2002）は，World Bank（1992）などのデータをもとに種々の環境関連物質が所得水準の上昇とともにどのように変化していくのかを紹介している．

第 11 章　経済発展と環境

　それぞれのパターンは，図 11.1(a)～(c)で表されている．3 つの図のすべてにおいて，縦軸は，環境の質を表す水準，横軸に所得水準（1 人当たりの所得水準と解釈するのが妥当である）がとられている．縦軸では，高い値をとるときほど環境の質が低く，効用を低下させるように指標をとっている．縦軸のより高い値は，より悪い環境水準を意味しているのである．

　1 人当たりの所得水準と，図 11.1(a)のような関係を持つような環境の指標の一例としては，「安全な水を手に入れることのできない人の割合」や「都市において，十分な衛生設備を持たない人の割合」などが挙げられる．たとえば，所得水準の低い国においては，安全な水を手に入れることのできる人は相対的に少ない．1986 年のデータを用いると，1 人当たりの所得が 1000 ドルの国では約半数の人が安全な水を手に入れることができないが，所得水準が増加するにつれて，そのような人の割合は低下している．いわゆる先進国において，安全な水を手に入れることのできない人の比率は非常に低いものとなっている（たとえば，Kolstad（1999），邦訳［2001, p.259］を参照せよ）．このような環境問題の場合，解決策を考えることは，比較的容易であるかもしれない．すなわち，1 人当たりの所得水準を上昇させることにより，環境問題は自然と解決に向かうからである（もちろん，1 人当たりの所得水準をどのように上昇させるのかという問題は依然として残っているし，発展途上国の場合，それこそが最大の問題なのではあるのだが）．

　1 人当たりの所得水準と，図 11.1(b)のような関係を持つような環境の指標の例としては，都市の大気における二酸化硫黄の濃度や浮遊粒子状物質の濃度等があげられる．1 人当たりの所得水準と環境の質との間に存在するこのような逆 U 字の関係は，**環境クズネッツ仮説**として知られている[3]．

　この語源は，1956 年のクズネッツ（S. Kuznetz）の主張に由来している．彼は，経済発展の初期の段階では，所得の不平等度は高まるが，やがて経済があ

---

[3]　二酸化硫黄は，典型的な公害物質として知られている．日本においては，昭和 30 年代に多くの公害問題が発生した．その後，昭和 40 年代以降，二酸化硫黄の濃度は，一貫して減少傾向にある（環境省編（2005）を参照せよ）．環境庁編（1975）によると，日本の 16 主要工業都市における二酸化硫黄の排出量の単純平均値のデータでは，1967 年（昭和 42 年）が環境クズネッツ曲線のピークとなっている．

図 11.1　1人当たりの所得と環境の質

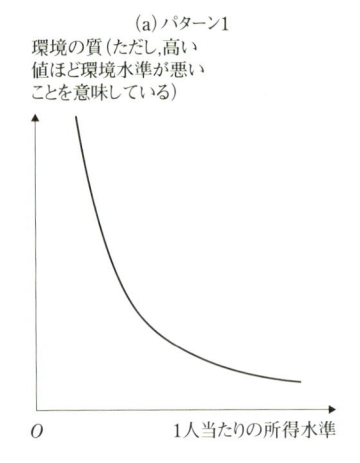

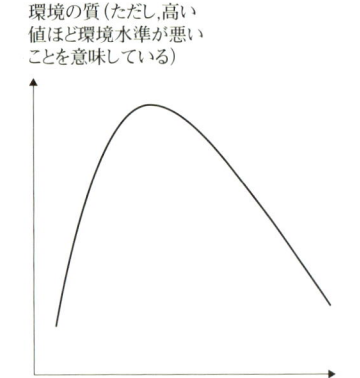

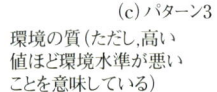

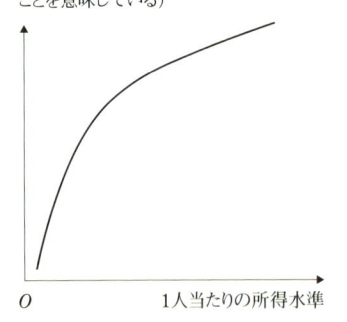

(a) パターン1　環境の質（ただし、高い値ほど環境水準が悪いことを意味している）／1人当たりの所得水準

(b) パターン2　環境の質（ただし、高い値ほど環境水準が悪いことを意味している）／1人当たりの所得水準

(c) パターン3　環境の質（ただし、高い値ほど環境水準が悪いことを意味している）／1人当たりの所得水準

る一定に発展していくと，逆に平等化が進むということを主張した．すなわち縦軸に所得の不平等度（高い値ほど所得分配が不平等となっていることを表す），横軸に1人当たりの所得水準をとったとき，両者には逆U字の関係があることになる．この主張の対しては，賛否両論があり，ここで詳しくは議論しないが，縦軸を所得の不平等度を表す指標のかわりに環境の質という変数に置き換えると図11.1(b)のようになるであろう．図11.1(b)は，クズネッツの主張したグラフの形状と類似していることから，環境経済学の分野では，このよう

な1人当たりの所得と環境水準との逆U字の関係を**環境クズネッツ曲線**と呼んでいる．直感的には，経済がある程度発展すると，環境水準を高めようとする意識が高まり，環境政策が強化された結果，このような関係が導出されるということで環境クズネッツ曲線を説明することができるであろう．なぜ，このような関係があるのかについては後に再度検討する．

1人当たりの所得水準と図11.1(c)のような関係を持つような環境の指標の1例としては，二酸化炭素の排出量[4]やごみの排出量があげられる[5]．二酸化炭素は，現在話題になっている地球温暖化問題を誘発する温室効果ガスの代表的なものとして挙げられている[6]．このような環境指標が所得の増加とともに単調に増加していくのか，それともやがては，所得の増加とともに減少するようになる（いわゆる環境クズネッツ仮説を満足させる）が，いまだ山のピークがきていないのかは定かではない．現状においていえることは，現在の世界の国々の所得水準の範囲内において，環境汚染の指標と所得水準との間に正の相関が存在するということだけである．このような環境問題の場合，解決策を考えることは容易ではない．環境水準を改善しようとすると，必然的に所得が減少することから，所得水準と環境水準との間の厳しいトレードオフに直面することになるからである．

---

[4] 1997年，京都において開かれた気候変動枠組み条約第3回締約国会議が開かれ，先進国の温室効果ガスの削減目標が決定された．それによると，日本は1990年度比で6％の削減をすることとなった．2003年において，二酸化炭素は，1990年比で12.2％の増加を示している（地球温暖化問題についての詳細は，本書第**14**章の議論を参照のこと）．

[5] 日本における一般廃棄物総排出量は，ある程度経済発展を成し遂げた以降も依然として上昇傾向にある．1975年において年間4,205万トンであった排出量は，1998年には5,160万トンへと増加した．この間，とくにバブル経済期においては，排出量の増加は顕著であった（データは，日引・有村(2002)による．また，廃棄物問題についての議論の詳細は，本書第**15**章を参照のこと）．環境クズネッツ仮説を満足させる典型的な公害物質の1つである二酸化硫黄の同時期の動きとは対照的である．

[6] その他に挙げられる温室効果ガスには，メタン，一酸化二窒素などがある．日本の2003年度における二酸化炭素以外の温室効果ガス排出量を調べてみると，二酸化炭素換算で，メタン排出量は1,930万トン（1990年度比同22.1％減），一酸化二窒素排出量は3,460万トン（同13.9％減）となっている．なお，日本の2003年度の温室効果ガス総排出量は，二酸化炭素換算で，13億3,900万トンであり，京都議定書の規定による基準年（1990年．ただしいくつかの温室効果ガス（HFC，PFCおよびSF_6）については1995年の総排出量）の総排出量である12億3,700万トン）と比べ，8.3％上回っている（環境省編(2005))．

11.3　環境制約と経済成長，クズネッツ曲線

　本節では，経済成長と環境汚染に関して議論を行うことにしよう．通常，所得を得るための経済活動では，環境に負荷をある程度かけざるをえない．環境問題が深刻になっている今日において，環境規制をまったく行わなくてもいいという考えには問題がある．その一方で，環境に負荷をかけるからといってすべての経済活動を停止させるアイディアもまた，支持されないであろう．問題は，この両者のバランスをどのようにとるのかということである．

　一般に，経済活動を拡大しようとすればするほど，環境に対する負荷は増加するように思われる．逆にいうと，（他の条件を一定としたときに）どの程度環境に負荷をかけるのかということが，所得水準に対する決定要因となるのである．ここでは，環境に対する負荷として汚染の排出量を考えることにしよう[7]．そして，1国における人口水準，資本ストック水準，生産性の水準などを所与としたとき，所得を増加させるための生産活動を増加させればさせるほど，汚染量も増加すると想定しよう．逆にいうと，環境規制を緩和し，汚染量を増加させることによって，所得水準を増加させることができるのである．これが，汚染の便益である．逆に，汚染の排出には，環境に負荷を与えるというデメリットも存在する．環境が劣化することによって，人々の効用水準は低下するであろう．この効果は，ミクロ経済学で学んだ外部不経済に相当するものである．これを汚染の費用と呼ぶことにする．環境に対する最適な規制というものを考える際には，汚染の費用と便益を比較した分析が必要となる．

　まずは，所得水準と環境汚染の関係について言及しよう．ここでは，以下のような4つの仮定を置く．

　（仮定1）所得水準が増加すればするほど汚染量は逓増的に増加する．
　（仮定2）汚染量の増加によって所得の上昇を図るのには限度がある．
　（仮定3）環境以外のところで経済活動にプラスの影響があった場合には

---

[7] ここでは，環境に対する負荷の1例として，汚染の排出量を挙げたが，このことは議論の本質ではない．

図 11.2 汚染水準と 1 人当たりの所得との関係

図 11.3 資本の増加や技術進歩などによって生じる曲線のシフト

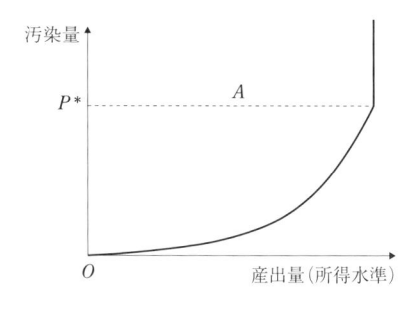

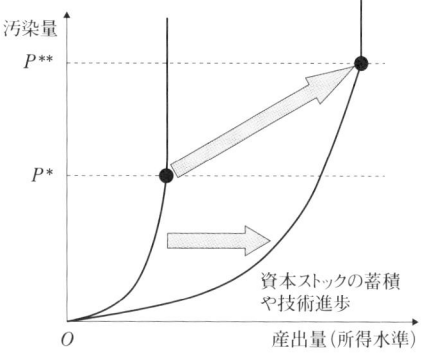

　（たとえば，資本ストックの増加，技術進歩，人々の教育水準の上昇などが挙げられるであろう），所与の汚染量に対する所得水準は上昇する．言い換えると，汚染の排出量が，たとえば 1 トンで変わらなかったとしても，資本ストックや技術進歩，人々の教育水準の上昇などによって，生産水準（所得水準）は増加することになる．

（仮定 4）環境以外のところで経済活動にプラスの影響があった場合には，獲得可能な所得量とそれに付随する排出量はともに増加する．

　この仮定をグラフによって直観的に理解することにしよう．仮定 1 および仮定 2 は，所得水準と汚染量との関係が図 11.2 のようになるということを意味している．仮定 3 および仮定 4 は，資本ストックの増加，技術進歩，教育水準の上昇などによって，所得水準と汚染の排出量の関係を表すグラフが外側にシフトするということを意味している（図 11.3 を参照せよ）．この所得水準と汚染の排出量との関係を表すグラフは，**生産可能性フロンティア**に相当していることに注意しよう．ただし，所得を増加させようとすると，汚染も増加するのでこの生産可能性フロンティアは右上がりである．

　次に，効用水準について検討することにしよう．一般に汚染の排出量が増加すると，効用水準が低下するため，汚染量が増加した場合に，以前と同じ効用

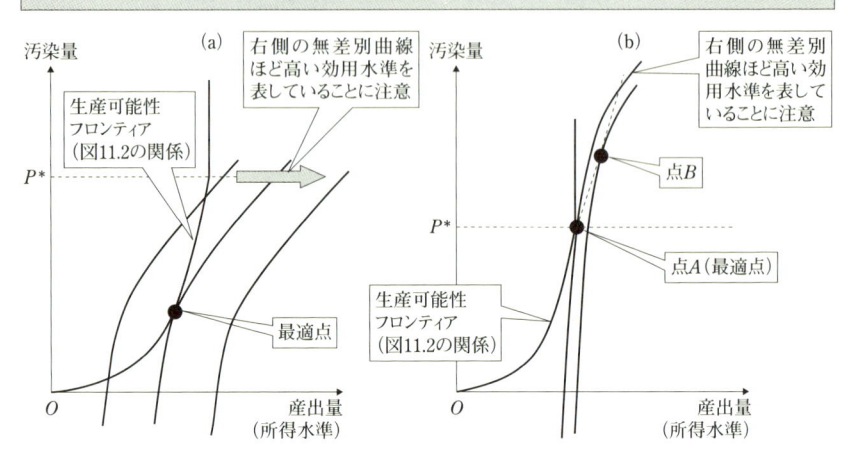

図11.4 汚染と所得に関する生産可能性フロンティアと最適点

水準を達成するためには，より多くの所得を得なければならない．したがって，無差別曲線は右上がりにならなければならない．すなわち，汚染と所得水準に関する無差別曲線は図11.4のようになる．

図11.4において，右側にある無差別曲線ほど効用が高いことに注意しよう．汚染水準が一定であるとすると，所得水準が高いときほど効用水準が高くなるからである．通常の生産可能性フロンティアにおける最適点の議論と同様，内点解で決定されるケースでは，限界変形率が限界代替率と等しくなる．これは，図11.4(a)で表されるような場合である．しかしながら，ここでは，端点解となるようなケースも存在するかもしれない．そのようなケースを書いたのが図11.4(b)である．この場合には，汚染水準も所得水準も現状の生産可能性フロンティア上で最大の値を取る．直感的には，環境政策を行わないことが最適になるのが，図11.4(b)のようなケースである．図11.4(b)では，最適点Aにおいて，限界変形率と限界代替率が等しくなっていないことに注意しよう．限界変形率とは限界代替率が等しくなるような点は，本来であれば，図の点Bで表されるような点である．しかしながら，この点は，生産可能性フロンティア上に存在しない．ここでは，所得水準の上限は，点Aに付随するもので与え

第 11 章　経済発展と環境

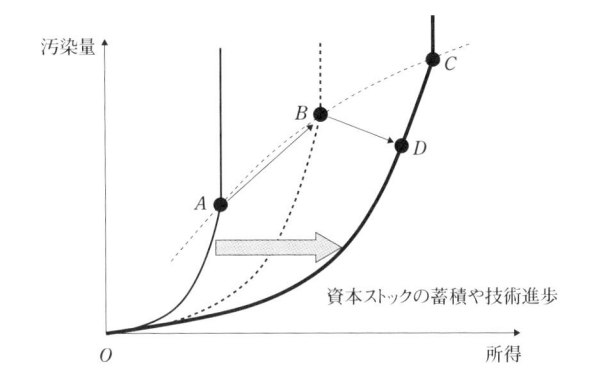

図 11.5　環境クズネッツ曲線と生産可能性フロンティア

られるからである．このような生産可能性フロンティア上では点 A が最適となる．後の議論で明らかになるように，図 11.4(b)のようなことは比較的所得水準が低いときに生じる．

それでは，先に挙げた環境クズネッツ曲線とは，上に挙げた図とどのような関係を表しているのであろうか．このような曲線が導出される 1 例を描いたのが図 11.5 である．図 11.5 では，潜在的所得水準[8]が低位のとき，中位のとき，高位のときの生産可能性フロンティアを，それぞれ細線，破線，太線で描いている．潜在的所得水準が低位のとき，達成可能な所得水準と汚染量との関係は，細線で表されている．上に述べたように現実には，点 A で表されている点に対応する汚染量以上に汚染を排出しても所得は増加しないので，現実に選択される可能性のある点は曲線 OA で表されるであろう．そして，点 A が最適点となったとしよう（本来は無差別曲線を図の中に書くべきであるが，煩雑さを避けるため無差別曲線は省略してある）．次に，潜在的所得水準が中位のときを考えることにしよう．達成可能な所得水準と汚染量との関係は，破線で表されている．B で表されている点に対応する汚染量以上に汚染を排出しても所得

---

[8] 潜在的所得水準とは，与えられた状態のもとでの達成可能な最大の所得水準という意味で使っている．

は増加しないので,現実に選択される可能性のある点は曲線 OB で表される.そして,点 B が選択されたとしよう.点 A,点 B が採用されるということは,汚染に対する規制や環境政策などを行わず,獲得可能な最大の所得水準を達成するように経済活動が行われているということを意味している.

最後に,潜在的所得水準が高位のときを検討する.達成可能な所得水準と汚染量との関係は,太線で表されており,現実に選択される可能性のある点は曲線 OC である.そして,点 D が選択されたとしよう.点 D が選択されるということは,環境汚染を制御するような政策が行われたということを意味している.もし,環境政策がまったく施行されなかったのであれば,経済は点 C で表されるような所得と汚染の組み合わせを実現することになるであろう.点 D で表されている点は,点 C よりも所得水準,環境汚染の水準がともに低い.すなわち,点 D では,環境政策が行われた結果,環境汚染は減少し,環境の質は改善するが,その一方で,経済活動も抑制されるので,所得水準も(点 C と比較して)低下しているのである.

今,経済が発展するにつれて所得と汚染の組み合わせを表す点が $A \to B \to D$ と移動したとしよう.このとき,所得水準は増加している(A,B,D を比較すると,一番右側にあるの D であり,一番左側にあるのが A である).環境汚染の水準は,経済発展の初期の段階では増加し(A から B に移動するとき,縦軸で見ると,より高い方に移動している),ある程度発展すると逆に減少する(B から D に移動するとき,縦軸で見ると,より低い方に移動している)ことになる.もし,経済発展とともに,このような所得と汚染の組み合わせをとるのであれば確かに環境クズネッツ曲線が存在することになる.

11.4　成長と環境のモデル[9]

これまでのことを単純なモデルを用いて説明することにする.所得水準を Y で表すことにしよう.この所得水準 Y は資本ストックや技術,教育水準と

---

[9] 本節のモデルの多くは,Stokey (1998) によっている.興味のある読者はぜひ原文を読んでほしい.

汚染量 D によって決定されるものとする．環境以外の所得に及ぼす種々の変数を K でまとめて表すことにしよう．この K は，資本ストック量，人々の教育水準，経済における技術水準などによって決定されるものとする．資本ストック量が多い，人々の教育水準が高い，あるいは技術が進んでいる場合には，K の値はより高くなる．ここでは，結論を明確化するために，以下のような設定を行うことにしよう．

$$Y = K^\alpha D^\beta \quad (D \leq K \text{のとき})$$
$$Y = K^{\alpha+\beta} \quad (D > K \text{のとき}) \tag{11.1}$$

ただし，$0 < \alpha < 1$, $0 < \beta < 1$, $\alpha + \beta \leq 1$, である．

これが，**11.3** 節の仮定 1 から仮定 4 のすべてを満たすことは明らかである．まず，K を一定とすると，Y と D の関係は，図 11.2 のようになる（ただし，縦軸と横軸を入れ替えている点に注意しよう）．これで仮定 1 と仮定 2 が満たされることがわかる．次に，仮定 3 であるが，K の上昇は，図 11.3 のように変化させる（ここでも縦軸と横軸は入れ替えて考えている）．なおかつ，実現可能な最大の所得水準とそれに対応する汚染量の関係は右上がりになっているので，仮定 4 も満たされることがわかる．

次に，人々の効用水準について考えることにしよう．ここでは，人々の効用水準 U は，所得と環境水準（汚染の排出量）に依存するものとし，$U = U(Y, D)$ で表す．$U(Y, D)$ は，効用水準 U が所得 Y と汚染量 D の関数であることを意味している．そして，$U(Y, D)$ について，以下の仮定を置く．

$$U(Y, D) = f(Y) - g(D),$$
$$f' > 0,\ f'' < 0,\ g' < 0,\ g'' \geq 0. \tag{11.2}$$

(11.2) 式は，所得の限界効用がプラスで逓減的であることを意味している．汚染の限界効用はマイナスである（汚染量が増加すれば，効用水準は低下する）．ここで，効用水準を以下のように特定化して考えてみることにしよう．

$$U = \frac{Y^{1-\sigma}}{1-\sigma} - D. \tag{11.3}$$

ここでは，$f(Y) = \dfrac{Y^{1-\sigma}-1}{1-\sigma}$，$g(D) = D$，というケースで考えている．$f(Y)$ と $g(D)$ がともに（11.2）式の条件を満たすことに注意しよう．上の σ は，限界効用の所得弾力性（所得水準が1％増加すると，限界効用が何％減少するか）を表す．σ の値が高いときほど，限界効用がより急速に逓減することになる．

最大化のための条件を求めるために，$U(K^\alpha D^\beta, D)$ を D で微分すると，以下のようになる．

$$dU/dD = (K^\alpha D^\beta)^{-\sigma} \cdot \beta K^\alpha D^{\beta-1} - 1 \qquad (11.4)$$

K を一定としたとき，汚染水準 D には，効用水準に対する相反する2つの効果が存在する．1つは，汚染が増加することによって，所得が増加し（$\beta K^\alpha D^{\beta-1}$），それによって効用水準が上昇する（$(K^\alpha D^\beta)^{-\sigma} = Y^{-\sigma}$）効果である．他方は，汚染が増加することによって不効用が増加する（-1）という効果である．（11.4）式を整理すると，$dU/dD = \beta K^{\alpha(1-\sigma)} D^{\beta-1-\beta\sigma} - 1$ となる．したがって，dU/dD は，D に関する減少関数になる（練習問題 **11.2**）．このことに注意すると，効用水準 U と汚染水準 D との関係が逆U字となることがわかるであろう．

図11.6を用いて効用水準を最大にするような汚染水準について考えることにしよう．（11.3）式のグラフで，頂点に対応する汚染水準の値を D^* で表すことにする[10]．最適な環境政策とは，さまざまな手段を用いて，効用水準を最大にするような点に汚染量をコントロールするものであるということができるであろう．ここで考慮しなければならない問題の1つは，D の定義域に関するものである．すなわち，D は任意の正の実数をとることができるわけではなく，その上限値が K によっておさえられているということである．D^* が K よりも大きい場合には，効用水準は $D = K$ のとき最大値を持つことになる（図11.6(a)を見よ）．その一方で，$D^* \leq K$ の場合には，グラフの頂点に対応する点において，最大の効用水準が達成される（図11.6(b)を見よ）．

以上のことを整理しよう．K が十分に小さい場合には，$D^* \geq K$ となる．より正確にいうと，

---

10) $D^* = (\beta K^{\alpha(1-\sigma)})^{\frac{1}{1-\beta+\beta\sigma}}$ であることに注意しよう．

図 11.6 汚染量と効用水準

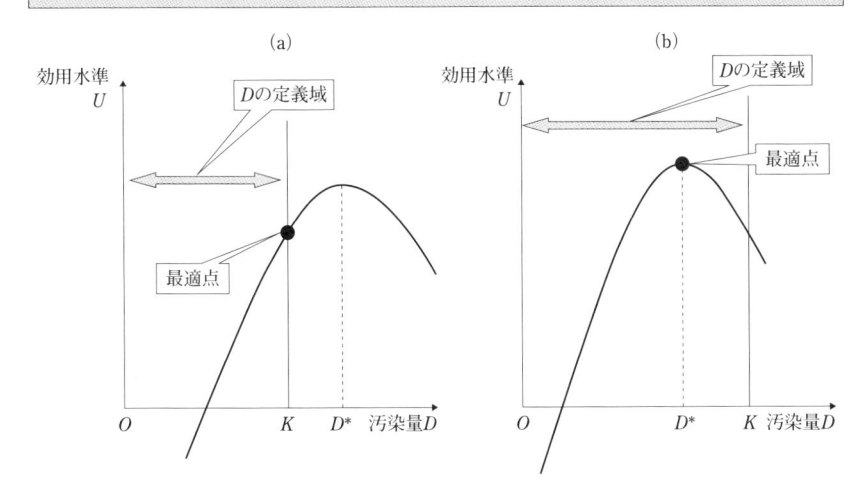

(a) 効用水準 U、Dの定義域、最適点、汚染量 D、K、D^*

(b) 効用水準 U、Dの定義域、最適点、汚染量 D、D^*、K

$$K = \beta^{\frac{1}{1-(\alpha+\beta)(\sigma-1)}} \equiv K_\delta \tag{11.5}$$

よりも K が小さい場合には，グラフはその定義域内において単調増加となり，$D = K$ を満たすような点が最適な汚染の排出水準である．これは，汚染をその定義域内で最も高い水準で排出することが最適であるということを意味している．言い換えると，利用できる資本ストック量が少なく，技術水準が低いような経済（所得水準が低い経済を想定してもよいであろう）においては，環境政策を積極的に行わず，所得水準を増加させることを最優先すべきであるということを示唆している．

その一方で，K が十分に大きい（K_δ よりも大きい）場合には，$D^* < K$ となる．すなわち，グラフはその定義域内において逆 U 字型となり，$D = D^*$ を満たすような点が最適な汚染の排出水準である．汚染を際限なく排出させるよりもある一定量に制御することが最適であることを意味している．言い換えると，利用できる資本ストック量がある程度多く，技術水準も高いような経済（所得水準が高い経済を想定してもよいであろう）においては，環境政策を積極的に行うことが重要であることを意味している．ここで，環境政策を行って

汚染を制御することは，環境政策をまったく行わなかった場合と比較して，相対的に所得水準を低下させることに注意しよう（たとえば，図 11.5 の点 C と点 D を比較せよ）．

次に，資本ストック水準と最適な汚染量，および所得水準との関係について言及することにしよう．$K \leq K_\delta$ の場合には，$D = K$，$Y = K^{\alpha+\beta}$ となる．その一方で，$K > K_\delta$ の場合には

$$D = D^* = \left(\frac{1}{\beta} K^{\alpha(1-\sigma)}\right)^{\frac{1}{1+\beta+\beta\sigma}}, \quad Y = \beta^{\frac{-\beta}{1-\beta+\beta\sigma}} K^{\frac{\alpha}{1-\beta+\beta\sigma}}$$

となる．

これらの結果についての解釈は次のようになる．K が比較的小さいときには，($D = K$ としたときの）汚染の限界便益が生産活動によって排出される汚染の限界不効用を上回っているので，汚染を制御しようとするインセンティブは，存在しない（すなわち，$D = K$）．しかしながら，所得の限界効用は逓減的であるため1人当たりの資本ストック量がある値を超えると，($D = K$ としたときの）所得の限界効用が，汚染の限界不効用と比較して十分に小さくなる．したがって，産出量を減らしてでも，汚染を制御し，汚染を減少させた方が効用は上昇する．また，$\sigma > 1$ のケースでは，$K > K_\delta$ の範囲では，資本ストック水準 K が上昇すると，D^* が減少することに注意しよう．図 11.7 と図 11.8 では，所得（Y），および総排出量（D）の最適値が K の関数として描かれている．図 11.8 では汚染と資本ストックの逆 U 字の関係が描かれている．

1人当たりの所得と1人当たりの資本ストックとの間には正の相関があるため，所得と汚染水準との間にもまた逆 U 字の関係がある．汚染量が経済発展の初期の段階では上昇し，ある一定の段階を経ると減少するという逆 U 字の関係は前節で議論した環境クズネッツ曲線に相当する．すなわち，ここの議論では，環境クズネッツ曲線が導出される背後にある経済理論的な背景を述べたのである．

最後に，$\sigma > 1$ ということの経済学的な意味づけについて言及する．σ が大きいということは，所得水準 Y が上昇するにつれて，その限界効用がより急速に減少していくということを示している．σ が大きいときほど，所得水準を高くすることによってもたらされる汚染の便益は小さくなるので，より環境対

図11.7 資本ストックと所得水準

図11.8 資本ストックと汚染水準

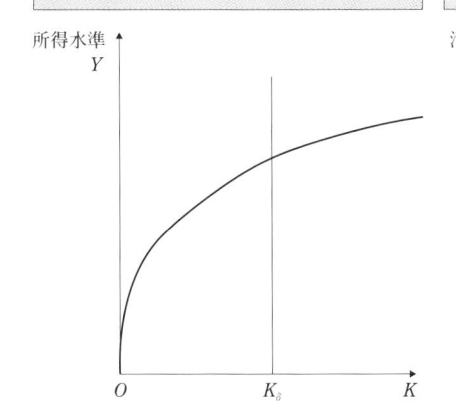

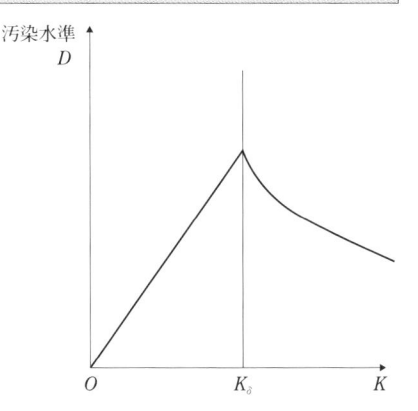

策というものが重視されることになるのである．

11.5　経済発展と環境制約

　本章では，経済発展と環境との関連についてみてきた．11.2節では，経済が発展するにつれてどのように環境の指標が変化するのかについてはいくつかのパターンが存在することを議論した．

　11.3節では，経済が発展するにつれて，**環境制約**がどのように変わっていくのかということや，経済発展と環境保護との両立の可能性について見てきた．11.4節では，環境クズネッツ曲線というものが導出される可能性を単純なモデルを用いて検討した．11.4節のモデルでは，所得の限界効用が急速に逓減するような場合には，汚染量は経済発展とともに減少するという可能性があることが示唆された．

　現在，経済成長や経済発展と環境との関連については，数多くの研究がなされている．また環境についても，これまでの章で見たような枯渇性資源の問題や再生可能資源の問題や環境保全技術の開発など種々の視点があり，ここで議論したことは，経済発展と環境についてのほんの一部である．また現在話題に

なっている地球温暖化が経済発展に及ぼす影響など，十分な研究が必要とされるテーマは依然として数多く残っている．これらの分野について，今後一層の研究の進展が望まれる．

練習問題

練習問題 11.1 図 11.6 において，無差別曲線が上に凸の形状を示す理由を説明しなさい．ただし，効用関数は (11.2) 式の仮定を満たすものとする．
練習問題 11.2 (11.3) 式のタイプの効用関数において，dU/dD を計算し，それが，D に関して減少関数になることを示しなさい．
練習問題 11.3 世界銀行のホームページから，各国の所得と CO_2 などの排出物質の関係を図示し考察しなさい．

参考文献

赤尾健一（2002）「持続可能な発展と環境クズネッツ曲線－最近の経験的および理論的研究の紹介」中村愼一郎編『廃棄物経済学を目指して』早稲田大学出版部，pp.52-79.

日引聡・有村俊秀（2002）『入門　環境経済学』中公新書.

環境省（旧環境庁）編（各年度版）『環境白書』ぎょうせい.

Kolstad, Charles D. (1999) *Environmental Economics,* Oxford University Press（細江守紀・藤田敏之監訳（2001）『環境経済学入門』有斐閣）.

Stokey, Nancy L. (1998) "Are There Limits to Growth?" *International Economic Review,* vol.39, pp.1-32.

World Bank (1992) *World Development Report 1992 Development and the Environment,* The World Bank, Washington D.C.

World Commission on Environment and Development (1987) *Our Common Future,* Oxford University Press（大来佐武郎監訳，環境庁国際環境問題研究会訳（1987）『地球の未来を守るために』福武書店）.

第 11 章　経済発展と環境　　　　　　　　　　　　　　　243

> **コラムで考えよう**　　　**環境か成長か：日本の貢献すべきこと**

　本文では，環境クズネッツ曲線が導出される理論的な背景について述べた．環境クズネッツ曲線とは，所得と環境汚染の水準との逆U字の関係である．すなわち，この仮説によれば，環境水準は経済発展（or 成長）の初期段階では悪化し，その後改善することになる．

　いくつかの環境関連の指標をとると，環境クズネッツ仮説が当てはまるものもあればそうでないものもある．しかし，たとえ環境クズネッツ曲線が成立するとしても，それには注意が必要である．

　多くの場合，環境汚染量のピークは，不必要に高い場合が多い．公害がきわめて深刻になってはじめて対策がとられるということが多いこと，環境汚染と被害の因果関係がつかみにくい汚染に関しては，なかなか対策がとられにくくなることなどがこの原因である（次ページの図を参照のこと）．確かに，長期的には環境の質は改善するかもしれないが，日本の4大公害問題に代表されるように，経済発展の初期の段階における環境汚染により，人によっては一生治ることのない後遺症が残る場合も少なくない．経済が発展するにつれて環境がある程度改善すれば，問題そのものまで解決したかのようにみなすのは誤りである．

　また，環境クズネッツ曲線が成立するとしても，現在，経済発展の目覚しい東南アジア諸国やBRICs（ブラジル，ロシア，インド，中国の頭文字）と呼ばれる国々は未だにそのピークがきていない．すなわち，これらの国々では，今後の経済発展とともに，環境汚染が増加することになるであろう．中国，インドは人口が世界第1位，2位の国であり，両国だけで世界人口の4割近くを占め（2005年の国連データでは約37％），BRICs 4ヵ国では4割を超える．世界レベルで見ると，今後の経済発展とともに，かなりの長期にわたって，環境水準が悪化することが予想されるのである．

　このような状況で，日本が貢献できることはあるのであろうか．現在の日本では，環境技術分野での研究開発が他国よりも進んでいる．日本が豊かになる過程で生じた負の遺産を回避するために，これから発展していくであろうこれらの国々に環境保全技術を移転し，これらの国々が低公害型の発展ができるような技術支援を行うことが重要なのではないだろうか．そうすることで日本にとっても越境汚染や気候変動の悪影響を軽減することになり，パレート改善的な結果が期待できる．また，環境を守ることにより，これらの国々の所得が上昇するようなシステムをうまく作ることができれば，所得上昇と環境保護を両立することが可能となるかもしれない．そのほかにも，発展途上国では，貧困が貧困を生み，それが乱開発を促進してしまうような現状もある．貧困対策を講じることが，長期的に見れば，資源の乱獲や生

活のために環境を破壊する行為を防止することにもつながるかもしれない．いずれにしろ所得水準が低い国々が発展しようとすることをとめることはできない．日本は，これらの国々が，環境になるべく負担をかけないように発展できるよう適切な手助けをすることが必要である．

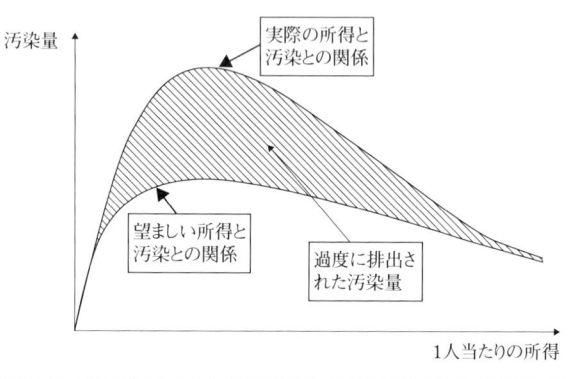

実際の環境クズネッツ曲線と望ましい環境クズネッツ曲線

第12章　環境と貿易

12.1　はじめに

　わが国の戦後発展は，常に海外との貿易による利益を享受できたことに支えられてきたといってよい．輸出主導型成長の名のもとに，牽引され誘導されてきた経済構造は，基本的には今もなお変わっていない．現在でも，経常収支赤字と財政赤字という双子の赤字を抱えるアメリカ経済の成長に支えられ，わが国をはじめ，BRICs（ブラジル，ロシア，インド，中国および南アフリカ）と呼ばれる新興工業国での経済発展が続いている．各国間の貿易や財政の不均衡が存在するなかで，世界経済はそれぞれに結びつきを強めている．他方，これらの急激な経済発展は，社会のいたる所で多次元の問題を引き起こしていることも事実である．成長のもとでの貧困の増加や不平等の深まり，都市犯罪の拡大や過酷な少年労働をはじめとする基本的人権の欠落，政府汚職など行政機構のガバナンスの問題など解決すべき問題が生起しているが，とりわけ大きな課題が環境問題である．先進国の多くが経験したように，急激な開発経済は，生命に関わる地域の環境質の悪化や地球規模で人類全体に影響する問題をもたらしている．

　多くの開発途上国の成長戦略は，海外からの技術導入によって自国の輸出産業を育成し，貿易量を拡大させながら輸出主導型の経済発展をめざそうとするものである．開発途上国では，自国での労働や資源集約的な生産に対して競争力を持たせるために極力生産コストを抑制しようとして，過酷な労働条件，環境を軽視した生産条件が採用されることがある．また，最近では，先進国で費消された財が，リサイクル可能な廃棄物あるいは利用可能な財として開発途上

国に輸出され，解体・加工や再消費の過程で再び環境問題を引き起こす例も多い．このように，世界の結びつきが拡大するなかで，貿易を通じた環境問題の理解が必要になっている．

　本章では，経済発展を支える財・サービスの生産と貿易という側面から，環境問題を考察する．**12.2** 節では，経済のグローバル化と環境の現状に関して，主に，国際機関や条約の動向から概観する．**12.3** 節では，現在の世界貿易体制を支えている WTO 体制のもとで，環境問題がどのように取り扱われているかを解説する．**12.4** 節では，基本的な貿易モデルを援用して環境問題が貿易や生産とどのように関係しているかを論じる．さらに生産工程・生産方法と環境の関係に絞って，各国の環境政策がどのように貿易構造に影響するかを検討する．最後に，**12.5** 節で国際機関の重要性を展望する．

12.2　環境の現状

　今日，環境問題がグローバル化している．**環境問題のグローバル化**は経済のグローバル化と軌を一にしている．すなわち，国際貿易により財が国境を越えて移動し，これが次の3つの経路で環境問題を引き起こす．第1は財の生産や自然資源の採掘・伐採等に伴う問題である．財の生産による汚染の排出や，自然資源の劣化・枯渇により，生産国の環境が悪化する．第2は財の消費に伴う問題である．財の消費が汚染物質を排出することにより，財を輸入し消費する国の環境が悪化する．第3は中古財や廃棄物の貿易に伴う問題である．近年，先進国が開発途上国に有害廃棄物を輸出し，開発途上国の土地や水質などが汚染される事例が発生している．環境問題のグローバル化はこれだけにとどまらない．CO_2 や酸性雨など，汚染物質が地球規模で拡散し，地球環境問題を引き起こしている．本章では貿易と環境に焦点を絞り，論を進めていく．

　われわれは，貿易を通じた環境問題のグローバル化に手をこまぬいていたわけではない．問題に対処するために，すでに各国の国内対応および国際機関や国際協調による国際的な対応が進められてきている．これまでの国際的対応の推移を見てもこのことは明らかである．

　1972年に国連人間環境会議が開催され，環境の保全と向上および開発の両

表 12.1 主な多国間環境条約

条約等の名称	採択年	内容
ラムサール条約	1971 年	水鳥保護のための湿地の保全
ロンドン条約	1972 年	廃棄物の海洋投棄の防止
ワシントン条約	1973 年	野生生物取引の規制
ウィーン条約	1985 年	オゾン層の保護
モントリオール議定書	1987 年	オゾン層の保護
ロッテルダム条約	1998 年	有害化学物質等の国際取引に関する規制
バーゼル条約	1989 年	有害廃棄物の越境移動と処分の規制
気候変動枠組条約	1992 年	大気中の温室効果ガス濃度の安定化
生物多様性条約	1992 年	生物の多様性の保全,利用から生じる利益の公正・衡平な配分
砂漠化対処条約	1994 年	深刻な干ばつ,砂漠化への対処
京都議定書	1997 年	二酸化炭素などの排出削減
カルタヘナ議定書	2000 年	遺伝子組み換え生物による生物多様性の保全等
ストックホルム条約	2001 年	残留性有機汚染物質の規制

(出所) 外務省ホームページ (http://www.mofa.go.jp/mofaj/gaiko/kankyo/index.html ほか).

立の重要性が謳われた.会議で採択された宣言・行動計画を実施する機関として同年,**国連環境計画**(UNEP:United Nations Environment Programme)が創設された.また,1987 年の「環境と開発に関する世界委員会」報告書で「**持続可能な発展**(sustainable development)」の概念が用いられ,以後,この概念が世界に普及することとなった.さらに,1992 年の UNCED(**国連環境開発会議:地球サミット**)において「アジェンダ 21(行動計画)」が採択され,現在も国連を中心にさまざまな施策や行動がとられているところである.主な**多国間環境条約**(MEAs:Multilateral Environmental Agreements)は表 12.1 のとおりである.

　これらのなかから本章の主題と関連性が深い条約を 2 つ取り出し,貿易と環境との関係を見てみよう[1].

---

1) 以下は,外務省ホームページ (http://www.mofa.go.jp/mofaj/gaiko/kankyo/index.html) を参考にした.

(1) ワシントン条約

正式名称を「絶滅のおそれのある野生動植物の種の国際取引に関する条約」といい，1972年の国連人間環境会議の勧告を受けて，1973年にワシントン（アメリカ）で採択された．その名が示すとおり，絶滅のおそれのある野生動植物の保護を目的に，輸出国・輸入国が協力して野生動植物の国際取引を規制するものである．規制は，種の絶滅のおそれの程度により，商業取引を原則禁止，輸出国の許可，規制のある国の許可の3つに区分している．

(2) バーゼル条約

正式名称を「有害廃棄物の国境を越える移動およびその処分の規制に関するバーゼル条約」といい，OECDおよび国連環境計画の検討を経て1989年にバーゼル（スイス）で採択された．背景には，先進国の有害廃棄物が国境を越えて開発途上国へ移動し放置され，かつ責任の所在も不明確である事態が生じたことがある．条約では，有害廃棄物を輸出する場合は輸入国の同意を得ることや，国内の廃棄物の発生を最小限におさえ，可能なかぎり国内の処分施設が利用できるようにすることなどが規定されている．

このように，国連および国連関連機関の活動が活発化し，環境保全のための国際環境条約の締結が進んでいるが，必ずしも十分な成果をあげているわけではない．背景には，それぞれの国が置かれた，経済的・自然的条件の違いがある．加えて，国連および環境関連国際機関と，次節で取り上げる自由貿易を理念とするWTOとの立場の違いも，これら国際環境条約等の実効性をそぐ結果となっている．

12.3 WTO体制と環境問題

12.3.1 GATT・WTO体制の経緯

貿易と環境の問題を考察する場合，GATT・WTO体制のもとでの本問題への対応を理解することが重要である．**WTO**（World Trade Organization，**世界貿易機関**）は，1995年に前身の**GATT**（General Agreement on Tariffs and Trade，**関税及び貿易に関する一般協定**）[2]を引き継ぎ，発展させる形で創設された．

第 12 章　環境と貿易

　GATT は第二次世界大戦後の国際通商の拡大と貿易ルールの確立をねらいとして 1947 年に成立し，関税の引き下げなどを通じた国際貿易の拡大や貿易紛争の処理に大きく貢献した．しかしこの間，経済の国家間の不均衡な発展や，サービス貿易，知的財産権など，モノ以外の貿易の拡大など，国際貿易をめぐる情勢が大きく変化したため，これらに対応するための新たな機関の必要性が高まった．こうして，GATT 協定を引き継ぎ，新たな諸協定を加えて正式な国際機関として WTO が設立されたのである．なお，わが国は 1955 年に GATT に正式加盟しており，WTO 加盟国・地域数は 2007 年 10 月現在 151 である（外務省ホームページを参照）．

12.3.2　GATT・WTO の基本原則

　GATT・WTO にはいくつかの重要な基本原則がある．それは，「最恵国待遇の原則」，「内国民待遇の原則」，「数量制限禁止の原則」および「関税引き下げの原則」である．

(1)　最恵国待遇の原則

　最恵国待遇の原則とは，加盟国間での差別を禁止するもので，関税等について，ある国が特定の国だけを優遇することを認めないことで，GATT 第 1 条に規定されている．この原則のもとで，平等な貿易条件の恩恵が交渉力の弱い国にも行き渡るのである．なお，GATT 第 24 条では，**最恵国待遇原則の例外の 1 つとして，一定の条件のもとで地域経済統合（自由貿易地域（FTA），関税同盟など**[3]**）を認めており，近年 FTA の締結が増えている．

---

[2]　1947 年に多角的関税交渉が行われ，諸規定を 1 つの協定としてまとめたもの．GATT は，正式な国際機関ではなく協定であり，各国への強制力を持たない（田村（2001）参照）．
[3]　自由貿易地域とは，加盟国間内では関税はないが，加盟国と加盟国以外との貿易にはそれぞれ異なる関税を適用するもので，NAFTA（北米自由貿易協定），メルコスール（南米共同市場），ASEAN 自由貿易協定，日本・シンガポール経済連携協定などがある．関税同盟とは，加盟国間内では関税はないが，加盟国と加盟国以外との貿易には加盟国共通の関税を適用するもので，EC（欧州共同体）がある（滝川（2005）p.200）．

(2) 内国民待遇の原則

内国民待遇の原則とは，輸入品と同種の国内産品に対して適用される内国税や国内規制が差別的であってはならないということであり，GATT 第3条に規定されている．

(3) 数量制限禁止の原則

数量制限禁止の原則とは，国内産業保護のための施策として，関税以外の施策を認めないもので，GATT 第11条に規定されている．

(4) 関税引き下げの原則

関税引き下げの原則とは，関税を加盟国間の交渉により可能なかぎり引き下げるとともに，引き下げ交渉の結果を安定的に維持していこうとするものである（田村（2001）p.46）．GATT 第28条2項では，関税引き下げの方式の1つとして多角的交渉（一般関税交渉，ラウンド）を規定しており，1947年の第1回関税交渉（ジュネーブ）から 2001 年に開始されたドーハ・ラウンドまで9度に及ぶ関税交渉が行われている．

12.3.3　GATT・WTO 体制における貿易と環境との関係

貿易と環境との関係については，1992年の地球サミットを受け，1995年のWTO設立協定の前文で「この協定の締約国は……環境を保護し及び保全し並びにそのための手段を拡充することに努めつつ……」の文言が加えられ，環境保護にも配慮することが謳われてはいる．しかし，WTO 協定には独立した環境保護規定は存在せず，協定の条文の中に関連規定がある．WTO の主な環境関連規定は表12.2のとおりである．

WTO のなかに**「貿易と環境委員会」**が設置され，ドーハ・ラウンドでも貿易ルールと環境ルールとの整合性をはかるための規律づくりが交渉議題となっている（外務省（2003）参照）．しかし，自由貿易の維持・拡大を目指し，実体的には各国（産業）間の紛争処理を機能の1つとするWTOと，環境保護を目指す多国間環境条約との間の調整は，先進国と開発途上国，あるいは貿易優先の考えと環境優先の考えとが対立し，多国間の合意を得ることが困難な状況

表12.2　WTOの主な環境関連規定

対象	協定	主な環境関連規定
財	GATT1994	第20条の（b）（g）
	農業協定	前文，附属書2の2（a）（b）（e）（g）同12
	SPS協定（衛生植物検疫措置の適用に関する協定）	前文，その他
	TBT協定（貿易の技術的障害に関する協定）	前文，第2条2.2，第5条5.4
	SCM協定（補助金および相殺措置に関する協定）	第8条8.2（c）
サービス	GATS（サービスの貿易に関する協定）	第14条（b）
知的財産権	TRIPS（知的財産権の貿易関連の側面に関する協定）	第8条，第27条2

（出所）　岩田（2004）p.55をもとに，一部筆者修正．

にある（川島（2005）参照）．

　このなかで，GATT第20条の（b）「人，動物又は植物の生命又は健康の保護のために必要な措置」および（g）「有限天然資源の保存に必要な措置」が環境保護を理由とした貿易制限措置の正当性を判断する基準として重要であり，しばしば紛争処理にあたってその解釈が注目されてきた．

　また，「**同種性**」の定義が貿易と環境の問題を考えるうえで，重要な意味を持つ．GATT協定のなかで「同種性」に触れている個所は，第1条（最恵国待遇原則）の「同種の産品（like products）」，第3条（内国民待遇原則）の2項に規定されている「同種の国内産品（like domestic product）」，同4項の「同種の産品（like products）」である（田村（2001））．つまり，最恵国待遇原則と内国民待遇原則は「同種の産品」を前提にしたものである．しかしながらGATT時代から，産品の**生産工程や生産方法**（PPM：Process and Production Method）が異なるだけの産品は「同種の産品」として扱われてきた．現在も，生産段階で環境汚染を引き起こすことを理由にその産品を輸入禁止にすることは，WTO協定違反とされるケースが多い（岩田（2004）pp.51-53，滝川（2005）

pp.141-142).

12.3.4 WTOにおける紛争処理のルール

WTOにおける紛争処理のルールは,「紛争解決に係る規則及び手続きに関する了解」(WTO協定附属書2) で規定されている. 紛争処理は, 一般理事会に設置されている**紛争処理機関DSB**(Dispute Settlement Body) が行う. WTOの紛争処理手続きはGATT時代に比べて大幅に強化された. 紛争処理は, まず当事国の協議にゆだねられる. 協議によるも解決にいたらない場合は, 提訴国はパネル (panel, 小委員会) の設置を要求できる. さらに, **パネル裁定**に不服の紛争当事国は**上級委員会**に上訴することができる. GATT時代はコンセンサス方式が採用され, 締約国の全会一致が必要とされた. このため, 提訴された国が反対すればパネル採択が阻止された. これに対し, WTOでは, ネガティブ・コンセンサス方式が採用され, 全会一致で反対しないかぎりパネル裁定が採択されることとなる. さらに, WTO協定違反と認定された場合に, 被提訴国が是正を履行するよう, 監視機能が強化された.

12.3.5 環境問題に関わる紛争処理の具体的ケース

ここでは, 表12.3をもとに, GATT・WTOにおける貿易と環境に関する紛争処理の具体的事例を見てみよう. 以下では, これらのなかから, 3件の紛争処理に絞って詳しく検討しよう[4].

(1) アメリカのキハダマグロ輸入禁止に関わる紛争

本件は, GATTの時代に貿易と環境との関係が問われた事例である. アメリカは, キハダマグロ漁がイルカの乱獲につながることを懸念し, 一定の条件を超えるキハダマグロおよび同製品の輸入を禁止した. これに対し1991年にメキシコがGATTへ提訴した. メキシコは, アメリカの輸入禁止措置について, GATT第20条 (一般的例外) の (b) および (g) 項は締約国の管轄外の措置には適用できず, また, 他のイルカ保護の代替措置があることから (b) 項に該当しないと主張した. パネルは, 本件をGATT違反とした. 締約国が

---

[4] 松下・清水・中川編 (2000), 田村 (2001), WTO (2004), 川島 (2005), 滝川 (2005) を参照.

表 12.3　GATT・WTO の貿易と環境関連紛争処理の具体的事例

	被提訴国	提訴国	提訴年	紛争内容	裁定
GATTの ケース	アメリカ	カナダ	1980 年	アメリカのカナダ産ビンナガマグロの輸入制限	GATT 違反の裁定
	カナダ	アメリカ	1987 年	カナダが未加工サケ・ニシンの輸出を制限	GATT 違反の裁定
	タイ	アメリカ	1990 年	タイがタバコの輸入を制限	GATT 違反の裁定
	アメリカ	メキシコ	1991 年	アメリカのキハダマグロの輸入制限(1)	GATT 違反の裁定
	アメリカ	EC およびオランダ	1992 年	アメリカのキハダマグロの輸入制限(2)	GATT 違反の裁定
	アメリカ	EC	1993 年	アメリカの輸入自動車への課税	一部が GATT に違反，一部は違反しないとの裁定
WTO の ケース	アメリカ	ベネズエラ，ブラジル	1995 年	アメリカの輸入ガソリンの基準が差別待遇である	GATT 違反の裁定
	アメリカ	インド，マレーシア，パキスタン，タイ	1996 年	アメリカのウミガメ除去装置をつけない漁法のエビ輸入禁止措置	GATT 違反の裁定
	EU	カナダ	1998 年	EU がアスベスト・アスベスト製品の輸入を禁止	一部が GATT に違反，一部は違反しないとの裁定

(出所)　松下・清水・中川編 (2000), 田村 (2001), WTO (2004), 川島 (2005), 経済産業省 (2006) をもとに筆者作成．

管轄を超えて一方的に保護政策を決定することを排除したものである．また，本件は，生産方法（マグロ漁獲方法）が異なるだけでは「同種性」が否定できないとされたケースである（田村 (2001) pp.200-203，滝川 (2005) p.141）．その後，EC からも提訴され，アメリカは再び GATT 違反と裁定されたが，アメリカはパネルの採択を拒否した．

(2)　アメリカのエビ輸入禁止に関わる紛争

本件は，WTO のもとでの紛争処理の事例である．ウミガメがエビ底引き漁によって捕獲されている状況に着目したアメリカが，ウミガメ除去装置をつけない漁法で捕獲したエビおよびエビ製品の輸入を禁止したことに対して，インド・マレーシア・パキスタン・タイが GATT 第 11 条（数量制限の一般的禁止）違反として 1996 年に提訴したものである．アメリカは，ウミガメの保護を目的とした輸入禁止は GATT 第 20 条（一般的例外）の (b) の「必要な」措置に該当すると主張した．1998 年，パネルはアメリカの輸入制限が GATT 第 11 条違反でありかつ GATT 第 20 条によっても正当化されないと裁定した．これを不服としたアメリカは上級委員会に上訴したが，上級委員会はパネルの

結論を基本的に支持した．本件も PPM 規制と「同種性」との関係が争われたケースである（田村（2001）pp.205-207，滝川（2005）pp.141-142）．

(3) EUのアスベストおよび同製品の輸入禁止に関わる紛争

本件も WTO のもとで同種産品の認定をめぐって争われた事例である．アスベストの被害から健康を守るためにフランスが行ったアスベストおよび同製品の輸入禁止措置について，EU がこれを正当と認める一方，カナダが GATT 第3条（内国民待遇），第11条（数量制限の一般的禁止），および TBT（貿易の技術的障害に関する協定）第2条（強制規格の中央政府機関による立案，制定及び適用）に違反するとして，1998年に提訴したものである．カナダは，アスベスト製品とグラスファイバー製品は同種の産品であるので差別は違反であると主張した．パネルは両製品を同種の製品と認定したが，上級委員会はパネルの認定を覆した．アスベストの健康リスクは市場の競争関係に影響を及ぼすので，この点を同種産品の判定にあたって考慮すべき，との判断である（WTO（2004）pp.65-66，滝川（2005）pp.61-62，経済産業省（2006）p.448）．

12.4 貿易と生産構造および環境規制の関係

12.4.1 生産と貿易

まず，貿易についての基本モデル——ここでは，開発途上国と先進国の貿易モデルを考えよう．図12.1 は，このうち先進国について，その生産フロンティアを F-F 曲線で，また，先進国の人々の無差別曲線を U_i で与えている．生産フロンティアは，当該国が保有する生産要素を投入して生産することが可能な財の組み合わせを示している．所与の生産要素のもとで，ある財を多く生産しようとすれば，他の財の生産は小さくなる．他方，生産物は X と Y の2種類があるとしよう．

この場合，先進国は，X と Y をどれだけ生産し，どれだけ交易（輸出あるいは輸入）すればよいのであろうか．これを考えるためには，この先進国にとって，これら2財の間の交換比率（相対価格）が与えられなければならない．各財の価格をそれぞれ p_X, p_Y としよう．このとき，Y 財1単位を，X 財 p_X/p_Y 単位と交換できるので，この p_X/p_Y を交換比率という．交換比率は，

図 12.1 貿易の利益の発生

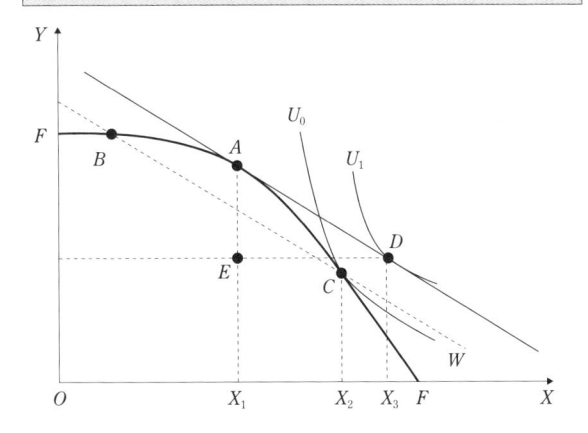

ここでは，図 12.1 の直線 W の勾配で表されている．

図 12.1 の場合，貿易のない場合には，生産フロンティア $F\text{-}F$ のもとで，効用を最大化する点 C が選ばれるべきである．しかし，貿易が可能で，交換比率が図のように与えられる場合には，点 C ではなく点 A の生産を行い，Y 財を AE だけ輸出し，そのかわりに X 財を ED だけ輸入すれば，貿易後の消費可能点は点 D となり，結果として点 C で得られる効用よりも高い効用を実現できる．このケースでは，輸出される財 Y は「**比較優位**」があるといわれる．また，貿易を通じて，貿易国の厚生水準が増加することを「**貿易の利益**」と呼んでいる．

ところで，すでに貿易を行っているこの国が，何らかの理由で環境政策を行う必要が生じたとしよう．環境問題が生じる理由については，さまざまな要因が考えらえる．すでに第 **2** 章で論じたように，環境問題を社会的費用としてとらえれば，それらは，生産工程や生産方法（PPM）に起因するものもあれば，産品の消費や廃棄過程で生じるものもある．これに対抗してとられる国内措置は，いうまでもなく規制的手段や経済的インセンティブに働きかける手段である（本書第 **3** 章，第 **4** 章参照）．

この国の環境政策の変化を，図 12.2 をもとに考えてみよう．ここでは，Y

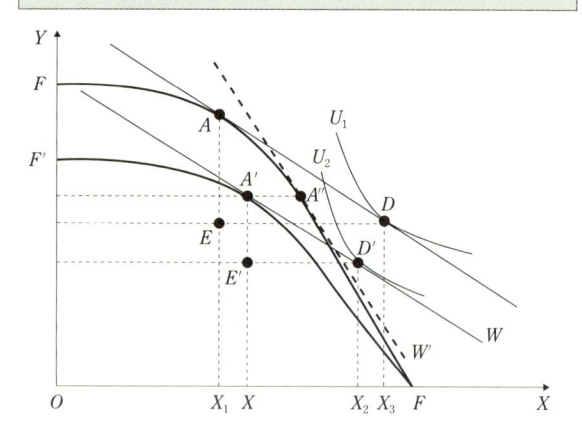

図 12.2　環境規制（Y 財）が行われたケース

財の PPM で問題が発生したとしよう．この場合，政府が Y 財の生産にあたって生じる外部性を抑制するために排出規制などの措置を行う必要がある．このことは，同一量の Y 財の生産のためには，（排出除去装置など）より多くの資源を投入しなければならないことを意味する．このため，同一の X 財を生産するためには，Y 財の生産は小さくならざるをえなくなり，生産フロンティアは，F–F から F'–F へ下方シフトする．

　相対価格が不変であれば，生産は点 A から点 A' へ移動し，国内の Y 財の生産は減少する．点 A' で生産された Y 財のうち，$A'E'$ が輸出され $E'D'$ が輸入されることになる．図 12.2 では，X 財，Y 財から受け取ることができる効用水準は小さくなっているが，環境政策の結果もたらされる社会的費用の減少は，社会全体の厚生水準を増加させうるであろう．

　かりに，Y 財の PPM で生じる排出水準を点 A' に対応するレベルに抑える必要があるとしよう．その場合には，生産フロンティアのシフトを伴う国内環境政策のかわりに，貿易政策を利用することもできる．貿易政策はさまざまな手段を含むが，ここでは1例として，X 財に輸入関税を賦課する場合を考えよう．X 財への輸入関税賦課によって，資源の Y 財生産から X 財生産への再配分が生じると考えられる．交換比率 (p_X/p_Y) は上昇し，図 12.2 のように，

W から W' へとシフトすれば，このもとで，ちょうど A' と等しい Y 財の生産を点 A'' で実現させることができる．貿易政策は，環境政策と同様に Y 財の生産を抑制させる効果は持つが，図 12.2 にあるように，環境政策を行った場合に比して厚生上劣っていると考えられる[5]．

12.4.2 貿易と環境規制の関連性(1)：環境ラベリング

ここでは，より具体的事例に沿って環境政策の効果を検討しよう．先に例示したキハダマグロのケースを少し詳しく見てみよう．先述したケースでは，メキシコのマグロ漁業におけるイルカ殺戮が，アメリカの国内法である「海洋哺乳類保護法」に抵触することで輸入禁止を行ったことが GATT 違反に問われた事件であった．実は時を同じくして，アメリカとメキシコとの間で「**ドルフィンセーフラベル紛争**」が起こった．これは，マグロを捕獲する場合に，イルカの混獲が一定以下のマグロを原料とする加工品に「ドルフィンセーフラベル」を与え，間接的にイルカ殺戮を消費者レベルで抑制しようとするものである．これに対してもメキシコは提訴したが，こちらの方は，GATT 違反ではないというパネル裁定が下りている．キハダマグロをめぐっては，アメリカ国内で規制を受けてマグロ漁を行っている業者の圧力があったとされているが，後者は，いわゆる「環境ラベル」をめぐる問題である．ともに，マグロという生産物自体に問題があるわけではなく，むしろ，PPM が環境配慮的でないことが問われたのである．

前者の例が GATT 違反で，後者は GATT 違反にならないとされた根拠は何であろうか．それを解釈する前に，環境ラベリングをめぐる GATT・WTO の動向を見ておこう．環境ラベリングは，輸出国側からすれば，認証の取得によって輸出を促進させる効果を期待でき，逆に輸入国側から見れば，国内の環境保全行動を海外に伝播できる手段でもあり，海外からの輸入を抑制させる手段にもなる．このため，環境ラベリングをめぐっては摩擦が多く生じているのも事実である．

1994 年の GATT「**環境保護措置と国際貿易に関するグループ**」の報告書

---

[5] この点に関しては，Hanley et al. (2001) を参照．

第4部　資源と環境

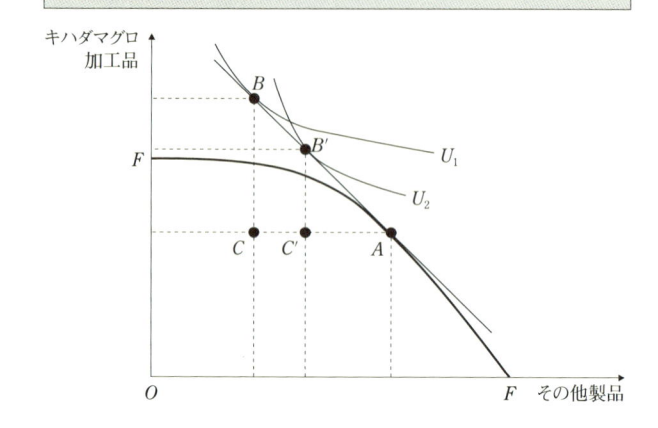

図12.3　GATT違反でない環境ラベリング

(いわゆる宇川報告) によれば，環境ラベリングの選定と認定基準は，輸入国側の国内環境事情を反映しているために輸出国側の対応が困難であり，しかも，商品のラベリングが，生産物それ自体に加えてPPMを含むLCAに拡大されるため，輸出国にとって費用負担が増大する傾向を持つ．とくに，このPPMを含むことが問題を一層複雑なものにしている．

　議論に入る前に，ここで用いる図12.3については，キハダマグロ加工品が輸入されている点に注意しよう．すでに述べたように，アメリカ国内では，国内環境規制を受けて漁民はより費用の高い漁法（生産方法）を強いられていた．この環境規制のもとで，アメリカでは点Aで生産が行われBCに等しいキハダマグロの加工品が輸入されている．他方，メキシコでは規制のないままにイルカの混獲を伴うキハダマグロの加工品が製造されていることを根拠に輸入を禁止したとしよう．しかし，すでに述べたようにアメリカのこの対応はGATT違反とされた．GATTルールでは，ある国がその国内法を他国に強制する手段として貿易政策を利用することは許されないのである．

　それでは，「ドルフィンセーフラベル」のケースはどうであろうか．生産物は，原則としてPPMではなく生産物の質で判定すべきであるが，環境ラベルの効果は，イルカにやさしいという客観基準を消費者に知らせるものであって強要するものではない．いわば産地や品質表示と同じように一種のブランドで

識別可能なようにした仕組みにすぎない．消費者の自主的な判断で，メキシコのキハダマグロ加工品よりも他の製品への支出代替を促す行為である．より環境を重視するアメリカ国内の消費者は，限界代替率をより大きなものに変え（図の U_2），結果として，キハダマグロ加工品の輸入量は $B'C'$ へと減少することになる．

12.4.3　貿易と環境規制の関連性(2)：ポリューション・ヘイブン仮説

　ここでも，図 12.4 のように，規制強化前には貿易が生じていないと仮定しよう．つまり，F–F 曲線，無差別曲線 U と直線 W がちょうど点 A で接している．このとき，高汚染産業への規制強化が行われたとしよう．汚染削減のために，高汚染産業生産物への生産要素のより大きな投入を要求するから，生産フロンティアは，F–F から F'–F で示される曲線に下方低下するであろう．高汚染産業への規制が強化され，図 12.4 のようなシフトが生じた結果，点 B で厚生水準が最大化されるようになれば，先進国は，点 D で生産し，DC 分の低汚染生産物を輸出し，BC 分の高汚染生産物を輸入すればよいことがわかる．つまり，図のようなシフトを前提にすれば，環境規制を強化した国（つまり先進国）は，低い汚染しかもたらさない生産物を高汚染生産物に比してより多く生産し，その一部を輸出することで，高汚染生産物を輸入することができる．これを逆にいえば，開発途上国は高汚染生産物を生産し輸出することになる．つまり，先進国での環境規制強化は，高汚染部門を開発途上国に移転させ，結果的に，開発途上国での汚染水準を高めることで一種の近隣窮乏化をもたらすことになる．ただし，このような規制強化によっても，ポーター仮説[6]がいうように，先進国の技術水準が汚染削減費用の増大を凌ぐほどに高まった場合には，上述のような生産フロンティアの下方シフトは生起せず，高汚染産業での生産物の低汚染化と同時に開発途上国からの高汚染生産物の輸入が増大しないケースが想定可能である．

　ここで，図 12.4 に描かれた先進国の厚生関数に着目しよう．図に描いた U_i

---

[6]　ある国で環境政策が強化されると生産コストが上昇し，対外競争力が低下するという，それまでの考え方を批判し，厳しい環境政策のもとでは技術革新が誘発され，競争力の強化によって規制に対する短期費用曲線はむしろ低下するという考え方．

図 12.4　環境規制の強化と貿易

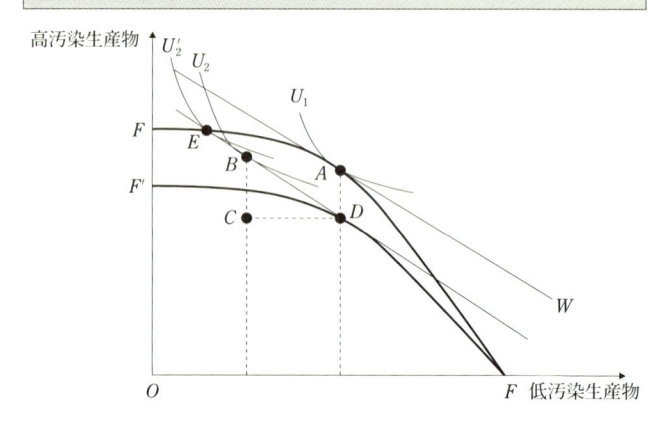

の形状は，先進国の人々に対して，汚染がもたらす悪影響や，各汚染産業がもたらす一定の便益を反映している．規制強化によって高汚染産業の汚染度が低減するため，限界代替率は小さくなり，当初 U_1 であった無差別曲線は，U_2 ではなく実際には U_2' のような形状を示すであろう．このことは，規制強化が厚生関数の変化を同時にもたらす場合，高汚染産業生産物の海外依存がより一層高まることを意味している．

以上のように，先進国側の規制強化によって，高汚染生産部門が先進国から開発途上国へとシフトし，開発途上国における環境悪化がより激化するという考え方は，**ポリューション・ヘイブン仮説**（PHH：Pollution Haven Hypothesis）と呼ばれている．しかし，静学的な枠組みで考察したここでのケースでも，先進国の規制強化がもたらす他国への影響は明らかに確定的ではない．加えて，生産フロンティア曲線のシフトや持続可能性などの動学的枠組みを考慮した場合，不確定性は一層増大する．一般に汚染水準を決める要因としては，①規模の効果，②産業構造の影響，ならびに③技術水準，といった3つの要素が重要である．PHH を論じてきた多くの論者は，産業構造の変化や技術進歩の影響が必ずしも確定的であることを認めていない．いずれにしても，PHH は多くの場合実証研究による精査が必要なのである．

12.4.4 ポリューション・ヘイブン仮説と政策上の含意

貿易を通じた環境問題については，開発途上国から先進国への自然資源の輸出による，開発途上国の自然資源の劣化や枯渇，開発途上国から先進国への環境負荷の大きい財の輸出を通じた，開発途上国の環境悪化（とくに地域環境の悪化）がある．開発途上国が経済成長を通じて貧困からの脱出を図るなかで，環境負荷の大きい財の輸出が SO_2 や NO_2 などの大気の質や，溶解酸素含有量や水質汚濁などの水質を劣化させている可能性がある．

すでに述べたように，先進国の環境規制の強化が環境負荷の大きい製造業からの脱却と，その半面での開発途上国の環境負荷の大きい製造業への特化と環境負荷の大きい製造業を促進させるとの考え方が，PHH あるいは「底辺へ向かう競争（race-to-the-bottom）」と呼ばれるものである．しかしながら，研究ごとにさまざまな定義が用いられている．そこで，整理のために Brunnermeier and Levinson (2004) による，ポリューション・ヘイブン仮説の定義を確認しておこう．彼らは，ポリューション・ヘイブン効果を次の3つで定義している；

定義1：経済活動は環境規制がより緩かな地域にシフトする[7]．

定義2：貿易の自由化は，非効率な底辺へ向かう競争（race-to-the-bottom）を促進させる．

定義3：貿易の自由化は，環境負荷の大きい経済活動を，環境規制がより緩かな国々に向かわせる．

ここで，定義1は環境規制が貿易に影響を及ぼすとしているのに対し，定義3は，貿易障壁が環境負荷の大きい財の貿易，したがって環境に影響を及ぼすことを意味している．いずれにしても，PHH の考え方を進めると，開発途上国が環境規制を強化し環境負荷の大きい製造業から脱却しないかぎり，地域環境の悪化から抜け出せないことになる．

以下，データの定義や範囲が限定的であることをふまえたうえで，表 12.4, 表 12.5 によって現状を見ておこう．まず，先進国の方が環境規制が強い一方，環境負荷の大きい産業の比率が小さい．これは PHH と整合的である．次に，

---

[7] ほとんどの PHH に関する研究では，この仮説を検証している．

表 12.4 高環境負荷産業の構成比と環境規制の強度との関係

	環境負荷の大きい産業の製造業に占める比率	環境規制の強度
先進国	15.3%	65.1
開発途上国	23.9%	43.5

（出所） World Bank, *World Development Indicators* (2004) および World Economic Forum, *2002 Environmental Sustainability Index* (2002) により作成．

表 12.5 環境負荷の大きい財の輸出比率と環境規制の強度との関係

	環境負荷の大きい財の輸出比率	環境規制の強度
先進国	26.0%	66.0
開発途上国	25.1%	43.1

（出所） 表 12.4 とはサンプル数が異なる．United Nations, *2001 International Trade Statistics Yearbook* (2003) および World Economic Forum, *2002 Environmental Sustainability Index* (2002) により作成．

総輸出に占める環境負荷の大きい財の輸出の比率は，先進国と開発途上国でほぼ拮抗している．これに対し，環境規制の強度は，開発途上国の方が先進国よりも低い[8]．この事実は，PHH とは一見整合的でないように見える．しかし，前の事実とあわせ考えると，次の解釈も可能であろう．すなわち，先進国，開発途上国ともに環境規制を強化してきているが，そのペースは先進国の方が速く，これにあわせて，開発途上国を上回るペースで環境負荷の高い産業のウェイトを低下させてきた．一方，環境負荷の大きい財の輸出比率は，もともと工業化が進んだ国で高いが，これらの国々では，環境規制の強化も進行している．したがって，もし時系列で見るならば，環境負荷の大きい財の輸出比率も低下している可能性がある．この点は，今後より詳細な検討が必要であろう．

---

[8] ここでは，環境負荷の高い産業とは，繊維・衣服その他繊維関連製造業および化学工業と定義している．また，環境負荷の大きい財については，SITC (Standard International Trade Classification) のうち 5（化学工業生産品）および 6（原料別製品）と定義した．環境規制の強度は，環境持続可能性指標（Environmental Sustainability Index）のなかの社会および制度能力（Social and Institutional Capacity）を用いている．

最後に，政策へのインプリケーションを指摘しておこう．環境問題について，各国の貿易を考慮した場合においても，とくに中央・地方政府の環境問題への実効ある対応，また，環境対策に効果のある高い技術水準の獲得が重要である．前者については，国民の環境改善への意識を高め，後者については，技術導入の手段を見出すことが重要である．この点に関し，貿易は，少なくとも，先進的な環境意識や環境基準の導入，また，貿易を通じ高い技術の導入を可能にする．したがって，開発途上国にとっては，環境負荷の高い財の生産と輸出を行う場合には，併せて，環境をコントロールするガバナンスの向上と，環境改善技術の向上が欠かせない．

12.5 国連とWTOの重要性

これまで見てきたように，貿易と環境との関係は複雑であり，問題解決への道も平坦ではない．とくに，経済発展を重視し，貿易の拡大に注力する開発途上国が，自助努力によって貿易を通じた環境問題の発生や悪化を予防し，解決していくには資金，技術，体制などの面で限界がある．そこで期待されるのが国連および国連関係機関の活動や国際環境条約などのもとでの国際協力である．

しかし一方，貿易を通じた環境問題への取り組みに大きな影響力を有するGATT・WTOの現状を見ると，協定の中に環境への言及や規定が盛り込まれるなどの進展はあるものの，自由貿易を理念とする姿勢のもとで，貿易と環境との調和実現にとってなお満足すべき状況にない．これは，GATT・WTO協定における環境の位置付けの低さや，環境関連紛争処理の事例からも見てとれる．今後，WTOの貿易と環境委員会およびドーハ・ラウンドにおける本問題への一層の取り組みを含め，国連とWTOとが一体となった努力が強く望まれるところである．

練習問題

練習問題 12.1 X財とY財の2財について，生産フロンティア曲線が$Y = -X^2 + 4$，効用関数が$U = XY$で与えられているとする．このとき，貿易がない場合の最適な

X, Y の消費量を計算しなさい．他方，貿易がある場合，両財の交換比率が $1:1$ であったしよう．この場合の，最適な X, Y の生産量を計算し，輸出と輸入の量を計算しなさい．

練習問題 12.2 先進国では，一般に環境規制は強い。環境対策費用の増大は結果的に産業の競争力を弱めるはずであるが，実際には逆で，環境規制は企業の技術革新を促進し費用効率性の上昇が生じている．このような考え方は，ポーター仮説と呼ばれる．ポーター仮説に関する論点を詳細に調べその意義と問題点について調べなさい．

練習問題 12.3 環境と貿易の密接な関係を受けて，本文にもあるように環境問題を視野に入れた貿易政策が重要となっている．WTO のホームページ (http://www.wto.org/english/tratop_e/envir_e/envir_e.htm など) を参考にして，WTO の考え方を整理しなさい．

参考文献

Brunnermeier, S. B. and A. Levinson (2004) "Examining the Evidence on Environmental Regulations and Industry Location," *The Journal of Environment & Development*, Volume13, Number1, March, pp.6-41.

外務省 (2003)「WTO 新ラウンド交渉」(www.mofa.go.jp/mofaj/gaiko/wto/new_round_0306.pdf).

Hanley, N., J. F. Shogren and B. White (2001) *Introduction to Environmental Economics*, Oxford University Press.

岩田伸人 (2004)『WTO と予防原則』農林統計協会.

川島富士雄 (2005)「「貿易と環境」案件における履行過程の分析枠組みと事例研究」川瀬剛志・荒木一郎編著『WTO 紛争解決手続における履行制度』三省堂，pp.313-359.

経済産業省 (2006)『不公正貿易報告書』(財)経済産業調査会.

滝川敏明 (2005)『WTO 法　実務・ケース・政策』三省堂.

高瀬保 (2003)『WTO と FTA　日本の制度上の問題点』東信堂.

田村次朗 (2001)『WTO ガイドブック』弘文堂.

松下満雄・清水章雄・中川淳司編 (2000)『ケースブック　ガット・WTO 法』有斐閣.

WTO (2004) *Trade and Environment at the WTO: Background Document* (www.wto.org/english/tratop_e/envir_e/envir_backgrnd_e/contents_e.htm).

| コラムで考えよう | 持続可能性概念の展開 |

　最近,「持続可能な年金制度」とか「サステイナブルな企業」など,「持続可能(サステイナブル)」という言葉をしばしば目にする.「持続可能」とはなんだろうか. 年金制度や企業経営について「持続可能」を用いるとき,「破綻しない年金制度」や「倒産しない企業」などの意味で用いているのかもしれない. さらに,「持続的な景気拡大」とはいうが,「持続可能な景気拡大」とはあまりいわない. 人々は, 景気は循環するものであり, 景気拡大が何年も続くものではないことを知っている. これらの例で見るように,「持続可能」という言葉は「持続的」よりも長期的な視点に立って, ある対象の持続性に力点をおいて表現する場合によく用いられていることに気がつく. しかし, こうした用いられ方は当初の用いられ方とは少々異なる.

　「持続可能」という言葉が社会で広く使われるきっかけとなったのが,「国連・環境と開発に関する世界委員会 (The World Commission on Environment and Development)」が 1987 年に発表した *Our Common Future* である. その中では,「持続可能な発展 (sustainable development)」という言葉が用いられたが, これは「将来世代が自らのニーズを充足する能力を損なうことなく, 今日の世代の欲求を満たすこと」を意味する. 地球の限りある資源に着目するとともに, 経済活動から生じる地球環境の破壊や汚染が危機的な状況に達していることへの警告であり, 厚生水準 (あるいは効用) における世代間の公平性に力点を置いたものである.「持続可能」は, きわめて長期 (場合によっては無限期間) における厚生水準 (効用) の維持を意味する言葉である. このように,「持続可能」あるいは「持続可能性 (持続可能であること)」は当初, 人類が将来にわたって生存していくための経済活動のあり方, およびそれに必要な資源の消費に焦点を当てた言葉であったが, その後, 地球社会のさまざまな問題にまで研究が及ぶにつれ, 経済の側面にとどまらず, 環境 (大気や水, 生物多様性など), 社会 (公平性, 健康, 教育, 安全など), 制度 (経済・社会生活上の法律や通信, 交通などのインフラ, 技術など) など幅広い分野も含めて持続可能性が論じられるようになった. 今日では, 持続可能性は経済, 環境, 社会, 制度を一体として論じられる場合が多い.

　地球全体, あるいは各国の持続可能性が重要であるとしても, はたして持続可能性は実際に計測できるものであろうか. 持続可能性を測る試みは多方面で進められている. 計測手法は, 国民経済計算の枠組みから出発したものと, それ以外のものとに大別できる. 国民経済計算の枠組みから出発したものとしては, 環境経済統合勘定がある. 国民経済計算を環境分野まで含めて表示するものである. 国民経済計算の枠組み以外から出発したものとしては, 世界銀行が公表している Adjusted net savingsや国連が検討中の持続可能性指標セット（CSD Indicators）がある．前者は，国民総貯蓄に人工資本，人間資本，自然資本の増減を加減し，これをGNI（国民総所得）に対する比率で表示したものである．2007年に公表されたCSD Indicatorsは社会，環境，経済，制度などの分野にまたがる合計96の指標（コア指標50）からなる指標のセットである．各国が自国に関係の深い指標を選択し，意思決定の指標として用いることをねらいとしている．このほかにもさまざまな計測手法が研究されているが，いずれもまだ精度において完全ではなく，そもそも持続可能性という複雑な対象を1つの計測手法で測定することはきわめて困難である．また，各国間の利害も絡んで地球全体の持続可能性を実現するのが容易でないことは，温室効果ガスの削減を目指した京都議定書にアメリカが批准せず，開発途上国に削減義務が課せられていないことからもわかる．

　「持続可能性」を計測し，実現することが困難であるなか，先人は長年の経験を生かして特定の分野で持続可能性を追求してきた．たとえば，森林は木材資源として有用であるばかりでなく，洪水などの災害を防ぎ水資源を守るという重要な機能がある．森林の機能を発揮させるためには乱伐を防ぐ一方，植林－間伐・下草刈－伐採というサイクルを持続させること（sustainable use）が欠かせない．先人はこうしたサイクルに関与していくことが将来にわたって森林資源の持続可能性を維持することを知っており，実際，はるか昔から着実に実行してきた．ところが近年，国産材が輸入材との競争に敗れ，林業が衰退した結果，間伐や伐採などが十分行われず，日本全国の森林が荒廃している．木曽川上流の赤沢地域はヒノキで有名であるが，ここでも同様の問題を抱えている．伐採したヒノキを山奥から運搬した森林鉄道の跡が往時の活況と今日の衰退を訪れる者に無言で語りかける．ヒノキが植えられてから材木として利用されるまでには長い年月を要する．現在，天空にそびえ立つヒノキは300年以上も前の先人がわれわれのために植えたものである．「持続可能性」の条件の1つが「将来世代が自らのニーズを充足する能力を損なわないこと」であるならば，現代世代のわれわれがなすべきことは自ずと明らかであろう．

第13章 酸性雨と越境汚染

13.1 はじめに

13.1.1 酸性雨とは何か

酸性雨とは，石油や石炭といった化石燃料の燃焼によって大気中に放出された二酸化硫黄や窒素酸化物が大気中で酸化し硫酸や硝酸が生成され，これらの酸性物が降水に溶解したものである．通常，清浄な大気中にもおおよそ350ppmvの二酸化炭素が残存するため，それらが溶解し，炭酸が精製されると降水のpHはおおよそ5.6となる．ゆえに本章において議論される酸性雨は，pHが5.6以下のものをさすことになる．

酸性雨問題の発生は，古くは19世紀にまで遡ることができる．最初に酸性雨について論じたのは当時，科学者であり，1852年にイギリスで最初のアルカリ監視官となったスミス（Smith）である．彼は，産業革命で大きく発展した工業地帯であるマンチェスターおよびその周辺に雨の化学に関して詳細な分析を行い酸性雨に関する報告書を著している．そのなかで酸性雨の発生源が，産業革命に寄与した蒸気機関の燃料である石炭の燃焼であることを示唆している．1872年に『空気と雨：化学気候学の始まり』において初めて酸性雨（acid rain）という言葉を用いており，イングランド，スコットランド，ドイツについて調査を行い降水の化学成分と石炭燃焼などの関係を調査し，酸性雨の植物や器物への影響について言及している．しかし，スミスの研究はその重要性とはうらはらに注目されることはなかった．

酸性雨問題は1950年代後半に入りヨーロッパにおいて顕在化した．とくに北欧における酸性雨問題は非常に深刻なものであった．1956年には，土壌学

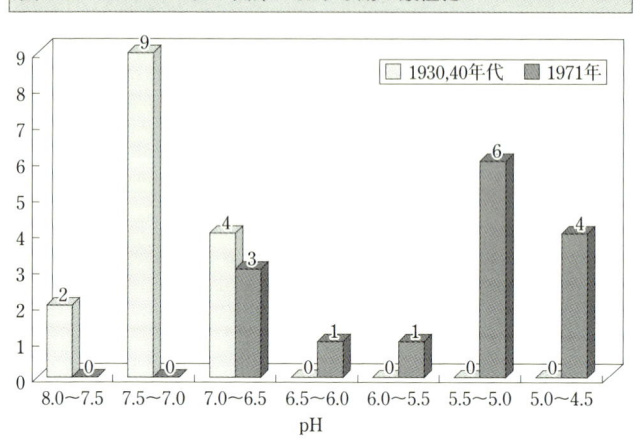

図13.1 スウェーデン西岸における湖の酸性化

(縦軸：湖の数、横軸：pH)

pH	1930,40年代	1971年
8.0〜7.5	2	0
7.5〜7.0	9	0
7.0〜6.5	4	3
6.5〜6.0	0	1
6.0〜5.5	0	1
5.5〜5.0	0	6
5.0〜4.5	0	4

(出典) Dickson (1975).

者のエグネル (Egner) が測定を開始していた降水成分の測定網を，ストックホルムの国際気象研究所が「欧州待機化学測定網」と命名し，その責任を負うことになった．この測定網はスウェーデンにとどまらずポーランドや旧ソビエトにまで拡大され100箇所以上で測定が継続された．また1961年には土壌学者のオーデン (Oden) が表層水測定網を発足させ，陸水，酸性落下物と大気化学との関連を測っている．たとえばスウェーデン西岸における湖の酸性化を見てみよう (図13.1)．スウェーデンの西岸には15の湖が存在するが，1940年代にはpHが5.5以下の湖の数は皆無であったのに対し，1971年の調査では2/3に相当する10の湖がpHが5.5以下を示している (Dickson (1975) 参照)．また，1979年より国連欧州経済委員会 (UNECN) において採択された**長距離越境大気汚染条約** (LRTAP) のもとで欧州モニタリング評価計画 (EMEP) が実施されている．

13.1.2 酸性雨問題の発生と解決の困難性

では，なぜ酸性雨はこのように問題化するのであろうか．そこで酸性雨がもたらすいくつかの問題について見ていくことにしよう．先述したように酸性雨は石油や石炭といった化石燃料が燃焼されることによって大気中に放出された

二酸化硫黄や窒素酸化物が大気中で酸化し硫酸や硝酸が生成され，これらの酸性物が降水に溶解したものである．化石燃料の燃焼によって大気中に放出された二酸化硫黄や窒素酸化物は，そのまま地表に降下する場合と降水時に溶解して地表に影響を与える場合がある．前者は一般的に乾性沈着と呼ばれるものであり，後者は湿性沈着と呼ばれる．酸性雨は地表の植物の葉の表面に付着し，のちに蒸発あるいは濃縮されることにより pH が下がる（酸化が進む）．さらにそれらは植物のクチクラ層（蝋を主成分とする表皮の外側を覆う透明な膜）を傷付け，植物（主に葉）の表皮細胞を破壊する．この過程が繰り返し行われるとやがて表皮細胞下の柵状組織や海綿状組織が破壊され樹木の枯損となる．次に葉に沈着せず，土壌に沈着した酸性雨はどのような影響をもたらすのであろうか．乾性沈着ならびに湿性沈着によって地表に沈着した大気汚染物質は地下水等を通じてさらに土壌 pH の低下をもたらす．土壌 pH の低下は植物の成長に必要不可欠である塩基類の溶脱を促進するため，植物の成長に悪影響を与えると考えられている．

　このように酸性雨は植物の成長に少なからず影響を与えることがわかる．では経済学の観点から酸性雨を見るとき一体どのような状況が想定されるかを考えていくことにしよう．先述したように酸性雨の発生源となる二酸化硫黄や窒素酸化物は主として工業部門の生産活動によって排出されている．では二酸化硫黄や窒素酸化物等によって生成された酸性雨の影響はどこに帰着するであろうか．酸性雨はそのまま地表にあるいは降水時に沈着するため，酸性雨の影響は生産要素として水や土地を用いる農業部門に帰着することになる．水や土壌の質の変化はそれらを投入要素とする農業部門の生産性に大きく影響を与え，強度の酸性雨は植物の成長を低下させることにより，農業部門の生産性は低下するであろう．

　さらにこのような酸性雨の発生源が各国によって排出された煤煙等による大気汚染であることを考えるならば，酸性雨の発生国と被害国は同一となる．ところがヨーロッパで顕在化した酸性雨問題は，ヨーロッパ諸国が大気といういわば国際公共財を汚染した結果として発生した越境的な問題である．したがって，この国際的ないしは地域的な外部性の問題を解決するためには，汚染の排出国であり被害国である当事国間の環境問題に対する国際的な合意が必要と

なってくる．13.2節では酸性雨に代表されるような越境汚染の最適水準の決定をBarrett (1944) をもとに平易なゲーム理論の概念で解説する．

しかしながら，上記のように酸性雨による越境汚染は何も国際間の問題にとどまらない．たとえば，多くの国や地域の場合，工業部門が存在する都市と農業部門が存在する農村は地域的に分離されている場合が多い．しかしながら，都市にある工業部門によって排出された二酸化硫黄や窒素酸化物は，排出された域内にとどまることなくそれ以外の地域に飛散するため，酸性雨による汚染は空間的な隔たりを越えて影響する越境汚染であることがわかる．

本章では，酸性雨に代表されるような空間的な隔たりを越えて影響を与える越境汚染を経済学モデルを用いて表現し，その効果が経済システムにいかなる影響を与えるかについて分析していくことにする．13.2節では，ゲーム理論の考え方を用いて汚染の最適水準の決定を検討する．さらに，13.3節および13.4節では越境汚染と貿易の関係を分析したCopeland and Taylor (1998) モデルの一部を紹介し，酸性雨に代表される越境が与える影響について検討する．

13.2　越境汚染の最適水準の決定

前節で述べたように，酸性雨に代表される**越境汚染**は汚染を排出した国のみならずその周辺国に対してまで影響を与えるため，酸性雨が降雨する国にとっては負の外部性にほかならない．通常，このような外部性が発生する場合，市場メカニズムのみに任せておくと社会的に望ましい状況が達成されないことが知られている．また酸性雨の起源は各国が排出する化石燃料などの煤煙による大気汚染であり，その排出した汚染が酸性雨となり，各国に対して深刻な被害を与えることになる．こうした越境汚染に対する取り組みは，各国が独自に行ったとしても経済全体として望ましい状況に導くことはできないため，当事者国間で何らかの合意のもとで行っていかなければならない．本節ではそうした酸性雨などの越境汚染の可能性があるような環境問題に対して当事者国がどのように取り組むことが望ましいのかということについて，当事者国が合意に基づいて環境政策を行う場合と各国が独自に環境政策を行った場合との比較を平易なゲーム理論を用いて議論することにする（以降の議論はBarrett (1994) の

定式化に沿っている).

13.2.1 国際的な合意に基づいて環境政策が実施される場合

今,同質的な n 国が存在し,これら n 国は生産活動などにより,大気汚染となる物質を排出するものとする.ここで n 国すべての汚染削減量を Q で表し,各国の便益はこの汚染削減量 Q に依存するものとする.各国の汚染削減量を q_i とすると全体の汚染削減量 Q は $Q = \sum q_i$ で表すことができる.そこで各国の便益関数を以下のように特定化する.

$$B_i(Q) = b\left(aQ - \frac{Q^2}{2}\right)/n, \quad (i = 1, \cdots, n) \tag{13.1}$$

ここで a, b は正の値をとるパラメータを表し,n は国の数を表すものとしよう.各国が汚染の削減を行う際には,その削減単位に依存した費用がかかるものとする.各国が直面する汚染削減費用 $C_i(q_i)$ を以下のように特定化する.

$$C_i(q_i) = \frac{c}{2}q_i^2, \quad (i = 1, \cdots, n) \tag{13.2}$$

環境資源(大気など)を共有する n 国が国際的な合意のもと n 国で構成される地域全体の便益を最大にするように汚染の削減を推進するものとしよう.このとき全体の便益関数 W は以下のように表すことができる.

$$W = \sum_{i=1}^{n}(B_i(Q) - C_i(q_i)) = \sum_{i=1}^{n} B_i(Q) - \sum_{i=1}^{n} C_i(q_i) \tag{13.3}$$

最大化の一階条件は,W を q_i で微分することで以下のように導出することができる.

$$\sum_{i=1}^{n} \frac{\partial B_i(Q)}{\partial q_i} = C'(q_i), \quad (i = 1, \cdots, n) \tag{13.4}$$

今,各国は同質的であると仮定していたので,対称性($q \equiv q_1, \cdots, q_n$)を考慮すると (13.4) 式より,全体の便益を最大にするように各国の汚染排出量を決定したとき,1国当たりの削減量 q^* は以下のように求めることができる.

$$q^* = \frac{a}{n+\gamma}, \quad \gamma \equiv \frac{c}{b} \tag{13.5}$$

$Q = nq^*$ より全体の便益を最大にするように各国の削減量を決定したとき,

図 13.2　協力解と非協力解

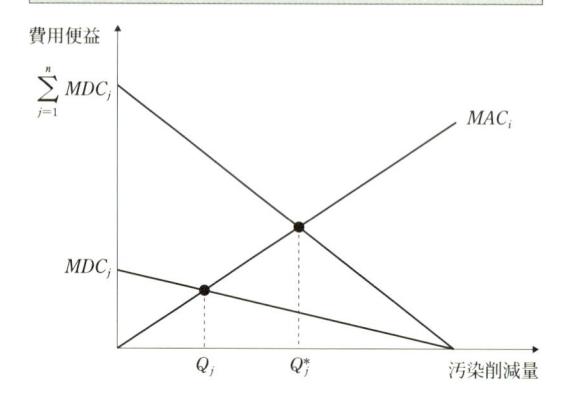

総削減量は

$$Q^* = \frac{an}{n+\gamma} \tag{13.6}$$

となる．上記の結果より，汚染削減に対する国際的な合意に参加する国が多いほど，1国当たりの汚染削減量は小さくなることがわかる．また (13.4) 式の左辺は限界削減便益の和であり，$Q = nq$ より，限界削減便益は $ba - bQ$ となり，図 13.2 のように右下がりの直線として描くことができる．これに対して (13.4) 式の右辺は任意の1国の削減の限界費用，すなわち，限界削減費用である．限界削減便益と同様に $Q = nq$ を考慮すると，任意の1国の限界削減費用 cq は図 13.2 のように右上がりの直線として描くことができる．いうまでもなくこの2つの直線が交わる水準が全体の便益を最大にする Q^* である．

13.2.2　各国が独自に環境政策を実施する場合

前項では汚染削減に対して何らかの国際的な合意が成立しているという仮定のもとで，各国の最適な削減量，さらには全体の削減量の導出を行った．これに対して本項では，前項で仮定していたような国際的な合意が存在せず，各国が自国の純便益を最大にするように汚染の削減水準を決定する場合を考察する．そのうえで汚染削減に関して国際的な合意のもとで決定された水準，q^* およ

び Q^* との比較を行うことにする．

　今，汚染削減に関して何の国際的な合意が存在せず，各国が独自に汚染の削減水準を決定するものとする．このとき各国は自国の便益を最大化するように汚染水準 q_i を決定する．しがたって，各国の目的関数 W_c は以下のように表すことができる．

$$W_c = B_i(Q) - C_i(q_i) = b\left(aQ - \frac{Q^2}{2}\right)/n - \frac{c}{2}q_i^2 \tag{13.7}$$

i 国の純便益最大化の一階条件は以下のように表すことができる[1]．

$$\frac{b(a-Q)}{n} = cq_i \quad (i = i, \cdots, n) \tag{13.8}$$

前項同様に対称性（$q \equiv q_1, \cdots, q_n$）を考慮すると，(13.8) 式は以下のように書き直すことができる．

$$b(a-Q) - cQ = 0 \tag{13.9}$$

これを Q について解くと**非協力ゲーム**のもとでのナッシュ均衡 Q_c^*，さらには $Q = nq$ より，Q_c^* を n で割ると 1 国の汚染削減量 q_c^* を導出することができる．

$$Q_c^* = \frac{a}{1+\gamma} \tag{13.10}$$

$$q_c^* = \frac{a}{n(1+\gamma)}, \ \gamma \equiv \frac{c}{b} \tag{13.11}$$

(13.8) 式の左辺は i 国の限界削減便益を表し，右辺は限界削減費用を表している．国際的な合意が存在するもとでの限界削減便益は $ba - bQ$ であったのに対し，各国の限界削減便益は $b(a-Q)/n$ である．したがって，国際的な合意が存在するもとでの限界削減便益を表す直線よりも非協力ゲームのもとでの各国の限界削減便益を表す直線の傾きは図 13.2 の MDC_j のように緩やかであり，縦軸の切片も下に位置することがわかる．これに対して限界削減費用については両者とも同一とする．したがって国際的な合意が存在せず，各国が自国の純

---

1) $\dfrac{\partial Q}{\partial q_i} = 1 \ (i = 1, \cdots, n)$ であることに注意せよ．

便益を最大化するように汚染削減量を決定するとき，その解 Q_c^* は $b(a-Q)/n$ と cQ の交点で与えられることになる．

では国際的な合意が存在するときの全体の汚染削減量と非協力ゲームのもとで各国が独自に汚染削減を行ったときの汚染削減量を比較してみることにしよう．前者は (13.6) 式，後者は (13.10) 式で与えられている．また，図 13.1 からも明らかなように，非協力に各国が行動したときの汚染削減量の総和は，国際的な合意のもとで達成される汚染削減量よりも過小になることがわかる．各国は国際的な合意のもとでの汚染削減水準から逸脱するインセンティブ（**フリーライド**）を持っているため，汚染削減水準 Q^* は実現されない可能性がある．したがって，酸性雨問題を国際的な合意や枠組で解決するには各国が逸脱しないようなスキームを作成することが必要になってくる．

13.3 越境汚染が生産部門に与える影響

前節では，酸性雨の原因となる大気汚染を複数の国が排出している場合，各国がその汚染物質の削減水準をどのように選択することが望ましいかについて議論した．そこでは社会的に望ましい汚染の削減水準を遂行するためには，汚染を排出する国の間で何らかの国際的な合意が必要であることを示した．

前節では，それぞれの国が削減水準を決定することが可能な場合を想定し，そのもとでどのように削減水準を決定するのかという問題について議論した．しかしながら，酸性雨の原因となる大気汚染は，汚染者負担の原則が成立しない場合がほとんどである．また，酸性雨の原因となる大気汚染を排出するのはおもにその生産に化石燃料を使用する工業財部門であるのに対し，酸性雨の影響（被害）のほとんどは工業財部門よりもむしろ自然の再生機能を利用して生産物を作る農業財部門に帰着する．本節ではそうした現状を表すものとして，Copeland and Taylor (1999) のモデルを用いる．そのうえである部門が排出した汚染が他の部門の生産性に影響を与えるケースを想定し，越境汚染が存在し，他国の汚染を外部不経済として受ける場合に，生産部門がどのようになるのかについて検討する．

13.3.1 生産部門

本節で考察するモデルでは，工業財部門および農業財部門の 2 つを想定することにしよう．いずれも完全競争市場を仮定し，とくにそれぞれの部門を表すインデックスとして前者を M，後者を A と表記することで区別することにする．これらの財を生産するために投入要素として労働（L）および土地（土壌）や水などに代表される**環境資本**（K）の投入が必要であると仮定する．環境資本は自己再生するものの工業財部門の活動によって排出された汚染フローによって減少する．瞬時的な環境資本の増加 dK/dt を以下のように特定化することにしよう．

$$\frac{dK}{dt} = g(\bar{K} - K) - Z \tag{13.12}$$

ここで $\bar{K}$ はもともと存在していた環境資本の総量，Z は工業財部門によって排出された汚染フローを表す．g は環境資本の復元率を表し，$g > 0$ を仮定する．したがって，環境資本 K はある時点における環境の質を表すものと解釈することができる．次にこれらの投入要素を用いて工業財や農業財が生産されるため，それぞれの財の生産について記述していくことにしよう．工業財の生産において，工業財 1 単位の生産に 1 単位の労働投入が必要であると仮定し，M を工業財の生産量とするならば，工業財の生産関数は以下のとおり，

$$M = L_M \tag{13.13}$$

と特定化することにしよう．また工業財部門は同時に環境資本に影響を与える汚染を排出するものとする．汚染は 1 単位の労働投入に対して λ の割合で排出されるものとするならば，ある時点における汚染フロー Z は以下のとおり表すことができる．

$$Z = \lambda L_M \tag{13.14}$$

これに対して，農業財の生産において必要とされると投入要素は労働 L_M および環境資本 K である．ここで農業財の生産量を A で表し，生産関数を以下のように特定化する．

$$A = F(K)L_A \tag{13.15}$$

$F(K)$ は農業財の生産性を表す関数であり，L_A は農業財部門に投入される労働量を表す．ここで注意しなければならないのは，農業財の生産要素としては労働ならびに環境資本が存在するが，環境資本 K は生産性を表す関数に影響を与えるのみであり，直接的な投入要素ではない点である．言い換えるならば，農業財部門で行われる生産に関する意思決定は労働投入量の決定のみであり，環境資本 K を操作することはできない．ゆえに，ある時点における環境資本 K に依存する生産性を表す関数によって与えられる農業財の生産性については与件として行動することになる．また，単純化のため生産性を表す関数 $F(K)$ を以下のように特定化する．

$$F(K) = K^\varepsilon, \quad \varepsilon \in (0, 1) \tag{13.16}$$

最後に労働市場について記述しておくことにしよう．本モデルでは競争的な労働市場を仮定している．すなわち，労働者（家計）は工業財部門ならびに農業財部門を自由にそして費用をかけることなく移動できるものとする．したがって，均衡では一物一価の原則により両部門における賃金率は等しくならなければならない[2]．

13.3.2 家　計

前項では生産部門に対する記述を行ったが，本項では家計の効用について記述することにしよう．多くの環境経済学のモデルにおいて，環境汚染は家計の効用に影響を与えるようにモデル化されてきた．しかしながら，Copeland and Taylor (1999) では，工業財部門の活動が汚染を通じて農業財部門の生産性に影響を与えるような「**生産外部性**」の効果に分析の焦点を当てるため工業

---

[2] 通常，工業財部門のある都市と農業財部門のある農村では空間的に乖離しているため，必ずしも部門間移動は瞬時調整されない．Copeland and Taylor (1999) でもこの点については明示的に記述していないが，もし空間的な差異によって農業財部門と工業財部門において賃金が異なるようなケースを考えるのであれば，二重経済問題を表現したハリス＝トダロ・モデルのような別のモデルを導入して考えなければならない．

財部門によって排出された汚染は家計の効用に直接的に影響しないものとする.いうまでもなく工業財部門の活動によって排出された汚染は農業財部門の生産性に影響を与えるため,間接的には汚染の影響を受けることになる.ある時点における家計の効用関数を以下のようなコブ=ダグラス型に設定することにしよう.

$$U = b_M \ln(M) + b_A \ln(A) \tag{13.17}$$

(13.17) 式の形状により,b_i ($i = M, A$) はそれぞれ工業財と農業財への支出シェアを表す.また $b_i \in (0, 1)$ ($i = M, A$),$b_M + b_A = 1$ とする.以上で生産部門ならびに消費者(家計)の行動に関する記述を行った.次節ではいくつかの状況下において越境汚染が結果にいかなる影響を及ぼすのかについて検討していくことにする.

13.4 1国モデル

最初にベンチマークとして1国のケースを考えていくことにしよう.工業財の生産関数および農業財の生産関数はそれぞれ (13.13),(13.15) 式で与えられていた.今,完全雇用を仮定し,経済全体の家計の総数を L とするならば,労働市場の市場清算条件は以下のとおり与えられる.

$$L = L_M + L_A = M + \frac{A}{K^\varepsilon} \tag{13.18}$$

(13.14) 式より,工業財の生産に労働 L_M が投入されるとき,副産物として $Z = \lambda L_M$ の汚染が発生するので,環境資本の増加は (13.12) 式に $Z = \lambda L_M$ を代入することで得られる.すなわち,

$$\frac{dK}{dt} = g(\overline{K} - K) - \lambda M \tag{13.19}$$

となる.定常状態では $dK/dt = 0$ を満たすので,工業財の生産量と環境資本の関係は以下のとおり導出することができる.

$$K = \overline{K} - \lambda_M M \tag{13.20}$$

ただし，λ_M は $\lambda_M = \lambda/g$ とする．完全雇用を仮定しているので工業財部門に雇用されない労働は農業財部門に雇用される．したがってその量は $L-M$ となる．また定常状態における環境資本の量は（13.20）式で与えられていたので定常状態における生産可能フロンティアは以下の式によって表現される．

$$A = (L-M)(\overline{K}-\lambda_M M)^\varepsilon \tag{13.21}$$

ここで賃金率を w，工業財の価格および農業財の価格をそれぞれ p_M，p_A で表すとき，それぞれの部門における利潤最大化の一階条件は

$$p_M = w \tag{13.22}$$
$$p_A K^\varepsilon = w \tag{13.23}$$

となる．相対価格 p を $p = p_M/p_A$ で表すと，相対価格 p は以下のとおり導出することができる．

$$p = \frac{p_M}{p_A} = K^\varepsilon \tag{13.24}$$

定常状態における環境資本は（13.20）式だったので，（13.20）式を（13.24）式に代入すると

$$p = (\overline{K}-\lambda_M M)^\varepsilon \tag{13.25}$$

で与えられる．$p_M/p_A < \overline{K}^\varepsilon$ のとき，農業財部門において受領する賃金率の方が，工業財部門で受領する賃金よりも高いので，労働はすべて工業部門から農業部門に移動するであろう．結果としてこのケースにおいてはすべての労働が農業財の生産に投入され，工業財には労働が投入されず工業財は生産されない．したがって $M = 0$ となるであろう．次に M が生産されると（13.25）式より，相対価格は環境資本の量に依存して決定され，定常状態における相対価格は M の減少関数として表すことができる．M が増加して $p_M/p_A > (\overline{K}-\lambda_M M)^\varepsilon$ となるとき，すべての労働は農業財部門から工業財部門に移動する．ここで考えている経済では労働供給は L であるため，工業財の生産に特化した状況では相対価格にかかわらず変化しないので工業財の供給曲線は垂直になるであろう．これらのことをまとめ図13.3のようなグラフで表すならば，工業財の供

図 13.3　定常状態における工業財の供給

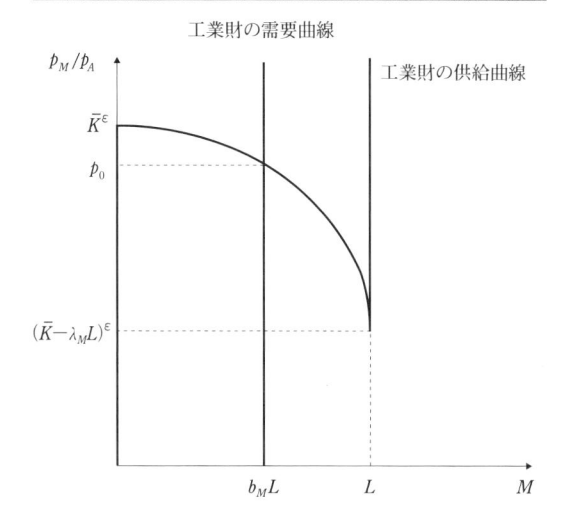

工業財の需要曲線／工業財の供給曲線

縦軸: p_M/p_A, $\bar{K}^\varepsilon$, p_0, $(\bar{K}-\lambda_M L)^\varepsilon$
横軸: $b_M L$, L, M

給曲線は太字の曲線のように描かれる．

最後にアウタルキーにおける工業財の需要を考え，さらに均衡を考えることにしよう．効用関数 (13.17) の形状により，家計は所得のうち b_M の割合を工業財に振り分けるので経済全体の工業財への支出は $b_M w L$ で表される．また工業財の需要を D_M で表すならば，購入金額の総計は $D_M p_M$ となる．均衡では $b_M w L$ と $D_M p_M$ は一致しなければならないので，以下の等式が成り立たなければならない．

$$D_M p_M = b_M w L \tag{13.26}$$

(13.26) 式を D_M について解くと，工業財の価格は (13.22) 式で与えられているので，これを (13.26) 式に代入するとアウタルキーのもとでの工業財の需要量 D_M が以下のとおり導出される．

$$D_M = b_M L \tag{13.27}$$

農業財の需要に関しても同様に考えると，農業財の需要 D_A は

$$D_A = b_A(\overline{K} - \lambda_M M)^{\varepsilon} L \tag{13.28}$$

となる.

工業財の需要関数 (13.27) より，アウタルキーのもとで需要関数は相対価格に依存せず図 13.3 のように垂直の形状を持つことがわかる．さらに，b_M は $b_i \in (0, 1)(i = M, A)$，$b_M + b_A = 1$ と仮定していたので，工業財の需要 D_M は，0 から L までの範囲にあることがわかる．したがって，需要曲線は図 13.2 のように描かれる．結果，工業財の需要と供給が一致するような均衡価格は図 13.3 の p_0 で与えられることになる．

13.5 越境汚染が存在する場合

前節では，ベンチマークとしてアウタルキーのケースを分析した．本節では他国の生産活動によって発生する汚染が越境汚染となって自国に影響を与えるようなケースについて分析をすることにしよう．前節のモデルでは，多くが都市部に存在すると考えられる工業財部門の生産活動が農村部に存在する農業財部門の生産性に影響を与えるというある国内における越境汚染を考慮したアウタルキーモデルを構築した．しかしながら，このモデルでは他国の生産活動によって発生した汚染が越境汚染の形で影響するような国際間における越境汚染のケースは表現していない．したがって，ここでは前節のモデルに若干の修正を加えることで，国際間で発生する越境汚染を表現することにしよう．

今，2 国が存在し，各国において工業財と農業財の生産が行われている．農業財および工業財は 2 国間では貿易はなされないものの，他国の工業財の生産によって発生した汚染は越境汚染として自国の環境資本に影響するものとする．

$$\overline{Z} = \lambda M + t \lambda M^* \tag{13.29}$$

ただし，t は**越境汚染**の飛来率，M^* は外国の工業財の生産量を表す．通常，越境汚染による汚染は距離的な制約から自国の工業財の生産によって発生する汚染量よりも少ないと考えられるので，t は $t \in (0, 1)$ の範囲にあるものと仮定する．このときある時点における環境資本の増加は以下のとおり表すことが

第13章 酸性雨と越境汚染　　　281

表 13.1　国際間の越境汚染

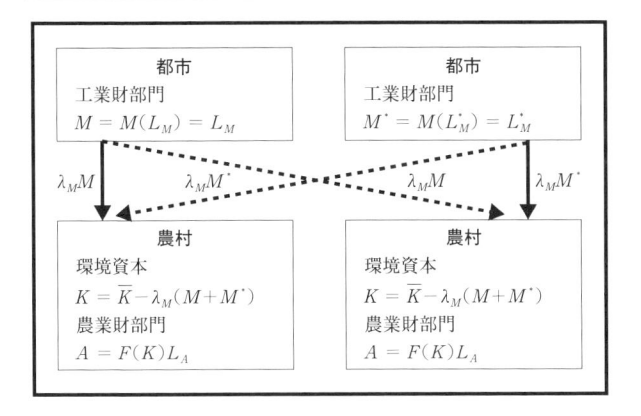

```
┌─────────────────────────────────────────────────────────┐
│   ┌──────────────┐              ┌──────────────┐        │
│   │   都市       │              │   都市       │        │
│   │ 工業財部門   │              │ 工業財部門   │        │
│   │ M=M(L_M)=L_M │              │ M*=M(L*_M)=L*_M│      │
│   └──────┬───────┘              └──────┬───────┘        │
│    λ_M M │  λ_M M*        λ_M M       │ λ_M M*          │
│          ▼                              ▼               │
│   ┌──────────────┐              ┌──────────────┐        │
│   │   農村       │              │   農村       │        │
│   │ 環境資本     │              │ 環境資本     │        │
│   │ K=K̄-λ_M(M+M*)│              │ K=K̄-λ_M(M+M*)│        │
│   │ 農業財部門   │              │ 農業財部門   │        │
│   │ A=F(K)L_A    │              │ A=F(K)L_A    │        │
│   └──────────────┘              └──────────────┘        │
└─────────────────────────────────────────────────────────┘
```

できる．

$$\frac{dK}{dt} = g(\overline{K}-K) - \lambda M - t\lambda M^* \tag{13.30}$$

定常状態では $dK/dt = 0$ より，定常状態における環境資本の量は

$$K = \overline{K} - \lambda_M(M + tM^*) \tag{13.31}$$

となる．

工業財の生産関数ならびに農業財の生産関数はそれぞれ (13.13), (13.15) 式で与えられており，両市場とも完全競争であると仮定するならば，アウタルキーのときと同様，利潤最大化の一階条件より，

$$p_M = w \tag{13.32}$$

$$p_A(\overline{K} - \lambda_M(M + tM^*))^\varepsilon = w \tag{13.33}$$

が得られる．ゆえに越境汚染が存在するもとでの相対価格 $\overline{p} = p_M/p_A$ を導出することができる．

$$\overline{p} = (\overline{K} - \lambda_M(M + tM^*))^\varepsilon \tag{13.34}$$

今，越境汚染の存在は仮定しているが，工業財ならびに農業財については他

国との貿易はないと仮定していた．そこで越境汚染が存在する状況下で工業財の供給量がどのように描かれるかについて言及していくことにする．まず $\bar{p} < [\bar{K} - \lambda_M (M + tM^*)]^\varepsilon$ のときすべての労働が農業財の生産に投入されるため，工業財の供給量はゼロとなる．また反対に $\bar{p} > [\bar{K} - \lambda_M (M + tM^*)]^\varepsilon$ のとき，すべての労働は工業財の生産に投入されるので自国の工業財の生産量は $M = \bar{L}$ となる．今，貿易は行われていないので，自国の生産が工業財に特化された場合，すなわち $M = L$ においては供給曲線が垂直になることに注意しなければならない．

次に家計の行動を考えると，効用関数（13.17）のもとで制約付きの効用最大化問題を解くことによって工業財ならびに農業財の需要関数を求めることができる．自国の集計された工業財および農業財の需要をそれぞれ $\bar{D}_M$，$\bar{D}_A$ で表すと，

$$\bar{D}_M = \frac{b_M w L}{p_M} \tag{13.35}$$

$$\bar{D}_A = \frac{b_A w L}{p_A} \tag{13.36}$$

（13.23）式を（13.35）式，（13.24）式を（13.36）式に代入すると，それぞれの需要関数は以下のように書き直すことができる．

$$\bar{D}_M = b_M L \tag{13.37}$$

$$\bar{D}_A = b_A (\bar{K} - \lambda_M (M + tM^*))^\varepsilon L \tag{13.38}$$

ここでアウタルキーのもとでの工業財の需要（13.27）と越境汚染を考慮したモデルのもとでの工業財の需要（13.37）を比較してみると，工業財の需要は越境汚染が存在するか否かにかかわらず同一であることがわかる．では均衡における相対価格 $\bar{p}$ について考えてみることにしよう．均衡の相対価格は工業財の需要と供給曲線が交わる点で与えられるので，（13.37）式を（13.34）式に代入することで**相対価格** $\bar{p}$ を導出することができる．すなわち，

$$\bar{p} = (\bar{K} - \lambda_M (b_M L + tM^*))^\varepsilon \tag{13.39}$$

越境汚染が存在する場合の相対価格（13.39）を見ると，いくつかの性質を

第 13 章　酸性雨と越境汚染　　283

図 13.4　越境汚染の存在下での相対価格の変化

工業財の需要曲線

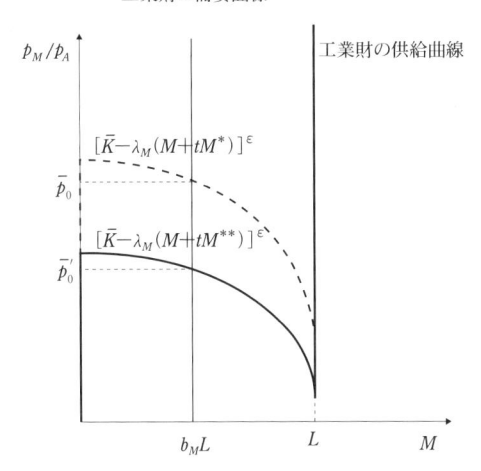

p_M/p_A

$[\bar{K}-\lambda_M(M+tM^*)]^\varepsilon$

$\bar{p}_0$

$[\bar{K}-\lambda_M(M+tM^{**})]^\varepsilon$

$\bar{p}_0'$

工業財の供給曲線

$b_M L$　　L　　M

求めることができる．ここで外国の工業財の生産水準においては，外国の工業財の生産量は自国においては与件として扱っていることに注意しよう．今，外国における工業財の生産量 M^* が増加したとき，自国の工業財と農業財の均衡相対価格はどのように変化するであろうか．その効果を調べるために (13.35) 式を M^* で偏微分すると，

$$\frac{\partial \bar{p}}{\partial M^*} = -\varepsilon \lambda_M t(\bar{K}-\lambda_M(b_M L+tM^*))^{\varepsilon-1} < 0 \qquad (13.40)$$

となり，外国の工業財の生産量が増えると相対価格 p_0 は下がることがわかる．このことを描いたものとして図 13.4 が与えられる．今，外国の工業財の生産が M^* から M^{**} に増加したとしよう．すると工業財の供給曲線は下方にシフトする．自国の工業財の需要は相対価格に関係なく一定なので，シフト後の工業財の供給曲線と需要曲線の交点が変化後の均衡相対価格となる．したがって図 13.4 より，外国の工業財の生産が増加した後の均衡相対価格は下がることがわかる．

では越境汚染の効果が変化するとき，自国の社会厚生がどのように変化する

か考えてみよう．(13.40) 式あるいは図 13.4 より，外国の工業財の生産量の増加は自国の均衡相対価格を低下させることを確認した．$\bar{p}_0 = p_M/p_a$ が低下することは，相対的に農業財の価格が上昇したことを意味する．したがって，農業財の需要量は農業財の価格が上昇すると減少することになる．工業財の需要量は相対価格に依存せず一定であったことを考慮すると，外国の工業財生産の増加による越境汚染による環境資本へのダメージが増大することによって，自国の家計の効用は減少することがわかる．したがって，自国の社会厚生は越境汚染の度合いよって変化し，越境汚染の増加は社会厚生を低下させることがわかる．

13.6 越境汚染に関する分析上の課題

本章では酸性雨に代表される越境汚染が存在するときの経済主体の行動について議論を行ってきた．前半では清廉な大気を国際公共財とみなし，それを汚染する物質の排出の削減を政府等が行うという設定のもとで各国政府が自国の削減水準を意思決定を Barrett (1994) のモデルを用いてゲーム理論の視点から検討した．得られた主要な結論として，汚染の削減に関して何らかの国際的な合意が存在するもとで各国が遂行する汚染の削減量と比較して，そのような合意が存在しないもとで各国が独自に削減を行ったときの削減量は過小であることが確認された．したがって，各国が非協力に行動して削減活動を行うと協力解で得られるような社会的に望ましい水準は必ずしも達成することができないため，協力解を達成するためには何らかのシステムが必要になるであろう．

後半ではある部門の生産活動によって酸性雨等を媒介し，他の部門の生産性に影響をあたるようなケースを考察してきた．最初にベンチマークとしてアウタルキーのもとで分析を行い，さらに他の国の生産活動も自国の環境資本に影響を与えるようなケース，すなわち越境汚染が存在するケースについて検討してきた．

とくに Copeland and Taylor (1999) の一部を紹介し，越境汚染が与える経済効果なるものを簡単なモデルのもとで分析を行ってきた．それまでの多くの環境経済学に関するモデルが家計に影響を与えるような環境汚染の存在を念頭

において分析なされてきたのに対し，Copeland and Taylor (1999) のモデルは他部門への生産性への影響を環境ダメージとして考え，その影響が経済にどのような影響を与えるのかを分析した．酸性雨が主にその発生源が工業財の生産おける石油や石炭といった化石燃料の燃焼によって大気中に放出された二酸化硫黄や窒素酸化物が大気中で酸化し硫酸や硝酸が生成され，それが降雨によって地表に沈着し，植物の育成を妨げるものであることを鑑みると彼らのモデルはまさに酸性雨の効果を経済学のモデルのなかで表現するにあたり適切なモデルであることがわかる．また，酸性雨の影響は自国の工業財の生産にのみ影響するのではなく，他国の生産活動によっても影響されるため，本章の後半では国境間を越境汚染するようなケースも検討した．分析の結果，他国の生産活動（とくに工業財）が活発になるとそれは越境汚染の形で自国の環境資本を減少させ，自国の農業生産性を低下させ，社会厚生は低下することが示された．

越境汚染が存在する場合，もはや自国のみで実施する環境政策というのは完全なものでなくなる可能性がある．したがって有効な環境政策を考えていくうえで，現在 EU 諸国が連携して酸性雨問題に取り組んでいるよう国家間レベルでの環境政策の作成が必要になってくるであろう．しかしながら，現実に各国が直面している経済の状況はさまざまであり，足並みをそろえた環境政策の遂行は容易ではない．京都議定書では二酸化炭素の排出削減を各国に数値目標として達成することが決定されたが，実際には発展途上国対しては削減義務が課されておらず，先進国であってさえも世界最大の二酸化炭素排出国であるアメリカはこれを批准していない．このように各国の思惑をした環境政策を解明するには，ゲーム理論を利用した「環境政策ゲーム」による分析が必要であろう．

本章ではできるだけ平易なモデを構築したうえで越境汚染の効果について焦点を当てたため，2 国間において財の貿易が存在しないというやや強い仮定のもとで議論を行ってきた．しかしながら，今日の経済を取り巻く現状を考えると本節で分析したような貿易のないケースでの分析は必ずしも現実を忠実に表現したモデルといえないであろう．Copeland and Taylor (1999) においても後半部で 2 国間で財の貿易が行われるという設定のもとで分析がなされているし，それらに越境汚染を導入したモデルを構築し分析しているものに，Unteroberdoerster (2001) や池田・酒井・多和田 (2004) において詳細な分析

がなされている．とくに後者は越境汚染をゲーム理論の観点から考察しているので興味ある読者はこれらの文献を参照して欲しい．

練習問題

練習問題 13.1 13.2 節で議論したように，各国間の国際合意がなければ社会的に最適な汚染削減量は達成されない．各国が逸脱することなく社会的に最適な削減汚染量を達成させるような取り組みにはどのようなものがあるか実例を調べなさい．

練習問題 13.2 13.3 節では，2 国間の貿易が存在しないケースを分析したが，工業財，農業財が 2 国間で貿易されるとき，各国の生産パターンはどのようになるか，以下のケースに分類して答えなさい．ただし，外国よりも自国の方が汚染発生の割合は小さいものとする．

(a) 工業財への需要の選好が相対的に大きく，農業財の需要の選好が相対的に小さいとき．
(b) 工業財への需要の選好が相対的に小さく，農業財の需要の選好が相対的に大きいとき．

練習問題 13.3 前問の(a)のケースにおける自国の経済厚生はどのように変化しますか．

参考文献

Barrett, S. (1994) "Self-enforcing international environmental agreements," *Oxford Economic Papers*, 46, pp.878-894.
中国環境問題研究会編（2004）『中国環境ハンドブック 2005−2006 年版』蒼蒼社．
Copeland, B. and S. Taylor (1999) "Trade Spatial Separation and the Environment," *Journal of International Economics*, 47, pp.137-168.
Dickson, W. (1975) "The acidification of Swedish lakes," *Rep. Inst. Freshwater Res.*, Drothingholm, 54, pp.8-20.
池田三郎・酒井泰弘・多和田眞（2004）『リスク，環境および経済』勁草書房．
石弘之（1992）『酸性雨』岩波新書．
環境庁地球環境部監修（1997）『地球環境の行方酸性雨』中央法規．
内藤徹（2004）『規制と環境の都市経済理論』九州大学出版会．
Unteroberdoerster, O. (2001) "Trade and Transboundary Pollution: Spatial Separation Reconsidered," *Journal of Environmental Economics and Management*, 41, pp.269-285.

| コラムで考えよう | 雨は何語で降ってくるの |

En qué idioma cae la lluvia sobre ciudades dolorosas?

これは 1971 年にノーベル文学賞を受賞したチリの詩人パブロ・ネルーダは詩集『EL LIBRO DE LAS PREGUNTAS』中の詩の一節である．この詩の一節は酸性雨による越境汚染を適格に言いまわしたものである．現在，世界中で国境を越えた環境汚染，いわゆる越境汚染問題が顕在化している．冒頭に述べたようにヨーロッパにおいては 1960 年代には，酸性雨が越境汚染として問題化しており，アメリカ大陸においても合衆国の五大湖周辺の工業地帯が排出した煤煙等による大気汚染がカナダに影響を与え問題となった．そもそも酸性雨は石油や石炭といった化石燃料が燃焼されることによって大気中に放出された二酸化硫黄や窒素酸化物が大気中で酸化され硫酸や硝酸が生成され，これらの酸性物が降水に溶解したものである．こうした酸性雨が植物の上に降り注ぐとその成育は著しく阻害され，自然の再生機能を利用して生産物を作る農産物をはじめとする第一次産業の生産性に甚大な影響を与える可能性がある．しかしながら，このような酸性雨による越境汚染の問題は何もヨーロッパや北米に限った問題ではなく，わが国でも重要な問題として意識されている．近年，10%に迫る GDP の実質成長率を誇る中国では，石炭あるいは石油の消費量が格段に伸びている．最近の原油の高騰によるガソリン価格の上昇は，この中国の石油消費量によるところが大きいとされているが，中国の原油消費量の増大によるわが国への影響は原油価格そのものの上昇だけではなく，その原油の消費による大気汚染が偏西風によってわが国に飛来することによる被害，すなわち，越境汚染の問題も考えられる．したがって，越境汚染はわが国と遠く離れた国や地域で発生している問題ではなくなってきている．

1972 年のストックホルム人間環境宣言以降，国際法における「領域使用の管理責任原則」に則り，「越境汚染損害防止」が国家の権利義務として認められるようになった．領域使用の管理責任原則とは，国家が自国の領域を自由に利用する権利を有するものであり，それと同時にその使用にあたり，他国の国際法上の権利が侵害されないよう，注意義務が課されることである．領域使用の管理責任原則では，自国の領域の権限確保に注意が向きがちであるが，同時にその使用によって他国の権益を侵さない責任も求められていることを忘れてはいけない．では，各国が他国の権益を侵さないように自国の大気汚染を管理すれば，酸性雨の問題が解決されると思われるが，問題解決には多くの困難性を含んでいることは否定できない．酸性雨の原因とされる化石燃焼に伴う大気汚染は自国内に留めおくことが難しいため，どのような努力をしても完璧に防ぐことが不可能である．また，その汚染が自国の企業によるものなのか他国からの越境汚染かを判定することが難しいために汚染者負

担の原則を用いることはできない．そこで，当該地域の各国（EU 諸国など）全体で問題に対処しなければならないであろう．そういう意味では大気というものは各国にとって公共財であると考えられる．通常，公共財にはフリーライド（ただ乗り）問題が内在しているので，市場経済のメカニズムのみに任せていても最適な状況を達成することはできない．そこで地域全体，あるいは地球全体の国際的な合意のもとで話を進めていかなければならない．

第14章 地球温暖化問題

14.1 はじめに

本章では，地球環境問題のなかで最も規模が大きく，1980年代後半より世界的に熱心に対策が議論され続け，現代社会における最重要課題の1つとなっている**地球温暖化問題**（global warming problem）に焦点を当て，環境経済学の立場から説明を行う．具体的な内容としては，温暖化のメカニズムや社会に与える影響に始まり，温暖化問題の経済学的性質，温暖化防止に向けての国際的取り組みおよび経済的手段，温暖化対策の経済的影響を評価するためのモデルおよびシミュレーション結果の考察といったさまざまな話題を取り上げる．

14.2 地球温暖化に関する一般的事項

14.2.1 温室効果と地球温暖化

大気中に存在するCO_2，メタン，フロン，オゾン，水蒸気などの気体は地表への太陽光を通過させる一方で，地球の放射する赤外線を吸収して逃がさないことが知られている．このような働きは**温室効果**（greenhouse effect）と呼ばれ，温室効果をもたらす気体は**温室効果ガス**（greenhouse gas：以下 **GHG** と記す）と呼ばれる[1]．温室効果は地球の熱収支に大きな影響を与え，地表平均気温をおよそ34℃上昇させている．この温室効果による気温上昇という現象が

---

[1] 6種類のGHGはCO_2，メタン（CH_4），亜酸化窒素（N_2O），ハイドロフルオロカーボン（HFCs），パーフルオロカーボン（PFCs），六フッ化硫黄（SF_6）である．

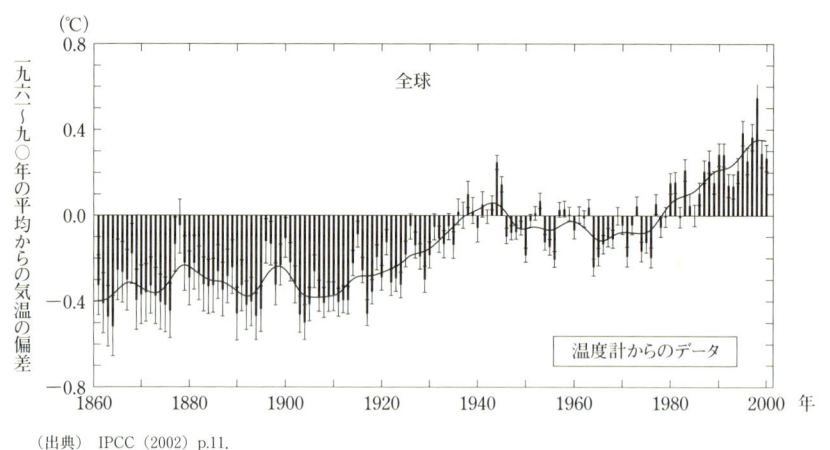

図 14.1　地表平均気温の変動

(縦軸ラベル：一九六一〜一九九〇年の平均からの気温の偏差 (℃))

全球

温度計からのデータ

(出典)　IPCC (2002) p.11.
http://www.data.kishou.go.jp/climate/cpdinfo/ipcc_tar/spm/fig1.htm

地球温暖化である．GHG の大気中濃度がゼロの場合，平衡状態における地表の平均気温は -19℃ときわめて低く，温暖化のおかげで人類が快適に過ごすことのできる気候が実現しているのである．しかし産業革命以降，先進工業国においては化石燃料に依存した近代科学技術文明の飛躍的拡大により人為的な CO_2 排出が大幅に増加した．地球表面の平均気温はこれによって確実に上昇し，われわれが現在経験している気温水準は少なくとも過去 1000 年の中で最も高いものである確率が高い．この傾向が今後も続くとすると，気温の急速な上昇とそれに伴う気候変動により，21 世紀の間にわれわれは大きな危険にさらされるかもしれない．

2001 年に発表された IPCC（気候変動に関する政府間パネル）[2] の第 3 次報告書（IPCC (2002)）により，20 世紀の 100 年間において気温は 0.4〜0.8℃上昇

---

2)　IPCC は地球温暖化の実態把握と予測，影響評価，対策の策定を行うことを目的として，世界気象機関（WMO）と国連環境計画（UNEP）の協力のもとに 1988 年に設立された国際機関であり，3 つの作業部会に分かれて報告書の作成を行っている．IPCC についての情報に関してはホームページ http://www.ipcc.ch/ も参照されたい．

第14章 地球温暖化問題

図14.2 将来のシナリオ予測

(a) CO_2 排出量
(b) CO_2 濃度
(c) SO_2 排出量
(d) 気温変化
(e) 海面水位上昇

(出典) IPCC（2002）p.18.
http://www.data.kishou.go.jp/climate/cpdinfo/ipcc_tar/spm/fig5.htm

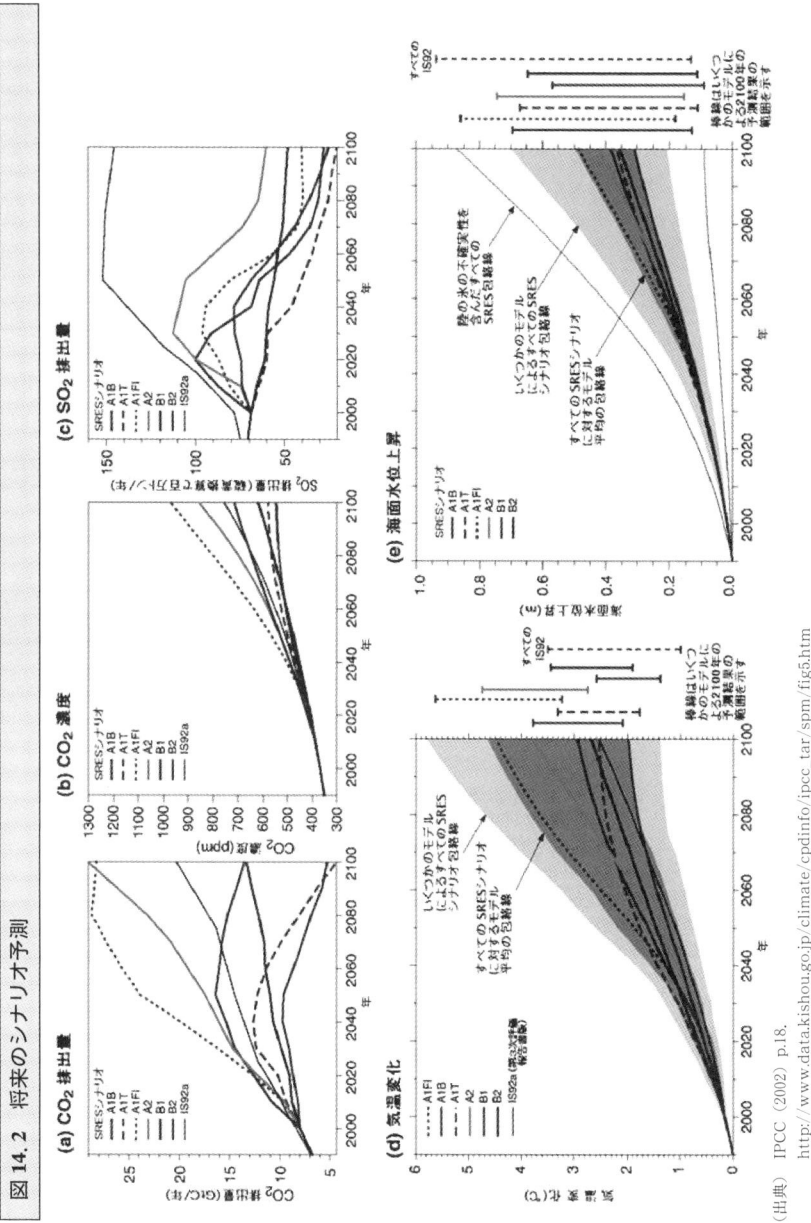

し，海水の膨張や氷河などの融解により海面は10～20cm上昇したという事実が明らかにされている．図14.1は平均気温が過去100年余りの期間に上昇している様子を示す．1861年に現在の形の観測が始まって以来，1990年代は最も気温の高い10年間で，1998年は最も気温の高い年であった．これから特別の温暖化対策がとられないならば，2100年の平均気温は1990年水準より1.4～5.8℃，海面は9～88cm上昇すると予測されている（図14.2参照）．予測に大きな幅があるのは，将来の人口増加，技術進歩，各地域が環境保全をどの程度重視した政策をとるかなど不確実な要因にさまざまな仮定を置いたいくつかのシナリオによる予測が行われているからである．気温上昇予測値の上限の5.8℃はIPCC第2次報告書での値（3.5℃）よりも高くなっているが，その大きな理由の1つは，酸性雨対策の結果として硫黄酸化物の排出量が削減され，冷却効果を持つ硫黄エアロゾルの大気中存在量が減少するのが予測されることである．

　われわれが日常的に体験している気温の変動を考慮すると，上述の1.4～5.8℃という気温上昇はそれほど大した変化に見えないかもしれない．しかしこれは平均値であり，地域によってはさらに大きな気温上昇が予想されることに注意しなければならない．また気候メカニズムの変化により洪水や干ばつなどをはじめとする異常気象が頻発するおそれがある．異常気象の例としてはヨーロッパを襲った熱波（2003年），日本での大規模台風の頻発（2004年），アメリカを襲ったハリケーン（2005年）などが記憶に新しいところであり，これらは温暖化の影響によって生じた可能性が高い．さらに生態系や生活環境，農業などへの影響が懸念される．ヒマラヤの氷河は最近10年間で目に見えるほど後退しており，水不足が懸念される．等温線の移動により広範な地域の森林植生が何らかの影響を受け，そのために生じる森林破壊によってさらに大量のCO_2の放出が起こりうる．温暖化によって厚生が改善される地域もあるかもしれないが，急激な気候変動が望ましいとは思えない．GHG排出量が現在のペースで増加し続けることは危険であり，GHGの削減が人類にとっての大きな課題となっている．

14.2.2　地球温暖化問題の経済学的性質

　地球温暖化問題を経済学的に把握するうえで重要な性質として，長期性，越

境性，不確実性の3つが挙げられる．まず長期性であるが，将来予測の結果からわかるとおり，一般に温暖化によって実際に被害を受けるリスクを負うのは次世代以降の人々であり，現代世代の人々の温暖化防止へのインセンティブは低くなりがちである．しかし将来における気温上昇の程度は，本質的に現代の意思決定に依存している．現代世代と将来世代の効用のいずれをとるかというトレードオフが存在するわけであるが，基本的に将来世代はその意思決定に関与することができず，現代世代にとっての選択となる．これは世代間の衡平性の問題であり，持続可能な発展を人類の大きな長期的目標とするのであればわれわれはこの問題を無視することはできない．

次に越境性であるが，地球温暖化の原因，被害は1国にとどまらず，ある国のGHG排出が世界のあらゆる国々に負の外部性（外部不経済）を与えることになる．この意味で地球温暖化は国内の環境問題と本質的に異なる．国内の問題であれば，政府が適切な政策を講じることにより外部性の内部化がなされるが，GHGを規制する超国家的な権力を持つ組織が存在しないことから，地球温暖化対策には自発的な国家間の協力が不可欠であり，そのため国際会議が頻繁に開催され協定の内容についての交渉が行われている．そこで問題となるのがフリーライダーの存在と**世代内の衡平性**，つまりGHG削減費用の負担割当である．温暖化対策は公共財の供給であるから，自国では対策を行わず他国の努力にただ乗りしようという国がどうしても現れる[3]．また今後の経済成長が不可欠である途上国では，それを妨げる要因になりうるGHG削減へのインセンティブが働きにくく，これまでCO_2を大量に排出し温暖化の原因を作ってきた先進国に対策を任せる傾向がある．しかし先進国は，対策を一部の国だけで行っても効果は少なく，途上国を含めた全世界での対策が必要であると主張している．このような南北間の対立があるため，いまだに全世界規模でのGHG削減の数値目標に関して合意に達することができていない．

最後に不確実性であるが，GHG排出と気温上昇との定量的関係は現時点では明らかになっているとはいえない．最も信頼性が高いとされるIPCCの予測

---

[3] フリーライダーが現れない自己拘束的（安定的）な環境協定の設計についてゲーム理論の枠組みを用いて解説した研究書としてBarrett (2003)，展望論文として今井 (2005) などがある．

でさえ大きな不確実性の幅を持っていることは上述のとおりである．温暖化が社会に与える影響についてはさらに不確実性が高い．したがってどの程度 GHG を削減するのが最適であるかがわかっていない．不確実性下であっても現時点において早急に積極的対策を行うべきという意見と，温暖化の状況についての知識が深まってから適切な対策を行うべきという意見が対立している．前者は被害の**不可逆性**を考慮した予防主義的な考えであり，後者は環境保全に対する過度の投資を防ぐために現在は様子を見るべきだという考え（ノー・リグレット政策）である．最近の国際的取り組みの動向は予防原則に基づいているように見えるが，根強い反対意見もたしかに存在する．化石燃料への依存から脱却し GHG 排出を大幅に減らすためには大規模な社会変革が必要であるが，現時点ではその変革がもたらすリスクを正確に把握し GHG 削減の適切なタイミングを決定するための基礎が築かれていない．温暖化対策における不確実性・不可逆性の役割を正しく評価することが今後重要になるであろう[4]．

以上の 3 つの性質はいずれも地球温暖化問題の解決を複雑かつ困難にする要因となっている．

14.3 地球温暖化防止に向けての取り組み

14.3.1 国際的動向

温暖化防止のために GHG を削減しなければならないのはいうまでもないが，14.2 節で述べたように温暖化は 1 国の内部にとどまる問題ではないので，国際協定を結んで世界的な対策を講じる必要がある．1985 年にオーストリアのフィラハで世界初の地球温暖化に関する国際会議が開催されて以来，温暖化防止は世界的に熱心に議論され，1988 年のトロント会議において 2005 年までに CO_2 排出を 1988 年水準から 20%削減すべきという目標が声明として出された．折しも同年に北米を襲った干ばつの主要原因が地球温暖化であるというアメリカ議会での証言が NASA のハンセン博士によってなされたこともあり，温暖

---

[4] 地球温暖化政策における不確実性・不可逆性を考慮し，リアル・オプション理論を用いて政策の最適なタイミングの導出を試みた研究として，Pindyck（2000）がある．

化問題はマスコミに大きく取り上げられ一般の人々の注目を浴びることになった．

数回の政府間会合を経て，1992年6月にリオデジャネイロで開催された国連環境開発会議（地球サミット）において**気候変動枠組条約**が採択された．この条約は1994年に発効し，それ以来条約の附属書Ⅰに記された国々（先進国や市場移行国：以下附属書Ⅰ国）による**締約国会議**[5]（Conference of the Parties：以下COPと記す）において各国のGHG排出削減計画や実施状況の検証，新たなルール作りなどについて議論がなされている．1997年12月に京都で開催されたCOP3（第3回締約国会議，京都会議ともいう）で採択された**京都議定書**では，6種類のGHGについて2008～12年（第1次約束期間）の平均で1990年水準を基準量としてアメリカは7％，EUは8％，日本，カナダは6％の削減といった国・地域別の数値目標が附属書Bに明記された．しかし非附属書Ⅰ国のGHG削減については何もふれられていない．京都議定書が発効するためには，批准国の数が55以上，かつ批准した附属書Ⅰ国の1990年のCO_2排出量が附属書Ⅰ国の総排出量の55％以上という条件が満たされることが必要とされた．

京都議定書では，国ごとの削減費用の違いを考慮して，**排出量取引**（Emissions Trading），**共同実施**（Joint Implementation），**クリーン開発メカニズム**（Clean Development Mechanism: 以下**CDM**と記す）という国際協力のための仕組みが盛り込まれており，これらは**京都メカニズム**と総称される柔軟性措置である．排出量取引は附属書Ⅰ国の間で割当排出量を売買することを認めた制度である．各国の限界削減費用に差異があるとき，費用が高い国が低い国から排出量を買えば，限界削減費用の均等化がなされ，同じ削減総量を低費用で実現することができ，取引を行う国の双方に利益をもたらす．共同実施，CDMはいずれも2国の共同プロジェクトで排出削減を実施し，受入国で実現した削減量を投資国（附属書Ⅰ国）が自国の削減分の一部に充当することができる制度であり，受入国が附属書Ⅰ国である場合共同実施，非附属書Ⅰ国の場合CDMと呼ばれる．

---

[5] COPは地球温暖化防止会議と呼ばれることもある．2005年までに合計11回のCOPが開催されている．その詳細については気候変動枠組条約のホームページ http://unfccc.int/ が参考になるであろう．

京都メカニズムの運用,森林などの炭素吸収源の取り扱いや遵守問題に関して合意がなされず交渉が決裂したオランダのハーグでのCOP6が終了した後,2001年3月にブッシュ大統領は温暖化対策の経済への負担が大きいこと,途上国が参加しないこと,温暖化に関する科学的知見不足を主な理由にアメリカが京都議定書から離脱することを表明した.その後アメリカは数値目標を定める「京都アプローチ」とは一線を画した,技術開発によるエネルギー効率改善を中心とする独自の温暖化対策をとり続けている.アメリカは基準年における世界最大のCO_2排出国であったため(図14.3からわかるとおり21世紀に入ってもその状況は継続している)京都議定書の発効は危ぶまれたが,その一方で2001年10～11月にモロッコのマラケシュで開催されたCOP7において京都メカニズムや吸収源の取り扱い,途上国への支援,遵守制度など京都議定書の包括的な運用ルールの最終案が確定した.これはマラケシュ合意と呼ばれる.不遵守の際の措置については,目標排出量をオーバーした国については排出超過分の1.3倍の量が2013年以降の第2次約束期間の割当排出量から差し引かれ,遵守行動計画の作成が義務付けられ,さらに排出量取引が認められないという罰則が定められた.ほとんどの附属書I国は2002年までに議定書に批准し,2004年のロシアの批准を受けて発効条件が満たされ,2005年2月に京都議定書は採択から実に7年以上の年月を経て効力を持つことになった.2006年9月現在,議定書に批准していない附属書B国はアメリカ,オーストラリア,クロアチアの3つである.

　京都議定書の発効に伴い,2005年11月にはモントリオールでCOP11と並行して京都議定書締約国第1回会合 (the first Conference of the Parties serving as the Meeting of the Parties to the Kyoto Protocol: 略してCOP/MOP1) が開催された.COP/MOP1ではマラケシュ合意が採択され,第1次約束期間に向けて京都議定書が実際に動き出す準備が着々と整えられている.京都議定書の発効は,地球の大気を消費する行為に正式な価格づけがなされるようになったことを意味する.2006年時点での最も主要な交渉事項は2013年以降の枠組設定である.

　以上述べたように,地球温暖化対策に関する国際交渉は精力的に行われ一定の成果が得られている.しかしまだ問題は山積しており,温暖化問題の解決に

図 14.3 世界各国の化石燃料起源の CO_2 排出量（2003 年）

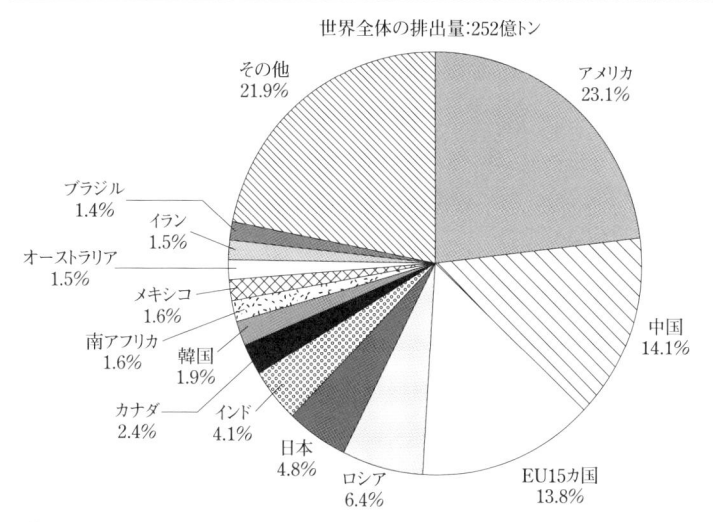

世界全体の排出量:252億トン

- アメリカ 23.1%
- 中国 14.1%
- EU15カ国 13.8%
- ロシア 6.4%
- 日本 4.8%
- インド 4.1%
- カナダ 2.4%
- 韓国 1.9%
- 南アフリカ 1.6%
- メキシコ 1.6%
- オーストラリア 1.5%
- イラン 1.5%
- ブラジル 1.4%
- その他 21.9%

（出典） US Energy Information Administration（http://www.eia.doe.gov/）.

向けて明るい展望がひらけているとはとうていいえない状況である．第1に，GHG 排出が最も多いアメリカおよび今後の排出の急激な増加が見込まれる中国，インドをはじめとする発展途上の国々に対する GHG 削減義務がまったくない．図14.3を見ると，アメリカ，中国の CO_2 排出が多いことと，削減義務を持つ国の排出量が世界の総排出量に占める割合はそれほど大きくない（3割程度）ことがわかる．これでは京都議定書が遵守されたとしても，排出主体のシフト（リーケージ）が起きる可能性があり，世界的な GHG の削減が実現される保証はどこにもない．アメリカは数値目標には強硬な反対の姿勢をとっているし，途上国も温暖化対策は先進国の問題であるという見解であり，自分達がその費用を負うことには強い抵抗の意を示している．現行のルールのもとでは，これらの国々が何らかの目標を受け入れるまでにはまだ長い時間を要するように思われる．

第2に，適正な削減量というものは明らかになっていないものの，長期的視点に立って持続可能な発展を実現するには GHG の大気中濃度を一定にするこ

とが究極の目標となるが，その意味では京都議定書の内容は不十分でありさらなる厳しい削減が必要となる．しかしながら京都議定書の目標でさえ加盟国に大きな費用を課すことが懸念されている現在[6]，GHG 濃度を一定にするという目標に関する全世界的合意が得られることはまず期待できない．温暖化による被害が目に見える形で現れ始めれば，どの国も積極的な対策を行うことに合意すると思われるが，そのときには不可逆的な被害が進行しており手遅れになる危険性がある．

第3に，取引費用の問題や，補完性の原則[7]が強調されていることによって京都メカニズムが今後それほど積極的に利用されないのではないかという懸念がある．仮に京都議定書の目標で示される削減総量が最適なものであったとしても，各国が数値目標をそれぞれ自国の努力のみで達成する場合の限界削減費用には大きな差異が存在し（14.4 節参照），京都メカニズムを使うことなしには効率的な削減がなされない．

このように地球温暖化対策の国際的取り組みは少しずつ進んではいるものの，今後解決すべき課題が非常に多く残されている．

14.3.2　温暖化防止の経済的手段

GHG（ここでは CO_2 のみを考える）削減のインセンティブを排出主体に与えるための経済的手段として中心的役割を果たすのは**炭素税**（carbon tax），炭素排出量取引の2つである．

炭素税は CO_2 の排出の原因となる行動をとる（たとえば化石燃料を消費する）主体に，その行動によって排出された炭素の量に応じて1トン当たり一定額の税を徴収し，CO_2 排出の外部費用を主体に意識させ，炭素削減へのインセンティブを与えることを目的としたピグー税政策である．CO_2 の限界外部費用や各主体の削減費用に関する完全な情報を政府が持つならば，ある税率のもとで限界削減費用均等化がなされ，社会的に最適な状態が費用効率的に実現され

---

[6] 1997年以降の日本の GHG 排出量は横ばい状態が続いている．コラムにも記したとおり，2004年の排出量は1990年よりも約7％増加しており，積極的な政策なしに京都議定書の目標を達成するのは困難になっている．

[7] 政策における補完性の原則とは，基本的には各国政府が自国の対策を担当することを原則にしながら，それでは非効率であることが明らかな場合にかぎって他国の助けを借りるというものである．

る．しかしそれらの情報は一般に入手困難であることから，通常政府は最適な税率を知ることができない．現実の炭素税はある目標を最小費用で達成するために税率を試行錯誤的に上下させるボーモル＝オーツ税として解釈される．

炭素税を世界で初めて導入したのはフィンランド（1990年）であり，2006年現在では北欧諸国，イギリス，ドイツ，イタリアなどヨーロッパ8ヵ国において導入されている．しかしこれらの国々では，炭素税の導入のため既存のエネルギー税が減税されるなどさまざまな免税・優遇措置がなされ実質税率が低いことから，税は排出抑制よりも財源調達の手段と考えられる．日本でも炭素税の導入が検討されているが，低い税率を設定して補助金と組み合わせる案になっているにもかかわらず，経済的負担感のためか産業界からの反発が強く実現していない．

炭素排出量取引は一定の炭素を排出する許可証を政府が発行して汚染主体に配分し，その後で許可証の自由な取引を認める政策である．取引が円滑に行われれば，初期配分がどのように与えられても効率的な総量規制が達成され，炭素排出許可証の価格は同じ目標を達成するための炭素税率と等しいものになるはずである．また配分の仕方を変えることにより各主体の厚生をコントロールすることができ，衡平性を実現することも可能である．14.3.1項で見たようにこの政策は京都メカニズムの1つとなっており，京都議定書を達成するためにEUの国の間ですでに実施されている．イギリスでは2001年に気候変動税と呼ばれる炭素税を導入する際に，政府と協定を結んだ企業の間での排出量取引を認め，複数の政策を組み合わせた制度設計を行っている．排出量取引の大きな問題点としては，初期配分の設定方法，排出量遵守のモニタリングなどにかかる規制実施費用の存在，価格支配力をもつ主体の出現可能性などが挙げられる．

14.4 地球温暖化の経済モデル

14.4.1 AIM

地球温暖化対策を経済学的に評価した研究例は多数あるが，以下では2つのモデルに焦点を当て，それらの内容を簡単に紹介する．

まず京都大学と国立環境研究所が共同で開発した **AIM**（Asia-Pacific Integrated Model：アジア太平洋統合評価モデル）について概観する．AIM はわが国における代表的な温暖化対策評価ツールであり，20 以上のモデル群からなる大規模な予測型**統合評価モデル**[8]であるが，ここではそのなかの1つである AIM トップダウンモデルを用いた分析について，西本他（2004）をもとに紹介しよう．AIM トップダウンモデルは温暖化対策が世界経済に与えるマクロ的影響を分析することを目的とした一般均衡モデルであり，人口，技術，エネルギー資源価格などに関する仮定を外生的に置くことにより財・エネルギーの生産量，価格，輸出入量を求める．西本他（2004）では排出量取引，CDM などの利用可能性や各地域の政策についてのさまざまなシナリオのもとで京都議定書遵守に必要な炭素税率（許可証価格）やそれに伴う GDP の変化を推計している．世界は 21 の地域に分けられ，アジア地域での分割が細かくなされている．さらに各地域の産業部門は 8 つに分類されている．

モデルのシミュレーション結果について，日本経済に関する影響を中心に説明する．CO_2 排出量に制約を課さない「基準シナリオ」では 2010 年における世界の CO_2 総排出量は 8.04Gt-C（Gt-C は炭素換算ギガトン）であり，日本の排出量はその約 5% にあたる 0.395Gt-C となる．日本が京都議定書を遵守するには，この基準シナリオからおよそ 20% もの削減をしなければならないが，目標を達成するのに必要な炭素価格は排出量取引の利用可能性に関する仮定に大きく依存する．取引が認められない場合 2010 年の炭素税率が 330 ドル/t-C であるのに対し，京都議定書批准国の間での取引が認められる場合（「取引活用シナリオ」），世界全体での取引が認められる場合（「CDM 評価シナリオ」）の 2010 年炭素価格（つまり許可証価格）はそれぞれ 12 ドル/t-C，9 ドル/t-C となり，大幅に低下することがわかる．国内での CO_2 の限界削減費用が高いことから，排出量取引が可能な場合には日本国内での削減はほとんどなく，日本は他国での排出量削減に依存して目標を達成することになる．

温暖化対策は高所得国の GDP に対して概ね 0.2〜0.5% 程度の減少（基準シナリオ比）をもたらし，とくにエネルギー集約産業の生産量に大きな影響を与

---

[8] 地球温暖化問題の分析のために開発された統合評価モデル（integrated assessment model）の特徴や分類については藤田（2002）を参照されたい．

えるが,「CDM 評価シナリオ」では GDP 損失はほとんどない．またアメリカとオーストラリアが第1次約束期間までに京都議定書に批准することを仮定した「米豪復帰シナリオ」における CIS（旧ソ連）地域の GDP が3%もの増加を見せているのが特筆される．これは炭素価格の高騰により，売却可能な排出量（ホットエア）を豊富に保有するロシアなどが大きな収入をあげるためである[9]．以上より日本が京都目標を達成するために炭素税のみを用いると炭素価格が非常に高くなり経済への影響が大きいが，炭素排出量取引，CDM を活用すれば価格が下がり，とくに CDM が活用できる状況では GDP への影響は無視できる程度であることがわかる．この結果は CDM の重要性を示唆している．

AIM のモデルはどれも非常に複雑であり，モデルの詳細についてここで述べるスペースはないが，モデルにより得られる結果は単純明快であり納得のいくものであると思われる．京都議定書遵守の費用を試算するのが目的であるので，後述する RICE モデルのように最適な CO_2 管理政策についての議論にまつわる問題は回避されている．ただこの分析については，各地域の政策決定の基準について十分に論じられていないところが問題点といえるかもしれない．たとえば炭素税は2005年に導入され，その後段階的に税率が上げられることが仮定されているが，各年の税率の具体的な数値がどのようにして求められているのかがはっきりしない．この点についての改善が望まれるところである．

14.4.2　RICE モデルの概要

Nordhaus and Boyer (2000) では，世界を8地域[10]に分割した動学的最適化モデルである **RICE モデル** (Regional Integrated Model of Climate and the Economy) が記述される．このモデルは最適化型の統合評価モデルの代表的なものであり，Nordhaus が以前に開発した DICE モデル (Nordhaus (1994)) の

---

9)　1990年代の経済活動の低迷により旧ソ連，東欧諸国では GHG 排出量が大幅に減少しており，相当の余裕を持って目標が達成されることが見込まれるが，この余剰分はホットエア (hot air) と呼ばれる．排出量取引によってホットエアが附属書Ⅰ国に売却され，これらの国々の実質的な GHG 削減を阻害することが懸念されている．

10)　RICE モデルにおける地域分割はアメリカ，OECD 加盟ヨーロッパ諸国，それ以外の高所得国，ロシアおよび東欧，中所得国，下位中所得国，中国，低所得国となっており，最初の4地域が附属書Ⅰ国である．

改良版である[11]．Nordhaus and Boyer (2000, pp. 14-24) にそってモデルの概要を詳しく紹介する．モデルにおいては各地域が意思決定主体であり，それらをコントロールする政策決定者が別に存在する．地域 J の目的関数は，各期における消費による効用の現在価値総和 W_J であり，

$$W_J = \sum_t L_J(t) \log\left[\frac{C_J(t)}{L_J(t)}\right] R(t) \tag{14.1}$$

と表される．ここで $L_J(t)$, $C_J(t)$ は地域 J の t 期における人口，消費であり，$R(t)$ は割引因子である．なお以下に現れる式においては，とくに断らないかぎり変数はすべて時間 t ($=0, 1, \cdots$) の関数であるものとする．地域 J の総生産 Q_J は

$$Q_J = \Omega_J \{A_J K_J^\gamma (\zeta_J E_J)^{B_J} L_J^{1-\beta_J-\gamma} - c_J^E \zeta_J E_J\} \tag{14.2}$$

と表される．ここで Ω_J は温暖化による被害を示す係数（Ω_J が小さいほど被害が大きいことに注意），A_J, K_J, E_J はそれぞれ全要素生産性，資本，CO_2 排出量であり，ζ_J は CO_2 1 単位の排出をもたらす化石エネルギーの量，さらに c_J^E は化石エネルギー 1 単位当たりの生産費用を表す．(14.2) 式からわかるとおり，総生産は資本，労働，エネルギーを生産要素としたコブ=ダグラス型生産関数によって決定される額からエネルギー生産費用を差し引いたものに温暖化影響因子を乗じることによって得られる．エネルギー生産費用係数 c_J^E は世界全体の累積エネルギー利用量の関数であるが，ζ_J, A_J, L_J の時間経路は外生的に与えられる．

地域 J の予算制約式は

$$Q_J + \tau_J(\Pi_J - E_J) = C_J + I_J \tag{14.3}$$

となる．ここで τ_J は国際的炭素税率または炭素排出許可証価格，Π_J は地域 J に与えられる CO_2 排出量の初期割当，I_J は投資支出を表す．(14.3) 式は地域の各期での予算が総生産から国際的炭素税の支払額を引いたもの，または炭素

---

[11] DICE モデルは世界を 1 つの地域とみなした統合評価モデルであり，計画主体が毎期の CO_2 削減率，消費を決定する．DICE モデルの分析から得られる主要な帰結は RICE モデルとほぼ一致している．

排出量の取引が認められる場合は総生産に許可証売却による利益を加えたものであることを示す．排出量取引が行われる国々の総排出量は割当総量を上回ってはならないので，取引を行う国の集合を B とすると関係式 $\sum_{J \in B}(\Pi_J - E_J) \geq 0$ が成り立つ必要がある．投資は一定の減耗率のもとで蓄積して固定資本 K_J を形成する．

全世界で排出される CO_2 が大気中に蓄積することにより放射強制（radiative forcing）が増加し，気温上昇を導く．大気と深海の気温上昇 $T(t)$, $T_{LO}(t)$ は初期値 $T(0)$, $T_{LO}(0)$ および

$$T(t) = T(t-1) + \sigma_1[F(t) - \lambda T(t-1) - \sigma_2\{T(t-1) - T_{LO}(t-1)\}] \quad (14.4)$$
$$T_{LO}(t) = T_{LO}(t-1) + \sigma_3\{T(t-1) - T_{LO}(t-1)\} \quad (14.5)$$

という線形差分方程式系によって決定される．(14.4)，(14.5) 式においては $t \geq 1$ である．ここで F は放射強制であり，大気中 GHG 蓄積量 M_{AT} に依存する．さらに M_{AT} は世界全体の CO_2 排出量，その他の GHG 排出量（これは外生的に与えられる）に影響を受ける．また σ_1, σ_2, σ_3, λ は外生的なパラメータである．モデルのなかでは，大気，海洋上層，海洋下層という 3 つの炭素貯蔵庫（reservoir）が存在し，M_{AT} は海洋上層の蓄積量 M_{UP}，海洋下層の蓄積量 M_{LO} とともに貯蔵庫間の炭素移動を記述した線形差分方程式系によって決定されるが，これらの議論についての詳細は省略する．最後に，このようにして求められた気温上昇と，(14.2) 式に現れる各地域の温暖化影響因子との関係は

$$\Omega_J = (1 + \theta_{1J}T + \theta_{2J}T^2)^{-1} \quad (14.6)$$

となる．ここで θ_{1J}, θ_{2J} は地域 J に固有の外生的パラメータである．

RICE モデルにおける政策手段は炭素税または取引可能な炭素許可証の割当であり，これらの政策に反応して各地域は自分の目的関数を最大にするような資源配分を行い，消費支出，化石エネルギー需要量を決定する．不確実性を考慮していないため，2 つの政策は同等の効果をもたらす．割当を適切に与えることにより，京都議定書が各地域に与える経済的影響を分析することもできる．

14.4.3　RICE モデルのシミュレーション結果

　シミュレーションは初期を 1995 年，10 年を 1 期として 35 期まで行われている．主な結果は表 14.1 のようにまとめられる．基準ケースは，炭素税率を常にゼロとおいた場合である．最適化ケースは世界の総効用を最大にする政策をとる場合である．京都議定書ケースは附属書 I 国が京都目標を遵守する場合であり，排出量取引が行われない，附属書 I 国間での取引を認める，全世界での取引を認めるという 3 種類の仮定のもとで結果が算出される．排出量安定化ケースは排出量を 1990 年水準に固定した場合，気候安定化ケースは平均気温を 1990 年水準から 2.5℃以下の上昇に抑えるという制約を課した場合である．表 14.1 での便益，費用，純便益（便益から費用を引いたもの）の欄に示される額は基準ケースからの上昇分である．削減率は基準ケースでの排出量からの減少割合であり，1990 年水準からの削減率ではないことに注意する必要がある．京都議定書・取引なしケースでの削減率が取引を行うケースよりも高いのは，ホットエアの取引がないためである．また炭素税率が空欄となっているのは税率が地域によって異なるからであり，具体的にはアメリカで 152.75 ドル，OECD 加盟欧州諸国で 69.31 ドル，その他の高所得国で 108.72 ドルの税率が必要とされる．ロシアおよび東欧は基準ケースでの排出量が京都議定書での目標値を下回っているので税率はゼロとなる．

　表 14.1 より，厚生面で基準ケースと最適化ケースはさほど変わらないことがわかる．つまり最適な政策は市場に任せるというのに近いものである．最適化ケースにおける世界全体の CO_2 削減率は京都議定書ケースとほぼ同じであるが，附属書 I 国での削減率が低く（4.07 から 3.92 Gt-C へと 3.7%の削減），非附属書 I 国の大幅な削減（3.82 から 3.54Gt-C へと 7.3%の削減）が要求される．最適化ケースでの地域別の純便益はロシアおよび東欧，中国で負の値をとっているので，最適政策を自己拘束的な協定の結果として実施すべきであればこれらの地域への何らかの形での補償が必要となるであろう．

　京都議定書を遵守するとき，取引がなされない場合や附属書 I 国間での取引しか行われない場合には費用が便益を上回り非効率的である．京都議定書がどうしても実現すべき義務であることを仮定するならば，各地域での炭素税率（限界削減費用）に格差があるため，全世界での排出量取引を行う（これは

表 14.1　RICE モデルの各ケースにおける計算結果

(単位：費用，便益，純便益は1990年10億USドル，削減率は%，税率は 1990 年ドル/t-C)

ケース	費用	便益	純便益	削減率 (2015 年)	炭素税率 (2015 年)
基準ケース	0	0	0	0.0	0.00
最適化ケース	98	296	198	5.6	12.71
京都議定書ケース					
取引なし	884	161	−723	8.0	—
附属書 I 国取引	217	96	−120	4.9	34.52
全世界取引	59	108	49	4.9	11.17
排出量安定化ケース	4,533	1,512	−3,021	28.2	89.69
気候安定化ケース	3,553	1,139	−2,414	8.0	19.20

(出典)　Nordhaus and Boyer (2000) pp.130, 137, 151, 155 をもとに作成.

CDM の積極的利用ということである）のが望ましい．これは西本他（2004）の結果と一致している．さらに排出量安定化，気候安定化といったオプションは費用が莫大であり，効率性という点から評価すると考慮に値しない．

　このシミュレーション結果は京都議定書の削減目標の実現に向けて動いている世の中の流れと整合的でなく，どちらかというとアメリカの京都議定書からの離脱を根拠付けるものとなっている．それにはいくつかの原因が考えられるが，最も重要なのは被害の評価であろう[12]．温暖化による被害を単純に気温上昇のみの関数と単純化することには問題がある．その規模も過小評価の傾向にあり，2.5℃の気温上昇に伴う全世界の総生産減少がおよそ 2% であり，6℃の場合でも 10% に満たない．これは少々非現実的であるように思われる．また高所得国よりも低所得国での被害（対総生産比）が大きいという設定なので，世界の総効用の最大化という基準からすると，高所得国が CO_2 排出削減努力を行わず経済を発展させ，それによる温暖化の被害を主に低所得国が負担し発展が妨げられるという経路が効率的という結果が出やすくなる．しかし，この状況は衡平性の基準からはまったく望ましいものではない．最適解は社会的厚生関数の記述の仕方によっていくらでも変化することに注意しなければならな

---

12)　岡（2006）8 章は RICE モデルについて被害の評価が恣意的であること，厚生指標に GDP 指標と WTP（支払意思額），WTA（受取意思額）の概念が混用されている点などについて批判している．

い．

　ただし仮定に問題点や恣意性はあるものの，Nordhaus and Boyer（2000）は温暖化という複雑な現象の本質的な部分を抽出し，最適政策を分析する枠組を提示したという点で有意義な研究である．実際，RICE モデルは前身の DICE モデルよりもはるかに改善されている．不確実性を明示的に扱うための感度分析やシミュレーション期間の短縮化（300 年以上というのは無意味なほど長い）がなされれば，将来的にはさらに政策的示唆に富んだモデル解析が可能であろう．

14.5　地球温暖化対策の将来

　以上，地球温暖化の現状と課題について，主に経済学的側面から検討を加えてきた．ここでは本章の内容を踏まえて温暖化防止対策の今後の展望について述べ，結びとしたい．

　現在 GHG 削減の数値目標に多くの国が合意し，主要先進諸国がその達成のために努力しているのは望ましい事実である．しかし RICE モデルの結果にあったように排出量取引が行われないことを仮定した京都議定書ケースの限界削減費用は地域ごとに大きく異なっている[13]．したがって京都議定書の達成に向けて京都メカニズムが積極的に活用されるべきであり，制度上の制約を取り除き取引費用を小さくするための努力がなされなければならない．

　京都議定書の内容自体にも問題がある．問題が地球規模であることを考えると，すべての国が数値目標を持つような協定が締結されなければ，一部の国が目標を達成しても他の国で基準排出量が大幅に増加して排出総量の削減がなされないという状況に陥ってしまうおそれがある．したがってわれわれは京都議定書の現在の内容に必要以上に束縛されるよりも，2013 年以降それを世界全体での数値目標を盛り込んだ協定に置き換えていくことを検討すべきである．京都議定書は温暖化対策の第一歩にすぎないのである．もちろん RICE モデルの結果のように途上国で主に削減を行うのが世界全体にとって「最適」である

---

13)　RICE だけでなく，さまざまな統合評価モデルの結果はいずれも京都議定書遵守の限界削減費用の推定値が地域によって異なることを示している．詳細は IPCC（2002）p.171 を参照されたい．

という意見が途上国にそのまま受け入れられるとは思えないが，ある程度は途上国の排出に規制をかける必要がある．さまざまな資源譲渡を内在させた協定を設計すれば，それが受け入れられる可能性がある．アメリカの京都議定書離脱の理由の1つは一部の国だけに義務を課す協定は無意味ということであったので，途上国が削減義務に合意すればアメリカも話し合いに応じるようになるかもしれない．

おそらく温暖化対策の最大の問題は不確実性であろう．RICEモデルにおける基準ケースの最適状態からの厚生損失が小さい理由の1つには，各地域が温暖化対策の費用，便益に関する正確な情報を有しているという仮定があると思われる．この仮定は非現実的であるが，シミュレーション結果が示しているのは正確な情報が提供されれば，特別な温暖化対策がとられなくてもある程度望ましい資源配分が市場メカニズムのなかで実現されるということである．したがって温暖化に関する科学的知見の蓄積，とくに被害を定量的に評価するための方法論の開発などが今後さらに重要になるであろう．

練習問題

練習問題 14.1 CO_2 排出量増加率について以下の問いに答えなさい．

(1) ある国の CO_2 排出量増加率は経済成長率，エネルギー集約度伸び率，炭素集約度伸び率の和であることを示しなさい．ただしエネルギー集約度，炭素集約度とはそれぞれGDP 1単位当たりのエネルギー消費，エネルギー消費1単位当たりの CO_2 排出量のことをさすものとする．

(2) 日本のGDPは1990年から2000年の10年間に年率で1.3%増加し，炭素集約度は年率で0.6%減少した．この傾向が今後も続くものとすると，日本の CO_2 排出量を安定させるためにはエネルギー集約度を年率でどれだけ下げなければならないか．

練習問題 14.2 国家をプレイヤー，GHG排出量をプレイヤーの戦略とした温暖化に関するゲームモデルを考える．国 $i(=1,\cdots,n)$ のGHG排出量が x_i ならば，各国の利得が $\pi_i = b_i x_i - 5x_i^2 - c\sum_i x_i$ となることを仮定する（ただし任意の i について $b_i > nc > 0$）．このとき以下の問いに答えなさい．

(1) このゲームのナッシュ均衡を求めなさい．

(2) n 個の国の総利得を最大にするような各国の排出量を求めなさい．

(3) (1)の解を非協力戦略，(2)の解を協力戦略と呼ぶことにしよう．今 $n=2$，

$b_1 = b_2 = 30$, $c = 10$ とし，国 1, 2 が非協力戦略，協力戦略のみをとるものとして利得行列を作り，このゲームが「囚人のジレンマ」的状況になることを示しなさい．

練習問題 14.3 地球温暖化問題の経済学的性質を 1 つ挙げて，それが温暖化対策に与える影響について論じなさい．

練習問題 14.4 地球温暖化対策の費用便益分析を目的として開発された RICE モデルのシミュレーション結果の概要および RICE モデルの問題点について論じなさい．

参考文献

Barrett, S. (2003) *Environment and Statecraft—The Strategy of Environmental Treaty-Making*, Oxford University Press, Oxford.

藤田敏之（2002）「気候変動に関する統合評価モデルの展望」細江守紀・藤田敏之編『環境経済学のフロンティア』第 3 章，勁草書房，pp.56-70.

今井晴雄（2005）「環境経済学への応用：国際環境協定とその設計」今井晴雄・岡田章編『ゲーム理論の応用』第 7 章，勁草書房，pp.207-240.

IPCC 編，気象庁・環境省・経済産業省監修（2002）『IPCC 地球温暖化第三次レポート』中央法規出版．

西本裕美・松岡譲・藤野純一・甲斐沼美紀子（2004）「京都議定書が世界経済及び日本経済に及ぼす影響の評価」環境経済・政策学会編『環境税』（環境経済・政策学会年報第 9 号）東洋経済新報社，pp.80-92.

Nordhaus, W. D. and J. Boyer (2000) *Warming the World: Economic Models of Global Warming*, MIT Press, Cambridge.

Nordhaus, W. D. (1994) *Managing the Global Commons: The Economics of Climate Change*, MIT Press, Cambridge（室田泰弘・山下ゆかり・高瀬香絵訳（2002）『地球温暖化の経済学』東洋経済新報社）．

岡敏弘（2006）『環境経済学』岩波書店．

Pindyck, R. S. (2000) "Irreversibilities and the Timing of Environmental Policy," *Resource and Energy Economics*, Vol. 22, pp.233-259.

| コラムで考えよう | 日本の温暖化対策：環境税構想 |

　わが国の 2004 年 GHG 排出量は 1990 年水準（12 億 3,700 万 t）よりも 7.3%増加しており，特別な政策をとらない場合 2010 年の予測排出量は 1990 年よりも 6%増加することが予測されている．そこで 2005 年 4 月に京都議定書目標達成計画が閣議決定され，GHG 削減の具体的施策が提案された．6%削減という京都議定書遵守のためには 1990 年水準の 12%に相当する追加的削減が必要となるわけであるが，政府はその内の 5.5%を森林の整備および京都メカニズムの利用によって達成し，残りの 6.5%を「排出削減」により達成する計画を立てている．排出削減対策は自主的，規制的，経済的，情報的手法のポリシーミックスとされており，1 つの手段として環境税（温暖化対策税）が挙げられている．

　環境省が 2005 年 10 月に発表した行政資料「環境税の具体案」（環境省ホームページ内 http://www.env.go.jp/policy/tax/051025/index.html 参照）によると，環境税は 2007 年 1 月から実施され，課税対象は家庭や工場，事業所から出される化石燃料とされている．また税率は 2,400 円/t-CO_2 であり，3,700 億円と見込まれる税収は一般財源として地球温暖化対策，それも緊急性が高いものに充てられることになっている．この課税による削減は 1990 年水準の 3.5%に相当する 4,300 万 t-C であることが予測されている．

　「環境税の具体案」には課税政策の排出削減，財源確保という 2 つの効果が強調され，家計が負担する費用の少なさ（1 世帯当たり 1 月 180 円）や動学的効率性（中長期的ライフスタイルの変化，環境技術の発達）に関する記述もなされているのが興味深い．環境税の導入によって GHG 削減が効率的に実現されることが望まれる．しかし現段階では予定税率があまりに低いのが懸念される．他の国の税率は導入後徐々に引き上げられ，EU 諸国の税の一部は 3 万円/t-C という高率になっている．モデル計算の結果によると日本が京都議定書を達成するためにかかる限界削減費用は 1 万～10 万円/t-C であり，2,400 円という税率では効果が疑わしい．したがって環境税の案の中に今後必要と思われる税率の改定を適宜行うことを明記すべきである．さらに命令・統制型規制，排出量取引，企業の自主的取組の支援など他の政策手段と環境税の効果の相互関係を明らかにすることも急務であろう．

第5部　環境経済学のトピックス：地域の環境問題

第15章　廃棄物の管理

15.1　はじめに

「環境問題」は，われわれの社会システムが，自然システムの浄化機能を上回る「排出」を行う，あるいは行ったことが原因で生じてきた．自然システムの機能不全は，社会システムの機能不全を引き起こす．われわれの社会システムが自然システムを基盤に存立していることからすれば，そのような社会システムが持続可能でないことは明らかであろう．環境問題は，法制度，経済制度，行政制度，教育・文化制度といった広い意味での社会システムそのものの変革が要求される問題となっている．

「環境汚染」の要因は，社会システムから自然システムへの浄化機能を超える「排出」である[1]．その浄化機能を超える「排出」が社会システムにもたらす効果・影響（コスト）こそが，まさに「外部不経済効果」にほかならない．

環境汚染は「**外部不経済効果**」の問題として取り扱われ，環境汚染対策は，主としてピグー税政策等による外部不経済の内部化政策が説明される．このような流れから，「廃棄物問題」についても同様の説明がなされることがある．

たとえば，近年，多くの自治体により，一般廃棄物の回収手数料徴収制度（いわゆる「ごみの有料化」）が導入あるいは導入が検討されているが，しばしば「一般廃棄物発生による外部不経済の内部化政策」であるというとらえ方がなされることがある．この用語法は，一般廃棄物の**発生自体**が「外部不経済」であるととらえる誤解に基づいている．現代においては，公共制度として，一

---

[1] 鷲田（1999）は，環境問題を「環境汚染」問題，「廃棄物」問題，「生態系破壊」問題の大きく3つに分類しているが，ここでは「廃棄物」問題に議論を集中する．

般廃棄物(あるいは都市廃棄物)を回収・運搬・適正処理するシステムのない近代国家は皆無である．すなわち，社会システム上，一般廃棄物が発生しても「適正処理」を目的とする制度が存在する．そのような制度が目的とする「適正処理」がその厳密な意味で貫徹されるかぎりは，社会システムから自然システムへの浄化機能を超える「排出」は原理的になされない．すなわち，原理的に発生するはずのない「外部不経済」を内部化するということ自体ナンセンスである．このように，廃棄物問題は，その本質を単に素朴な「外部不経済」論のみで把握するのは困難である．

　本章では，環境経済学の立場から，廃棄物問題の本質を整理し，また，廃棄物管理政策において注目されつつあるいくつかの経済的手法に関するトピックを解説する．以下，15.2 節では，経済学(環境経済学)の見地から「廃棄物問題」の本質的ポイントを整理する．次に，15.3 節で，循環型社会の概念とわが国の廃棄物管理に関わる法体系，および関連する諸概念を扱い，15.4 節では，廃棄物管理政策に関わる経済的手法について概観する．

15.2　廃棄物の定義・区分と廃棄物問題

15.2.1　廃棄物の定義・区分および経済学における扱い

　「**廃棄物の処理及び清掃に関する法律**」(廃棄物処理法)では，廃棄物とは自ら利用したり他人に有償で譲り渡すことができないために不要になったものであって，ごみ，粗大ごみ，燃えがら，汚泥，ふん尿などの汚物または不要物で，固形状または液状のものをいう．ただし，放射性物質およびこれに汚染されたものはこの法律の対象外となっており，ここからは除かれる．また，廃棄物は，大きく**一般廃棄物**と**産業廃棄物**の 2 つに区分される．産業廃棄物は，事業活動に伴って生じた廃棄物のうち，法律で定められた 20 種類のものと輸入された廃棄物をいい，事業者が処理責任を負う．一般廃棄物は産業廃棄物以外の廃棄物をさし，し尿のほか主に家庭から発生する家庭系ごみであり，オフィスや飲食店から発生する事業系ごみも含み，自治体が処理責任を持つ(図 15.1)．

　廃棄物(ごみ)を経済学的に把握する際，**バッズ**(bads，負の財)という概念が有用である．このバッズの定義には，2 種類のものが存在する．1 つは，

図 15.1　廃棄物の区分

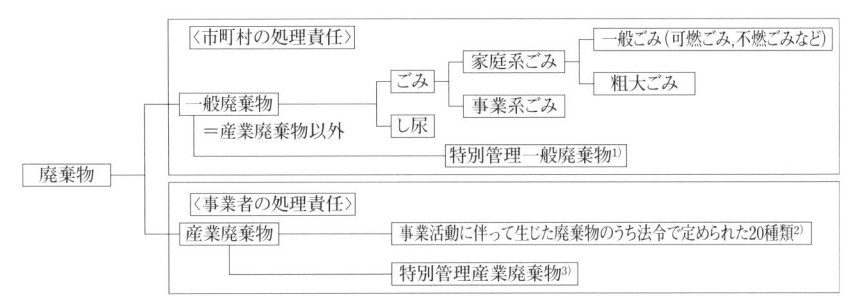

```
                    ┌─〈市町村の処理責任〉
                    │                        ┌─ごみ ┬─家庭系ごみ ┬─ 一般ごみ(可燃ごみ,不燃ごみなど)
                    │                        │       │             └─ 粗大ごみ
              ┌─ 一般廃棄物 ──────┤       └─事業系ごみ
              │     ＝産業廃棄物以外     └─し尿
              │                        └─特別管理一般廃棄物¹⁾
   廃棄物 ──┤
              │    〈事業者の処理責任〉
              │                        ┌─事業活動に伴って生じた廃棄物のうち法令で定められた20種類²⁾
              └─ 産業廃棄物 ──────┤
                                       └─特別管理産業廃棄物³⁾
```

(注1)　爆発性，毒性，感染性その他の人の健康または生活環境に関わる被害を生ずるおそれがあるもの．
(注2)　燃えがら，汚泥，廃油，廃酸，廃アルカリ，廃プラスチック類，紙くず，木くず，繊維くず，動植物性残さ，動物系固形不要物，ゴムくず，金属くず，ガラスくず，コンクリートくず及び陶磁器くず，鉱さい，がれき類，動物のふん尿，動物の死体，ばいじん，上記19種類の産業廃棄物を処分するために処理したもの，他に輸入された廃棄物．
(注3)　爆発性，毒性，感染性その他の人の健康または生活環境に関わる被害を生ずるおそれがあるもの．
(出典)　環境省 (2006).

主観的定義といえるもの，今1つは客観的定義といえるものである．

主観的定義　ある財に対する主体（代表的個人）の限界効用（評価）が負である場合，その財はバッズである．
客観的定義　ある財の需給均衡価格が負となる場合，その財はバッズである．

　細田（1999）は，後者の定義により，ある財がグッズであるかバッズであるかは，財の性質によって定まるのではなく需給バランスによって決まるということを主張している．同一財が有償（モノとカネの流れが逆方向）で取引される場合もあれば「逆有償」（モノとカネの流れが同一方向）で取引される場合もあるからである．
　この定義の違いは，外部不経済の発生に関しての見解の違いを生じさせることになる．主観的定義によれば，バッズは即，外部不経済（不効用）を発生させると考えられるのに対して，客観的定義によれば，バッズは需給均衡において外部不経済を発生させない（バッズが需要されず放置されることで初めて外部不経済が発生する）と考えられているのである．

15.2.2 廃棄物問題の経済学的論点

廃棄物問題は，次の3論点に要約できる．すなわち，

(1) 廃棄物の「量」の増大（図15.2），「質」の多様化
(2) 廃棄物の最終処分場の枯渇（図15.3）
(3) 廃棄物の時間的・空間的不適正管理[2]の可能性

である．

(1)は，廃棄物の適正処理費用の高騰を招き，社会的費用の上昇を引き起こし得る．また，(1)は(2)の原因ともなるが，(2)は「最終処分場」という希少性を高め，やはり，廃棄物の適正処理費用の高騰，ひいては社会的費用の上昇を引き起こす．さらに，(1)や(2)は，(3)の原因ともなる．すなわち，廃棄物の適正処理費用の高騰が，不法投棄などの不適正処理の動機となりうるのである．これらの3論点のうち，(1)は，いわゆる「大量生産・大量消費・大量廃棄型」の社会・経済システム由来の社会的費用問題をわれわれに突きつけるものであり，(2)は，最終処分場という「枯渇性資源」の効率的管理問題と位置付けることがで

図15.2 ごみの総排出量および1人1日当たりの排出量

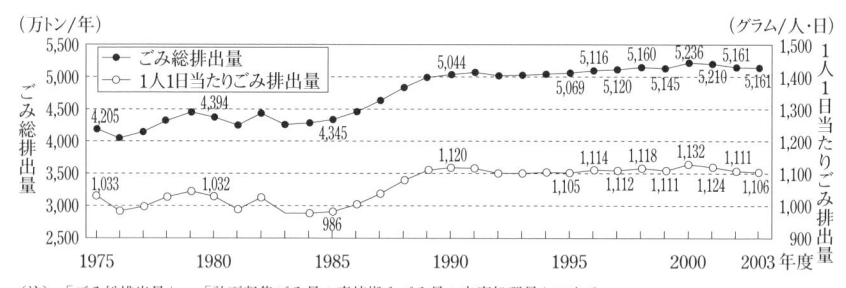

（注）「ごみ総排出量」＝「計画収集ごみ量＋直接搬入ごみ量＋自家処理量」である．
廃棄物処理法に基づく「廃棄物の減量その他その適正な処理に関する施策の総合的かつ計画的な推進を図るための基本的な方針」における一般廃棄物の排出量は，「ごみ総排出量」から「自家処理量」を差し引き，資源ごみの「集団回収量」を加算したものとしており，その場合の2003年度の排出量は5,427万tである．

---

[2] 「時間的」とは，ある時点では適正処理とみなされるが別の時点（将来）になって不適正処理であったことが判明するといった状況を意味する．また，「空間的」とは，ある地点では適正処理とみなされるが別の地点では不適正処理であるという状況を意味する．

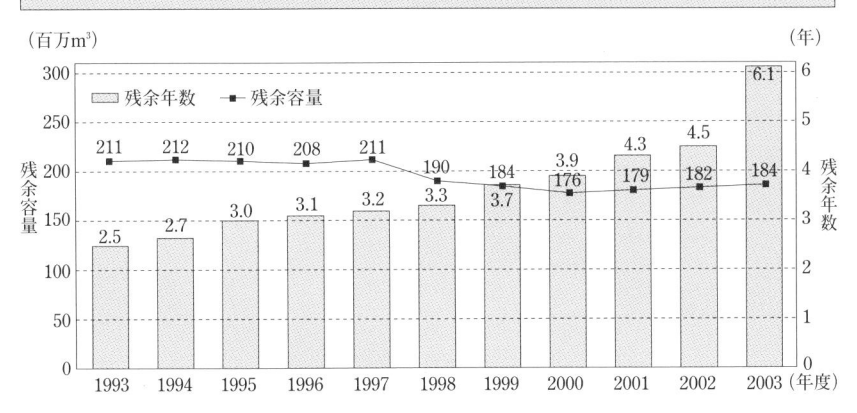

図 15.3　最終処分場の残余容量および残余年数の推移

（百万m³）　　　　　　　　　　　　　　　　　　　　　　　　　　（年）

残余容量・残余年数のグラフ（1993年度〜2003年度）

残余容量（百万m³）：211, 212, 210, 208, 211, 190, 184, 176, 179, 182, 184
残余年数（年）：2.5, 2.7, 3.0, 3.1, 3.2, 3.3, 3.7, 3.9, 4.3, 4.5, 6.1

(出典)　図15.2, 15.3, 15.4ともに環境省（2006）.

きる．(3)は，廃棄物の適正管理システム外のまさに「外部不経済」問題である．すなわち，廃棄物問題において，外部不経済問題として把握できるのは，(3)のみであることに留意すべきである．

15.3　循環型社会形成推進基本法（循環基本法）

　大量生産，大量消費，大量廃棄型の社会のあり方を見直し，天然資源の消費が抑制され，環境への負荷の低減が図られた「循環型社会」を形成するため，2000年6月に「**循環型社会形成推進基本法**」（循環基本法）が公布され，平成2001年1月に施行された．この法では，対象物を有価・無価を問わず「廃棄物等」として一体的にとらえ，製品等が廃棄物等となることの抑制（リデュース）を図るべきこと，発生した廃棄物等についてはその有用性に着目して「循環資源」としてとらえ直し，その適正な循環的利用，すなわち，**再使用**（リユース），**再生利用**（マテリアルリサイクル），**熱回収**（サーマルリサイクル）を図るべきこと，循環的な利用が行われないものは適正に処分することを規定し，これにより「循環型社会」を実現することとしている（図15.4）．また，施策の基本理念として排出者責任と拡大生産者責任（EPR：extended producer respon-

図15.4　循環型社会の姿

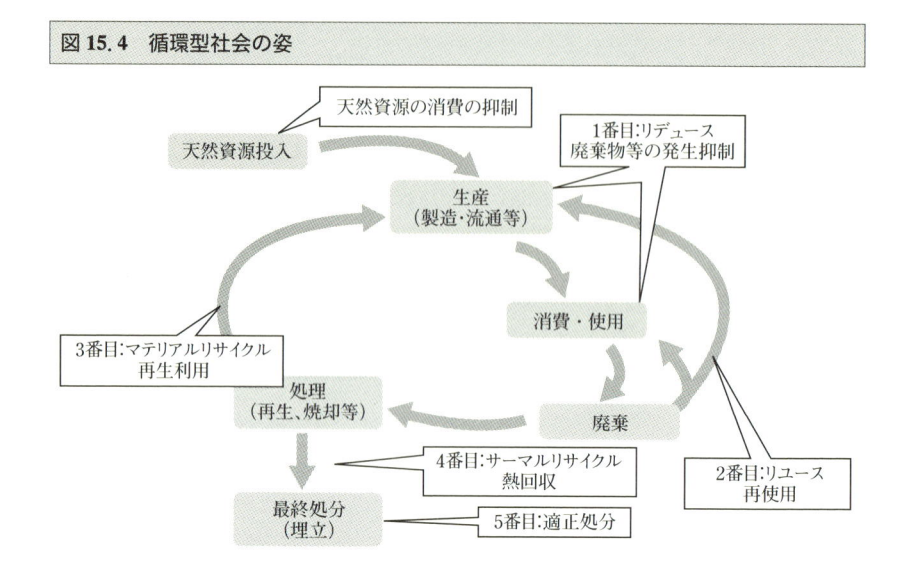

- 天然資源投入 → 生産（製造・流通等）：天然資源の消費の抑制
- 生産（製造・流通等） → 消費・使用
- 消費・使用 → 廃棄
- 廃棄 → 処理（再生、焼却等）
- 処理（再生、焼却等） → 最終処分（埋立）
- 1番目：リデュース　廃棄物等の発生抑制
- 2番目：リユース　再使用
- 3番目：マテリアルリサイクル　再生利用
- 4番目：サーマルリサイクル　熱回収
- 5番目：適正処分

sibility) という2つの考え方を定めている.

　排出者責任とは，廃棄物を排出する者が，その適正処理に関する第一義的な責任を負うべきであるとの考え方である．**拡大生産者責任**とは，生産者が，その生産した製品が使用され，廃棄された後においても，当該製品の適切なリユース・リサイクルや処分に一定の責任（物理的または財政的責任）を負うという考え方である．生産者に対して，廃棄されにくい，またはリユースやリサイクルがしやすい製品を開発・生産するようにインセンティブを与えることが期待されている.

　循環基本法を枠組み法として，廃棄物処理法，資源有効利用促進法，個別リサイクル法，および，グリーン購入法が，わが国の循環型社会形成推進のための体系となっている（図15.5）.

　しかし，循環型社会の概念は，もともと，国内に限定された資源循環を想定しており，わが国の循環資源が国外に流出する現象に対応できないという問題を抱えていた．そこで，危急の課題として，「国際的循環型社会」の可能性が問われている．すなわち，国内制度を超えた循環資源の国際間の効率的移動の

第 15 章　廃棄物の管理

図 15.5　循環型社会の形成の推進のための施策体系

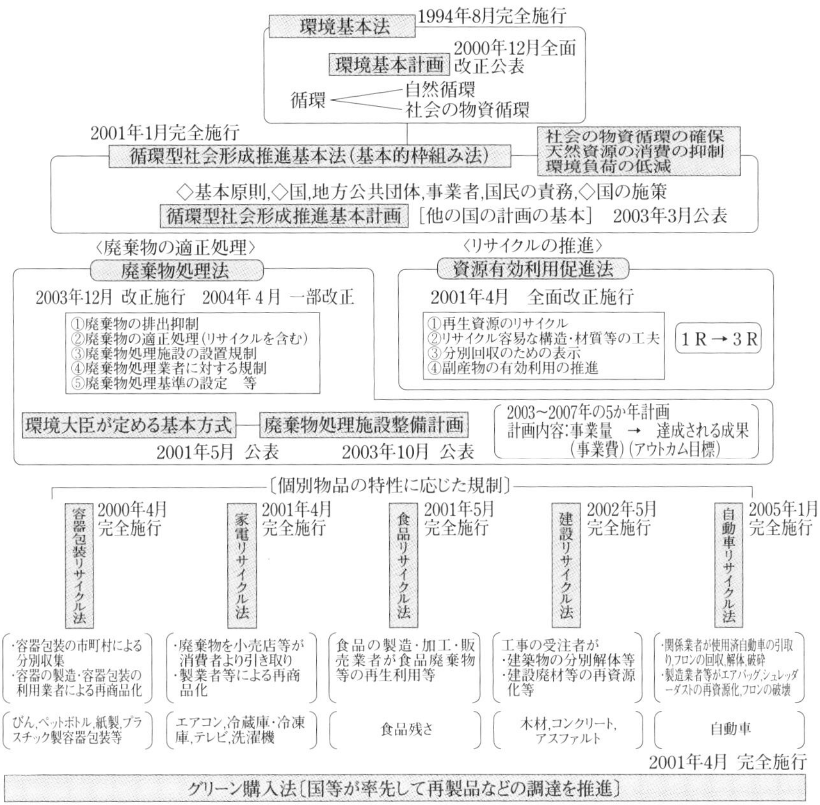

```
環境基本法 ── 1994年8月完全施行
  └ 環境基本計画 ── 2000年12月全面改正公表
      循環 ┬ 自然循環
           └ 社会の物資循環

2001年1月完全施行
循環型社会形成推進基本法（基本的枠組み法）── 社会の物資循環の確保／天然資源の消費の抑制／環境負荷の低減
  ◇基本原則，◇国,地方公共団体,事業者,国民の責務，◇国の施策
  循環型社会形成推進基本計画［他の国の計画の基本］ 2003年3月公表
```

〈廃棄物の適正処理〉　　　　　〈リサイクルの推進〉

廃棄物処理法
2003年12月 改正施行　2004年 4月 一部改正
① 廃棄物の排出抑制
② 廃棄物の適正処理（リサイクルを含む）
③ 廃棄物処理施設の設置規制
④ 廃棄物処理業者に対する規制
⑤ 廃棄物処理基準の設定　等

資源有効利用促進法
2001年4月　全面改正施行
① 再生資源のリサイクル
② リサイクル容易な構造・材質等の工夫
③ 分別回収のための表示
④ 副産物の有効利用の推進
　　　　　　　　　　　1R → 3R

環境大臣が定める基本方式 ── 廃棄物処理施設整備計画
2001年5月 公表　　　　　　　2003年10月 公表

2003〜2007年の5か年計画
計画内容：事業量　→　達成される成果
　　　　　（事業費）（アウトカム目標）

〔個別物品の特性に応じた規制〕

容器包装リサイクル法	家電リサイクル法	食品リサイクル法	建設リサイクル法	自動車リサイクル法
2000年4月完全施行	2001年4月完全施行	2001年5月完全施行	2002年5月完全施行	2005年1月完全施行
・容器包装の市町村による分別収集 ・容器の製造・容器包装の利用業者による再商品化	・廃棄物を小売店等が消費者より引き取り ・製造業者等による再商品化	・食品の製造・加工・販売業者が食品廃棄物等の再生利用等	・工事の受注者が ・建築物の分別解体等 ・建設廃材等の再資源化等	・関係業者が使用済自動車の引取り，フロンの回収，解体,破砕 ・製造業者がエアバッグ,シュレッダーダストの再資源化,フロンの破壊
びん,ペットボトル,紙製,プラスチック製容器包装等	エアコン,冷蔵庫・冷凍庫,テレビ,洗濯機	食品残さ	木材,コンクリート,アスファルト	自動車

2001年4月　完全施行
グリーン購入法〔国等が率先して再製品などの調達を推進〕

可能性とその効果について検討することが求められているのである（小島(2005) 参照）．

15.4　代表的な廃棄物管理政策の経済手法について

本節においては，代表的な廃棄物管理政策の経済手法を取り上げる（松波(2005) を参照）．環境政策における経済手法は，とりわけ近年着目されている．本節では，とくに，廃棄物管理政策に限定して，その代表的な経済手法（家庭

ごみの有料化，埋立税・産業廃棄物税，有害廃棄物への税・課徴金，特定製品への税・課徴金，デポジット制度）を取り上げ，現時点における整理をしておく．

15.4.1 家庭ごみの有料化

家庭ごみの有料化とは，家庭ごみの回収・処理・処分等が，無料の公共サービスとして公共部門により供給され，排出量に直接的には依存しない財源（租税）を源泉として費用がまかなわれる制度から，家庭ごみの排出者がその排出量に応じて処理手数料を課金される制度への変更をいう．

家庭ごみの有料化は，家庭ごみの回収・処理・処分に関わる費用支払主体を，公共部門から排出者へシフトさせる制度変更である．家庭ごみ（家庭系一般廃棄物）の処理責任は自治体にある．そのため，家庭ごみの適正処理費用は，一義的には自治体が租税を財源として支払っている（支払っていた）．しかし，処理費用の財源である租税は直接的には排出量に依存せず徴収される．注意しなければならないのは，家庭ごみに関して処理責任が自治体にあるという点は，家庭ごみの有料化後も変わらないということである．また，最終的な費用負担の大きさについても，排出量（処理量）がかりに不変であるならば，社会全体の負担に変化はない．有料化による大きな変化は，負担が変わることではなく，支払主体が変わることにある．

支払主体が，自治体から排出主体に変わることによって，家庭ごみの有料化には，

①排出主体の排出抑制を誘因する効果

②処理費用の負担の公平化をもたらす効果

がある．

家庭ごみの有料化は，不法投棄・不適切処理など外部不経済効果の原因となるファクターを無視すれば，家庭ごみの排出主体に対して排出量を削減させる誘因効果を持つ．

図 15.6 は，家庭ごみ処理サービスが無料の状態から有料化がなされる場合，家庭ごみの排出主体は，処理サービス需要を減少させる（ここでは，排出量を削減する）ことを示したものである．

第 15 章　廃棄物の管理

図 15.6　家庭ごみ有料化

（縦軸：処理手数料、横軸：排出量＝処理サービス需要、処理サービス需要曲線）

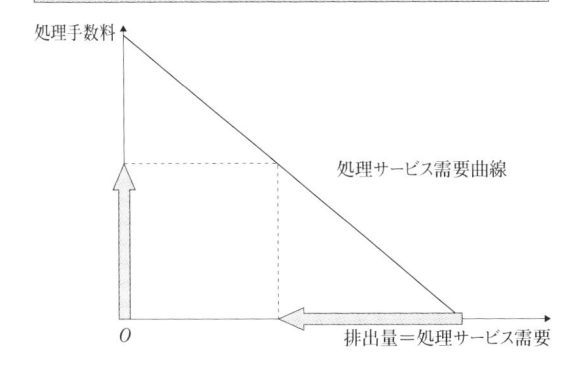

　ここで，処理手数料が，処理サービスの供給に関する限界社会的費用（排出される家庭ごみを適正処理するために要する限界社会的費用）に一致するように設定されるならば，社会的最適排出量（パレート最適）が実現する．

　公共部門が支払主体である場合，費用負担は，財源である租税の支払主体全体（排出者以外の主体も含めて）に転嫁される．これに対して，排出者が支払い主体である場合，負担転嫁の問題は起こらない．このため，家庭ごみの有料化は，家庭ごみの回収・処理・処分に関わる費用負担の公平化（水平的公平性）をもたらすと考えられるのである．

　公共部門の処理サービスを構成する区分として，処理目的の回収，リサイクル目的の回収があり，また，公共部門の処理サービスの代替財として，民間部門の回収・処理サービス（処理目的，リサイクル目的），不法投棄がある．

『処理サービス＝処理目的の回収』

とすれば，処理目的の回収に関しての手数料制（いわゆる，ごみ有料化）を導入することは，処理目的の回収サービス需要を減少させるが，リサイクル目的の回収サービス需要については増加させる可能性がある．すなわち，処理目的のごみは減少するが，リサイクル目的の「ごみ」は増加するかもしれない．この場合，公共部門の財政的コストは削減されるとは限らない．また，

『処理サービス
　　　＝処理目的の回収サービス＋リサイクル目的の回収サービス』

であるとして，処理目的の回収サービスにもリサイクル目的の回収サービスにも手数料制を導入することにより，公共部門による処理サービス需要は減少するが，その代替財である民間部門の回収・処理サービス（処理目的，リサイクル目的）需要や不法投棄を増加させる可能性がある．つまり，

『排出量＝公共部門の回収量（処理目的の回収量＋リサイクル目的の回収量）
　　　　＋民間部門の回収量（処理目的の回収量＋リサイクル目的の回収量）
　　　　＋不法投棄量』

と考える場合，公共部門の処理サービス需要の抑制策のみでは，排出量全体の抑制効果が機能するとは限らないことに留意しなければならない．

　公共部門による処理サービスの処理手数料制を導入することは，公共部門による処理サービスの相対価格を上昇させる政策にほかならない．このため，その代替財を相対的に安価なものとし，排出主体は単に排出先を公共部門による処理サービス以外へ変更するのみかもしれない．この場合，排出全体への効果は自明ではないし，また，排出物全体の適正処理に要する社会的費用は，有料化導入前に比較して増加してしまう可能性もある（たとえば，不法投棄の原状回復費用など）．

　有料化の地域的範囲が限定される場合，当該地域における排出者にとって，有料化されていない近隣地域への排出という選択肢もある．この場合，排出物は近隣地域へ移動するだけかもしれない．

　以上を踏まえ，家庭ごみの有料化の導入に際しては，その代替財である民間部門の回収サービスの位置付け，不法投棄対策，近隣地域との政策連携をも十分に視野に入れる必要があるといえる．

15.4.2　埋立税・産業廃棄物税，有害廃棄物への税・課徴金

　埋立税・産業廃棄物税，**有害廃棄物への税・課徴金**は，処理目的の廃棄物減量を目的として，廃棄物排出事業者が，中間処理施設や最終処分場への廃棄物

搬入量に依存して課金される制度である．事業者による最終処分目的の廃棄物減量や有害廃棄物減量を促進するための税・課徴金制度である．

埋立税・産業廃棄物税，有害廃棄物への税・課徴金には，次の2つの側面がある．

①施設維持管理等の適正処理に要する費用の徴収（**ユーザーチャージ**）
②廃棄物の発生抑制（排出税・課徴金）

こうした2つの側面からこの制度は次のような効果を有する．すなわち，事業活動に伴って発生する廃棄物について処理に要する費用の大きさが大きければ大きいほど，事業者はそのような費用を徴収されることになるため，その回避を目的に，事業形態，生産プロセス等の変更，リユース，リサイクル技術の開発等，発生抑制を図ることになる．

しかし，次のような問題点が挙げられる．

①最終処分など適正処理費用の（見かけ上の）上昇により，不法投棄の発生を促進する可能性がある．
②税・課徴金が課される地域的範囲が限定される場合，当該地域への廃棄物搬入を避けて税・課徴金が課されていない他地域への搬入が促進される可能性があり，この場合，廃棄物の発生抑制効果は薄れる．
③税・課徴金がユーザーチャージとして位置付けられる場合，処理施設の存在がその立地する地域に与える外部不経済効果（外部費用）[3]を正確には反映しない可能性があり（運搬車両のもたらす排ガス，有害物質の漏出等のリスク，NIMBYなど），この場合，廃棄物搬入に対しての社会的最適な価格設定とならないため，廃棄物搬入量が過大なものとなりうる．

以上より，埋立税・産業廃棄物税，有害廃棄物への税・課徴金の導入にあたっては，廃棄物の広域移動に関する考慮，不法投棄の防止策，処理施設の存在自体が周辺にもたらす外部費用の内部化策をも考慮しなければならない．

---

[3] この外部不経済効果は当該廃棄物の発生自体がもたらすものではなく，運搬技術に関する問題，最終処分場施設の技術的問題等に起因するものである．まさにシステム自体の有する非効率性が要因となるのである．

15.4.3 特定製品への税・課徴金

特定製品への税・課徴金は，ワンウェイ製品の使用抑制，容器包装の発生抑制，処理困難物（バッテリー等）の適正管理・処理費用の徴収などを目的として，特定製品に対して課金する制度である（製品税・課徴金）．原料，中間製品，最終製品に適用される．排出と製品との対応関係（量と質）が明確である場合，排出税・課徴金の代替手法として適用される．

特定製品への税・課徴金は，排出時の課金（後払い）ではなく，生産および消費時に課金（前払い）される ADF（Advance Disposal Fee，前払い処理料金）である（Porter（2002）p.34）．すなわち，特定製品の売買時にその価格に ADF 分が上乗せされて販売される．したがって，家庭ごみの有料制など，排出時の課金が制度化されている場合，排出時に重複して課金される可能性がある．これを避けるためには，リサイクル費用を ADF として徴収し，適正処理費用とリサイクル費用の差（適正処理費用＞リサイクル費用の場合）を有料制のもとで排出時に課金すればよい[4]．

特定製品への税・課徴金は，当該製品の相対価格を上昇させ，代替財への需要転換を促進する効果を持つ．ワンウェイ製品への税・課徴金は，リターナブル製品化を，容器包装への税・課徴金は，容器包装の使用を避ける行動を，また，処理困難物への税・課徴金は，処理困難物を回避する行動を促進する．

ある限定された地域において，特定製品への税・課徴金が導入される場合，当該地域における特定製品の相対価格が上昇することを意味し，これは他地域におけるその製品の当該地域への流入を結果する可能性がある．この場合，ADF が回避された製品の当該地域内への流入を意味し，その製品が使用済み後その地域において排出されるならば，適正処理費用ないしリサイクル費用を回収できないことになる．

特定製品への税・課徴金の導入に際しては，以下の点が考慮されなければならない．

①税・課徴金の対象となる特定製品の目的に即した適切な選択が必要なる．
②排出税・課徴金など他の制度との関連を十分考慮し，重複課金等の問題を

---

[4] ただし，ここでは不法投棄の発生を無視している．

回避することが求められる．
③限定された地域での適用をできるかぎり回避すべきである．

15.4.4 デポジット制度

デポジット制度は，財価格にデポジット（預託金）を上乗せ販売し，使用済みの財や容器が回収ポイントに戻された際に預託金を返却（リファンド）することにより，消費者からの使用済みの財や容器の回収を促進しようとするものである．このデポジットは使用済みの財や容器の処理費用を含める場合もある

デポジット制度には，次の2つの側面がある．

① 消費者が使用済みの財や容器を回収ポイントに戻さない場合，財消費に課されるデポジット分の従量課徴金としての側面
② 消費者が使用済みの財や容器を回収ポイントに戻す場合，回収活動に対しての補助金としての側面

デポジット制度は，使用済みの財や容器の回収を目的とし，ごみの散乱を抑制しうると考えられる．しかし，次のような問題点が指摘される．

① 回収率が高まれば高まるほど制度運営上の赤字が大きくなる．制度運営上，非回収によりリファンドされないデポジットが発生する方が有利となる．
② 限定された地域での実施では効果が少ない．

デポジット制度は，使用済みの財や容器の回収率の向上を目的としているものであるとはいえ，消費者にとっては，回収ポイントに戻すか，戻さないかを選択させる制度となっている．このことは，回収ポイントに戻すことによって環境負荷の発生を避ける行動も，また，回収ポイントに戻さないことで（環境負荷を発生させても）デポジットをリファンドされることをあきらめることによって，消費者のいずれの行動も環境負荷についての責任を果たすことになると理解できる．この点に留意すれば，デポジットの大きさは，回収されない場合の環境負荷に見合う十分な大きさに設定されなければならないと同時に，回収された場合，制度運営上の費用の財源も考慮に入れなければならない．

練習問題

練習問題 15.1 図15.6にあるように，ごみ処理手数料は適切に設定されなければならない．現実に有料化したところでは，どのような基準でごみ処理手数料（ごみ袋の価格）が設定されているのであろうか．この点を詳しく調べなさい．

練習問題 15.2 15.4.1項で詳解したように，家庭ごみ有料化の導入については，不法投棄対策や近隣地域との連携が必要になる．どのような具体的な施策が考えられるだろうか．実例を調べその効果について検討しなさい．

練習問題 15.3 環境省の一般廃棄物実態調査結果のホームページから，自分の出身あるいは生活している市町村の家庭ごみ排出の状況を調べてみなさい．
（http://www.env.go.jp/recycle/waste_tech/ippan/index.html を参照）

参考文献

細田衛士（1999）『グッズとバッズの経済学』東洋経済新報社．
環境省編（2006）『循環型社会白書』平成18年版，ぎょうせい．
小島道一（2005）『アジアにおける循環資源貿易』アジア経済研究所．
松波淳也（2005）「廃棄物管理政策の経済手法に関する覚書」『経済志林』第7巻第4号，法政大学経済学会．
Porter, R. C. (2002) *The Economics of Waste*, Resources for the Future（石川雅紀・竹内憲司訳（2005）『入門廃棄物の経済学』東洋経済新報社）．
鷲田豊明（1999）『環境評価入門』勁草書房．

コラムで考えよう　　　　家庭ごみ有料化の事例

　家庭ごみ有料化を実施した自治体の多くはごみ減量化に成功しているとされるが，有料化政策のみ単一に実施することはなく，戸別収集方式の導入など資源回収システムの整備や変更，説明会の開催など住民に対してのPRと周知徹底，環境教育，啓発の努力など，有料化政策導入に伴うポリシー・ミックスがなされるのが通常である．ここでは，青梅市と日野市の事例を紹介する．両者ともに，いわゆる「リバウンド効果」（有料化実施後に減少したごみ量が再度増加に転じる現象）が確認されるが，日野市のリバウンド効果は青梅市に比べて小さい．有料化政策のごみ減量効果は，自治体毎の地域特性・住民特性も相まって，予測しにくい．

ごみの有料化事例

自治体名	有料化開始時期	手数料算定根拠	指定袋料金（40ℓ相当）	実施の効果
青梅市	1998年10月	収集運搬経費の約1/3	48円	全体：19%減／可燃：37%減／不燃：15%減／資源：518%増（1997年度と99年度の1年間の比較）
日野市	2000年10月	1世帯当たり500円程度/月	80円	全体：34%減／可燃：47%減／不燃：64%減／資源：176%増（1999年10月からの1年間と2000年10月からの1年間の比較）

（資料）　各市のホームページより環境省作成．
（出所）　環境省（2005）．

青梅市1人1日当たりのごみ量（事業系ごみを含む）

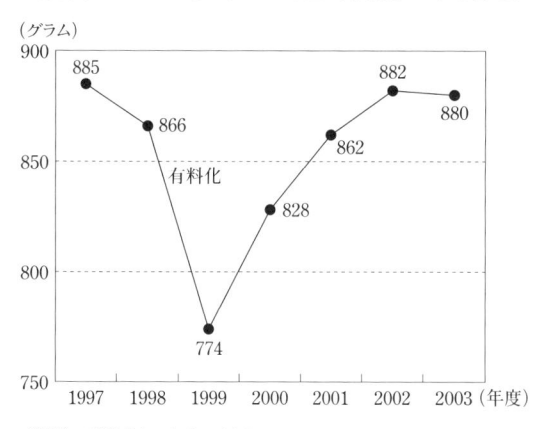

（グラム）

年度	1997	1998	1999	2000	2001	2002	2003
ごみ量	885	866	774	828	862	882	880

有料化（1999年度）

（資料）　青梅市ホームページより．

日野市1人1日当たりのごみ・資源物量の推移

	ごみ改革前 (1999年10月〜2000年9月)	ごみ改革後1年目 (2000年10月〜2001年9月)	ごみ改革後2年目 (2001年10月〜2002年9月)	ごみ改革後3年目 (2002年10月〜2003年9月)
可燃ごみ	701	368	385	382
不燃ごみ	213	78	87	90
資源物	74	203	211	210

(単位:グラム)

(資料) 日野市ホームページより.

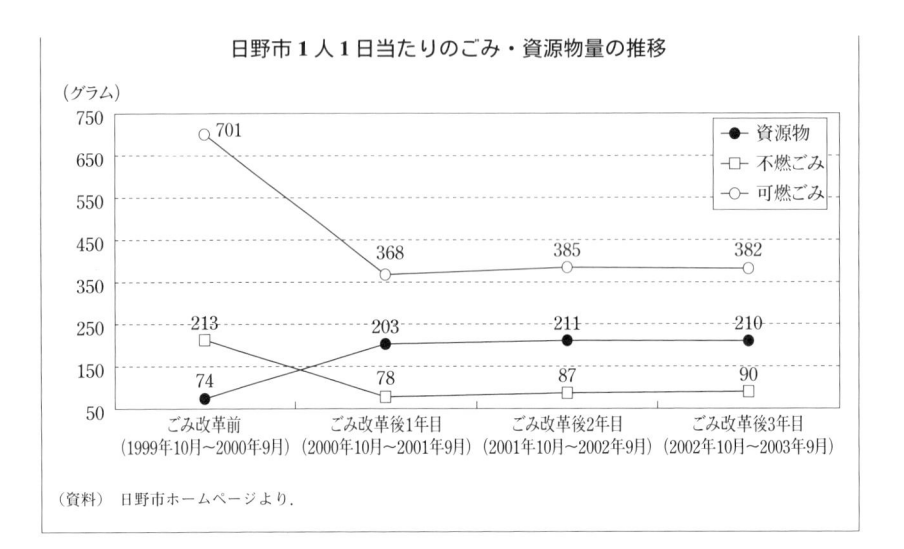

第16章 地域の環境政策

16.1 はじめに

　地域の環境政策の目的は，山積する課題に1つずつ適切に対応することであると考えられるが，個別の課題への対処的対応では，人的にも資金の面でも能力の限界が見えてくる．いくつも課題が連鎖的に関連する場合もあって，政策全体を体系的に構築して効率的な対策が迅速に実施されなければならない．地域全体としての戦略的な目標が必要であり，持続可能性はこのような目標として国内および海外の多くの社会で取り組まれている．各地域はそれぞれの課題を克服しながら地域の持続可能性を実現するために，戦略的に環境の改善に取り組む必要がある．

　本章では，地域の環境問題解決に関連して，地域の環境政策を論じる．16.2節では，地域における持続可能性について定義し，関連するステークホルダーの参加のあり方，主体的な参加のあり方を探る必要があることを論じる．16.3節では，このような参加者間のネットワーク形成の重要性に言及する．さらに，16.4節では，地域の環境政策に関するそうした活動を機能させるための**ガバナンス**のあり方を概説する．16.5節から16.7節では，地域の環境政策を有効に遂行するための手法として，八王子市での事例を紹介し，そうした手法の有用性を論じる．

16.2 持続可能性

　地域にとって持続可能性の条件は，その地域社会が形成される歴史や現状に

依存して決まると考えられる[1]．言い換えると，持続可能性の条件は地域が有する過去の歴史や現状に応じて変化するであろう．食糧やエネルギーなどの生産や生活を支える基礎的な資源が確保できない状況が生じれば，その地域社会の存立は困難であると考えられる．1970年代に持続可能性の概念が注目されたときに，食糧とエネルギーの確保が社会の存続のために不可欠な資源であることが広く認識された．社会が環境問題や自然災害など新たな危機に直面するたびに，食糧やエネルギー資源のほかにも，社会の存立を左右するような要因があることが次第に明らかにされた．今日の大都市では，その機能を維持発達させるためには，交通，情報基盤やライフラインの確保などが不可欠である．伝統や歴史的な景観の保護や継承は住民としての当然の責務に加えられるべきであろう．

エネルギーや食糧の確保といった課題においても，各地域が他の地域に依存せずに独自にその目標を達成することは非現実的な願望にすぎないといえるであろう．各地域は他の地域と**ネットワーク**を形成しながら，その存立を確保することができるということができる．各地域が地域間ネットワークの相互依存関係のうえで成り立っているだけでなく，地域内においても，その存立は単独の主体によって保障されるものではないことは明らかである．戦時において戦争遂行のために，政府が基地とその周辺の地域を直接的に管理する場合などのように，問題解決に関して絶対的な管理能力を有する政府が存在するような例外的に場合を除けば，地域を中央および地方の政府だけで管理運営することは不可能である．たとえば，自然環境の破壊や廃棄物処理などの環境問題を取り上げても，政府の果たすべき行政上の責任は重大であるとしても，その成果は行政だけでなく住民や企業の個別の取り組みに依存していることは明らかである．街並みや景観の保全などは住民の全員の努力が必要であるし，大多数の市民が参加する社会経済の活動は都市の活性化への道を拓くものである．地域における社会的厚生の水準は，行政サイドの決定に影響されても，一般的には行政のシステムから独立な仕組みとルールに基づき機能する，経済，社会，環境のシステムの成果に依存する．しかも，これらの3つのシステムには，多くの

---

[1] **16.2節**は田中（2006b）の紹介である．

主体が直接的に関与する．たとえば，市場機構の自動調節が順調に機能して，経済活動が自律的にしかも活発に営まれていて，自然の生態系が十分に保全されていて，社会の公正が保たれているのであれば，政府，住民，企業が各主体に課された責務を忠実に実行すれば，社会の持続可能性は満たされるということができる．

しかしながら，現実には，持続可能性の条件が実現されている場合は一般的ではなく，われわれはこの持続可能性の条件の成立を目指して，地域社会の経営を実行しなければならない．持続可能性を実現するためには，自治体が日常の行政の業務で把握することができる情報に加えて，社会，環境，経済の活動状態を的確に把握することができる情報が意思決定に反映される必要がある．この情報は，行政機関の独自の努力によって獲得することが困難な水準に達しており，しかも，地域計画の実施の段階において，各ステークホルダーがプロジェクトに対して協働の体制を円滑に進める体制が整備されていなければ，計画の実効も乏しいものとなるであろう．プロジェクトの計画と決定の段階において，協働体制の枠組みが実質的に決まってしまうことを考慮すれば，プロジェクトの計画および決定の段階から各**ステークホルダー**が地域のガバナンスに積極的に関与することが必要である．地域の活性化や環境問題をテーマとする目標は，関係の主体が自発的にしかも積極的に参加することなしには実現しないであろう．地域の活動に関係する主体の自発的な参加を促進するような枠組みが構築されなければならない[2]．

16.3 分権的ネットワークの形成

行政機関による単独の直接的な地域政策の弱点を補うためには，行政機関による独占的な公共サービスに代替するシステムが必要である．以下では田中（2005）による説明を紹介しよう．ここでは，行政機関による単独で直接的な地域政策と比較するために，この代替的な公共サービスの供給の仕組みの特徴は分権的ネットワークシステムに分類される．ここでは，**分権的ネットワーク**

---

[2] 環境対応における自発的な取組の意味とその背景は ten Brink（2002）で説明される．

システムは自治体による単独の直接的な地域政策に代替する柔軟な政策遂行を可能とする枠組みであり，とくに，自治体と他の主体との連携および住民参加を重視する取り組みの総体を意味すると解釈される．ネットワークに自発的に参加する主体は，ネットワークから利益や情報収集などの目的を達成することができるが，その一方で，ネットワークの一員としての共同の責任と負担を覚悟しなければならない．言い換えると，ネットワークは参加する主体の自発的な負担によって維持運営されるが，そこから得られる便益は公共財として参加者によって集合的に消費される．経済学では，この公共財としてのシステムの便益が参加者に有効に還元され，そのことから，参加者が活動の誘因を高めるような組織と運営方法が多くの視点から考察されている．民営化や規制緩和などの市場機構の特性を活用する分析や，NPOや住民参加など**ボランタリー・アプローチ**（voluntary approach: 自発的取り組み）に関する一連の研究成果が存在する．これらの研究成果に基づいて，以下の考察は続けられる．

分権的ネットワークにおいて，自治体は他の主体と連携して地域政策を積極的に遂行すると想定される．この仕組みでは自治体と連携する組織が地域の管理運営において自治体の役割の一部を代行するということができる．たとえば，分権的ネットワークには教育や福祉などの分野における企業やNPOが，住民との独自のネットワークを活用して，公共サービスを供給する方式が含まれる．

分権的ネットワークシステムの特性は図16.1を用いて説明される．この関係は個人と企業の間のネットワークに基づく活動の可能性が双方向の矢印のついた直線で示されている．図16.1は，個人および企業の間で形成されるネットワークを活用することによって，地域の政策課題が解決することを暗示している．

現行の自治体の行政システムとこのネットワークの間には次の2つの問題があることに注意が払われなければならない．第1に，自治体の単位では，社会の主体の数が相当な数に達することから，これらの主体と自治体との双方向の対応を地域の政策にきめ細かく反映されることは容易ではない．第2に，分権型社会システムでは主体相互間の情報交換（**コミュニケーション**）が自治体とは独立に活発に行われ，しかも，個々の情報の内容が自治体には必ずしも知らされる必要はない．自治体に求められることは，連携の体制で実施された政策の

図 16.1　分権的ネットワークとコミュニケーション

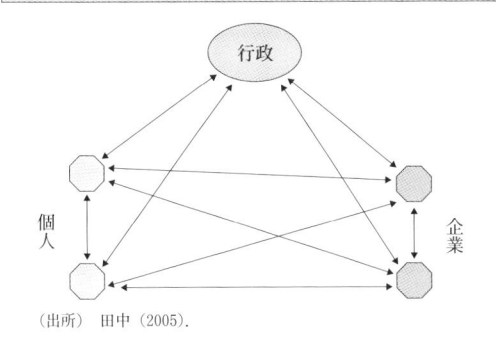

(出所)　田中 (2005).

評価とそれに基づく組織改革への取り組みである．自治体が政策実施の過程で利用された情報をすべて管理することは，円滑な地域政策の遂行をかえって妨げる可能性が存在する．

　政策の実施主体は，この2つの特性を考慮して，分権的ネットワーク機能を活かしながら，社会的に最適な公的プロジェクトの実施をめざさなければならない．具体的には，自治体は次の3つの政策課題に対して，適正に対応することが可能な**ガバナンスの枠組み**が実現するように努力しなければならない．

①合理的で効率的な地域政策を実現するためには，自治体は住民や企業の各主体に直接対応する双方向のシステムを強化して，地域の政策課題の把握を的確にして，その課題に適合する対応策を速やかに実施しなければならない．自治体は，このような基本的な政策課題の着実な実現をめざすとともに，分権的なネットワーク機能を活用して，企業，NPO，住民との機動的な連携を進めなければならない．

②分権的なネットワーク機能が強化されるように，各主体は社会的な問題の解決のために自主的な連携に基づく取り組みを強める．自治体はその取り組みの実施を保障する仕組みを用意しなければならない．

③分権的なネットワークには経営と管理上の機能が整えられなければならない．ネットワーク上の各主体による自主的な連携の取組が本来の地域政策の目的から逸脱する可能性がある．さらに，ネットワークが発展するために，自治体はネットワーク上で発生するトラブルを防止するために，法制

度の整備や監視活動に責任を持たなければならない．

16.4　持続可能性と地域ガバナンス

　この地域ガバナンスの仕組みを解明するためには，地方政府だけでなくステークホルダーの役割を明確にする必要がある．各地域がそれぞれの地域社会の持続可能なガバナンスを実現するためには，**計画・実施・評価・見直し**の仕組みが一貫して，円滑に機能するように社会システム全体が整備される必要がある．その前提条件として，プロジェクトの実施にあたって，中央政府あるいは地方政府だけでなく，住民，企業，NPO などすべてのステークホルダーのプロジェクトに対する参加や貢献の役割が明確にされなければならない．

　地域における計画と実施に関して，以下の4つの要点に焦点が当てられる．第1に，環境問題を含めた地域社会計画における理念として，持続可能（sustainable）で暮らしやすい（livable）な共同社会の形成は広く受け入れ可能な概念であるといえる．第2に，持続可能で暮らしやすい社会を構築するためには，特定の地域に固有の課題を解決することが求められる．これらの計画や政策は地域に根ざしたものでなければならない．第3に，Wheeler (2004) はコミュニティ政策の教科書ともいえる『持続可能を目指す計画』の中で，次のように議論を展開する．「持続可能な計画の視野には専門家，政治家と通常の市民の役割とこれらのグループの人が問題解決のためにより積極的にしかも建設的に問題解決のために参加する必要に注意を払わなければならない．」(p.41) 第4に，その住民参加を一層確実なものとするためには，教育，コミュニケーションさらには合意形成が重要であり，これらの機能が強化されることがその対象とされるべきであろう．最後に，持続可能な地域計画においては，3つのEである Environment（環境），Economy（経済），Equity（公正）が鍵となる重要な構成要素である．

　図16.2を用いて，本章における分析の対象となる地域ガバナンスのスキームを明確にしておこう．自治体によって意思決定への参加が事前に決められた組織 B，C，D に加えて新たにステークホルダー A と E が，地域のプロジェクトの計画と決定の段階から参加することを想定してみよう．この計画の決定

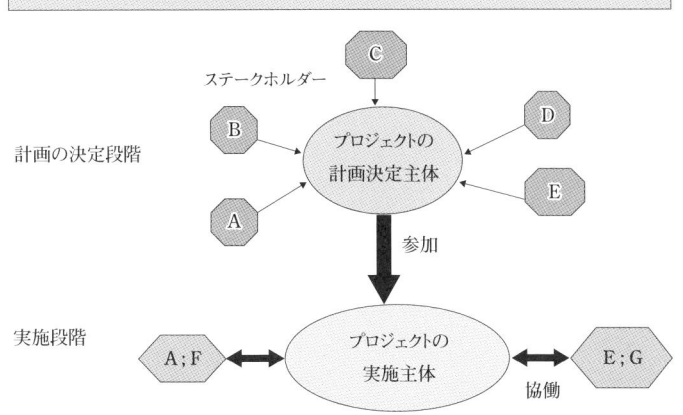

図16.2 持続可能な地域ガバナンスの仕組み

計画の決定段階

ステークホルダー A, B, C, D, E → プロジェクトの計画決定主体

↓ 参加

実施段階

A; F ↔ プロジェクトの実施主体 ↔ E; G（協働）

（出所）田中（2006a）．

を行う「計画決定主体」への主要ステークホルダーの参加は，このプロジェクトがプロジェクトの外部にあり，協働の対象であるステークホルダーF，Gの要望に応える内容になるというだけではなく，実施段階のおける組織のあり方にも影響を与えると考えられる．これらのステークホルダーFとGがその関係者AとEを計画と意思決定の段階から参加させることを願うとすれば，AとEは実施段階での協働の対象となるFやGの活動を容易にする処置を計画に反映させようと努力するであろう．結果として，その実施を推進する組織構成は協働を進めやすい体制に工夫される．

この地域のプロジェクトの計画と実施体制をより確実なものにするのが評価のシステムである．社会における環境改善を実現するためには，環境評価に基づいた経済・環境・社会システムにおける着実な改革が進められなければならない．環境評価を活用した社会のシステムの改革が論じられるとき，その第1ステップとして，評価の役割が明確にされなければならない．狭い意味では，**評価**（evaluation）は個々の政策や計画のメリットや価値を査定する役割を持つと理解される．Mark, Henry, and Julnes（2000）は，評価の内容を広い意味で解釈して，その冒頭の部分で評価の意味を次のように要約する．「評価は，政策や計画の実行，効果，正当化と社会的な意味付けを記述あるいは，説明す

るシステマティックな考察の行為を通じて政策と計画の意味を問うのを手助けする．評価の究極の目的は民主的に運営される制度が社会的な計画や政策の選択，監督，改善および意味付けをより良くするのに助力する社会改良である．」評価は，異なる接近，多様な手法，および各種の短期の目的を包摂する構造物となっている．一連の議論の要約として，Mark らは評価の目標を4つ挙げる．第1の目的は個人と社会のレベルで政策と計画の正統的な根拠に基づくメリットと価値の査定である．第2は計画と組織の改善，第3は監視と法令遵守，第4は知識の蓄積である．評価は社会的なシステム改善のための一連のプロセスであり，計画と実施の体制とともに環境評価指標はこれらの目的に適合するように設計され，使用されなければならない．

16.5 八王子市の環境政策と新しい枠組み

八王子市は2001年を環境元年と位置付け，環境基本条例を制定した．この中で，住民主体による地域の環境問題への対応の促進が重点課題として取り組まれた．この内容は，次のように述べられる．「1. 行政内部の縦割り組織に環境面から横糸を通し，政策の総合化を図るなど，行政の行うすべての施策を環境の視点から捉えていくこと．2. 16の一級河川や緑豊かな森林地帯など本市の持つ豊かな自然環境の保全に力を注ぐこと．3. 八王子方式として環境保全推進地区を6地区設け，これを推進するため市民の意見を広く応募すること．」[3] この新しい取り組みを支えるために，2002年度には環境市民会議，環境診断士，身近な環境診断指標「ちぇっくどぅ」[4] などの特色ある制度や仕組みがスタートした．市がこの指標に求める内容と目的は次のように要約されている．「1. 市民が環境保全活動を起こさせるきっかけとなる身近な環境を評価するための簡単な測定方法．2. 市民が日常生活を営む上での環境負荷の低減を提言するための，具体的な行動に直結する指針．3. その行動の結果得られる，実感で

---

3) 藪田（2002）p.74で，八王子市環境市民会議設立委員会委員太田一夫氏の意見．
4) 各診断項目は0，1，2エコで診断がなされる．診断者である診断者の評価は満点100で評価される．
5) 脚注3）と同じく太田氏．

きる環境改善成果.」[5] 市役所の組織改革によって環境問題に組織横断的に対応する庁内環境調整会議，環境市民会議との調整を図る環境推進会議も設置された．これらの仕組みは，2004年3月に発表された「八王子の環境基本計画」の実施の面での骨格を形成する．八王子市の環境基本計画は1ページで「自然環境と都市環境が調和した良好な環境をつくっていくために，市民・事業者と市が共通の目標に向かい，手をたずさえて環境保全の取り組みを推進する」と趣旨を述べている．以下における実態分析においても明らかにされるように，八王子市の行政の内容が市民に明確に伝わっているということはできないばかりでなく，市民から市の行政への働きかけあるいは協働の体制は整備されているとはいえない．たとえば，ごみの分別など生活に直結する情報は浸透していることが確かめられるが，市民が積極的に問題解決に向かうための生活環境や社会環境に関する指標で見られる達成度は必ずしも高くはない．ここでも，行政機関から市民への一方的に情報が流れるという自治体の行政における伝統的な関係が確かめられる．協働事業を機能的に運営されるためには，組織的な取り組みの管理運営を効率的に実施するための仕組みを成熟させていくことが必要である．

このように，市民と市が協働で地域環境の改善に取り組みを推進するためには，八王子市は住民の参加を推進するための仕組みを整備する一方で，その実効性を上げるための活動を積み上げることが求められている．以下の課題はこの目的を達成するうえで大きな障害となっている．第1に，環境問題は，幅広い分野から構成されている．水，植物，廃棄物，大気，都市環境など環境問題の重要テーマに関して，それぞれの専門家が独自に設定した問題解決のために取り組む傾向が存在する．環境審議会など行政主導の組織では，委員のメンバー構成などの点である程度のバランスを保つことは可能であると考えられるが，逆に，行政側に判断の歪みがあった場合には，その判断がメンバー構成に反映されるという望ましくない事態に陥るであろう．これに対して，自発的な参加方式では多くの住民が関心を持つテーマは，それだけ多くの住民がその解決に関心を持って取り組むことになり，問題解決への力が結集されやすいことが期待される．しかしながら，問題解決への推進力が不特定の住民の間で持続することは困難であろう．

第 2 に環境市民会議や環境診断士のような組織は，自発的な取り組みが主流となり，参加する主体はそれぞれ独自の目的あるいは使命のもとに活動を行う．特別のテーマに関するプロジェクトが補助事業とされる場合には，市が組織と契約を交わすことによって，その活動の方向性にある程度の影響力を発揮することができる．しかしながら，このような方法も特定の分野に限定されたものであり，住民によって自発的に取り組まれる事業においては，参加者による関心の差が取り組みの方向性に影響を与えることは避けられない．ここでも，社会的な問題における優先度を明確に定めて，課題を解決する仕組みが制度的に組み込まれなければならない．

第 3 に，市街地や山間部など住民にとって直面する環境問題は異なっており，自発的な取り組みでは，地域ごとに異なる課題に優先的に取り組むという柔軟性が存在すると理論的にはいうことができる．しかしながら，各地区といえども，多数の住民の間で，問題の具体的な内容を共有することは容易ではない．この問題の共有化のための一連の活動は，端緒についた段階にあるにすぎず，市と環境市民会議のメンバーにおいても，経験にもとづく十分な情報と知識が蓄積されていない．

16.5.1 地域環境診断

本節は「ちぇっくどぅ」が市民による環境政策の策定・実施・評価のプロセスを円滑に機能するための補助手段として有用であることを論証する．表 16.1 と表 16.2 において，市全体の平均エコ数に基づき，優良◎，標準「空白」，要注意※，の判定がつけられている．以下では，市民の環境行動の実態を地区別に診断結果を分析して，環境の改善のためにとるべき有効な方策を八王子環境市民会議に提案して，八王子市における環境の改善に寄与する過程を紹介することである[6]．

エネルギー問題は個人や企業などの活動に伴って発生するものである．エネルギーに関連する環境問題に対する有効な対応策は，個人だけでなく地域全体で効率的な仕組みを構築することであるといえる．エネルギーの問題を地域の

---

[6] 『身近な環境「ちぇっくどぅ」』の解説は，『地球環境レポート』6 号（2002）「環境経済学のワンポイント講義」pp.116-119．

第 16 章　地域の環境政策

表 16.1　エネルギーの関連指標分析

(単位：エコ数と%)

	判定	中央地区	北部地区	西部地区	西南部地区	東南部地区	東部地区	平均値
回答者平均エコ数								
電気の使用量	※	0.48	0.44	0.35	0.25	0.41	0.33	0.40
ガスの使用量	※	0.39	0.39	0.32	0.30	0.44	0.41	0.40
低公害車	※	0.87	0.63	1.06	0.86	0.96	0.69	0.80
項目回答率								
洗濯に風呂の残り湯使用		63.30	41.11	63.38	60.42	51.43	48.12	54.63
ためすすぎ洗濯	※	32.11	36.67	35.21	41.67	36.19	32.33	35.70
節水コマ	※	17.43	10.00	19.72	16.67	23.81	15.04	17.11
歯磨き時の水の流しっ放し	◎	80.73	91.11	85.92	88.54	85.71	93.23	87.54
洗車時の水の流しっ放し		44.95	50.00	50.70	58.33	53.33	44.36	50.28
水道の蛇口をこまめに閉める	◎	85.32	88.89	80.28	87.50	86.67	88.72	86.23
自宅に生垣	※	14.68	36.67	38.07	45.83	37.14	42.11	35.74
屋上緑化	※	1.83	5.56	0.00	3.13	0.95	1.50	2.16
壁面緑化	※	9.17	2.22	7.04	6.25	3.81	5.26	5.63
公園の設置が十分	※	23.85	25.56	19.72	39.58	33.33	41.35	30.57
公園の設置に満足	※	22.94	18.89	14.08	27.08	25.71	30.08	23.13
アイドリングストップ	※	38.53	52.22	43.66	58.33	49.52	54.14	49.40
点検・整備・タイヤ空気圧		45.87	57.78	69.01	66.67	53.33	67.67	60.06
無駄な荷物を積まない	※	36.70	48.89	52.11	48.96	38.10	49.62	45.73
空ぶかしをしない		44.04	63.33	76.06	73.96	59.05	69.92	64.39
急発進・急ブレーキをやめる		45.87	70.00	73.24	66.67	56.19	72.93	64.15
違法駐車をしない		41.28	57.78	60.56	59.38	48.57	64.66	55.37
エアコンの使用を控えめに	※	30.28	44.44	47.89	51.04	36.19	44.36	42.37
近くでは徒歩・自転車の利用		80.73	56.67	66.20	63.54	72.38	62.41	66.99
公共交通機関の利用		55.96	47.78	40.85	64.58	60.95	58.65	54.79
自動車を乗らない日	※	35.78	32.22	33.80	40.63	36.19	28.57	34.53
公共交通機関の整備が充分	※	27.52	13.33	14.08	23.96	30.48	26.32	22.62
電車の運転間隔に満足	※	44.04	15.56	19.72	39.58	31.43	35.34	30.94
バスの運転間隔と運賃に満足	※	22.94	14.44	9.86	20.83	15.24	18.80	17.02
深夜・早朝のアイドリング	◎	95.41	93.33	95.77	95.83	95.24	95.24	95.31
深夜のクーラーの使用	◎	97.25	87.78	92.96	95.83	92.38	94.74	93.49

(出所)　田中 (2006a).

課題であると位置付けられるときには，エネルギーの指標だけではなく各指標の選択項目に関する診断を含めて分析することが必要である．

表16.1において，水・下水の指標，緑化・街づくりの指標，大気の指標，生活環境の指標に関して，エネルギーの問題への対応への指針が示される．最新のIT技術の導入によって利便性が高まった生活スタイルのもとでは，水の使用時に電気などのエネルギーが同時に多量に消費されることを考慮して，水・下水の指標では，エネルギーと関連する選択項目が設定されている．この該当する水・下水の指標では，個人が意識的に対応することができる項目では，かなりのエコライフが実践されていても，節水コマやためすすぎなどライフスタイルの変化に伴う項目での評価が低くでていることから，家庭生活に浸透している機器のエネルギー性能などへの知識を共有する努力が地域全体で求められているといえる．また，緑化・まちづくりの項目は全体に低い評価にとどまっていることが実態診断の結果である．この項目が，市全体の施策のなかでの体系的な整備が必要であることを物語っている．大気の指標では，市民の間でかなり実施されている項目ともう少し取り組みの強化が必要な項目があることが明らかになった．この効果を一層向上させるためには，地域全体での環境教育活動の継続と強化が必要であると考えられる．これに対して，生活環境の指標では，かなり厳しい判定が，公共交通機関とバスに関してなされており，現在新しい路線の新設や運行方法の改善の努力は進んでいることも事実であるので，このことをこれまで公共交通機関を利用しない多くの市民に知らせる努力も今後の課題といえるであろう．

ごみ・再資源の指標による分析では，環境に配慮した行動が実践されていないという評価が得られた．この問題を別の角度から分析するために，表16.2で社会環境の指標の評価結果と対照させて分析が進められた．環境に配慮した行動の評価が市民の参加度と環境教育の充実に関する評価と連動していると考えられる．後者の項目の改善は環境市民会議での重要な検討課題に位置付けられるべきである．

第16章 地域の環境政策

表16.2 ごみ・再資源の関連指標分析（平均エコ数）

		判定	中央地区	北部地区	西部地区	西南部地区	東南部地区	東部地区	地区間平均値
ごみ・再資源の指標									
ごみの出し方（減量・安全）	I	◎	1.79	1.71	1.85	1.86	1.84	1.80	1.81
分別とリサイクル	II		1.06	1.05	0.97	1.19	1.15	1.16	1.10
環境に配慮した行動	III	※	0.64	0.60	0.75	0.84	0.90	0.76	0.75
環境美化	IV		1.43	1.53	1.42	1.69	1.50	1.58	1.52
ゴミ処理の知識	V		1.13	0.90	0.99	1.21	1.23	1.02	1.08
小計			6.05	5.78	5.97	6.79	6.63	6.31	6.26
社会環境の指標									
市民の参加度1	I		1.17	1.09	1.14	1.20	1.24	1.13	1.16
市民の参加度2	II	※	0.70	0.33	0.28	0.45	0.57	0.45	0.46
市民の参加度3	III	※	0.91	0.96	0.93	0.95	0.94	0.84	0.92
広報などの認知度	IV		1.48	1.37	1.25	1.34	1.50	1.32	1.38
広報などの満足度	V		1.33	1.25	1.34	1.24	1.25	1.16	1.26
災害への備え	VI		1.04	1.02	1.06	1.18	1.14	1.05	1.08
リサイクルショップの利用度	VII		1.24	1.15	1.38	1.14	1.14	1.11	1.19
環境教育充実度	VIII	※	0.43	0.33	0.42	0.27	0.35	0.28	0.34
地域コミュニティ活動参加度	IX	※	1.06	0.76	0.74	0.79	0.81	0.64	0.80
小計			9.35	8.25	8.54	8.55	8.94	7.99	8.60

（出所）田中（2006a）．

16.5.2 平均エコ数と度数分布

以上では，平均エコ数に基づいた環境診断の例が紹介されたが，評価にばらつきがあることに注目されるべきであることも考えられる．ある特定の地域に，問題が集中的に発生したり，政策に関する情報が共有されない場合には，診断にばらつきが発生すると想定される．本節では，0，1，2のエコ診断の分散が有用な分析手段となることが示唆される．分散が大きい項目は，診断の地点において，状態が大きく相違したり，市民によって環境の評価が異なる項目が含まれていると考えられる．以下の表16.3から表16.6は，各診断項目に関する分散が計算され，検討が必要な項目を示すために分散が0.35以上には○が，また，0.5以上の項目には◎がつけられた．この4つの表から，6つの分野すべてについて，分散の値にもとづく分析が必要である項目が存在することが明らかにされる．

表 16.3 水・下水とエネルギー

エコ数	水・下水の指標					エネルギーの指標		
	身近な河川の水質	魚	水生生物	パックテスト	川の水の透視	自家用車の利用度	水道の使用量	灯油の使用量
0	28	78	23	7	2	60	79	37
1	145	39	24	47	13	22	24	9
2	106	8	49	160	131	24	4	9
空白・その他	226	380	409	291	359	399	398	450
平均エコ数	1.28	0.44	1.27	1.71	1.88	0.66	0.30	0.49
分散	0.40	0.38	0.68	0.27	0.13	0.68	0.29	5.59
判定結果	○	○	◎			◎		◎

表 16.4 自然環境

エコ数	自然環境の指標							
	森林の保全	表土の利用状況	河川の周辺	河川の流れ	植物の保全	黄色い花	セミ	鳥
0	23	87	93	43	7	43	9	23
1	82	90	154	157	15	38	75	42
2	92	59	30	75	201	59	21	162
空白・その他	308	269	228	230	282	365	400	278
平均エコ数	1.35	0.88	0.77	1.12	1.87	1.11	1.11	1.61
分散	0.46	0.61	0.39	0.42	0.18	0.72	0.28	0.44
判定結果	○	◎	○	○	◎			○

　次に，平均エコ数も分散も有用な分析手段であると考える．この2つの分析手段をどのように使い分けるのか，あるいは，組み合わせて用いられるべきであるかは明確にされなければならない．この疑問に対する回答は，水平軸に平均エコ数，垂直軸に分散の値が表示された32の診断項目の散布図を参照することによって，部分的に解明されるであろう．この散布図は凹の形状を持った回帰曲線で近似される．言い換えると，平均エコ数の数が極端に大きいグループと小さいグループの診断項目では，分散が小さくなり，診断にぶれが少なく

表16.5 緑化・まちづくりと生活環境

エコ数	緑化・まちづくりの指標			生活環境の指標				
	街路樹の本数	街路樹の種類	街づくりの計画	生活道路の状況	自転車置き場の整備	木造住宅耐震チェック	道路交通騒音	道路交通振動
0	31	129	29	20	63	3	3	3
1	20	51	43	74	58	4	11	12
2	145	14	65	137	90	7	11	12
空白・その他	309	311	368	274	294	491	480	478
平均エコ数	1.58	0.41	1.26	1.51	1.13	1.29	1.32	1.33
分散	0.56	0.39	0.62	0.42	0.71	0.68	0.48	0.46
判定結果	○	○	◎	○	◎	◎	○	○

表16.6 大　気

エコ数	大気の指標						
	ものの汚れ,窓ガラス	大気汚染環境基準	光化学スモッグ	マツの葉	酸性雨	ものの汚れ,タイル	ものの汚れ,ガムテープ
0	34	6	2	2	44	1	1
1	67	8	6	5	13	2	3
2	8	6	26	5	13	11	11
空白・その他	396	485	471	493	435	491	490
平均エコ数	0.76	1.00	1.71	1.25	0.56	1.77	1.67
分散	0.33	0.63	0.34	0.57	0.63	0.37	0.38
判定結果		◎		○	◎	○	○

（出所）　田中（2006c）の表16.3から表16.6.

なるのに対して，平均エコ数が1を中心として分布する診断項目では，分散が比較的に大きくなるものの，一部には，分散が小さくなる診断項目も混在することが明らかになる．平均エコ数が1前後の診断項目では，平均エコ数だけでは，その項目の評価とすることには，その診断結果の裏にある事実を見失う可能性が存在する．言い換えると，平均エコ数が1前後の項目には，多様な評価が下されているという事実が存在しており，この事実の内容を解明する努力が必要となるのである．

分散が大きい診断項目を見ることによって，診断項目において分散が大きくなる要因が推測される．推測される要因を列挙しておこう．

①診断の場所と時点の差異によって分散が大きくなる項目．

　街路樹の本数，マツの葉，表土の利用状況，酸性雨，水生生物，黄色い花

②診断者の生活の多様性が診断結果に反映された項目．

　灯油の使用量，自動車の利用度，木造住宅の耐震チェック

③診断者による八王子市の活動に対して関心の程度に差異が生じる項目．

　街づくり計画，大気汚染環境基準，自転車置き場の設置

分散が大きな診断項目に対する対応は慎重に進められるべきである．①の項目に関しては，診断の分布に注意をして，診断結果が低いエコ数を示す場所，時点を特定して，改善の対策が速やかに実施されるべきである．②の項目に関しては，各個人に対する改善を呼びかける環境教育活動を重点的に強化されるべきであろう．③に項目に関しては，市の政策に関する認知度が低いことが考えられるので，広報の活動を工夫して，市の活動に内容が市民に伝わりやすくなるように市と市民の間におけるコミュニケーションのあり方が見直されるべきである．

練習問題

練習問題 16.1 地域の環境政策を策定し実行するとき，各地域が持続可能であることが必要である．地域が持続可能であることは，住民が快適な生活環境のもとで住み続ける条件を整えることを意味する．この持続可能な条件を整えるために満たさなければいけない条件とその条件を整備するために現実に対応しなければならないことを述べなさい．

練習問題 16.2 地域の環境を着実に改善するためにいろいろの仕組みが，地域ごとに工夫されている．実際に環境を改善するためには，住民や企業などの各主体が自発的に取り組むことが必要である．各地域における，この自発的な取組を促す方策の実施例を調べてその効果を比較検討しなさい．

練習問題 16.3 環境の保全を実行するためには，自然環境，生活環境，水・大気，ごみ・再資源，緑化・まちづくりなどの項目に関する環境の基準や指標を適正に設定して，守ることが必要である．水質の基準，大気の基準，緑化の基準，グリーン購入の基準，および，家庭が排出するごみの数量と内訳を調べなさい．

参考文献

八王子市環境部・中央大学田中廣滋研究室共同制作（2003）『身近な環境「ちぇっくどぅ」』（改訂版（2007））.

Mark, M. M., and G. T. Henry, and G. Julnes (2000) *Evaluation: An Inegrated Framework for Understanding, Guiding and Improving Public and Nonprofit Policies and Programs,* Jossey-Bass, A Wiley Company.

田中廣滋（2005）『地域ガバナンスの公共経済学アプローチ』中央大学出版部

田中廣滋（2006a）「持続可能な地域環境計画と地域環境評価」『経済学論纂（中央大学）』第46巻3.4号, pp.299-322.

田中廣滋（2006b）『持続可能な地域社会実現への計画と戦略』中央大学出版部.

田中廣滋（2006c）「地域環境総合診断の可能性と診断項目の特性分析」『地球環境レポート』11号.

ten Brink, B. (2002) *Voluntary Environmental Agreements: Process, Practice and Future Use,* Greenleaf Publishing.

Wheeler, S. M. (2004) *Planning for Sustainability: Creating Livable, Equitable, and Ecological Communities,* Routhlege.

薮田雅弘(2003)「多摩シンポジウム2002―地域の連携と環境を考える」『地球環境レポート』8号, pp.27-89.

第17章 エコツーリズムと環境保全

17.1 はじめに

これまでの章で，われわれは環境経済学の概念や分析ツールを学び，多くの環境・資源問題を理解してきた．本章で扱う観光の環境・資源問題を理解する場合にも，環境経済学の考え方が役に立つ．とくに，エコツーリズムを体系的に理解したいとき，環境経済学は基本的な枠組みを与えてくれる．

エコツーリズムについては，次節以下で明らかにするように，観光に関わる各主体（観光客，観光産業，地域住民等）が地域環境資源（＝コモンプール財）の魅力を共有し，その資源ストックを維持・管理することが求められる[1]．したがって，コモンプール財，間接的利用価値，資源の持続的利用水準という概念を用いることで，エコツーリズムを経済学的に理解できる．これらの概念の詳細は，すでに第1章や第5章，第7章で言及された．地域環境資源には，レクリエーションなどに利用し活用できる価値——使用価値やオプション価値のほかに，存在価値がある．人々は，このような価値があるがゆえに一定の費用を支払い，利用し保全しようとする．他方で，そのような地域環境資源は，その利用を妨げることがない反面，過剰な利用を引き起こす可能性がある．こうした非排除的で競合的な性質を持つコモンプール財であるがゆえに，地域に住む人々による管理・運営の仕組みが構築されなければならない．

たとえば，サンゴ礁を観るためのダイビングを考えよう．この場合，個々の

---

[1] 日本では，エコツーリズムといえば，自然体験型観光の「エコツアー」として知られている場合が多い．この違いを海津・真板（1999）は，「エコツアーは商品となり得るが，エコツーリズムは考え方なので，商品とはならない」と説明している．

サンゴが地域環境財としてのコモンプール財[2]，サンゴ礁が醸し出すさまざまな便益（「幸」）が利用価値，サンゴ礁に負荷を与えないダイバーの人数等が資源の持続的利用水準であると把握できる．現実には，過剰なダイバーや入船，あるいは近郊の土地利用による表土流出などが，サンゴ礁に負荷を与えてしまう可能性がある．この場合には，持続的な利用を可能ならしめる観光開発のあり方や土地利用の方法が模索される必要がある．わが国をはじめ，諸外国の観光開発において，このような観点から何らかの管理・運営の仕組みが求められている事例は数多い．

本章の構成は次のとおりである．17.2 節では，エコツーリズムの定義と日本における従来の観光政策について整理する．17.3 節では，簡単なモデル分析によって，観光業が地域に及ぼす影響とエコツーリズムとマスツーリズムとの違いを明らかにする．17.4 節では，日本型エコツーリズムによる地域発展（環境保全と経済振興の両立）の可能性を示す．

17.2 観光の環境問題とエコツーリズムの役割

17.2.1 環境問題とエコツーリズム

エコツーリズム（ecotourism）の定義は，多種多様であり，一言で説明することは容易でない[3]．この理由を，小林（2006）は「この言葉が生まれた後も次々と新しい意味が付加され現在でもその意義が変容しているから」と端的に述べている．実際，当初（1980 年代）のエコツーリズムは，現在では多くの定義に用いられる「持続可能」や「地域振興」のような言葉で定義付けられていなかった．

現在の定義付けは，1992 年 6 月にブラジルのリオ・デ・ジャネイロで開催

[2) **コモンプール財**（common pool resources）は，所有権によって定義される**共有財産資源**（common property resources）に比べるとあまり馴染みのない概念かもしれない．しかし，定評のある教科書，たとえば Tietenberg（2006）においても言及されている．コモンプール財を軸にして，自然環境の管理に関する経済分析を日本で行っている文献は数少ない．この概念および分析に興味のある読者は，藪田（2004）を参照されたい．また，本書第 1 章においても言及されている．

3) WWF など各機関のエコツーリズムの定義については，藪田（2005）を参照．

された国連環境開発会議（地球サミット）が源流となっている．この会議では，178の参加国が主に地球規模の環境破壊の解決策を議論した．その後，地域の環境対策の1つとして，自然資源の豊かなコスタリカにおけるエコツーリズムの資源管理が紹介された．自然資源を利用する観光客に対する利用料の徴収という市場を用いた政策手法は，自然環境保全だけではなく，利用料徴収による地域経済への貢献というメリットもあり，他の国々，とくに発展途上国において持続可能な発展の手段として注目され実行されている．たとえば，アフリカのジンバブエでは，民間企業が農地を牧畜業や農業から観光・狩猟へと転用することで，新たに収益性をあげる仕組みを作った．この結果，観光資源としてのライオンなどを定住させるために，環境を保全するインセンティブが高くなった．この事例は，これまで農地に対しては害獣と看做されていた野生生物が，観光開発によって資源としての価値を持ったエコツーリズムの事例である（Heal（2000）細田ほか訳（2005））．観光開発のために，野生動植物の保全が必須の条件となったのである．

しかし，すべての地域がエコツーリズムを実践しているわけではないため，観光地域の自然環境に配慮しない事例が多く存在する．これに関連して，Sterner（2003）は観光によって地域のごみ問題（海洋投棄）が引き起こされたカリブ海の事例を示している．このように，環境面での管理が十分でない状態が続くと，観光地としての競争力を失うだけでなく，地域住民の生活環境までも悪化させてしまう．

日本では，2002年に国際連合が「**国際エコツーリズム年**」と定めたこともあって，豊かな自然を観光資源として一層活用しようと企図してきた沖縄県で，同年11月にエコツーリズム国際大会が開かれた．また，同年に施行された**沖縄振興特別措置法**によって，全国で初めて制度的なエコツーリズム推進の途が開かれた．

このように，自然環境や文化財などの地域環境資源は，国または地域を持続可能な発展へ導く可能性のある観光資源であることが認識され，その期待も大きい．次項では，日本でのエコツーリズムによる地域発展の可能性を探る準備として，これまでの日本の観光政策を検討しよう．

17.2.2 日本の観光政策とエコツーリズム

　日本の観光政策は，1963（昭和38）年に**観光基本法**が制定された後，主に旧運輸省（観光政策審議会）とその関係省庁が担ってきた．1950年代から60年代は，国主導による観光開発が中心であったが，70年代に入ると，国や地方自治体の協力のもとに，大企業を中心としてゴルフ場の開発やテーマパーク等の建設が始まった．他方，高度経済成長のなか，自治体によって伝統的建造物群を保存する動きも進められた．

　1980年代に入ると，東京ディズニーランド開園に代表されるように，多くのテーマパークの建設が促進された．1987年に「リゾート法」が施行され，国民の余暇活動に必要な施設を整備するという目的のもとで，観光・レジャー分野に関わる法人が設立された[4]．そのなかには，1986年の「民活法」によって多くの分野で設立された第三セクターも含まれていた．また，海外旅行倍増計画（テン・ミリオン計画）という**アウトバウンド**（海外旅行者）を目的とする計画も旧運輸省によって推進された．このような施策を進める一方で，国は「90年代観光振興行動計画」を策定し，観光立県の推進も計画してきた．

　経済情勢が悪化した90年代を迎えると，1995年に観光政策審議会はこれまでの観光開発のあり方を問い直す答申，「今後の観光政策の基本的な方向」を示した．**インバウンド**（訪日観光客）を求めたこの答申を受けて，1996年に「ウェルカムプラン21（訪日観光交流倍増計画）」を策定し，外国旅行客誘致をめざす施策を打ち出した．また，これらの取り組みに先立ち，1994年に「農山漁村滞在型余暇活動のための基盤整備の促進に関する法律」（通称**グリーンツーリズム法**）が制定された．

　1980年代の観光立県という構想が90年代の答申に受け継がれ，21世紀に入り，『**観光立国行動計画**』の策定へとつながっていく．その計画では，都道府県の観光政策において，観光資源としての自然環境・文化的環境などの地域固

---

[4] 過大な観光開発によって財政再建団体となった夕張市の事例を見れば，歴史的な背景として炭鉱閉山に伴う過疎対策，雇用対策といった側面はあったが，石炭の歴史村が着工された1978年以降，さまざまな観光施設の整備が第三セクターの手によって行われていく．「石炭から観光」へといった視点も，地域住民の視点を奪い，財政の持続可能性を無視した結果，観光開発の破綻を生み出したといってよい．地域の主体的な管理・運営のあり方を問う事例である．

有の魅力を活用した競争力が求められた．

また，これらの施策と関連しつつも，環境省はエコツーリズム推進関係府省連絡会を設け，内閣府，総務省，文部科学省，厚生労働省，農林水産省ならびに国土交通省と連携して，エコツーリズム推進モデル地区を設定し，地域の自発的発展を支援している．

これまでの流れをまとめると，バブル経済を迎えるまでは国や大企業による大規模な観光開発や，アウトバウンドの促進が前提のわが国の観光政策であったが，90年代後半から，地方自治体による経済振興策としての観光政策が期待されている．このように，日本においても発展途上国と同様に，観光による地域経済への効果を抜きに地域開発を捉えられない状況がある．

しかし，エコツーリズムによる経済効果への過大な期待によって，観光資源である自然環境などを過剰に利用してしまうおそれがある．この問題を考えるために，次節では，エコツーリズムのモデル分析を行う．

17.3　エコツーリズムのモデル分析

17.3.1　観光業と自然環境

観光業は漁業や林業と同様に，自然環境に依存した産業である．すでに漁業は Gordon (1954)，林業は Samuelson (1976) 等を発端にして，資源経済学の研究対象となっている．どちらの産業も，その中心課題は，フローとしての自然資源（魚，木材）をどのような基準で利用すれば，ストックとしての自然資源（漁場に存在する魚群，森林）を維持しながら産業の利益を最大化できるかという問題である．この問題は，観光業——豊かな自然に囲まれた環境での保養，ダイビングや貴重な自然を体験するツアーなどを提供する産業——についても共通すると思われる．この問題を分析するために，観光資源である自然資源を薮田（2005）にしたがい，自然環境を基盤にした観光モデルを示す．

まず，ある地域における自然環境の利用（投入）水準を R で表す．**持続可能な観光**は，自然環境を維持しながら経済発展を保証する観光である．このような観光を実現するには，地域環境財の利用に関するフロー次元での最大化では不十分である．

観光サービスの生産に利用される地域環境財 R は，その利用水準が高いほど地域の環境資源ストック N を減じるように作用するであろう．他方，地域環境資源はそのストック水準に応じた再生能力を持っていると想定しよう[5]．これらの点を考慮して，

$$\dot{N} = G(N(t);v) - R \tag{17.1}$$

と定式化する．ただし，t は時間を，$\dot{N} \equiv dN(t)/dt$ は環境資源ストックの時間的変化を示している．右辺の $G(\cdot)$ は N に関する再生関数を表している．この関数をロジスティック曲線とする

$$G(N(t);v) = vN\left(1 - \frac{N}{N^{cc}}\right). \tag{17.2}$$

ここで，v は地域環境資源の再生能力に作用する包括的なパラメータを示している（このような再生関数については，第5章を参照）．

なお，N^{cc} は環境資源ストックの**環境容量**（carrying capacity）を表す．この水準は，人間による資源利用がない状態，すなわち，(17.1) 式の右辺が $R=0$ の場合における安定的なストック水準（$N=0$ を除く）である．実際，(17.2) 式の右辺の N に N^{cc} を代入すれば，$G(\cdot) = 0$ となり，(17.1) 式がゼロの値をとる．他の2つのケースでは，① $0 < N < N^{cc}$ のとき (17.1) 式が正の値，② $N^{cc} < N$ のとき (17.1) 式が負の値をとる．これらの結果から，環境容量 N^{cc} は安定的な均衡であることがわかる．このような環境資源ストックの性質を考慮にいれて，地域環境財の利用水準との関係を図 17.1 によって説明しよう．

図 17.1 の第1象限は横軸に自然ストック，縦軸にその時間的変化をとり，より大きな v（実線）とより小さな v（破線）に対応する2種類の再生関数 (17.1) が描かれている．再生関数のピークにあたる部分は，もし実現できれば，地域環境資源を減ずることなく最大の地域環境財の利用を可能ならしめる水準であり，これを地域のコモンプール財の**最大可能利用水準**と呼ぶ．

---

[5] ストックとしての地域観光資源の増大が，当該地域内で，あるレベルを超えると再生能力を次第に失う状況は幾分強い仮定である．あくまでも1つの仮説としての定式化にすぎない．

図17.1　コモンプール財の利用と地域環境資源

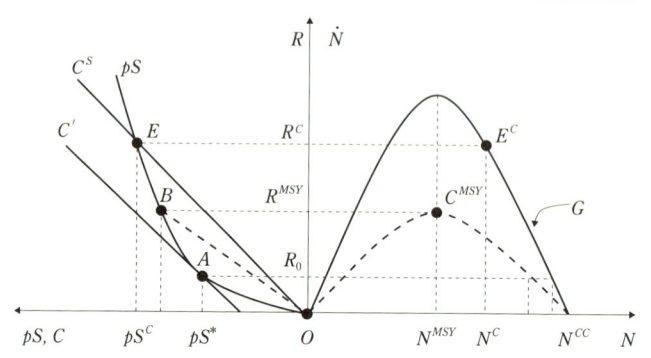

図17.1の第2象限には，フローとしての地域環境財の利用水準を縦軸にして，それに対応する観光サービスの生産水準を横軸に描いている．つまり，第2象限の p は観光サービス価格を示しており，これに上方向に逓減する生産水準 S を乗じたものが観光サービス収入を表す．観光サービス収入は，地域環境財の投入に関して収穫逓減的であることが仮定されている．他方，直線 C^s は，地域環境財を利用する場合の費用関数を描いている．

最初に，社会的に最適な地域環境財の利用水準を考えておこう．競争均衡は，限界収入と限界費用が一致する点，すなわち観光サービスの純収入を最大化する点で与えられるが，これは図17.1の点 A で表されている．しかし，**コモンプール均衡**は，このような利用水準にとどまらない．コモンプール財は，すでに述べたように非排除的性質をもつので，点 A を超えた利用を促す傾向を持つ．なぜならば，追加的に地域環境財を利用しようとする参入者が参入によって正の純便益を獲得できる間は，参入するインセンティブを排除できない．実際，図17.1の点 B では，平均収入（OB の傾き）は平均費用（OE の傾き）を上回るために純収入は正になっている．純収入がゼロになるまで参入は続けられ，結果的に図の点 E にまで地域環境財の利用水準は増大する．こうして，コモンプール均衡では，相対的に過剰な資源の利用が進むのである．

持続可能な観光は，地域環境財を適切に管理・運営することで持続的な観光サービスの展開を行い地域の発展に寄与するものである．したがって，地域に

おいて持続可能な観光を実現するための条件としては，
　①地域環境資源の再生能力が十分に保たれていること，
　②地域環境財の利用水準がコモンプールの外部性を回避できるほどに相対的に過少であること

が必要である．再生能力が不十分である（つまり，再生関数が図 17.1 の破線で表される場合）にもかかわらず，地域環境財の利用が過剰（点 E）であれば，観光サービスの収入は高いものの，地域環境資源は継続的に疲弊し続けることになる．この場合，地域の持続可能な観光開発は $R \leq R^{MSY}$ という制約を受けることになるため，前項で論じたように，コモンプール財の利用に関して何らかの適切な管理・運営がなされる必要が生じる．図 17.1 からわかるように，地域環境財の利用と持続可能性の関連性を考える場合，最も重要な要素は，当該地域の持つ最大可能利用水準 R^{MSY} である．観光サービスの最適条件に関係なく，最大可能利用水準が制約になる場合もあるが，すでに述べたように，一般的に，この制約を凌駕した地域環境財の利用が進む危険性があることは指摘できる．この場合には，観光開発が過度に行われ，地域の持続可能な発展は望めないことになる．

17.3.2　観光サービスの需要

　前項では，持続可能な観光を実現するための資源利用について，供給面からのモデルを論じた．現実の観光業を考慮すれば，その産業を構成する企業の多くはサービス業に属する．サービスの消費は同時性を持つことから，観光サービスの生産は観光サービス需要によって決められることになる．このことから，需要弾力的な生産調整が行われることになる．この特性は，観光業と同様に自然資源を投入財とする漁業や林業との相違点である．

　一般に，観光サービスを需要する動機は，居住地や勤務地とは異なる地域に魅力を感じることにある．観光サービスの需要者は，目的地を訪れるためのバッグや記録に残すためのカメラ等を「準備」し，飛行機や電車等で「移動」した後，ホテルや旅館等に「宿泊」する．魅力を感じた地域特有の有形・無形の文化を見聞きしたり，地域固有の自然に触れたりする「活動」を楽しみ，帰路につく．稲垣（1981）は，これら 4 つの行為に伴うサービスを提供する産業を

観光産業と呼んでいる．ただし，これらの活動は，消費者の余暇時間と所得の制約を受ける．滞在日数が増えれば多彩な観光を体験でき，また，観光に支出できる予算が多いほどより質の高い観光サービスを享受できる．滞在日数は消費者だけではなく供給者にとっても重要ではあるが，以下のモデル分析では便宜上，所得制約のみを考慮する．

議論の単純化のために，2つの地域（$i=1, 2$）を考えよう．分析対象となる地域を地域1，その他の地域を地域2とする．さらに，地域1における観光サービスの消費者は，すべて地域2の居住者と仮定する．

まず，消費者の予算制約式を設定しよう．消費者の総所得をM，その観光支出割合をαとする．地域iへの観光サービス需要，供給される観光サービスの価格をそれぞれD_i，p_iで示す．このとき消費者の直面する予算制約は

$$\alpha M = p_1 D_1 + p_2 D_2 \tag{17.3}$$

となる．次に，観光サービスによって得られる効用関数Uをコブ=ダグラス型と想定すれば，

$$U = U(D_1, D_2) = D_1^\theta D_2^{1-\theta} \tag{17.4}$$

で表される．ただし，$\theta(0 \leq \theta \leq 1)$は，消費者が地域1に対して感じる魅力度を示している[6]．

これまでの定式化を踏まえて，消費者の最適化問題——制約条件（17.3）のもとで効用関数（17.4）の最大化——を解くことによって，地域1への観光サービス需要が，

$$D_1 = \frac{\alpha M}{p_1} \theta(N) \tag{17.5}$$

となることがわかる（以下，一般性を失うことなく$p_1 = p$と書く）．

---

6) ここで，この魅力度は，地域1の環境資源ストック（前項で示したN）に依存し，次のような性質を持つと仮定する．$\theta = \theta(N)$, $\theta' > 0$, $\theta(0) = 0$．

17.3.3 観光サービス市場の均衡

これまで,観光地における観光サービスの生産が地域環境財を投入財として用いて行われること,地域環境財の過剰利用が当該地域の環境資源ストックの疲弊を促す傾向を持つことを明らかにした.

図 17.1 の第 2 象限を利用して,観光サービスの供給関数が導出できる.図 17.2 の S は,コモンプール均衡に対応する供給曲線を表している.他方,環境サービスの純収入を最大化させる供給量は,同一の価格に対しては常にコモンプール均衡に対応する生産水準を下回っていることを考慮すれば,観光業にとって最適な供給曲線は,図 17.2 の S' で表されることがわかる.生産関数が所与であるとすれば,点 A を実現させることができる価格水準は p^S よりも低い(図 17.2 の p_0^S).

図 17.2 において,価格 p^S に対応する一時的なコモンプール均衡は点 E (これは図 17.1 の点 E に対応している)で表されており,これは観光業にとっての均衡点 A と乖離している.仮に需要水準が D のような水準にあれば,観光サービスに関して超過供給が生じるために,他の事情にして等しい場合,価格は下落する.点 P は観光サービスの一時的な市場均衡を表している.点 P は,コモンプール均衡に対応するが,観光業の均衡は実現されていない.需要 D

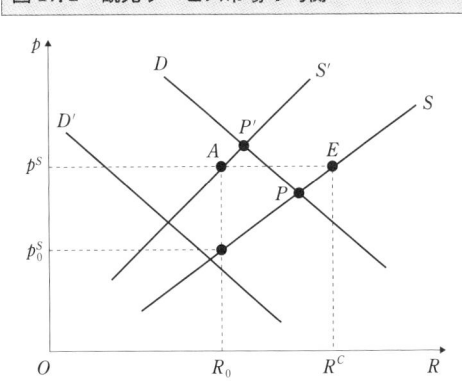

図 17.2 観光サービス市場の均衡

に対応する観光業の均衡は点 P' である．図 17.1 のところで説明したように，点 P における地域環境財の利用が地域環境資源の再生水準を上回るようなレベルであれば，地域環境資源は減少する．したがって，(17.5) 式が示すように，当該地域への魅力は減退し観光需要は減少する（つまり，図 17.2 における需要関数は D から D' へ左下方にシフトする）．このような状態に陥れば，単に観光業が持続できないだけでなく，地域住民の基本的な生活が脅かされる．

17.3.4　エコツーリズム均衡：持続可能な観光の十分条件

　これまで，地域の自然環境や文化資源などの地域環境資源を維持しながら経済的便益を得ようとする観光について議論してきた．しかし，2つの均衡（コモンプール均衡と観光業の均衡）は，たとえ持続可能性が保証されたとしても，それらは単に観光業の利潤最大化か参入行動に関して定義されたものであった．このような観光振興が，地域住民にとって望ましいかどうかは保証できない．観光業を活用して地域開発を促そうとする施策は，**17.2** 節で論じたように多くの地域で実践されてきたが，基本的な課題は，何をめざす開発なのかという点である．エコツーリズムは，単に持続可能な観光をめざすだけではなく，地域の人々の厚生水準の最大化をめざす観光開発である．つまり，ここでは，「地域住民の厚生の最大化を含んだ持続可能な観光」をエコツーリズムと定義して，その均衡について検討する．

　単純化のために，地域の人々が持つ地域厚生関数を

$$W = W(N, R) \tag{17.6}$$

で表そう[7]．地域の人々は，地域環境資源の再生関数を制約として，将来にわたって (17.6) 式の厚生水準を最大化するような (N, R) の実現が求められる[8]．図 17.3 は，割引率がゼロであるような最も単純なケースを図示している（これに関しては第 **5** 章を参照）．

---

[7]　(17.6) 式については，R ではなくその投入から産出される所得水準に依存して決まると考えられる．ここでは単純に R を所得に対応するものとみなしている．

[8]　このことは制約条件 (17.1) のもとで $\int_0^\infty W(N, R) e^{-\rho t} dt$ を最大化させる利用水準 R を選択する必要を示している．ただし，ρ (> 0) は社会的割引率を表している．

図17.3 エコツーリズム均衡

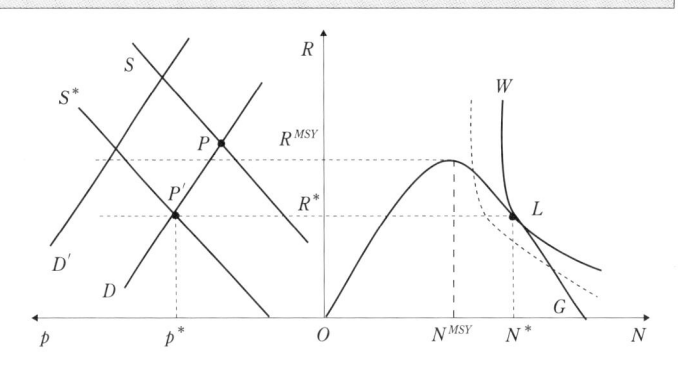

この場合，地域の人々の厚生 W は，再生関数 G を制約として第 1 象限における点 L の状態で最大化される．地域環境資源の再生関数と地域環境財の利用水準は，まず，当該地域のキャパシティビルディングと人々の厚生関数によって決まる．しかし，そうした投入に対応する生産水準が，観光サービス市場で実現される市場均衡を保証するとはかぎらない．その場合には，観光サービスの需要関数や供給関数に影響する何らかの政策が必要になる．ここで，需要が D' である状況を想定しよう．この場合，地域環境財の投入水準は R^{MSY} を超過してしまうが，これが前項で危惧した状態である．この状況を避ける 1 つの手段は観光客に対する課税である[9]．

---

9) **観光サービス課税**には，地域にエントリーする場合にかかる入場料や入島税などのほかに，交通手段への課税や宿泊税，飲食税，レンタカー税，各種遊興施設の利用税，入湯税などがあるが，これまで包括的な意味で持続可能な観光を意識した税はなかった．しかし，2000 年 4 月の地方分権一括法による地方税法の改正で法定外普通税の見直しが行われ法定外目的税が創設された．これにより，エコツーリズムの観点からの観光サービス課税の展望が開けてきた．たとえば，法定外普通税では別荘等所有税（熱海市），歴史と文化の環境税（太宰府市）が，法定外目的税では宿泊税（東京都）や乗鞍環境保全税（岐阜県），遊漁税（富士河口湖町）などが実施されている．こうした観点に加えて，観光サービス供給者への課税も考える必要がある．

17.4　日本型エコツーリズムの可能性

　前節の単純なモデル分析を通じて，エコツーリズムの特質の一端が明らかになったと思われる．エコツーリズム均衡の実現のためには，まず，地域の特性を踏まえて，地域環境資源の持つ再生能力と利用可能な地域環境財の利用水準を明らかにする必要がある．そのうえで，地域の人々の厚生水準を見きわめ，厚生を最大化する地域環境資源と財の水準を判定しなければならない．それだけで話が終わるのではなく，さらに，適正な水準を実現させるためには，観光需要と観光業の適切なコントロールが必要になる．この点は，本書の第2章から第4章で論じられたように，規制的手段のほかに租税や補助金を用いた**インセンティブ規制**が必要になる．全体として，地域の人々が自分たちの地域を適切に管理・運営するためには，オストロムの言うコモンプール財の管理原則が必要になる（これに関しては第1章参照）．

　表17.1は，上記の点を踏まえて，エコツーリズムを実践するための8つの原則とコモンプール財の管理・運営の原則との対応を示している．これまで，モデルの結果から得られた原則（①持続可能な資源利用，②過剰消費や浪費の抑制，④地域計画策定，地域経済の維持）に加えて，③環境的多様性の維持，⑤地域共同体との連携，組織間の協働，⑥関係者の教育，⑦適切なマーケティング，⑧モニタリングと研究調査が挙げられている．

　これらの原則を完全に満たす事例は例外的であって，実際には，いくつかの原則に特化した事例が一般的である．たとえば，多摩川の上流域である奥多摩で実施されている源流体験は，上流域の住民と下流域の住民との交流を目的として実施されている．この源流体験は，山梨県小菅村にある多摩川源流研究所がガイドを育成し，自然に負荷を与えない少人数の参加者に水源地の重要性を肌で感じられるプログラムを作成し，実行している．この活動をエコツーリズムの原則で再確認すると，ガイド育成は原則⑥（関係者の教育）に対応し，少人数体制で体験を実施することは原則②（過剰消費や浪費の抑制）に対応している．

　また，本章の冒頭でサンゴ礁について触れたが，サンゴ礁が観光資源となっ

表 17.1　エコツーリズムの基本原則とコモンプールの適正管理

エコツーリズムの基本原則	施策	持続可能なコモンプール財の原則および条件
①持続可能な資源利用	最大持続可能捕獲水準の推計（物理的，生態学的，環境的飽和水準および受容可能変化上限（LACs）などの測定）	明確なコモンプールの境界 持続可能な利用水準の知識
②過剰消費や浪費の抑制	産業規制（政府規制，自主的展開，企業の社会的責任），観光客管理（ゾーニング，交通規制，観光客分散など）	利用・調達ルールの確定
③環境的多様性の維持	保全地域規制（国立公園，生物保護地域制定，特定領域指定など）	
④地域計画策定，地域経済の維持	環境インパクト評価（費用便益分析，マテリアルバランスモデル，地理情報システム，エコラベル，環境会計など）	集団的選択の調整，紛争解決手段
⑤地域共同体との連携，組織間の協働	審議および参加技術（情報開示，関連する会議の運営，住民行動調査，表明選好調査，デルファイ法など）	利用者集団の境界と協議ならびに相互義務の明確化
⑥関係者の教育	観光知識および技術訓練（地域ボランティアガイド，環境教育など）	
⑦適切なマーケティング	訪問者の管理・運営技術（観光客・業界の管理規制，条例など）	
⑧モニタリングと研究調査	持続可能性を示す諸指標（各種持続可能性指標の作成および活用）	モニタリングと制裁規定

(出所)　薮田 (2005).

ている沖縄では，原則④（地域計画策定，地域経済の維持）が重要である．この原則を満たすためには，費用便益分析等が必要となるため，サンゴ礁の価値とその保全費用を把握するための調査研究が不可欠となる．保全費用については，サンゴ礁に被害を与えるオニヒトデの駆除費用（1970年から1984年までで約6億円）（呉（2004））等で計測可能であるが，サンゴ礁の価値は利用価値や**非利用価値**の計測が求められる．日本のサンゴ礁（約9割が沖縄）の利用価値（観光収入など）に関しては，WWFが年間約2,000億円と試算している．非利用価値に関しては，呉（2004）が**表明選好法**（CVM）を用いて，日本全体で約3,000億円〜約5,000億円という推計を行っている．このように，表17.1

に示した8つの原則は，個々の事例のエコツーリズム度を把握する尺度を与えてくれる．

今後，日本においてエコツーリズムが定着するためには，エコツーリズムの原則をどの主体が主導するかが問われる．小林（2006）はその主体を3つ（自然環境分野，コミュニティ，ツーリズム分野）に分け，現状では，ツーリズム分野が自然環境分野（大学などの研究機関など）やコミュニティ（地元住民など）と連携が弱いとしている．

この状況は，先ほどのモデルでいえば，単に観光業の利潤最大化を重視し，地元住民の厚生や地域環境を考慮しない状態を示している．今後は，海外のエコツーリズム事例を参考にしつつも，個々の観光地における主体が連携を促す研究が求められている．環境経済学が，研究者が自然環境分野の主体としてエコツーリズムに関わる際に役立つことが問われている．

練習問題

練習問題17.1 文化財は重要な観光資源の1つである．わが国の文化財の保全がどのように行われているかを調べなさい（文化庁ホームページ（http://www.bunka.go.jp/）ならびに各都道府県の関連するホームページを参照）．

練習問題17.2 世界遺産について，その仕組み，世界や日本の世界遺産指定状況を調べ，世界遺産が観光に対して果たす役割と課題について検討しなさい．

練習問題17.3 わが国のエコツーリズムの展開について，特定地域を絞って，現状と課題を述べなさい．一般的に，エコツーリズムのマイナス面として挙げられる，ごみ問題や自動車の混雑などの問題，あるいは地域における人材育成の問題などを中心に検討を加えなさい．

参考文献

古川彰（2006）「グリーンツーリズム」環境経済・政策学会編・佐和隆光監修『環境経済・政策学の基礎知識』有斐閣．

呉錫畢（2004）「沖縄サンゴ礁の経済分析―CVMによる非利用価値の経済的評価」『商経論集』第32巻第2号，沖縄国際大学商経学部，pp.35-54．

Gordon, H. S. (1954) "Economic Theory of a Common-Property Resource: the

Fishery," *Journal of Political Economy*, 62, pp.124-142.

Heal, G.（2000）*Nature and the Marketplace: Capturing the Value of Ecosystem Services,* Island Press（細田衛士・大沼あゆみ・赤尾健一訳（2005）『はじめての環境経済学』東洋経済新報社）.

Samuelson, P. A.（1976）"Economics of Forestry in an Evolving Society," *Economic Inquiry,* 14（December）, pp.466-492.

Sterner, T.（2003）*Policy Instruments for Environmental and Natural Resource Management,* Resources for the Future.

稲垣勉（1981）『観光産業の知識』日本経済新聞社.

海津ゆりえ・真板昭夫（1999）「What is Ecotourism?」エコツーリズム推進協議会編『エコツーリズムの世紀へ』高陽堂印刷.

小林英俊（2006）「自然遺産管理とツーリズムが共存する仕組み」西山徳明編『文化遺産マネジメントとツーリズムの持続的関係構築に関する研究』国立民族学博物館調査報告 61，人間文化研究機構国立民俗学博物館.

Tietenberg, T.（2006）*Environmental and Natural Resource Economics,* 7th edition, Addison-Wesley.

薮田雅弘（2004）『コモンプールの公共政策』新評論.

薮田雅弘（2005）「エコツーリズムと地域環境政策の課題」日本地方財政学会編『分権型社会の制度設計』［日本地方財政学会研究叢書］勁草書房，pp.82-107.

コラムで考えよう　　　　アーバングリーンツーリズム

　エコツーリズムが，本章で論じられたように，地域の自然環境や文化財などの地域環境資源を活用して，非日常的な体験や経験を求める人々の観光に対する欲求に応える地域の持続可能な開発の一形態であるとするならば，わが国のグリーンツーリズムにあるように都会と農村の間の交流，より正確には，農村地域における観光開発のみに議論を限定する必要はない．どの地域にかぎらず，エコツーリズムの基本原則（表 17.1）は，敷衍されるべき基本原理であるといってよい．

　ここでは，そうした最近の事例としてカナダのトロントで行われている**アーバングリーンツーリズム**を紹介しよう．トロントは人口 250 万人を擁し，北米ではニューヨーク，ロサンゼルス，シカゴに次ぐ 4 番目の大都市である．南にはオンタリオ湖を沿岸に持ち，近くに有名な世界遺産のナイアガラ滝がある．オンタリオ州には 6 つの自然公園があるなど，トロント北部地域には自然豊かな地域が広がっている．トロントには，年間 2100 万人の観光客が来訪し，平均 17 回も再来訪するといわれている．多くの観光客の来訪は，それに匹敵する環境負荷を及ぼす反面，もちろん

人々の相互交流による理解の進展などプラス面も大きい．そうしたプラス面を最大限に活かし，効率的でエコロジカルな都市の形成を urban ecotourism によって実現しようとする考え方がアーバングリーンツーリズムの考え方である．*The Other Guide to Toronto : Opening the Door to Green Tourism,* Green Tourism Association, 2000 は，グリーンツーリズムへの 10 の途として，①みどりを夢みみどりを想う：知って行動する，②グリーンアドベンチャーの企画，③みどりへ：持続可能な交通へ，④みどりとともに：グリーンに泊まる，⑤食べて飲む：そこで採れたものをそこで食す，⑥リデュース，リユース，リサイクルの遂行，⑦みどりのお店，みどりの支出，みどりの企業，⑧みどりで健康的なものを楽しむ，⑨富の配分：皆で豊かに，⑩みどりへの参加・活動へ，という原則を掲げている．これらの基本姿勢は，いうまでもなく表 17.1 のエコツーリズムの基本原則と軌を一にするものである．この協会では，New York から始まった Green Map (Tour Green Map Toronto) 運動を推進しており，トロントならびに郊外の自然環境が良好でかつ魅力的な地域を紹介している．Map は，小売価格は明示されている（費用面でも一応表記されていることが重要であるように思えた）ものの基本的に無料で配布されている．それぞれ，固有の番号が振り分けられており，URL にアクセスし登録すれば，13 社あまりのスポンサーがその情報を受け取ることで，スポンサーシップの確実な履行および増大を可能にする仕組みとなっている．他方，Map の作成は，市をはじめ 100 以上の NPO や住民組織，企業などが関係し裾野が広い．地図の作成配布が最終目的であるとはいえ，地図の作成過程を通じて，さまざまな組織や個人の連携が強化される意義も深い (http://greentourism.ca/home.php を参照されたい)．

練習問題の解答

第1章

練習問題 1.1 この問いは，本章で掲げた自然環境が有する3つの機能の機能不全がそれぞれ独立に生じるのではなく，1つの系として生じることを理解してもらうためのものである．たとえば，河川に流れ込む家庭からの雑排水には合成洗剤やマヨネーズのように通常の水量では分解することが困難なものが含まれ，それらが河川の本来もっている同化・吸収機能を損なうことになる．そしてそのような雑排水であふれる川はよどみ異臭さえ放つようになり，憩いの場とは程遠い存在となる．また河川を生息場所といる多くの生き物が生存の危機に瀕することになる．古くから私たちの食卓を賑わしていたフナやモロコなどの貴重な蛋白源の供給をも不可能にしてしまうのである．

練習問題 1.2 (1)均衡価格は $p* = 12$，均衡取引量は $x* = 24$．

(2)社会的余剰は240（消費者余剰は144，生産者余剰は96）．

(3)a) 死重的損失は15. b) 単位当たり5の税で取引量は18であるから，税の総額は90となるが，そのうち消費者の負担額は市場価格が3円値上がりしたので54となる（生産者の負担額は36である）．

練習問題 1.3 (1) 市場で成立する均衡点は，$(x, p) = (60, 40)$，社会的最適な点は $(x*, p*) = (45, 55)$．

(2) $x* = 45$ のときの限界外部費用（限界損失費用）に等しい税を課せばよいので，$t = 22.5$ となる．

練習問題 1.4 マグロに関する最近の話題に代表されるように，今後は水産資源をめぐって国家間の熾烈な資源獲得競争が展開されることが予想されている．まさに国際レベルでの「コモンズの悲劇」が発生する危険性が間近に迫っているのだ．TAC（Total Allowable Catch）とはイワシやスケソウダラなど魚種ごとに漁獲できる総量を定めることにより再生産可能な漁業資源の維持または回復を図ろうとするものである．具体的には，休漁措置，操業時間の制限，地区別割当，体長制限，漁具規制のような協定制度（TAC協定）を設け，国内外の漁業者の秩序ある操業が行われるようにして，「コモンズの悲劇」を避ける努力が続けられている（以上水産庁ホームページ「資源管理の部屋」，

第2章

練習問題 2.1 2人の限界代替率は，それぞれ次のようになる．

$$MRS_A = \frac{MU_A^X}{MU_A^Y} = \frac{Y_A}{X_A}, \quad MRS_B = \frac{MU_B^X}{MU_B^Y} = \frac{0.5 X_B^{-0.5} Y_B}{X_B^{0.5}} = \frac{0.5 Y_B}{X_B}$$

パレート最適な状態では，2人の限界代替率は等しいので，

$$\frac{Y_A}{X_A} = \frac{0.5 Y_B}{X_B}$$

となる．いま，$X = X_A + X_B = 15$，$Y = Y_A + Y_B = 10$ であるから，求める答えは，$(X_A, Y_A) = (10, 5)$，$(X_B, Y_B) = (5, 5)$．

練習問題 2.2 題意より，牧場経営が農場経営に外部不経済を発生させており，この外部性を内部化するためにコース定理が成立することがわかる．したがって，牧場側と農場側のどちらがイニシアティブをとっても，交渉の結果は同じパレート効率的な状態が達せされる．下の表より，最適な牛の飼育頭数はどちらの場合でも140頭である．

牛の飼育頭数	牧場の収益	農場の収益	社会便益
100	400	0	400
120	430	10	420
140	460	30	430
160	480	60	420
180	500	100	400

練習問題 2.3 厚生経済学の第1基本定理と外部不経済の関係について，詳しく説明しなさい．

ポイント：外部不経済が発生すると市場メカニズムにどのような影響を与えるのかを考える．また，厚生経済額の第1基本定理が成立するときは，市場はどのようになっているのかを考える．さらに，パレート効率的な資源配分が達成できるのか，達成できないのかについて，理由を明確にする．

第3章

練習問題 3.1 環境法関連書，環境政策関連書，環境省ホームページ，環境情報案内サイト「EICネット」等を参考に調べてください．

練習問題 3.2 e^* のときの損害額（D），削減費用（AC）を足した社会的費用は図3.2から確認できる．あとは図3.1にある排出水準 e_1 の図3.2の社会的費用と e^* の社会的費用を比較すれば明らか．

練習問題 3.3 環境関連書，環境政策関連書，欧米，EU などの環境局のホームページ，

第4章

練習問題 4.1 各国は排出権価格と限界排出削減費用が等しくなるように排出量を決める．したがって，排出権価格 p のもとでの各国の排出量は $e_J = 18-p$, $e_R = 12-p$, $e_A = 24-p$ で表される．

(1)排出権市場の均衡条件は排出権の総発行量（総供給量）と社会全体の総排出量（総需要量）が等しいときである．したがって，均衡条件式は，

$$6+8+10 = 18-p+12-p+24-p \Leftrightarrow 24 = 54-3p$$

となる．

(2)(1)の排出権市場の均衡条件式より，排出権市場の均衡価格は $p^* = 10$ となる．

(3)均衡価格 $p^* = 10$ のとき，各国の均衡排出量はそれぞれ $e_J^* = 8$, $e_R^* = 2$, $e_A^* = 14$ となる．このとき，J 国は排出権の初期配分量が 6 であるから，$6-8 = -2$ となり排出権量が 2 単位不足することになる．したがって，J 国は排出権の需要国である．同様に，R 国は排出権量が 6 単位余ることになるから排出権の供給国であり，A 国は排出権量が 4 単位不足することから排出権の需要国である．

練習問題 4.2 いま，政策当局が予想している期待限界損害直線を $\overline{MD}$ で表し，真の限界損害直線を MD^* で表す．このとき，政策当局は下図に示すように限界排出削減費用と期待限界損害額が等しくなるような汚染量を政策目標に定める．

まず，価格割当の場合，政策当局はピグー税率を $t = \overline{MD}$ に設定することで汚染者に汚染量 $\bar{e}$ を実行させることができる．しかしながら，真の限界損害直線は MD^* であることから最適な汚染量は e^* である．このとき，期待損失（三角形 ABC）が発生することになる．

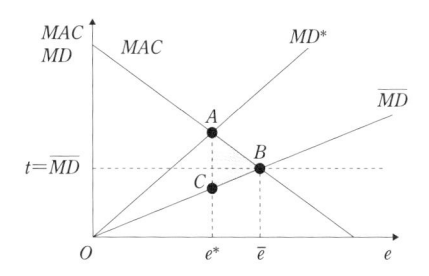

次に，数量割当の場合，政策当局は政策目標である $\bar{e}$ だけの排出権を発行する．このとき，数量割当においても最適な汚染量 e^* から乖離が生じることになり，価格割当同様，

期待損失（三角形 ABC）が発生することになる．

以上のことから，政策当局が限界被害額を知らないケースでは，価格割当も数量割当も同じ結論を導くことになる．

練習問題 4.3 省略．

第 5 章

練習問題 5.1 ロジスティック関数は

$$H(Z) = 0.2Z(1-Z/300)$$

とかけるから，$H(Z)$ の最大値を与える Z は，$H'(Z)=0$ とおいて

$$0.2(1-Z/300)+0.2Z(-1/300) = 0 \quad \text{より} \quad Z = 150.$$

したがって最大定常増殖数は $H(150) = 0.2 \times 150 \times (1-150/300) = 15$ である．

練習問題 5.2 定常捕獲を考えるので

$$Y = 0.2Z(1-Z/300) \qquad ①$$

である．一方努力量と収穫の関係は

$$Y = 0.5 \times E \times Z \qquad ②$$

である．この2つの式から Z を消去した式を求める．2つの式の Y を等しいとおいて

$$0.2Z(1-Z/300) = 0.5 \cdot E \cdot Z$$

よって

$$Z = 300(1-2.5E) \qquad ③$$

③式を②式に代入して

$$Y = 150E(1-2.5E) \qquad ④$$

この二次関数が産出–努力曲線である．

練習問題 5.3 完全競争均衡は，費用曲線を

$$C = cE$$

としたとき，$Y = C$ とおくことで得られる．よって

$$cE = 150E(1-2.5E)$$

を解いて，$E = (1-c/150)/2.5$ という努力量である．このときの個体ストックは③式に代入して

$$Z = 300[1-2.5((1-c/150)/2.5)] = 2c$$

と表せる．もしある漁場が独占的捕獲なら（価格は独占ではないとする），④式を E で微分した

$$dY/dE = 150-150\times 5E$$

と費用関数の勾配 c が等しい点が選択される．

$$150-150\times 5E = c$$

よって

$$E = (1-c/150)/5$$

このときの個体数は，この値を③式に代入して

$$Z = 150+c$$

と表せる．$c < 75$ であるかぎり，独占的捕獲の方が個体ストックを大きく維持する．

練習問題 5.4 商業捕鯨解禁論者の論点は次のようである．

第 1 に鯨は海の食物連鎖の頂点に位置する．この個体種を保護することは，鯨がえさとする魚（イワシなど）が激減する原因となる．一説によると 1 年当たり鯨の食べる魚資源 4 億トン，人類の漁獲量 1 億トンとされる．

第 2 に増大する世界人口を養うのに必要な動物肉は，牛肉で補充すると 1kg 当たり 7kg の穀物量を必要とするように，膨大なコストがかかる．さらに，これら穀物栽培のための地下水のくみ上げのような大きな環境コストもある．鯨肉を利用すれば，これらの負担が軽減される．

第 6 章

練習問題 6.1 ラグランジュ関数 L を次のように定義する．

$$L = \sum_{t=0}^{1} 2R_t^{1/2}(1+r)^{-t} + \lambda\left(S_0 - \sum_{t=0}^{1} R_t\right)$$

すると，必要条件として次式を得る．

$$\frac{\partial L}{\partial R_0} = R_0^{-\frac{1}{2}} - \lambda = 0 \qquad ①$$

$$\frac{\partial L}{\partial R_1} = R_1^{\frac{1}{2}}(1+r)^{-1} - \lambda = 0 \qquad ②$$

$$\frac{\partial L}{\partial \lambda} = S_0 - \sum_{t=0}^{1} R_t = 0 \qquad ③$$

①式と②式より,

$$R_0 = R_1(1+r)^2 \qquad ④$$

を得る．これを③式に代入すれば,

$$R_0 = \frac{(1+r)^2}{1+(1+r)^2} S_0$$

$$R_1 = \frac{1}{1+(1+r)^2} S_0$$

を得る．

練習問題 6.2 ハートウィック・ルールは，人工資本が減耗しないことを暗に仮定している．あるいは，費用をかけずに減耗した人工資本を100%リサイクルできることが仮定されている．しかしながら，現実の経済において，どのようなリサイクルシステムを構築しようとも100%のリサイクル率を達成することは不可能である．

練習問題 6.3 この場合，需要の弾力性 ε は

$$\varepsilon = -\frac{\partial q}{\partial P} \frac{P}{q} = \frac{b}{q} - 1$$

であるので，ε は q の減少関数である．したがって，(6.21) 式より，独占価格は利子率以下で上昇する．

第7章

練習問題 7.1 解答例：1984年国連に設置された「環境と開発に関する世界委員会」(WCED：World Commission on Environment and Development，委員長の名前をとってブルントラント委員会とも呼ばれる) が1987年に発行した "Our Common Future"（邦題『地球の未来を守るために』）と題する最終報告書の中では，持続可能な発展とは「将来の世代のニーズを満たす能力を損なうことなく，今日の世代のニーズを満たすような開発」と説明し，広く世界の支持を受けた．しかしながら，持続可能な発展は，この言葉を用いる組織により多元論的に解釈され，多くの定義が示され議論されてきた．

これに対しピアースは，ニーズの解釈により持続可能性は "弱い持続可能性（weak

sustainability)" と "強い持続可能性（strong sustainability)" に大別されることを示した（Pearce et al.（1989）*Blueprint for a Green Economy,* Earthscan（邦訳：和田憲昌訳（1994）『新しい環境経済学－持続可能な発展の理論』ダイヤモンド社）を参照のこと）．"弱い持続可能性"は，自然資本の減少を人工資本の増加により代替可能であるとし，人工資本と自然資本の総資本量を維持ないし増加させることが合理的であるとする．これは，異なる資本形態間の完全代替性という非常に強い仮定に基づいている．一方，"強い持続可能性"は，自然資本から人工資本への一方的な代替は不可能であり，両者は補完的であるとし，一定量以上の自然資本の維持を要求する．さらにターナーは，政策戦略により "弱い持続可能性" と "強い持続可能性" はそれぞれ細分化され4つに区分できるとしている（Turner et al.（1993）*Environmental Economics : An Elementary Introduction,* The John Hopkins University Press（邦訳：大沼あゆみ訳（2001）『環境経済学入門』東洋経済新報社）を参照のこと）．"非常に弱い持続可能性"は，資源開発的で経済成長を最優先するような政策戦略をとり，効率的な価格付けにより市場と介入の失敗を是正できるとする．"弱い持続可能性"は，排出権取引やデポジット制度等により市場のグリーン化を図り，自然資本と人工資本の代替を容認しつつ資源の保全・管理する立場である．"強い持続可能性"は，予防原則，環境基準による規制，コンスタントな自然資本ルールに基づき経済的インセンティブ手段により自然資源の保護を行う，自然資本と人工資本が常に補完的であるとする立場である．"非常に強い持続可能性"は厳しい環境基準と規制のもとで天然資源採取を最小限に抑制し，現時点での経済成長を認めない生態系中心主義の立場である．

練習問題 7.2 解答例：ターナーは，次のように持続可能性の "非常に弱い" から "非常に強い" に進むように大ざっぱに順序付けている．

1. 資源の価格付けと所有権に関する市場と介入の失敗は是正されなければならない．
2. 再生可能な自然資本の再生能力は維持されなければならない（すなわち採取率は再生率を超えてはならない）．
3. 技術変化は，非再生自然資本から再生自然資本への転換が促進されるような明示的な計画システムを通して進められなければならない．そして，効率性を増大させる技術進歩が，原料の使用量を増大させる技術に勝らなければならない．
4. 再生可能資源の代替物が作り出されるのに等しい率で，再生可能自然資本は利用されるべきである．
5. 不確実性の存在のもと，予防的なアプローチによりセーフティ・マージンを確保し，全体的な経済活動の規模は，残存する自然資本の環境容量を超えないように制限されなければならない（Turner et al.（1993）*Environmental Economics : An Elementary Introduction,* The John Hopkins University Press（邦訳：大沼あゆみ訳（2001）『環境経済学入門』東洋経済新報社）を参照のこと）．

天然資源を再生資源と非再生資源に区分して考えることが重要となる．非再生資源は，その消費量だけ資源量が減少するので，消費量を抑制しない限り資源量を維持することはできない．したがって，弱い持続可能性のもとでは非再生資源は枯渇する．非再生資源の価値を認めるならば，強い持続可能性のもとで，資源量を一定水準に維持することが必要となる．再生資源は，消費量が資源の再生速度を超えない限り資源量を維持・増加させることができる．しかし，弱い持続可能性のもとでは，人工資本への代替が認められるため，再生速度を超えた資源消費が行われる可能性を否定できない．よって，上記のように弱い持続可能性から強い持続可能性へと移行するように天然資源の利用形態を変化させなければならない．

練習問題 7.3 解答例：欧州環境庁（European Environment Agency）が公表している "National Ecological Footprint and Biocapacity Accounts 2005 Edition (with results through 2002)" によると，日本のエコロジカル・フットプリントは国民1人当たり 4.3 グローバルヘクタール（1 グローバルヘクタールは，生物学的生産力が世界平均と等しい1ヘクタールの土地を表す）であり，世界平均が 2.2 グローバルヘクタールである．高所得国の平均は 6.4 グローバルヘクタール，中所得国では 1.9 グローバルヘクタール，低所得国では 0.8 グローバルヘクタールとなっており，北アメリカでは 9.4 グローバルヘクタールと大きい．このような先進国におけるフットプリントが大きい要因としては，化石燃料起源の二酸化炭素を吸収するために必要なエネルギー地が大きいことから，膨大なエネルギー消費量が大きな環境負荷となっていることを明示している．

("National Ecological Footprint and Biocapacity Accounts 2005 Edition (with results through 2002)" は，欧州環境庁のウェブサイトよりエクセルのファイルとして入手できる（http://www.eea.europa.eu/highlights/Ann1132753060）．また，WWF Japan のウェブサイトより "生きている地球レポート（Living Planet Report）を参照することによってもエコロジカル・フットプリントの情報を得ることができる（http://www.wwf.or.jp/activity/lib/lpr/index.htm）．

練習問題 7.4 解答例：割引率 0 %（$r=0$）では，

$$NPV = \sum_{t=0}^{5} \frac{B_t - C_t}{(1+r)^t} = -150 + 33.5 + 33.5 + 33.5 + 33.5 + 33.5 = 17.5 \text{（千万円）}$$

割引率 3 %（$r=0.03$）では，

$$NPV = \sum_{t=0}^{5} \frac{B_t - C_t}{(1+r)^t} = \frac{-150}{(1.03)^0} + \frac{33.5}{(1.03)^1} + \frac{33.5}{(1.03)^2} + \frac{33.5}{(1.03)^3} + \frac{33.5}{(1.03)^4} + \frac{33.5}{(1.03)^5}$$

$$= 3.42 \text{（千万円）}$$

割引率 5 %（$r=0.05$）では，

$$NPV = \sum_{t=0}^{5} \frac{B_t - C_t}{(1+r)^t} = \frac{-150}{(1.05)^0} + \frac{33.5}{(1.05)^1} + \frac{33.5}{(1.05)^2} + \frac{33.5}{(1.05)^3} + \frac{33.5}{(1.05)^4} + \frac{33.5}{(1.05)^5}$$
$$= -4.96 \,(千万円)$$

以上のように,割引率の上昇に伴い事業の純現在価値は低下する.

練習問題 7.5 解答例:臨界価格を見いだすため,仮想的な利用料金を想定する.現時点の各地区からの需要量(年間訪問回数)は,表の旅行費用から訪問率(人口1人当たりの年間訪問回数)を算定し,これに人口を乗じて求められる.臨界価格は,表の旅行費用に仮想的な利用料を加えた金額を旅行費用として訪問率を算定し,訪問率がゼロとなる金額により見いだすことができる.各地区の臨界価格が定まれば,仮想利用料と需要量を両軸とした需要曲線が求められるので,曲線を直線として考えることで両軸と需要曲線で囲まれる部分の面積を三角形と長方形(あるいは台形)の面積から算定することで消費者余剰の近似値が求まる.これをすべての仮想利用料区分について計算し,合計値を算定することで総便益が求められる.

需要量の計算

地域	人口	旅行費用	仮想利用料				
	(人)	(円)	¥0	¥100	¥170	¥230	¥290
A	200,000	60	580,000	380,000	240,000	120,000	0
B	235,000	120	540,500	305,500	141,000	0	—
C	80,000	180	136,000	56,000	0	—	—
D	130,000	250	130,000	0	—	—	—
合計	645,000	—	1,386,500	741,500	381,000	120,000	0

消費者余剰の計算

仮想利用料区分	消費者余剰
0-100 円	106,400,000 千円
100-170 円	39,287,500 千円
170-230 円	15,030,000 千円
230-290 円	3,600,000 千円
総便益	164,317,500 千円

第 8 章

練習問題 8.1 合成財の価格は 1,環境の価格は 0 であるから,消費者は所得と同じだけの合成財を購入し,与えられた環境は無償で利用することができる.したがって,事前の効用水準 u^0 は,$u^0 = 9 \times 4 = 36$ となる.次に,事後の環境水準 12 で,効用水準 u^0

を得るために必要な合成財の需要量は $36 \div 12 = 3$ であるから，その購入に必要な所得も3である．したがって，環境改善のために支払うことができる最大金額は，$9-3=6$ である．

練習問題 8.2 環境水準が2になったときに，事前に効用水準を維持するために必要な合成財の需要量は $36 \div 2 = 18$ であるから，その購入に必要な所得も18である．したがって，所得の補償額は $18-9=9$ となる．

練習問題 8.3 環境改善を見逃すためのWTAであるから，厚生制度は等価余剰である．

練習問題 8.4 平均値：

$$[(1+0.9) \times 1/2 \times 100] + [(0.9+0.75) \times 1/2 \times 100] + [(0.75+0.65) \times 1/2 \times 100]$$
$$+ [(0.365+0.45) \times 1/2 \times 100] + [(0.45+0.2) \times 1/2 \times 100] = 335 (円)$$

中央値：受諾率曲線を描き，受諾率0.5に対応した値を読むと375円となる．

練習問題 8.5 質問文例：自然公園の年間パスポート入場料についてお伺いします．この入場料さえ支払えば，支払った人は年間何回でも好きなだけこの自然公園を利用できるとします．また，この自然公園に来るための交通費はゼロで，アクセスするための時間もほとんどかからないとします．そのような条件で，この自然公園の年間パスポート入場料が，<u>年間＊＊＊円とした場合</u>，あなたは支払いますか．

ただし，支払った金額だけ，日常の買い物などに使えるお金が少なくなることを念頭においてお答えください．（一つに○）

1. 支払ってもよい．
2. 支払いたくない．
3. よくわからない．

第9章

練習問題 9.1 環境負荷額が減少傾向にあるのであるから，その意味では，持続可能な方向へ進んでいるともいえる．しかし，減少傾向にあるとはいえ，環境負荷額が毎年発生しているということは，環境負荷の種類にもよるが，環境負荷の累積が生じているということであり，この意味では，上記の状況は持続可能な状況に向かっているとは一概にはいえないと思われる．環境負荷物質の発生が自然の自浄作用によって浄化できる水準以下になり，それらの環境負荷物質の累積が減少し始めたときに，はじめて持続可能な方向に進んでいるといえるのではないだろうか．

練習問題 9.2 環境負荷物質を貨幣換算して表示することの利点は，さまざまな種類のさまざまな単位を持った環境負荷を貨幣単位という1つの尺度で表示する点にある．これによって，さまざまな環境負荷の重要度を相互に比較できるし，経済活動の規模や活発さを表すGDPなどの経済指標との比較も可能となる．しかし，貨幣換算には 9.3.7

項で指摘されたような問題点があり，環境負荷の貨幣換算値を読む際には十分な留意が必要となる．

一方，環境負荷を物量単位で表示することの利点は，9.3.7項で指摘されたような貨幣換算の問題点を回避でき，かつ各環境負荷をそれぞれの固有の単位で正確に把握できる点にある．しかしその一方で，それぞれに固有の物量単位で表示された環境負荷の数値を見ただけでは，どの環境負荷がより深刻であるのかといった相互比較ができないし，また，その環境負荷の発生を回避するために要する費用やその環境負荷が引き起こす被害の大きさ等について何ら情報を提供できないという問題点も併せ持っている．

したがって，各環境負荷をまずは物量単位で表示し，加えて，現時点で考えうる貨幣換算の手法と試算値を参考情報として添付することが，望ましい策ではないかと思われる．

練習問題 9.3 いま期首の経済的駆動力を $G_0 = 500$，期末の経済的駆動力を $G_1 = 800$ とし，期首の環境負荷が $P_0 = 50$，期末の環境負荷が $P_1 = 60$ であったとしよう．このとき，環境効率改善指標 E は正の値25となり，環境効率は改善していることになる．しかしながら，環境負荷は50から60へと増大しており，状況は持続可能性に反する方向へ進んでいる．このように，環境効率改善指標は，経済的駆動力の変化率と環境負荷の変化率を比較することによって，環境負荷に対する経済活動の効率性を見ようとする効率性指標であり，持続可能性を表す指標ではないことに注意が必要である．

第10章

練習問題 10.1 略

練習問題 10.2 略

練習問題 10.3 直接間接 CO_2 排出量は，本書の (10.3) 式

$$\mathbf{CO2} = \mathbf{CO2}^p (\mathbf{I} - \mathbf{A})^{-1} \mathbf{f} \qquad (10.3)$$

にて計算される．なお，波及生産額 $\mathbf{X}$ は，

$$\mathbf{X} = (\mathbf{I} - \mathbf{A})^{-1} \mathbf{f} \qquad (10.3)'$$

であることから，

$$\mathbf{CO2} = \mathbf{CO2}^p (\mathbf{I} - \mathbf{A})^{-1} \mathbf{f} = \mathbf{CO2}^p \mathbf{X} \qquad (10.3)''$$

である．

はじめに，(10.3)′ 式と (10.3)″ 式に必要な行列の値を計算しておこう．投入係数行列 $\mathbf{A}$ は，

$$\mathbf{A} = \begin{pmatrix} 30/300 & 150/500 \\ 60/300 & 250/500 \end{pmatrix} = \begin{pmatrix} 0.1 & 0.3 \\ 0.2 & 0.5 \end{pmatrix}$$

と計算される．レオンチェフ逆行列は，

$$(\mathbf{I} - \mathbf{A})^{-1} = \begin{pmatrix} 1.28 & 0.77 \\ 0.51 & 2.31 \end{pmatrix}$$

と計算される．最後に，直接 CO_2 排出行列は，

$$\mathbf{CO2}^{\mathrm{P}} = \begin{pmatrix} 200/300 & 0 \\ 0 & 900/500 \end{pmatrix} = \begin{pmatrix} 0.7 & 0 \\ 0 & 1.8 \end{pmatrix}$$

と計算される．

さて，ここから問題を解いていく．問題の題意より最終需要ベクトルを $\mathbf{f} = \begin{pmatrix} 1 \\ 0 \end{pmatrix}$ とすると，(10.3)′式と (10.3)′′式より，$\mathbf{x} = \begin{pmatrix} 1.28 \\ 0.51 \end{pmatrix}$（単位：百万円）となり，計 1.79 百万円，また，$\mathbf{CO2} = \begin{pmatrix} 0.85 \\ 0.92 \end{pmatrix}$（単位：$t$）となり，計 $1.78\,t$ と計算される．もちろん，$\mathbf{f} = \begin{pmatrix} 100 \\ 0 \end{pmatrix}$ として計算してもよい．その場合，$\mathbf{X}$ の単位を間違う人は少ないだろうが，この問題では CO_2 を「百万円当たりの排出量(t)」として計算しているので，(10.3)′′式から求められる直接間接 CO_2 排出量の単位を間違わないようにしておこう．

練習問題 10.4 題意より，$\mathbf{f} = \begin{pmatrix} 0 \\ 1 \end{pmatrix}$ として (10.3)′式と (10.3)′′式を計算すると，$\mathbf{x} = \begin{pmatrix} 0.77 \\ 2.31 \end{pmatrix}$（単位：百万円）となり，計 3.08 百万円，また，$\mathbf{CO2} = \begin{pmatrix} 0.51 \\ 4.15 \end{pmatrix}$（単位：$t$）となり，計 $4.67\,t$ となる．

練習問題 10.5 $\mathbf{f}^{\mathrm{A}} = \begin{pmatrix} 1 \\ 0.5 \end{pmatrix}$，$\mathbf{f}^{\mathrm{B}} = \begin{pmatrix} 0.5 \\ 1 \end{pmatrix}$ として，(10.3)′式と (10.3)′′式を計算すると，システム A については，$\mathbf{x} = \begin{pmatrix} 1.67 \\ 1.67 \end{pmatrix}$（単位：百万円）となり，計 3.33 百万円，また，$\mathbf{CO2} = \begin{pmatrix} 1.11 \\ 3.00 \end{pmatrix}$（単位：$t$）となり，計 $4.11\,t$ と計算される．システム B については，$\mathbf{x} = \begin{pmatrix} 1.41 \\ 2.56 \end{pmatrix}$（単位：百万円）となり，計 3.97 百万円，また，$\mathbf{CO2} = \begin{pmatrix} 0.94 \\ 4.62 \end{pmatrix}$（単位：$t$）

となり，計 5.56 t と計算される．ここでは，最終需要額が同じでも，その構成が異なれば，波及生産額も直接間接 CO_2 排出量も異なることを確認して欲しい．また，この問題では，システム B の方が波及生産額も直接間接 CO_2 排出量も大きいが，最終需要ベクトルの構成によっては，波及生産額は大きい（小さい）が，直接間接 CO_2 排出量は小さい（大きい），というケースも起こりえることを確認しておいて欲しい．

第 11 章

練習問題 11.1 効用水準は所得水準 Y と汚染水準 D に依存するものとする．そして，効用関数は，(11.2) 式に従うものとする．すなわち，以下の関係が成立する．

$$U = f(Y) - g(D)$$

無差別曲線は，効用水準 U を一定としたときの Y と D の関係であると考えることができる．したがって，所与の効用水準 $\overline{U}$ のもとでの無差別曲線は，以下のような式で与えられる．

$$D = h(f(Y) - \overline{U}) \equiv g^{-1}(f(Y) - \overline{U})$$

ただし，関数 h は g の逆関数である．関数 h の性質（h が g の逆関数であるという事実）を用いると，$h' > 0$，$h'' \leq 0$ であることがわかる．したがって，D-Y 平面に無差別曲線を書くと図 11.6 のようになる．

練習問題 11.2 dU/dD を求めると (11.4) 式のようになる．これをまとめると以下のようになる．

$$dU/dD = \beta K^{\alpha(1-\sigma)} D^{\beta-1-\beta\sigma} - 1.$$

したがって，以下の関係が成立する．

$$d^2U/dD^2 = \beta(\beta - 1 - \beta\sigma) K^{\alpha(1-\sigma)} D^{\beta-2-\beta\sigma} < 0.$$

このことから，dU/dD は D についての減少関数となる．

練習問題 11.3 省略．

第 12 章

練習問題 12.1 (1) 貿易がない場合の最適な消費量を求める．

本問題は，① $Y + X^2 - 4 = 0$ の制約条件のもとで，② $U = XY$ を最大化するものである．ラグランジュ関数を L，ラグランジュ乗数を λ とすると，$L = XY + \lambda(Y + X^2 - 4)$ となる．これより，一階の条件は，$\dfrac{\partial L}{\partial X} = 0$，$\dfrac{\partial L}{\partial Y} = 0$，$\dfrac{\partial L}{\partial \lambda} = 0$ となる．これ

から，X, Y，および λ について解けば，$X = 2/\sqrt{3}$, $Y = 8/3$ を得る．

(2)次に貿易がある場合の最適な生産量と輸出入量を求める．

先の①の勾配と，X 財，Y 財の交換比率の勾配が等しいところで生産量が決まるから，$-2X = -1$ を得る．これより $X = 1/2$．これを①に代入すると $Y = 15/4$．これらが求める生産量である．このとき，X 財，Y 財の関係は，③ $Y = -X + \dfrac{17}{4}$ となる．最適消費量は，③の条件のもとで②を最大化することであるから，上記と同様に解くと，$X = Y = 17/8$ となる．これより，X の輸入量は $17/8 - 1/2 = 13/8$，Y の輸出量は $15/4 - 17/8 = 13/8$ となる．

練習問題 12.2 ポーター仮説とは，適切に設計された環境規制の導入が規制遵守のためのコストを上回る技術革新を促すことにより，環境規制を導入した国の企業は，規制しない国の企業よりも国際競争力を高めることになる，というものである．

一般に，ある国における環境規制の導入は，その国の企業にとってコストの増加につながることから，当該企業の国際競争力を弱めると考えられている．ポーター仮説はこの考え方とは逆の考え方である．ポーター仮説のポイントは，環境コストを上回る技術水準の向上の実現可能性であるが，この点については必ずしもすべての企業に普遍的なものであるとの立証はなされていない．しかし，わが国の自動車産業のように，厳しい環境規制を乗り越えて技術革新を進め国際競争力を高めている企業も多い．また，先行研究では，環境規制によるコストの増加は，他のコストに比べて小さいとの指摘もされている．ポーター仮説は，企業に環境コスト把握と環境技術革新を促すという点で意味がある仮説であろう．

練習問題 12.3 WTOは，自由貿易の維持・拡大を目指すものであり，環境保護を優先するものではない．しかし，1995 年の WTO 設立に際し，設立協定の前文で環境保護にも配慮することが謳われた．WTO の主な環境関連規定のうち，GATT 第 20 条の(b)(g)が環境保護を理由とした貿易制限措置の正当性を判断する基準として重要である．これらの条項は，貿易紛争処理にあたって，その解釈が注目されてきたが，多くの紛争ケースにおいて，貿易制限措置が GATT 違反とされている．このように，WTO の場では，いまだに貿易が環境保護に優先しており，環境保護を目指す国際環境条約との調整が重要となる．

第 13 章

練習問題 13.1 例：1997 年に第 3 回気候変動枠組条約締約国会議（COP3）で議決された『京都議定書』など．

練習問題 13.2 (a)：工業財の需要が相対的に大きいとき，自国は農業財の生産に比較優位を持つため，外国は工業財の生産に特化し，自国は工業財と農業財を生産する不完全

特化となる.

(b)：工業財の需要が相対的に小さいとき，自国は農業財の生産に特化し，外国は工業財と農業財を生産する不完全特化となる．

練習問題 13.3 工業財の消費は一定のまま農業財の生産量は増加するため自国の経済厚生は改善する．

第 14 章

練習問題 14.1 (1)ある国の時間 t での CO_2 排出量を $y(t)$，GDP を $x_1(t)$，エネルギー集約度を $x_2(t)$，炭素集約度を $x_3(t)$ とおくと，エネルギー集約度，炭素集約度の定義により，

$$y(t) = x_1(t)x_2(t)x_3(t) \qquad ①$$

が成り立つ．①式を時間 t で微分することにより，

$$\frac{\dot{y}}{y} = \frac{\dot{x}_1}{x_1} + \frac{\dot{x}_2}{x_2} + \frac{\dot{x}_3}{x_3} \qquad ②$$

を得る．ここで $\dot{y} = \dfrac{dy(t)}{dt}$ であり，$\dot{x}_1$, $\dot{x}_2$, $\dot{x}_3$ についても同様である．②式は CO_2 排出量増加率が経済成長率，エネルギー集約度伸び率，炭素集約度伸び率の和であることを示している．

(2)経済成長率が 1.3%/年，炭素集約度伸び率が -0.6%/年であるので，(1)の結果より CO_2 排出量を安定させる（つまり増加率を 0 にする）ためにはエネルギー集約度伸び率は $0-(1.3-0.6)=-0.7$%/年でなければならない．つまりエネルギー集約度を年率 0.7% で下げなければならない．

練習問題 14.2 (1)ナッシュ均衡においては，各国は他の国の排出量を所与として利得を最大化するような排出量を選ぶ．つまり各 i について $\dfrac{\partial \pi_i}{\partial x_i} = b_i - 10x_i - c = 0$ が成り立つ必要があるので，均衡は $x_i = \dfrac{b_i - c}{10}$ ($i = 1, \cdots, n$) である．

(2) n 個の国全体の利得は $\sum_i \pi_i = \sum_i b_i x_i - 5 \sum_i x_i^2 - nc \sum_i x_i$ であるので，$\dfrac{\partial (\sum \pi_i)}{\partial x_i} = b_i - 10x_i - nc = 0$ より $x_i = \dfrac{b_i - nc}{10}$ ($i = 1, \cdots, n$) となる．

(3)簡単な計算により非協力戦略が 2，協力戦略が 1 となることがわかる．両国とも協力戦略をとるとき $\pi_1 = \pi_2 = 30 \times 1 - 5 \times 1^2 - 10(1+1) = 5$，両国とも非協力戦略をとるとき $\pi_1 = \pi_2 = 30 \times 2 - 5 \times 2^2 - 10(2+2) = 0$，また国 1 が協力戦略をとり，国 2 が非協力戦略をとるときには $\pi_1 = 30 \times 1 - 5 \times 1^2 - 10(1+2) = -5$，$\pi_2 = 30 \times 2 - 5 \times 2^2$

$-10(1+2) = 10$，そして国 1 が非協力戦略をとり，国 2 が協力戦略をとるときにはその逆なので $\pi_1 = 10$，$\pi_2 = -5$ となる．よって利得行列は以下の表のようになる．

		国 2	
		協力	非協力
国 1	協力	(5, 5)	(−5, 10)
	非協力	(10, −5)	(0, 0)

図のなかで，カッコ内の左側の数値は国 1 の利得を表し，右側の数値は国 2 の利得を表す．図から明らかなように，両国とも非協力戦略をとるのがナッシュ均衡になるが，協力戦略をとることによって双方とも利得を増加させることができるのでナッシュ均衡はパレート最適な結果を導かない．以上よりこのゲームは「囚人のジレンマ」的状況になる．

練習問題 14.3 本文 14.2.2 項の内容をまとめればよい．
解答例：地球温暖化問題には長期性，つまり被害が及ぶのが遠い将来であることが予測されるという性質がある．長期性のために現代世代の人々の温暖化防止へのインセンティブは低くなりがちである．しかし将来における気温上昇の程度は，本質的に現代の意思決定に依存しており，温暖化対策を考える際，現代世代と将来世代の効用のいずれをとるかというトレードオフ，言い換えると世代間の衡平性の問題が重要になる．

練習問題 14.4 RICE モデルについては本文 14.2.2 項，14.2.3 項に述べられている．
解答例：シミュレーション結果の概要
- 最適化ケースにおいては非付属書 I 国の大幅な削減がなされる必要があるが，何の対策もしない基準ケースと最適化ケースの厚生面での差はあまり大きくない．逆に排出量安定化などの積極的な対策はその費用が便益を大きく上回る．よって温暖化について消極的な対策しか行わないのが望ましい．
- 京都議定書ケースにおいては，全世界での排出量取引が認められる場合には基準ケースよりも厚生が改善されるが，取引が行われない場合や附属書 I 国間のみの取引を認める場合は非効率的であることが示される．よって京都議定書を遵守するのであれば，CDM の積極的活用が望まれる．

問題点
- 温暖化の被害を気温上昇のみの関数としている点や，被害が過小評価されている可能性があること．
- 最適解がまったく衡平性に欠ける点．温暖化の被害が低所得国において大きいことから，世界厚生の最大化という基準からすると，高所得国が対策を行わず経済を発展させ，低所得国が被害を受けるという経路が効率的という結果になるが，これは低所得国に受け入れられるとはいい難い．

第 15 章　省略.

第 16 章
練習問題 16.1　地域社会の持続可能性の必要条件である 3E といわれる経済，環境，公正が満たされるように地域のガバナンスが実行されなければならない．この目標は，一回の政策で実現されるわけではないし，社会の各分野にわたる改革が必要である．この目標の実現のためには，体系的な計画と重要な課題に対する戦略的で迅速な対応が不可欠である．その対応の中には，継続的な組織改革が含まれる．この改革の対象となる組織は，行政だけを意味するのではなく，住民や企業を含めたバランスがとれた公と民の協働のシステムを意味する．地域が実現可能性へ進む第 1 歩として，地域では，評価のシステムの整備と住民参加への体制整備が重要である．
練習問題 16.2　皆さんが住む自治体で自発的な取組みの実施例をグループで調べてみましょう．どのようなものが自発的な事例としてあげることができるかその基準を考えてみましょう．
練習問題 16.3　各自治体の環境基本計画の数値目標や八王子市の「ちぇっくどぅ」での環境指標の解説を参照してみよう．

第 17 章
練習問題 17.1　日本の文化財保護制度と次の問題で触れる世界遺産とを比較すると，文化財保護に関する日本の特徴（無形文化財の保護等）が浮き彫りになる．
練習問題 17.2　解答例：ある国の物件（名所旧跡など）が世界遺産になるためには，当該国が世界遺産条約（1972 年にユネスコで採択）に締結していることが必要である．次に，国内の暫定リストに掲載され，日本であれば，文化庁や環境省が世界遺産センターへ推薦する必要がある．その後，国際機関によって調査が行われ，世界遺産委員会で登録が決定される．

　世界遺産は登録基準によって，①自然遺産，②文化遺産，③複合遺産の 3 種類に分類されており，2006 年 7 月現在，830 件［自然遺産 162，文化遺産 644，複合遺産 24］が登録されている．日本の世界遺産は 13 件［自然遺産 3，文化遺産 10］である．

　ある物件が世界遺産に登録されると，国内でも知る人ぞ知るという地域（白川郷など）がブランド力を持ち，観光客増加による経済効果が期待できる．課題としては，地域の世界遺産の持続的な保全活動が求められることと，観光客増加による環境問題，登録数増加によるブランド力の低下などが挙げられる．
練習問題 17.3　関心の高い地域を決めて，表 17.1 のエコツーリズムの基本原則を軸にして，当該地域での観光の現状がどの原則に反しているかに注意しながら検討を加えるとよい．

索　引

ア　行

アウトバウンド　349
アダム・スミス　90
　　――のテーゼ　10
アーバングリーンツーリズム　361
アメニティ（供給）機能　6,142,144

遺産価値　145
維持費用評価法　183
一次的価値　144
一般廃棄物　313,314
一方的誓約　59
インセンティブ　50,74
インセンティブ規制　358
インバウンド　349

ヴェブレン効果　33
受取意思額（WTA）　11,145,146,164
宇宙太陽発電衛生（SPS）　213
埋立税　320,322

AIM　300
ADF（前払処理料金）　324
エコツーリズム　347
　　――の基本原則　359
エコツーリズム均衡　356

エコマージン　190
越境汚染　270,281
エッジワースのボックス・ダイアグラム　26

SEEA93　181
　地域版――　199
　日本版――　181
SEEA2003　182
SNA　181
NAMEA　182
　地域版――　199
　日本版――　182
Environment（環境），Economy（経済），
　Equity（公正）　334

沖縄振興特別措置法　348
汚染者負担（支払い）原則（PPP）　50
汚染税　108
オプション価値　145
オープン型環境産業連関モデル　211
温室効果　289
温室効果ガス（GHG）　289
温情効果　176

カ　行

外部性
　技術的――　14

索　引

金銭的―― 14
外部費用　323
外部不経済　14,32,50,91
　　――の内部化　313
価格割当　67,74,79,80,82,83
拡大生産者責任　51,318
仮想評価法（CVM）　151,152,162
仮想評定法　152
仮想ランキング法　152
GATT　248
家庭ごみの有料化　320
ガバナンス　329
　　――の枠組み　333
環境アセスメント　146
環境汚染　313
環境会計ガイドライン　200
環境勘定（EA）　192
環境関連資産　183
環境クズネッツ仮説　229
環境クズネッツ曲線　231
環境経済学　90,91
環境経済統合勘定　180
　　地域版――　199
環境効率改善指標　198
環境資本　275
環境調整済国内生産（EDP）　190
環境と経済の好循環　4
環境と発展に関する世界委員会　228
環境費用　150
　　帰属――　183
　　実際――　183
環境分析用産業連関計算　204
環境への蓄積表　193
環境便益　150
環境保護措置と国際貿易に関するグループ
　　257
環境問題のグローバル化　246
環境問題表　193

環境容量　8,94,351
環境ラベリング　257
観光基本法　349
観光サービス課税　357
観光立国行動計画　349
関税引き下げの原則　250
間接規制　56
間接利用価値　145
完全競争均衡　97

企業環境会計　200
気候変動枠組条約　295
稀少財　141
規制の手段　56,66,67
キャピタリゼーション仮説　158,159
競合性　17
共通財産制度　20
協働原則　52
共同実施　84,85,295
京都議定書　46,75,79,84,295
京都メカニズム　84,295
共有財産資源　347
漁獲努力量　96
漁業資源の成長プロセス　92

グリーンNNP　122,126-128
クリーン開発メカニズム（CDM）　84,85,295
グリーン購入法　318
グリーンGDP　190
グリーンツーリズム法　349

計画・実施・評価・見直し　334
経済的手段　56,66,67,74,79-84
契約曲線　28
結合生産　220
結合費用　157
限界損害額　68-71,79,81
限界損害費用　15

限界排出削減費用　68-74,76,79,81-83
　　期待――　79
　　――均等化原理　73,78
限界変形率　30
現在価値　149
顕示選好法　152
源流対策　49

公共財　142
厚生経済学の基本定理　119
厚生経済学の第1基本定理　25
効用可能曲線　28
枯渇性資源（再生不可能資源）　6,117,316
国際エコツーリズム年　348
国民勘定行列（NAM）　192
国民経済計算　181
国連環境開発会議　48,247
国連環境計画（UNEP）　247
個別リサイクル法　318
ごみの有料化　313
コミュニケーション　332
コモンズの悲劇　18,98
コモンプール均衡　352
コモンプール財　18,347
固有価値　143
コンジョイント分析　152

サ　行

最恵国待遇の原則　249
財産権　104
最終需要ベクトル　209
再使用（リユース）　317
再生可能資源　6,91
再生費用法　152
再生利用（マテリアルリサイクル）　317
最大可能利用水準　351
最大持続可能漁獲量　91,92

最大持続産出　103
最適汚染税　110
最適循環周期　104
最適（定常）捕獲　96,98
産業廃棄物　314
産業廃棄物税　320,322
産業関連表　204
　　環境分析用――　205
　　産業公害分析用――　205
　　三次元――　220
　　シナリオレオンチェフ――　220
酸性雨　267

CO_2控除表　207
CO_2排出量表　209
CO_2発生表　209
資源経済学　90,91
資源の供給機能　6,144
資源有効利用促進法　318
死重的損失　13
自主協定　59
自主計画　58
　　公的――　59
自主的取組　59
市場の失敗　32,142
自然資源　89
持続可能性指標　190
持続可能な観光　350
持続可能な発展　126,128,228,247,293
自治体環境会計　200
私的限界費用　16
支払意思額（WTP）　11,145,146,163
支払カード方式　168
資本の限界生産性　149
社会的限界費用　16
社会的損失　80,81
社会的費用　68,316
社会的余剰　12

索　引　　383

弱補完性　154
　　——アプローチ　155
自由回答方式　168
自由財　141
自由貿易地域（FTA）　249
受動的利用価値　146
需要曲線アプローチ　151
準オプション価値　144
循環型社会　317
　　国際的——　318
循環型社会形成推進基本法（循環基本法）
　46,317
循環期間　103
準現在価値（NPV）　149
準増殖関数　92
純便益　148,149
上級委員会　252
消費者余剰（CS）　12
消費者余剰測度　154
情報的手法　59
情報の非対称性　67,79,82,83
初期配分量　76-78
所有権アプローチ　24,37
人工的資源　90
人工的生物資源　90
人的資源　90

数量制限禁止の原則　250
数量割当　67,74,79-84
スチュワードシップ　144
ステークホルダー　331
ストーン方式　220
スノッブ効果　33

正規な森林　103
政策評価基準　150
生産外部性　276
生産可能性フロンティア　233

生産工程や生産方法（PPM）　251,255
生産者余剰（PS）　12
生物経済的均衡　98
生物資源　90
政府の介入の失敗　142
世代間の衡平性　293
世代間の分配問題　150
世代内の衡平性　293
設計者責任の原則　51
選好依存型評価法　151,152
選好独立型評価法　151,152
選択実験　152

総環境価値　144
総経済的価値　144
相対価格　282
存在価値　144,146

タ　行

DICE モデル　301
代替費用法　152
代理価値　145
多角的交渉　250
多国間環境条約　247
WTO　248
WTP 関数　174
単位当たりの直接間接CO_2排出量　209
炭素税　298
炭素排出量取引　298

ちぇっくどぅ　336
置換費用法　152
地球温暖化対策推進法　46
地球温暖化問題　289
地球サミット　48　→　国連環境開発会議
長距離越境大気汚染条約　268
直接規制　56

直接利用価値　145

強い持続可能性　144

抵抗回答　164
定常捕獲　96
ディスインセンティブ　69
締約国会議　295
適正処理　314
適用効果法　152
デポジット　325
デポジット制度　320,325
デモンストレーション効果　33
天然資源供給機能　142
電力生産 1 単位当たりの CO_2 排出量　217

等価余剰（ES）　165
統合汚染回避管理　49
統合評価モデル　300
同種性　251
トラベルコスト法　141,152,156,157
　仮想——　153
　個人——（ITCM）　153-155
　ゾーン・——（ZTCM）　153,155
　離散選択型——（DTCM）　153,156
取引基本表　205
努力　99
ドルフィンセーフラベル紛争　257

ナ　行

内国民待遇の原則　250
内在的価値　143
内部収益率（IRR）　149

二肢選択方式　169
二次的価値　144
NIMBY　323

熱回収（サーマルリサイクル）　318
ネット・インベストメント　126,128
ネットワーク　330
熱力学の法則　8
熱量表　206

ハ　行

廃棄物の処理及び清掃に関する法律（廃棄物
　処理法）　314,318
排出権取引　66,74,75,77-79,82,83
　国際——　79,84,85
排出者責任　318
排出量取引　295
廃物の同化・吸収機能　6,142,144
ハイブリッド型統合勘定　182
　経済活動と環境負荷の——　182
バーゼル条約　248
バッズ（負の財）　314
発生抑制　323
ハートウィック・ルール　122,124-126
パネル裁定　252
パレート改善　148
バンドワゴン効果　33
比較優位　255
非競合性　142
非協力ゲーム　273
ピグー　67
ピグー税　15,67,70-74,78,82,313
非市場財　143
非需要曲線アプローチ　151
ヒックスの所得概念　202
非排除性　17,142
評価　335
費用対効果分析　151
費用負担の公平化　321
費用便益分析　147,149-151

索　引

表明選好法　151-153,162,359
開いたシステム　142
非利用価値　146,359

不可逆性　294
附属書Ⅰ国　295
物質勘定　193
物質フロー　8
物量表　206
不法投棄　322
BRICs　245
フリーライダー　293
フリーライド　274
プロセス産業連関法　219
文化的資源　90
分権的ネットワークシステム　331,332
紛争処理機関DSB　252

ヘドニック価格関数　158
ヘドニック価格法　141,152,158,159

貿易と環境委員会　250
貿易の利益　255
包含効果　176
補完性原則　52,298
補償原理　148,150
　　カルドア＝ヒックスの――　149
補償変分　155
補償余剰（CS）　165
ポーター仮説　259
ホテリング・ルール　119,124
ボーモル＝オーツ税　74
ボランタリー・アプローチ　332
ポリシー・ミックス　326
ポリューション・ヘイブン仮説（PHH）　260
本源的価値　143,144

マ　行

マクロ環境経済統合指標　180
マラケシュ合意　296

ミクロデータ　220
未然防止原則　47

ヤ　行

有害廃棄物　320
ユーザーコスト法　189
ユーザーチャージ　323

予防原則　48

ラ　行

RICEモデル　302
ライフサイクル・アセスメント（LCA）　60,146,147,208
ライフサイクル・インベントリ（LCI）　147
ラグランジュ未定乗数法　121
ランダム効用理論　174

リターナブル製品化　324
リバウンド効果　326
リファンド　325
利用価値　154
臨界価格　154

レオンチェフ　205
レッセフェール（自由放任主義）　23

ロジスティック関数　93

ワ 行

ワイツマン定理　82

ワシントン条約　248
割引率　149
ワンウェイ製品　324

編者略歴

時政　勗（ときまさ　つとむ）
前広島修道大学人間環境学部教授
主要著作
『環境・資源経済学』中央経済社，2001年
『マクロ経済学』（共編）勁草書房，2003年

今泉　博国（いまいずみ　ひろくに）
福岡大学経済学部教授
主要著作
『現代経済政策の基礎』（共編著）中央経済社，1992年
『ミクロ経済学　基礎と演習』（共著）東洋経済新報社，2001年

薮田　雅弘（やぶた　まさひろ）
中央大学経済学部教授
主要著作
『資本主義経済の発展と変動』九州大学出版会，1997年
『コモンプールの公共政策―環境保全と地域開発』新評論，2004年

有吉　範敏（ありよし　のりとし）
前下関市立大学経済学部教授
主要著作
「国民経済（マクロ経済）と環境会計」（河野正男編『環境会計A−Z』ビオシティ，2005年）
「環境SAMと環境政策上の諸課題に向けられたCGEモデルの構築」（環太平洋産業連関分析学会『産業連関』第14巻2号，pp.30-40，2006年）

現代経済学のコア
環境と資源の経済学

2007年4月15日　第1版第1刷発行
2021年3月20日　第1版第6刷発行

編　者　時政　勗
　　　　薮田　雅弘
　　　　今泉　博国
　　　　有吉　範敏

発行者　井村　寿人

発行所　株式会社　勁草書房
112-0005　東京都文京区水道2-1-1　振替　00150-2-175253
（編集）電話　03-3815-5277／FAX　03-3814-6968
（営業）電話　03-3814-6861／FAX　03-3814-6854
日本フィニッシュ・中永製本所

©TOKIMASA Tsutomu, YABUTA Masahiro, IMAIZUMI Hirokuni, ARIYOSHI Noritoshi 2007
ISBN978-4-326-54784-5　　Printed in Japan

JCOPY　〈(社)出版者著作権管理機構　委託出版物〉
本書の無断複写は著作権法上での例外を除き禁じられています。
複写される場合は，そのつど事前に，(社)出版者著作権管理機構
（電話　03-5244-5088，FAX　03-5244-5089，e-mail: info@jcopy.or.jp）
の許諾を得てください。

＊落丁本・乱丁本はお取替いたします。

http://www.keisoshobo.co.jp

今泉博国・駄田井正・薮田雅弘・細江守紀　監修
現代経済学のコア
A5判／並製／平均320頁

　現代経済学の今日的成果を取り入れた標準的教科書シリーズ，大学間の活発な交流をつうじた教育効果のある共通テキストをめざすとともに，大学でのカリキュラムの系統性に対応して，1・2年次，2・3年次，2・3・4年次，3・4年次および大学院むけにと分類し，そのレベルにあったテキストづくりをおこなう．

1・2年次
＊武野秀樹・新谷正彦・駄田井正・細江守紀編『経済学概論』2,900円
＊藤田渉・福澤勝彦・秋本耕二・中村博和編『経済数学』3,200円
＊永星浩一・福山博文編『情報解析と経済』2,900円

2・3年次
＊時政勗・三輪俊和・高瀬光夫編『マクロ経済学』2,900円
＊江副憲昭・是枝正啓編『ミクロ経済学』2,900円
＊江副憲昭・是枝正啓編『ミクロ経済学講義・演習』2,900円
＊内山敏典・川口雅正・杉野元亮編『基本計量経済学』2,700円
＊新谷正彦・山田光男編『計量経済学』3,200円
　大矢野栄次・長島正治編『国際経済学』
＊内田滋・西脇廣治編『金融』2,700円
＊水谷守男・古川清・内野順雄編『財政』2,700円

2・3・4年次
＊駄田井正・大住圭介・薮田雅弘編『現代マクロ経済学』2,900円
＊細江守紀・今泉博国・慶田收編『現代ミクロ経済学』2,900円
＊緒方隆・須賀晃一・三浦功編『公共経済学』2,900円
＊時政勗・薮田雅弘・今泉博国・有吉範敏編『環境と資源の経済学』2,900円

3・4年次および大学院
＊大住圭介・川畑公久・筒井修二編『経済成長と動学』2,900円
＊細江守紀・村田省三・西原宏編『ゲームと情報の経済学』2,900円

＊は既刊．表示価格は2021年3月現在。消費税は含まれておりません．